2019년도 대한민국학술원 선정
교육부 우수학술도서

ARM Cortex-M4 프로세서 이해 및 실습

Mbed-OS와 Nucleo 보드를 이용한 실습

이종원 지음

홍릉과학출판사

머리말

현재 임베디드 프로세서 시장에서 ARM 프로세서가 차지하는 비중은 압도적이다. 휴대폰에서는 말할 필요도 없고, 새로 출시되고 있는 IoT 관련 대부분의 칩에도 ARM Cortex-M 계열의 프로세서가 내장되어 있다. 모든 사물에 반도체가 탑재되는 사물인터넷 시대에 ARM 프로세서 수요가 폭발적으로 증가할 것으로 예상하였기 때문에, 2016년에 소프트뱅크가 ARM홀딩스를 약 35조원에 인수한 것으로 알려져 있다.

요즘 간단한 응용 분야에서는 아두이노가 많이 사용되고 있다. 아두이노의 장점은 필요로 하는 대부분의 라이브러리가 존재하기 때문에 빠른 시간에 구현이 가능하고, 라이브러리가 C++ 기반으로 구현되어 있기 때문에 프로그래머 입장에서 주변 기기들을 굉장히 편하게 사용할 수 있다는 점이다. 하지만 메모리를 비롯한 제공되는 자원이 부족하기 때문에 사용에 불편함이 있으며, 성능에서도 한계가 있다.

각 제조사마다 자사의 ARM 프로세서 사용을 쉽게 하기 위한 개발 툴과 라이브러리를 제공하고 있기 때문에, 학생들에게 강의하는 입장에서 어떤 환경, 어떤 레벨에서 ARM 프로세서를 다루어야 하는 가에 대한 어려움이 있다. 본 책에서는 하드웨어는 STMicroelectronics사의 개발 보드인 Nucleo-F411RE를 사용하고, 소프트웨어는 Mbed-OS 환경에서 실습을 하도록 구성하였다. Nucleo-F411 개발 보드는 ARM Cortex-M4 계열의 프로세서를 포함하고 있으며, 디버거 또한 포함하고 있어서 ARM 프로세서에 대한 교육에 적합하다. 또한 아두이노와 동일한 형태의 커넥터를 제공하기 때문에 기존에 개발된 다양한 실드들을 사용할 수 있다는 장점이 있으며, 가격 면에서도 부담이 없다.

공개된 RTOS 중에서 가장 많이 사용되는 freeRTOS에 비하여 Mbed-OS는 C++ 기반으로 구현되어 있기 때문에 사용자가 주변 기기를 다루기가 쉬울 것으로 판단된다. 또한 Mbed-OS는 ARM에서 사물인터넷에 적용할 수 있도록 추가 기능 개발이 현재에도 활발하게 진행되고 있기 때문에 미래의 환경에서도 지속하여 사용될 가능성이 높고, 오픈 소스로 운영되고 있기 때문에 학생들의 학습에도 유용할 것으로 판단되었다.

하지만 RTOS 환경에서 모든 것을 다루면 ARM 프로세서의 특징을 파악하기 어렵기 때문에 ARM Cortex-M 프로세서의 특징들과 어셈블리 언어 부분을 책에 포함시켰다.

이 책이 나오기에는 여러분의 도움이 있었습니다. 먼저 이 책을 쓴 안식년동안 쾌적한 환경을 제공해 주신 서울대학교 컴퓨터공학과의 김종권교수님과 민상렬교수님께 감사를 드립니다. 또한 마지막까지 교정에 도움을 준 길진영 학생에게도 감사의 말을 전합니다. 또한 부족한 원고를 책으로 편집하여준 홍릉출판사 관계자 분들께도 감사의 말씀을 드립니다. 이 책이 ARM Cortex 프로세서를 이해하는데 조금이라도 도움이 되길 소망합니다.

2019.2. 포항에서.

차 례

제11장 WiFi 통신 / 307

제12장 Mbed RTOS 기능 / 351

부록 A. ARM MDK uVision에서 디버거 사용법 / 389

부록 B. 온라인 컴파일러에서 Mbed-OS 버전 선택 방법 / 409

제1장

ARM 프로세서 개요

이 장에서는 ARM 프로세서의 발전 과정과 Cortex-M4 프로세서를 중심으로 ARM 프로세서 특징에 대해서 간략하게 설명한다.

1.1 ARM 프로세서 발전 과정

ARM 프로세서는 영국의 Acorn 사(Acorn Computers Ltd.)에서 1983년부터 디자인되기 시작하였다. 1985년경에 ARM1이 개발되었으며, 그 다음 해에 ARM2가 실질적인 첫 번째 제품으로 개발되었다. ARM2는 32비트 데이터 버스와 26비트 어드레스 버스, 그리고 16개의 32비트 레지스터를 가진 32비트 RISC 프로세서로, 단지 30,000개의 트랜지스터로 구성된 프로세서였다. (반면에 당시의 68000 프로세서는 약 70,000개의 트랜지스터로 구성되어 있었다.)

이 당시까지 ARM은 Acorn RISC Machine의 약어로 간주되었다. 1990년에 Acorn 사의 ARM 디자인 팀을 중심으로 Advanced RISC Machines Ltd.가 설립되었으며, 1998년에 ARM Ltd.로 이름이 바뀌었다. 이후로 ARM은 Advanced RISC Machine의 약어로 간주되고 있다. 현재 ARM 회사 명칭은 ARM Holdings 이며, 2016년 7월에 SoftBank 사로 매각되었다.

ARM 프로세서 패밀리 중, 초기 개발 제품인 ARM1, ARM2 및 ARM3는 시장의 관심을 많이 끌지 못하였다. 1991년에 ARM6가 개발되었고, 애플사에서 ARM6 코어를 기반으로 한 ARM610 프로세서를 이용하여 Apple Newton PDA를 제작, 판매하였다. ARM6 코어의 다음 버전인 ARM7TDMI는 고성능/저전력의 특징으로 인하여 모바일 제품과 게임기 시장에서 대단한 성공을 가져왔다. ARM7TDMI를 기반으로 한 프로세서는 현재에도 사용되고 있다. (Atmel 사의 AT91SAM 프로세서 시리즈와 NXP 사의 LPC200 프로세서 시리즈 등이 현재에도 여러 분야에서 사용되고 있다.) 현재 ARM 프로세서는 ARM11 코어를 거쳐 Cortex까지 개발되어 있다.

ARM 사에서는 프로세서를 직접 개발하여 판매하는 형태가 아니라, 개발한 ARM 코어를 IP 형태로 판매하는 전략을 취하고 있다. 따라서 STMicroelectronics, NXP Semiconductors, 삼성을 비롯한 많은 반도체 회사에서 ARM 코어를 기반으로 한 프로세서를 제조, 판매하고 있다. 현재 32비트 임베디드 프로세서 시장의 75% 가량을 ARM 코어를 기반으로 한 프로세서가 점유하고 있다.

ARM7TDMI부터 현재까지 개발된 주요 ARM 프로세서 패밀리의 종류 및 특징이 〈표 1-1〉에 나타나 있다.

〈표 1-1〉 ARM 프로세서 패밀리 종류 및 특징

Family	Architecture	Core	Feature
ARM7TDMI	ARMv4T	ARM7TDMI(-S) ARM710T ARM720T ARM740T	3-stage pipeline, Thumb
ARM9TDMI	ARMv4T	ARM920T ARM922T ARM940T	5-stage pipeline, Thumb
ARM9E	ARMv5TE(J)	ARM946E-S ARM966E-S ARM968E-S ARM926EJ-S	5-stage pipeline, Enhanced DSP instruction Jazelle(Java)
ARM10E	ARMv5TE(J)	ARM1020E ARM1022E ARM1026EJ-S	6-stage pipeline, Enhanced DSP instruction, Jazelle(Java)
ARM11	ARMv6(T2)	ARM1136J(F)-S ARM1156T2(F)-S	8/9-stage pipeline SIMD, Trust zone
Cortex	ARMv7-A ARMv7-R ARMv7-M	Cortex-A9 Cortex-R4 Cortex-M3/-M4/-M7	Thumb-2, Neon
Cortex	ARMv8-A ARMv8-M	Cortex-A53 Cortex-M23/-M33	32-bit & 64-bitinstruction Trust Zone

ARM 구조(architecture)에 따른 분류는 ISA관점에서 분류하는 방법이며, 종류로는 ARMv1, v2, v3, v4(T), v5TE(J), v6(T2)(Z), v7-A/R/M과 v8-A/M이 있다. ARMv4 이후의 버전이 현재 주로 사용되고 있다.

ARMv4에는 signed/unsigned half-word load/store 명령어와 signed byte load/store 명령어가 추가되었으며, ARMv4T에는 16비트 Thumb 명령어가 추가되었다.

ARMv5에는 ARM과 Thumb 모드 사이의 상호 연동 효율을 높이기 위한 명령어(BLX)가 추가되었으며, 몇 개의 다른 명령어도 추가되었다. 〈표 1-1〉에서 접미사 E가 추가될 경우에는 DSP와 관련된 명령어가 추가된 것을 의미하고, 접미사 J는 Java 바이트 코드를 위한 가속기가 있음을 의미한다.

ARMv6는 "TEJ"의 기능을 기본적으로 지니고 있으며, Trust Zone 기술을 지원한다. Trust Zone 기술은 물리 주소 영역에서 "secure 영역"을 분리하여 사용할 수 있는 기능이다.

ARMv7(-A/R)에는 향상된 미디어 처리를 위한 명령어가 추가되었으며, Thumb-2 명령어를 지원한다.

ARM11 다음 ARM 프로세서 패밀리는 ARM12가 아니라 Cortex로 명명되었다. Cortex 프로세서 패밀리는 다시 Cortex-A, Cortex-R, Cortex-M 시리즈로 나누어진다. 이와 같이 세 가지 시리즈로 나눈 이유는 동일한 구조를 기반으로 개방형 운영체제를 사용할 수 있는 고성능 장치에 사용되는 프로세서부터 기존의 16비트 프로세서가 사용되는 분야까지 지원하기 위해서이다.

Cortex-A에서 'A'는 application을 의미한다. 이 프로세서는 Cortex 계열 중에서 가장 성능이 우수한 프로세서이며, 일반적으로 Linux와 같은 일반적으로 Linux와 같은 OS가 포팅되어 사용된다. 현재 휴대폰에서 사용되는 대부분의 프로세서가 Cortex-A 계열에 속한다. 예를 들면, 삼성갤럭시 S9에서 사용하고 있는 프로세서가 Cortex-A55 기반의 엑시노스 9810 프로세서이다. 참고로 Cortex-A55는 ARMv8-A 구조의 64비트 프로세서이다.

Cortex-R에서 'R'은 real-time을 의미하며, 실시간 처리와 관련된 응용 프로그램에 사용된다.

Cortex-M에서 'M'은 micro-controller를 의미하며, 저가형 응용 프로그램에 사용된다. 이 프로세서는 기존의 16비트 프로세서부터 낮은 성능의 32비트 프로세서가 사용되는 응용분야를 목표로 하고 있다. Cortex-M에는 Cortex-M3 계열 프로세서와 여기에 DSP 관련 명령어가 추가된 Cortex-M4와 Cortex-M7 계열 프로세서가 존재한다. 반면에 Cortex-M0, Cortex-M0+, Cortex-M1 계열 프로세서는 ARMv6-M 구조에 속하며, Cortex-M3 구조에 비하여 지원하는 명령어가 제한적이다. 하지만 저비용, 초저전력을 요구하는 응용분야에 적합한 프로세서이다. 최근에 보안에 대한 관심이 높아짐에 따라 ARMv8-M 구조에서는 Trust Zone 기술이 Cortex-M 계열 프로세서인 Cortex-M23, Cortex-M33과 Cortex-M35P에 적용되고 있다. Cortex-M 프로세서들의 특징이 〈표 1-2〉에 나타나 있다. Cortex-M4/M7/M33/M35P에는 FPU가 포함될 수 있지만 옵션 사항이며, SP는 단일정밀도를, DP는 배정밀도를 의미한다.

〈표 1-2〉 ARM Cortex-M 프로세서 종류 및 특징

Cortex-	Thumb 명령어	Thumb-2 명령어	HW 나눗셈명령	Saturated math	DSP extension	FPU	ARM 구조
M0	대부분지원	일부지원	No	No	No	No	ARMv6-M
M0+	대부분지원	일부지원	No	No	No	No	ARMv6-M
M1	대부분지원	일부지원	No	No	No	No	ARMv6-M
M3	모두 지원	모두지원	Yes	Yes	No	No	ARMv7-M
M4	모두 지원	모두지원	Yes	Yes	Yes	SP	ARMv7E-M
M7	모두 지원	모두지원	Yes	Yes	Yes	SP/DP	ARMv7E-M
M23	대부분지원	일부지원	Yes	No	No	No	ARMv8-M
M33	모두 지원	모두지원	Yes	Yes	Option	SP	ARMv8-M
M35P	모두 지원	모두지원	Yes	Yes	Option	SP	ARMv8-M

1.2 ARM Cortex-M 프로세서의 특징

앞에서 언급한 바와 같이 Cortex-M 계열 프로세서는 기존의 16비트 혹은 32비트 마이크로컨트롤러 응용분야의 적용을 목표로 하고 있다. 이와 같은 분야에서는 성능을 유지하면서 높은 코드 밀도와 전력 효율성을 갖도록 하는 것이 중요하다. Cortex-M 프로세서 계열 중에서 현재 시장에 출시된 프로세서로는 Cortex-M0, Cortex-M0+, Cortex-M1, Cortex-M3, Cortex-M4, Cortex-M7이 존재한다. 대략적인 특징을 살펴보면 Cortex-M0/M0+/M1은 특히 저전력과 낮은 가격에 중점을 둔 제품이고, Cortex-M4/M7은 Cortex-M3에 비하여 DSP 응용에 더 적합하게 설계된 프로세서이다. Cortex-M7은 I-/D-cache를 포함하는 구조를 지니고 있으며, 현재로 Cortex-M 계열 중에서 가장 성능이 우수한 프로세서이다. 본 절에서는 Cortex-M3/M4를 중심으로 설명을 하고자 한다. Cortex-M3/M4의 특징은 다음과 같다.

- **저가격 및 저전력의 32비트 마이크로 컨트롤러**

Cortex-M3/M4 프로세서는 32비트 데이터 버스, 32비트 메모리 인터페이스, 32비트 레지스터를 지닌 32비트 프로세서이며, 성능은 1.25 DMIPS/MHz (Dhrystone MIPS/MHz)로 기존의 ARM7TDMI보다 우수하다. 참고로 ARM7TDMI 기반 프로세서는 ARM 모드에서 0.95 DMIPS/MHz, Thumb 모드에서는 0.74 DMIPS/MHz의 성능을 지니고 있다. 또한 Cortex-M3/M4는 ARM7TDMI보다 적은 전력을 소비하는 것으로 알려져 있다. (참고로 180nm 공정에서 ARM7TDMI는 3.36 DMIP/mW이고, Cortex-M3는 3.75 DMIPS/mW 이다.)

- **하바드 구조(Harvard architecture)**

이전의 ARM 프로세서는 데이터 버스와 명령어 버스가 공유된 폰노이만(von-Neumann) 구조를 지니고 있지만, Cortex-M3/M4와 같은 ARMv7 구조의 Cortex 계열 프로세서는 데이터 버스와 명령어 버스가 분리되어 있는 하바드 구조를 지니고 있다. 이와 같은 하바드 구조에서는 데이터를 읽고 쓰는 동안 동시에 명령어를 읽어 올 수 있다. (참고로 Cortex-M0/M0+/M1은 폰노이만 구조를 지니고 있다.)

- **Thumb-2 명령어 지원**

성능을 유지하면서 높은 코드 밀도를 갖도록 하기 위하여 Cortex-M 프로세서 계열은 Thumb-2 명령어(확장된 Thumb명령어)만 지원한다. 기존의 ARM 프로세서는 32비트 명령어인 ARM 명령어와 16비트 명령어인 Thumb 명령어를 지원하고 있지만, Cortex-M에서는 확장된 Thumb 명령어만 지원하고 있다. (Cortex-M3/M4는 ARM 명령어를 지원하지 않고 있다.) 일반적으로 ARM 명령어는 Thumb 명령어를 사용하는 것과 비교하여 성능 면에서 장점을 지니고, Thumb 명령어는 ARM 명령어에 비하여 코드 밀도 면에서 장점을 지닌다. Thumb-2 기술로 확장된 Thumb 명령어에서는 ARM 명령어가 실행되는 ARM 모드와 Thumb 명령어가 실행되는 Thumb 모드 사이의 스위칭 없이 16비트와 32비트 명령어를 (즉, Thumb-2 기술로 확장된 Thumb 명령어) 섞어서 실행할 수 있으며, 이와 같은 특징으로 인하여 성능과 코드 밀도 면에서 조화를 유지한다. (기존의 ARM 프로세서에서는 ARM 모드와 Thumb 모드 사이의 모드 변환을 위해서는 BLX, BX와 같은 특별한 명령어를 사용하여야 한다.)

• 빠른 인터럽트 처리

이전의 ARM 프로세서와 비교하여 볼 때, Cortex-M3/M4 프로세서는 인터럽트 동작에서 많은 변화가 있었다. 이전의 ARM 프로세서에서는 인터럽트를 FIQ(fast interrupt)와 IRQ(interrupt) 두 가지로 구별하였으나, Cortex-M 계열의 프로세서는 NVIC(Nested Vectored Interrupt Controller)를 이용하여 최대 255개의 인터럽트(15개의 시스템 관련 인터럽트와 최대 240개까지의 외부 인터럽트)에 대하여 각각 우선순위를 부여할 수 있으며, 벡터 인터럽트(특정 인터럽트의 서비스 루틴의 위치를 지정된 메모리 번지에 등록하는 구조)를 지원하고 있다.

또한 인터럽트 처리를 위한 일부 기능을 하드웨어에서 수행한다는 점과 연이어 발생한 인터럽트를 빨리 처리하기 위한 메커니즘(tail-chaining, late arrival)의 도입으로 인터럽트 발생부터 처리까지의 시간을 단축하였다. 이에 대한 자세한 설명은 2장에 나타나 있다.

• ARM 어셈블리 명령어 구조

ARM의 어셈블리 명령어는 일반적으로 두 개의 소스 레지스터(Rn과 Rm)와 하나의 결과 혹은 대상 레지스터(Rd)로 구성되어 있다. 예를 들어 덧셈의 경우 명령어는 다음과 같이 구성된다.

```
ADD    Rd, Rn, Rm          ; Rd = Rn + Rm
```

위의 예에서 두 개의 소스 오퍼랜드(source operand)는 레지스터 Rn과 Rm으로부터 읽혀져서, ALU에서 두 값이 더해진 다음, 그 결과가 레지스터 Rd에 저장되도록 동작한다.

로드/저장(load/store) 명령어의 일반적인 구성은 다음과 같다.

```
LDR      Rd, [Rn, Rm]     ; Rd ← MEM32[Rn + Rm]
LDR      Rd, [Rn, #N]     ; Rd ← MEM32[Rn + #N]
STR      Rd, [Rn, Rm]     ; Rd → MEM32[Rn + Rm]
STR      Rd, [Rn, #N]     ; Rd → MEM32[Rn + #N]
```

로드 및 저장 명령에서는 로드할 혹은 저장할 메모리의 주소를 ALU에서 계산한 다음 로드 명령어의 경우는 메모리의 주소로부터 데이터를 읽어서 대상 레지스터 Rd로 그 값을 로드하고, 저장 명령어의 경우는 대상 레지스터 Rd에 있는 값을 계산된 메모리의 주소에 저장하도록 동작한다. 위에서 MEM32[]의 표시는 해당 메모리의 주소로부터 32비트의 데이터를 읽어오거나, 해당 메모리의 주소에 32비트 데이터를 저장함을 의미한다. (데이터 값이 어떤 순서로 기록되는가는 프로세서가 어떤 엔디안(endian) 모드에서 동작하는가에 따라 달라진다.)

ARM 프로세서에서 독특한 점은 두 번째 소스 오퍼랜드(Rm)만이 ALU로 입력되기 전에 배럴 시프터를 거친다는 점이다. 따라서 ARM 프로세서에서는 다음과 같은 형태의 명령어가 존재한다. 즉, 두 번째 소스 오퍼랜드인 Rm만 시프트 연산이 가능하고, 첫 번째 오퍼랜드인 Rn은 시프트 연산이 불가능하다. 두 번째 오퍼랜드가 배럴 시프터를 거치더라도 배럴 시프터가 하드웨어로 구성되어 있기 때문에 명령어 실행 시에 추가 시간이 소요되지 않는다.

```
ADD     Rd, Rn, Rm LSL #2        ; Rd = Rn + (Rm<<2)
STR     Rd, [Rn, Rm LSL #1]      ; Rd → MEM32[Rn + (Rm<<1)]
```

• ARM 파이프라인 (pipeline)

파이프라인이란 RISC 프로세서에서 성능을 높이기 위하여 사용하는 일반적인 방법이다. (그림 1-1)에 나타난 바와 같이 다른 명령어를 디코딩하거나 실행시키고 있는 동안 다음에 실행할 명령어를 가져오는 방법으로 성능을 향상시킨다. 파이프라인의 구성은 ARM 제품군에 따라 다르다. ARM7 제품군은 (그림 1-1) (a)에서 보는 바와 같이 3단계 파이프라인 구조로 동작하며, ARM9 제품군과 ARM10 제품군은 각각 (그림 1-1) (b)와 (c)에서 보는 바와 같이 5단계와 6단계 파이프라인 구조로 되어 있다.

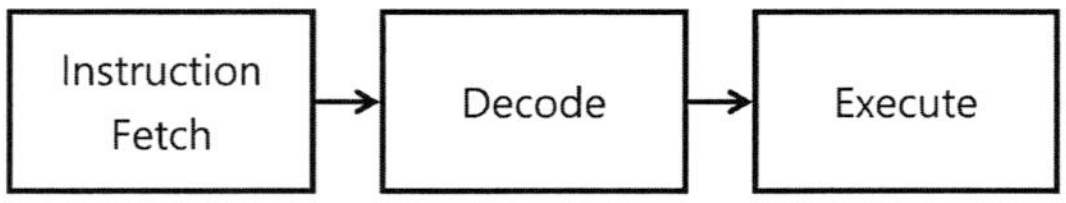

(a) ARM7 3단계 파이프라인 구조

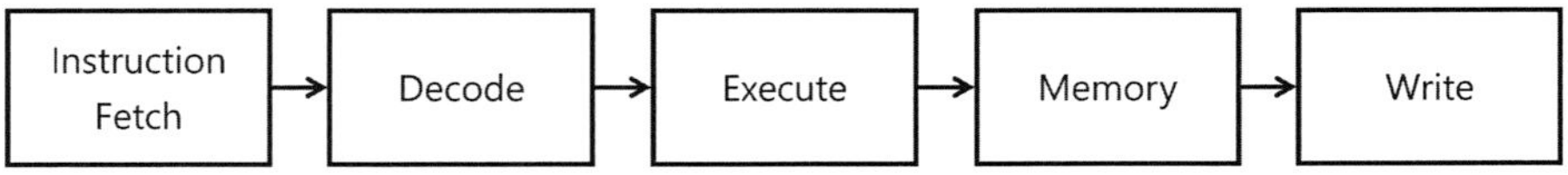

(b) ARM9 5단계 파이프라인 구조

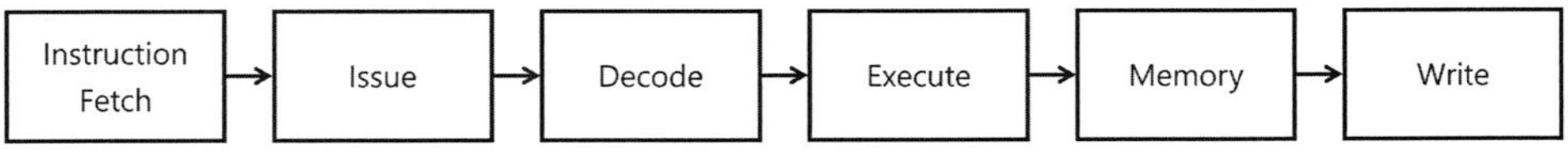

(c) ARM10 6단계 파이프라인 구조

(그림 1-1) ARM의 파이프라인 구조

가장 간단한 3단계 파이프라인의 동작은 (그림 1-2)와 같다. 첫 번째 클럭 사이클에서 CMD1 명령어를 메모리로부터 읽어오고, 다음 클럭 사이클에서는 읽어온 CMD1 명령어를 디코딩하면서 동시에 다음 명령어인 CMD2를 메모리로부터 읽어온다. 그 다음 클럭 사이클에서는 CMD1 명령어를 실행하고, 두 번째 클럭 사이클에서 읽어온 CMD2 명령어를 디코딩하면서 다음 명령어인 CMD3를 메모리로부터 읽어오는 과정을 동시에 수행하는 방식으로 동작한다. 이 경우 평균적으로 한 클럭 당 하나의 명령어가 실행되는 효과를 나타냄으로써 프로세서의 성능을 향상시킬 수 있다.

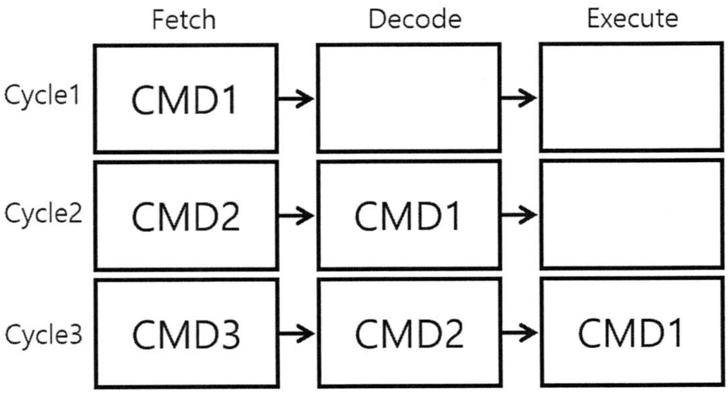

(그림 1-2) 3단계 파이프라인 동작 예

5단계 파이프라인 구조의 동작은 다음과 같다. 첫 번째 단계는 명령어를 메모리로부터 읽어오고, 두 번째는 읽어온 명령어를 해석하고, 그 다음은 명령어를 실행한다. 이 단계에서 ADD와 같은 명령어는 최종 결과 값을 계산하게 되고, LDR과 같은 명령어는 액세스할 메모리의 주소 값을 계산하게 된다. 그 다음 'Memory' 단계에서는 ADD와 같은 명령어의 경우에는 별다른 동작을 하지 않지만, LDR과 같은 명령어가 주어졌을 경우 메모리로부터 데이터 값을 읽어온다. 마지막 'Write' 단계에서는 ADD와 같은 명령어가 주어졌을 때에는 결과 값을, LDR과 같은 명령어의 경우에는 메모리로부터 읽어온 데이터 값을 레지스터에 쓰게 된다. 6단계 파이프라인 구조에서는 'Issue' 단계를 추가하여 디코딩 시간을 늘림으로써 오퍼랜드 간 의존성(operand dependency)을 줄이는 방식으로 성능을 향상시킨다.

일반적으로 파이프라인의 단계가 많아짐에 따라 각 단계의 하드웨어가 간단해져서 더 빠른 클럭 속도로 동작할 수 있기 때문에 성능이 향상되는 반면에 'pipeline hazard'라는 문제와 분기에 따른 문제는 더 심각해진다. 이러한 문제점을 감소시키기 위하여 분기 예측 등의 기법이 사용되고 있다. 평균적으로 ARM7은 0.9 DMIPS/MHz, ARM9은 1.1 DMIPS/MHz, ARM10은 1.3 DMIPS/MHz의 성능을 나타낸다.

ARM은 제품군에 따라 서로 다른 파이프라인 구조를 가지고 있지만, 프로그래머 관점에서는 모두 동일한 특성을 가지고 동작한다. 즉 프로그래머의 관점에서는 가장 간단한 3 단계 파이프라인에서의 동작을 이해하면, 다른 파이프라인 구조를 지닌 경우에서의 동작도 예측할 수 있게 된다.

(그림 1-2)에 나타나 있는 3단계 파이프라인의 동작을 자세히 살펴보자. CMD1의 명령이 0x1000번지에 저장되어 있다고 한다면, CMD1의 명령이 수행될 시점(16비트 Thumb 명령어 실행의 경우)의 PC(program counter)의 값은 0x1000이 아니라 0x1004(CMD1 명령어가 저장된 주소 + 4)가 된다. 즉, CMD1이 실행되는 시점에 CMD3의 명령어를 메모리로부터 가져오기 때문에 PC의 값이 0x1004가 되어야 한다. (만약 ARM 모드에서 동작한다고 하면, ARM 명령어는 한 명령어 당 4바이트를 차지하기 때문에 PC의 값은 0x1008이 된다.) 이러한 특성을 잘 이해하여야만 분기 명령('B' 혹은 'BL')에서 타겟 주소의 오프셋 값을 정확하게 계산 혹은 이해할 수 있게 되며, 인터럽트와 같은 예외 발생을 처리한 후에 복귀하여야 할 주소를 정확하게 계산할 수 있다.

• 메모리 구조

ARM에서는 바이트(8비트), 하프워드(halfword: 16비트)와 워드(word: 32비트) 단위로 메모리에서 데이터를 액세스할 수 있다. ARM 코어의 종류에 따라 데이터가 반드시 정렬되어 있어야 하는 경우도 있고, 정렬되지 않은 데이터의 액세스가 가능하기도 하다. 정렬이 된 상태에서 워드 단위로 데이터를 읽으려면 해당 데이터 주소의 비트 [1:0]은 반드시 '00'이어야 하고, 하프워드 단위로 데이터를 읽으려면 해당 데이터 주소의 비트 [0]은 반드시 '0'이어야 한다. 만약 데이터가 반드시 정렬되어 있어야 하는 코어에서 정렬이 맞지 않은 주소를 액세스하면 폴트가 발생하게 된다. Cortex-M3/M4에서는 디폴트 상태에서 정렬이 되지 않은 메모리 주소를 액세스할 수 있으나, 정렬이 되지 않은 메모리 주소를 액세스할 때 폴트(usage fault)가 발생하도록 설정할 수 있다. 정렬이 되지 않은 데이터의 액세스를 지원하는 코어에서도 정렬이 안 된 데이터를 읽는 경우 시간이 더 많이 소요되므로 특별한 경우가 아니면 정렬이 된 주소에 데이터를 저장하는 것이 좋다. 따라서 프로그래머의 의도하지 않은 실수를 막기 위하여 정렬이 되지 않은 메모리 주소를 액세스할 때 폴트를 발생시키도록 하기도 한다.

메모리에 하프워드와 워드 단위로 데이터를 저장하는 방법에는 빅 엔디안(big-endian) 방식과 리틀 엔디안(little-endian) 방식이 있다. 전통적으로 모토롤라 사에서 만든 프로세서는 빅 엔디안 방식을 사용하였고, 인텔사의 프로세서에서는 리틀 엔디안 방식을 사용하였다. 하지만 최근의 프로세서에서는 일반적으로 두 가지 방식을 모두 지원한다. ARM 코어에서도 두 가지 방식을 모두 지원하며 (일반적으로 Cortex-M 계열 프로세서에서는 제조 시에 지원하는 방식을 고정시키고 있다.) 리셋 후에는 디폴트로 리틀 엔디안 방식으로 동작한다.

빅 엔디안은 메모리의 하위 주소에 MSB(most significant byte)를 저장하고, 리틀 엔디안은 메모리의 하위 주소에 LSB(least significant byte)를 저장한다. 예를 들어 4바이트 데이터 0x11223344를 주소 N에 저장하였을 경우, 리틀 엔디안 방식과 빅 엔디안 방식의 프로세서에서 데이터가 저장되는 형태가 (그림 1-3)에 나타나 있다.

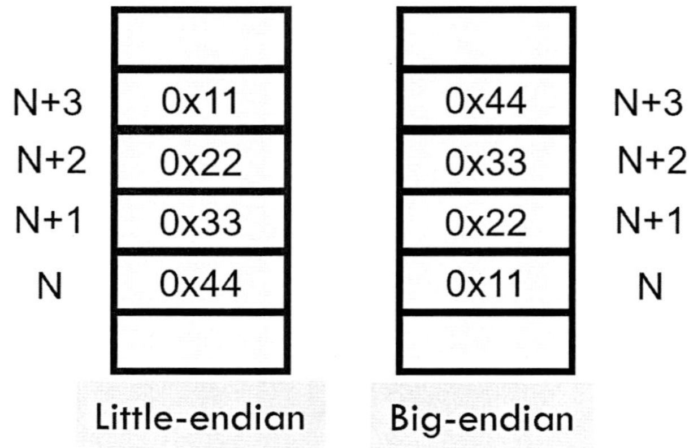

(그림 1-3) Little-endian과 Big-endian 시스템에서의 데이터 저장 예

LSB 데이터가 리틀 엔디안에서는 하위 주소인 N에 저장되는 반면에 빅 엔디안에서는 상위 주소인 N+3에 저장된다.

• **메모리 맵 I/O 방식**

프로세서에는 다양한 종류의 입출력을 위한 주변기기들이 연결되어 사용되고 있으며, 일반적으로 내장형 시스템에서 프로세서는 주변기기들로부터 신호를 읽고, 처리를 한 다음에 제어 신호를 출력하는 형태로 동작한다. 이러한 주변기기들을 제어하거나 신호를 입출력을 하려면 주변기기의 레지스터에 데이터를 쓰거나 읽어야 한다. 프로세서에서 주변기기들의 레지스터에 접근하는 방식은 메모리 맵 I/O(memory mapped I/O) 방식과 포트맵 I/O(port mapped I/O) 방식으로 구별된다.

메모리 맵 I/O 방식은 실제 메모리를 액세스할 수 있는 주소 중의 일부를 주변기기에 할당하여 사용하는 방법이다. 따라서 메모리로부터 데이터를 읽고 쓰는 방법과 주변기기로부터 데이터를 읽고 쓰는 방법에서 아무런 차이가 없다. 즉, LDR와 STR과 같은 동일한 명령어를 이용하여 메모리 혹은 주변기기 레지스터를 액세스하게 된다. 하드웨어를 구성할 때에도 메모리를 구성하는 것과 동일한 제어 신호만을 이용한다. 일반적으로 메모리를 액세스할 때 요구되는 시간보다 주변기기를 액세스할 때 소요되는 시간이 길기 때문에 하드웨어 구성 시에 타이밍을 고려하여야 한다. 하지만 최근의 프로세서들은 이들을 제어하기 위한 로직을 프로세서에 포함하고 있어 적절한 초기화 과정을 통해서 타이밍을 제어할 수 있다. 메모리 맵 I/O 방식을 사용하고 있는 프로세서로는 ARM, MIPS, PowerPC 등이 있다.

포트 맵 I/O 방식에서는 메모리를 액세스할 수 있는 주소 영역과 주변기기를 위한 주소 영역이 물리적으로 구별되어 있다. 예를 들면 0x100번지에 해당하는 메모리 액세스 영역이 있고, 별도로 I/O를 위한 0x100번지가 존재한다는 의미이다. 따라서 메모리를 액세스할 때 사용하는 명령어와 입출력을 위하여 사용하는 명령어가 구별된다. 이들 명령이 실행될 때 사용되는 제어 신호도 다르기 때문에 이를 이용하여 하드웨어를 구성한다. 예를 들어 메모리를 액세스 할 경우에는 LOAD/STORE와 같은 명령을, 주변기기에 입출력을 할 경우에는 IN/OUT과 같은 별도의 명령어를 사용한다. 이와 같은 방법을 이용하는 프로세서는 X86 계열의 프로세서들이다.

• 그 외의 특징

Cortex-M3/M4에서는 하드웨어 기반의 나눗셈 명령어를 지원하고 있으며, 하나의 클럭이 소요되는 곱셈 명령어 또한 지원하고 있다.

실시간 OS의 포팅을 용이하게 하기 위하여 Cortex-M3/M4 코어에 시스템 타이머(SysTick)를 포함하고 있다.

Cortex-M4는 DSP를 위한 명령어를 지원하며, 단일 정밀도의 부정 소수점 연산을 지원하는 유닛(single precision floating-point unit)을 옵션으로 가질 수 있다. (Cortex-M4F 계열의 프로세서는 FPU를 포함하고 있다.)

버스 매트릭스를 통하여 여러 버스(I-code bus, D-code bus, 시스템 버스, PPB(private peripheral bus))를 용이하게 접근 가능하게 함으로써 디버깅을 용이하게 하였다. DWT(Data Watchpoint & Trace), FPB(Flash Patch & Breakpoint), ITM(Instrumentation Trace Macrocell), ETM(Embedded Trace Macrocell) 등을 통하여 디버깅을 지원하고 있다. TPIU(Trace Port Interface Unit)를 통하여 외부의 디버거와 인터페이스가 용이하도록 지원하고 있으며, SW/SWJ-DP(serial wire debug port/serial wire JTAG debug port)를 통하여 간단한 디버그 인터페이스를 제공하고 있다.

제2장

ARM Cortex-M4 프로세서

이 장에서는 Cortex-M4 프로세서 구조를 중심으로 설명한다. Cortex-M3 프로세서는 몇 가지 기능을 제외하고는 Cortex-M4와 유사하므로 Cortex-M3 구조를 이해하는 데에도 도움이 될 것이다.

2.1 ARM Cortex-M4 프로세서 동작 모드 및 스택

기존의 ARM 프로세서에서는 유저 모드, 시스템 모드, FIQ 모드, IRQ 모드, SVC 모드, Undef 모드, Abort 모드의 7가지 동작 모드가 존재하고, 이들 중에서 유저 모드를 제외한 나머지 모드들은 특권 모드로 동작한다.

하지만 Cortex-M3/M4에서는 프로세서의 동작 모드가 쓰레드(Thread) 모드와 핸들러(Handler) 모드로 구성되어 있다. 쓰레드 모드는 일반 소프트웨어를 실행하는 모드이고, 핸들러 모드는 익셉션(exception)을 처리하는 모드이다. (ARM Cortex 관련 자료집에서는 인터럽트도 익셉션에 포함시키고 있다.) 핸들러 모드에서는 항상 특권을 가지게 되며, 쓰레드 모드에서는 특권이 없는 사용자 모드(user thread) 또는 특권 모드(privileged thread)로 동작할 수 있다.

특권 모드에서는 모든 레지스터를 포함한 모든 자원에 접근이 가능하고 또한 모든 명령어를 실행할 수 있는 반면에, 특권이 없는 사용자 모드에서는 MPU에 의해서 제한된 메모리 영역, 시스템과 관련된 레지스터를 포함하고 있는 메모리 영역과 특별 레지스터(special register)에 접근 할 수 없다.

특권 쓰레드(privileged thread) 모드에 있을 때에는 CONTROL[0](CONTROL 레지스터의 비트 0) 값을 변경시킴으로써 사용자 쓰레드(user thread) 모드로 변경할 수 있으나, 사용자 쓰레드 모드에서는 특별 레지스터인 CONTROL 레지스터에 접근이 허용되지 않기 때문에 특권 쓰레드 모드로 변경이 불가능하다. 따라서 사용자 쓰레드 모드에서 특권이 요구되는 처리가 필요한 경우에는 다음과 같은 방법을 이용한다. 사용자 쓰레드 모드에서 익셉션이 발생하면, 핸들러 모드로 변경이 되고, 핸들러 모드는 특권을 지니고 있기 때문에 특권 모드에서만 처리가 가능한 작업을 수행할 수 있다. 또는 사용자 쓰레드 모드에서 SVC 명령어를 실행하게 되면 익셉션이 발생하게 되어 특권 모드로 진입할 수 있게 되므로, 특권 모드에서만 처리가 가능한 작업을 수행할 수 있다. (SVC 명령어는 주로 시스템 콜을 구현하는 데에 사용된다.) 프로세서 동작 모드 간에 천이는 (그림 2-1)에 나타나 있다. 프로세서가 리셋(reset) 된 다음에는 항상 특권 쓰레드 모드에서 동작하게 된다.

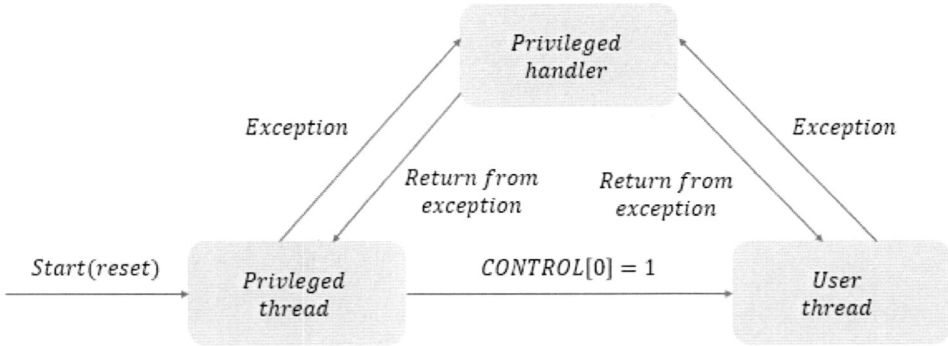

(그림 2-1) 프로세서 모드 천이도

기존의 ARM 프로세서에서는 동작 모드에 따라 서로 다른 스택을 사용할 수 있지만(정확하게는 유저 모드와 시스템 모드는 동일한 스택을 사용한다.), Cortex-M3/M4에서는 SP로 명명된 레지스터가 실질적으로는 MSP(Main Stack Pointer) 혹은 PSP(Process Stack Pointer)를 사용하기 때문에 서로 다른 두 개의 스택을 사용할 수 있도록 되어 있다. 핸들러 모드에서는 반드시 MSP가 사용되며, 쓰레드 모드에서는 MSP나 PSP 중 하나가 스택 포인터로 사용될 수 있다. 이 때 사용되는 스택은 CONTROL[1]에 의해서 결정된다. 즉, CONTROL[1]=0이면 MSP가 사용되고, CONTROL[1]=1이면 PSP가 사용된다. (이것의 의미는 CONTROL[1]=0일 경우 프로그램에서 사용하는 SP는 실질적으로 MSP 사용을 의미하게 되고, CONTROL[1]=1일 경우 SP는 PSP 사용을 의미한다.) 디폴트 값은 CONTROL[1]=0이므로, 프로그램에서 다른 조치를 취하지 않는 한 MSP가 사용되도록 되어 있다.

쓰레드 모드에서 동작하다 익셉션이 발생하면, 익셉션 처리를 위해서 핸들러 모드로 변환된다. 그리고 핸들러 모드에서는 반드시 MSP가 사용된다. 익셉션 처리가 끝나면 다시 쓰레드 모드로 돌아오게 되는데, 이때 익셉션 이전에서 사용하던 스택을 사용해야 프로그램이 정상적으로 동작한다. 따라서 ISR(Interrupt Service Routine)에서 복귀할 때, 이전에 사용하던 SP가 어떤 것인지 프로세서가 알고 있어야 하며, 이 정보는 EXC_RETURN(exception return value)이라고 하는 특별한 값에 포함되어 있다.

현재 쓰레드 모드에서 PSP를 사용하고 있을 때, 인터럽트가 발생하여 인터럽트를 처리한 후 다시 복귀될 때, 동작 모드 및 SP의 사용의 예가 (그림 2-2)에 나타나 있다.

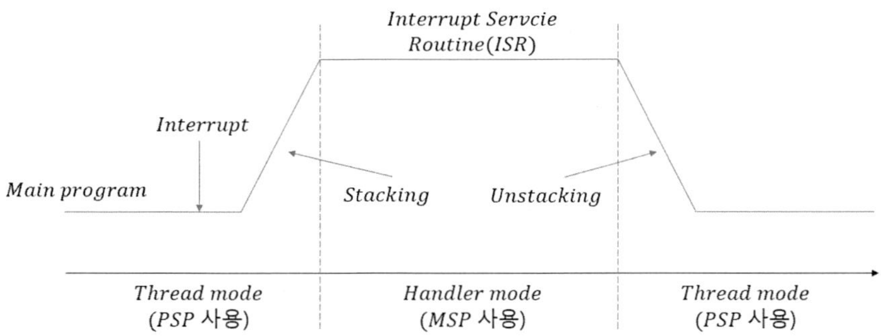

(그림 2-2) 인터럽트 발생 시 SP 사용 예

Cortex-M3/M4 프로세서에서는 PUSH 혹은 POP과 같은 명령어를 실행시킬 때, 스택은 "full descending stack"으로 동작하게 된다. 즉 현재 SP가 지정하고 있는 스택의 메모리 번지는 이미 사용 중이고(full의 의미), 스택에 데이터를 저장할 때에는 메모리 주소가 감소하는 방향으로 ("descending"의 의미) 저장된다는 의미이다. 일반적으로 ARM 프로세서의 컴파일러는 스택이 "full descending stack"으로 동작하도록 코드를 생성한다.

앞에서 설명한 바와 같이 특권 모드와 SP의 제어는 CONTROL 레지스터에 의해서 제어된다. 〈표 2-1〉에 CONTROL 레지스터에 대한 내용이 정리되어 있다. CONTROL.FPCA 비트는 FPU를 포함하고 있는 Cortex 프로세서에만 사용되는 비트이다. 즉, Cortex-M3에서는 사용되지 않고, Cortex-M4에서는 Cortex-M4F 계열의 프로세서에서만 사용된다. CONTROL.FPCA의 값을 이용하여 "lazy stacking"이라고 불리는 메커니즘이 동작하게 된다. 이에 대한 상세한 내용은 FPU를 참조하기 바란다.

〈표 2-1〉 CONTROL 레지스터에 대한 설명

비트	이름	내용
[2]	FPCA	Floating Point Context Active 0=부동소수점 관련 명령어가 사용되지 않았다. 1=부동소수점 관련 명령어가 사용되었다.
[1]	SPSEL	0=디폴트 스택 (MSP: main stack pointer) 1=프로세스 스택 (PSP: process stack pointer)
[0]	nPRIV	0=privileged thread mode 1=unprivileged(user) thread mode

2.2 레지스터

2.2.1 R0 ~ R15 레지스터

Cortex-M3/M4 프로세서에는 R0~R15까지의 레지스터가 존재한다. R0~R12의 레지스터들은 일반 용도로 사용할 수 있는 32비트 레지스터이며, 기능면에서 차이는 없다. 이중에서 R0~R7 레지스터는 하위 레지스터(low register)라고 하며, 하위 레지스터는 16비트 혹은 32비트 명령어에서 사용된다. R8~R12 레지스터는 상위 레지스터(high register)라고 하며, 32비트 명령어에서는 사용되고 있으나, 16비트 명령어에서는 대부분 사용되지 않는다.

〈표 2-2〉 R0 ~ R15 레지스터 기능

Name	Functions
R0	General purpose
R1	General purpose
R2	General purpose
R3	General purpose
R4	General purpose
R5	General purpose
R6	General purpose

〈표 2-2〉 R0 ~ R15 레지스터 기능(계속)

Name		Functions
R7		General purpose
R8		General purpose
R9		General purpose
R10		General purpose
R11		General purpose
R12		General purpose
R13 (MSP)	R13 (PSP)	Stack Pointer (SP)
R14		Link Register (LR)
R15		Program Counter (PC)

레지스터 R13은 일반적으로 스택 포인터로 사용되며, 프로그램에서 R13이란 이름 대신에 일반적으로 SP(Stack Pointer)란 이름으로 사용한다. 앞에서 설명한 것처럼 R13 레지스터로는 물리적으로 서로 다른 MSP와 PSP 레지스터가 존재하며, R13 혹은 SP에 의해서 참조되는 레지스터는 CONTROL[1] 값에 의해서 결정된다. 현재 사용되고 있지 않는 레지스터(MSP 혹은 PSP)는 MSR/MRS 명령어에 의해서만 접근이 가능하다. Cortex-M3/M4 프로세서는 리셋 후에 메모리 0x00000000번지에 저장된 값을 읽어서 그 값을 MSP에 로드한다. 따라서 사용할 스택의 메모리 주소 값이 메모리 0x00000000번지에 위치하도록 프로그래밍해야 한다.

레지스터 R14는 서브루틴 함수 실행 후에 되돌아갈 주소를 저장하거나, 익셉션 발생 시에 EXC_RETURN(exception return value)값을 저장하는데 사용되는 레지스터이며, 일반적으로 LR(Link Register)이란 이름으로 사용된다. 예를 들면 서브루틴 함수를 호출하는 명령어인 BL(Branch with Link)을 실행하면 Cortex-M3/M4 프로세서는 서브루틴 함수를 실행한 후에 돌아와야 할 주소를 자동으로 LR에 저장한다. 따라서 서브루틴 함수의 마지막에서는 링크 레지스터 R14의 정보를 PC 레지스터로 옮김으로써 ('MOV PC, LR' 혹은 'BX LR' 명령어를 이용) 서브루틴 함수를 호출하였던 그 다음 명령어부터 실행할 수 있게 된다. 리셋 후에 레지스터 R14의 값은 0xFFFFFFFF로 초기화가 된다.

레지스터 R15는 프로세서에서 다음에 읽어올 명령어의 주소를 지정하는 용도로 사용되며, 일반적으로 PC(program counter)란 이름으로 사용된다. ARM Cortex-M3/M4에서는 3단계 파이프라인으로 인하여 0x1000번지에 위치한 명령어를 실행할 때, R15값은 0x1004번지를 나타낸다. 명령어를 읽어올 때 비트[0]의 값은 무시되기 때문에, 명령어는 항상 2의 배수인 메모리 주소에 정렬되어 저장되어야 한다. 리셋 후에는 0x00000004번지에 저장된 값이 PC 레지스터에 로드된다. 따라서 리셋 후부터 실행되는 명령어는 일반적인 프로세서처럼 0x00000000번지부터 시작되는 것이 아니라, 0x00000004번지에 저장한 리셋 벡터의 주소에 위치한 명령어부터 실행된다. 예를 들면 메모리 0x00000004번지에 0x00001000값이 저장되어 있다면, 프로세서가 리셋 된 후에는 0x00001000번지에 위치한 명령어부터 실행된다. (엄밀하게 기술하자면 이와 같은 경우, Cortex-M의 0x00000004번지에는 0x00001001값이 저장된다. 비트[0] 값은 명령어를 메모리에서 읽어 올 때 무시되기 때문에 시작 명령어의 위치에 영향을 주지 않으며, 단지 프로세서의 동작 모드(ARM 모드 혹은 Thumb 모드)를 결정하는데 사용된다. 즉 비트[0] 값이 '1'이면 Thumb 모드로 동작하게 된다. Cortex-M 계열 프로세서는 항상 Thumb 모드에서만 동작하기 때문에 이와 같은 비트[0]의 값이 문제가 되지 않는 프로세서들도 있다.)

CMSIS 지원하는 C 컴파일러에서는 MSP와 PSP 레지스터로부터 값을 읽거나 쓰기 위해서 다음과 같은 함수를 제공한다.

```
uint32_t __get_MSP(void);
void __set_MSP(uint32_t TopOfMainStack);
uint32_t __get_PSP(void);
void __set_PSP(uint32_t TopOfProcessStack);
```

2.2.2 특별 레지스터(Special registers)

Cortex-M3/M4 프로세서에 있는 특별 레지스터는 〈표 2-3〉에 나타나 있다. 크게는 프로그램의 상태를 나타내는 PSR(Program Status Register), 인터럽트 제어와 관련된 레지스터와 특권 모드와 사용 SP를 제어하는 CONTROL 레지스터가 있다. 특별 레지스터들은 APSR 레지스터를 제외하고는 모두 특권이 있을 경우에만 접근이 가능하며, MRS/MSR 명령어를 이용하여 접근하게 된다. 다음 예에서 첫 명령어는 CONTROL 레지스터를 레지스터 R0로 읽는 명령어이고, 두 번째 명령어는 레지스터 R0의 내용을 CONTROL 레지스터에 쓰는 명령어이다. 즉, CONTROL 레지스터의 값을 변경하기 위해서는 일반적으로 CONTROL 레지스터의 내용을 일반 레지스터로 옮긴 다음, 일반 레지스터에서 원하는 비트의 값만을 변경한 후에 일반 레지스터의 내용을 CONTROL 레지스터로 쓰게 된다. CONTROL 레지스터의 값을 직접 바꾸는 명령어는 존재하지 않는다.

```
MRS    R0, CONTROL
MSR    CONTROL, R0
```

〈표 2-3〉 특별 레지스터

종류	이름	타입	리셋 후 값
PSR	xPSR	RW	
	APSR	RW	UNKNOWN
	IPSR	RO	0x00000000
	EPSR	RO	0x01000000
인터럽트 제어 관련	PRIMASK	RW	0x00000000
	FAULTMASK	RW	0x00000000
	BASEPRI	RW	0x00000000
제어	CONTROL	RW	0x00000000

PSR(program status register)에는 APSR(application PSR), IPSR(interrupt PSR)과 EPSR(Execution PSR)의 3가지 레지스터가 있으며, xPSR은 동시에 이 3가지 레지스터의 내용을 접근할 때 사용하는 이름이다. xPSR이라는 레지스터 이름으로 3개의 레지스터 내용에 접근할 수 있는 이유는 (그림 2-3)에서 보는 바와 같이 APSR, IPSR과 EPSR이 사용하는 비트가 서로 겹치는 부분이 없기 때문이다.

	31	30	29	28	27	26	25	24	23	22	21	20	19	18	17	16	15	14	13	12	11	10	9	8	7	6	5	4	3	2	1	0
APSR	N	Z	C	V	Q	RESERVED							GE[3:0]				RESERVED															
IPSR	RESERVED																							ISR_NUMBER								
EPSR						ICT/IT		T	RESERVED								ICT/IT															
xPSR	N	Z	C	V	Q	ICT/IT		T					GE[3:0]				ICT/IT							ISR_NUMBER								

(그림 2-3) PSR 레지스터의 구성

APSR은 프로그램의 연산 결과를 나타낸다. 각 플랙(flag) 비트의 의미는 다음과 같다.

- N(negative) 플랙

  연산의 결과가 음수인 경우에 '1'로 된다. 이것은 연산 결과 값의 비트 31에 의해서 결정된다.

- Z(zero) 플랙

  연산의 결과가 '0'인 경우 '1'로 된다.

- C(carry) 플랙

  연산이나 시프트 연산에서 캐리가 발생한 경우에 '1'로 된다. 즉, 연산을 할 경우 각 데이터를 부호가 없는 정수(unsigned integer) 값으로 생각하여 계산을 한 결과가 $2^{32}-1$의 범위를 넘으면 캐리가 발생한다. (음수 값은 2의 보수 형태로 표현한 다음, 부호가 없는 정수인 것처럼 계산한다.) 따라서 뺄셈의 경우에서는 빌림(borrow)이 발생하면 C=0이 되고, 빌림이 없으면 C=1이 된다.

- V(overflow) 플랙

  연산의 결과가 2의 보수(2's complement)로 표현할 수 있는 범위 즉 -2^{31} ~ $(2^{31}-1)$를 넘게 되면 오버 플로우 플랙이 '1'로 된다.

- Q 플랙

  포화 연산(saturated mathematics)에서 연산 결과에 포화가 발생하면 '1'로 된다. 포화 연산은 연산의 결과가 32비트로 표현 가능한 범위를 넘어 갈 경우 표현 가능한 최댓값 혹은 최솟값으로 결과를 표현하는 연산으로 신호 처리 분야에서 유용하게 사용된다. Q 플랙은 한번 세트되면 사용자가 클리어 시켜 주지 않는 한, 계속 세트된 상태로 남아 있다. (이러한 특성을 'sticky'하다고 표현한다.)

- GE(Greater than or Equal) 플랙

  ARMv7 구조부터 추가된 플랙으로, SIMD 명령어 중에서 병렬 덧셈과 뺄셈 명

령어의 실행 결과에 따라 플랙 값이 결정된다. GE 플랙 값은 주로 SEL 명령어와 연계되어 사용된다. 다음과 같은 예제를 이용하여 GE 플랙 사용 용도를 살펴보자.

```
USUB8  r2, r0, r1;  // r2[7:0] = r0[7:0] - r1[7:0], ...
                    ;// r2[31:24] = r0[31:24] - r1[31:24]
SEL    r3, r1, r0;  // if GE[0] = 1, r3[7:0] = r1[7:0]
                    ;// Otherwise, r3[7:0] = r0[7:0]
```

USUB8 명령어는 바이트 단위로 부호 없는 뺄셈(unsigned subtract)을 하라는 명령어이고, 그 연산과 관련된 플랙 값이 GE[3:0]에 반영된다. 예를 들어 r0[7:0] >= r1[7:0]이면 GE[0]=1이 된다. SEL 명령어는 각 GE 플랙 값에 따라 첫 번째 혹은 두 번째 피연산자의 바이트를 선택하게 된다. 따라서 레지스터 r3의 각 바이트에는 레지스터 r0와 r1의 각 바이트 값 중에서 작은 값이 선택된다. SADD16, SSUB16, USUB16, UADD16, SADD8, SSUB8, USUB8, UADD8, SASX, SSAX, UASX, USAX와 같은 명령어가 GE 플랙에 영향을 미치게 된다.

IPSR의 ISR_NUMBER는 현재 발생한 익셉션에 대한 처리 과정(즉, 현재 실행 중인 ISR(interrupt service routine)) 중에 있는 익셉션이 어떤 것인지를 표시한다. 예를 들어 15이면 SysTick에 대한 ISR을 처리 중에 있다는 것을 의미한다.

EPSR 레지스터는 실질적으로 사용자는 쓸 수도 읽을 수도 없는 레지스터이다. EPSR 레지스터에 쓰기를 하면 그것은 무시되며, 읽을 때에는 항상 '0'의 값이 읽히도록 되어 있다. EPSR[24] 비트는 프로세서가 Thumb 모드에 있는가를 나타내는 비트이다. Cortex-M3/M4 프로세서에서는 프로세서가 항상 Thumb 모드에 있기 때문에 EPSR[24]=1일 것이다. EPSR[26:25]와 EPSR[15:10] 비트들은 ICI (Interruptible-Continuable Instruction)와 IT(If-Then) 명령어에서 다음 실행 위치를 나타내는데 사용된다.

ICI란 LDM, STM, PUSH, POP과 같은 명령어를 의미하는데, 이러한 명령어는 다수의 레지스터 내용을 메모리에 저장하거나 혹은 메모리로부터 다수의 레지스터로 로드하는 명령어로, 실행하는 데 많은 사이클이 요구된다. 따라서 이런 명령어 실행 중 인터럽트가 발생하였다고 가정할 때, 이 명령어를 모두 실행한 다음 인터럽트를 처리하면 인터럽트 처리에 상당한 지연이 발생하게 되어 문제가 될 수 있다. 따라서 인터럽트 처리에서 지연이 발생하지 않도록 하기 위해서는 이러한 명령의 실행 도중에 인터럽트를 처리하도록 해야 할 것이다. 그렇게 하기 위하여 인터럽트를 처리 한 후 실행되지 못한 나머지 부분에 대한 명령어를 처리하는 방법이 필요하다. LDM, STM, PUSH, POP과 같은 명령어에서는 처리를 재개해야 할 레지스터가 무엇인가를 표시하면 된다. 이러한 경우, EPSR[26:25]=0, EPSR[11:10]=0으로 하고, EPSR[15:12]에 처리를 재개하여야 할 레지스터 번호를 기록해 두게 된다. EPSR[15:12]=11이면 R11부터 처리해야 한다는 의미이다.

기존의 32비트 ARM 명령어는 거의 모든 명령어가 조건에 따라 실행되거나 실행되지 않도록 할 수 있는 조건부 실행(conditional execution)이 가능하도록 되어 있다. 하지만 16비트로 제한되어 있는 Thumb 명령어에서는 명령어 비트 수의 제약으로 인하여 그와 같은 메커니즘을 사용하기 어렵다. 하지만 조건부 실행은 파이프라인이 깨지지 않게 하는 장점이 있기 때문에, Thumb-2에서는 이와 유사한 기능을 별도의 IT(If-Then) 명령어를 이용하여 제공하고 있다. 아래에 나타난 IT 명령어는 다음과 같이 동작한다. 명령어에서 'ITETT'는 If-Then-Else-Then-Then의 의미로 첫 번째 명령어는 이전 명령어 실행 결과가 NE(Not Equal) 상태이면 실행하고, 두 번째 명령어는 NE 상태가 아니면 즉 EQ(Equal) 상태이면 실행하고, 세 번째와 네 번째 명령어는 NE 상태이면 실행하라는 의미이다.

```
ITETT NE
ADDNE R0, R0, R1
ADDEQ R0, R0, R3
ADDNE R2, R4, #1
MOVNE R5, R3
```

IT 명령어 다음에 나타난 명령어에는 조건이 붙어 있지만 (즉, ADDNE는 ADD 명령어에 실행 조건을 나타내는 NE가 붙어 있다.) Thumb-2에서는 조건부 명령어가 지원되지 않기 때문에 머신 코드로 변환하였을 때에는 조건이 없는 명령어와 동일하게 된다. 그럼에도 불구하고 위와 같이 코딩을 하는 이유는 코드 작성자가 실수를 하지 않도록 하기 위함이다. 따라서 IT 명령어 실행 도중에 인터럽트가 발생하면, 다음에 실행되어야 할 명령어가 어떤 조건일 때 실행되어야 하는가에 대한 정보를 저장하고 있어야 한다.

EPSR[26:25] => IT[1:0], EPSR[15:12] => IT[7:4], EPSR[11:10] => IT[3:2]로 명명하였을 때, 인터럽트 실행 후에 실행되어야 할 명령어의 조건은 〈표 2-4〉과 같이 표시한다.

〈표 2-4〉 EPSR에서 IT 명령어 상태 기술 방법

IT[7:5]	IT[4]	IT[3]	IT[2]	IT[1]	IT[0]	설명
base condition	P1	P2	P3	P4	1	Entry point for 4-instruction IT block
base condition	P1	P2	P3	1	0	Entry point for 3-instruction IT block
base condition	P1	P2	1	0	0	Entry point for 2-instruction IT block
base condition	P1	1	0	0	0	Entry point for 1-instruction IT block
000	0	0	0	0	0	Normal execution (not in an IT block)

〈표 2-4〉에서 세 번째 표현의 의미는 IT 명령과 관련하여 두 명령어가 추가로 실행되어야 함을 나타내고, 이때 첫 번째 명령어의 실행 조건은 (base condition +P1), 두 번째 명령어의 실행 조건은 (base condition+P2)라는 의미이다. 이와 같이 표현이 가능한 이유는 각 조건에 대한 코드의 매핑이 〈표 2-5〉와 같기 때문이다. 〈표 2-5〉에서 보는 바와 같이 then-else에 대응되는 조건에 해당하는 코드를 보면 상위 3비트는 같고 나머지 한 비트만이 차이가 남을 알 수 있다. 즉, EQ와 NE를 보면 상위 3비트는 '000'이고 나머지 한 비트만 서로 다름을 알 수 있다. 따라서 이와 같은 경우 '000'이 'base condition'이 되고 P1과 P2의 각 한 비트에 따라 해당 명령어의 실행 조건이 결정된다.

〈표 2-5〉 명령어 실행 조건에 대한 코드

코드	조건	코드	조건
0000	EQ (Equal)	1000	HI (unsigned Higher)
0001	NE (Not Equal)	1001	LS (unsigned Lower or Same)
0010	CS (Carry Set)	1010	GE (signed Greater than or Equal)
0011	CC (Carry Clear)	1011	LT (signed Less Than)
0100	MI (Minus)	1100	GT (signed Greater Than)
0101	PL (Plus)	1101	LE (signed Less than or Equal)
0110	VS (Overflow Set)	1110	AL (ALways)
0111	VC (Overflow Clear)		

PRIMASK 레지스터는 NMI와 하드 폴트(Hard Fault)를 제외한 모든 인터럽트를 비활성화 시킬 수 있는 기능을 지니고 있다. PRIMASK의 비트[0]을 '1'로 하였을 때 인터럽트를 비활성화 시킨다.

〈표 2-6〉 PRIMASK 레지스터

비트	명칭	기능
[0]	PRIMASK	0 = no effect 1 = disable all exceptions except NMI and hard fault

PRIMASK 레지스터에서 인터럽트를 활성화 시키거나 비활성화 시키기 위하여 사용할 수 있는 명령어는 다음과 같다.

```
; disable interrupt
MOV   R0, #1
MSR   PRIMASK, R0
; enable interrupt
MOV   R0, #0
MSR   PRIMASK, R0
```

혹은 다음과 같은 조금 더 간략한 명령어를 이용하여 인터럽트를 활성화 혹은 비활성화 시킬 수 있다.

```
; disable interrupt
CPSID I
; enable interrupt
CPSIE I
```

CMSIS를 지원하는 C컴파일러에서는 PRIMASK 레지스터와 관련된 다음과 같은 함수를 이용할 수 있다.

```
uint32_t __get_PRIMASK(void);
void __set_PRIMASK(uint32_t value);
void __enable_irq(void);        //CPSIE I
void __disable_irq(void);       //CPSID I
```

FAULTMASK 레지스터는 NMI를 제외한 모든 인터럽트를 비활성화 시킬 수 있는 기능을 지니고 있다. FAULTMASK의 비트[0]을 '1'로 하였을 때 인터럽트를 비활성화 시킨다. 프로세서는 NMI 처리 루틴(NMI handler)을 제외한 다른 익셉션 처리 루틴에서 리턴될 때, FAULTMASK 비트를 클리어 시킨다.

〈표 2-7〉 FAULTMASK 레지스터

비트	명칭	기능
[0]	FAULTMASK	0 = no effect 1 = disable all exceptions except NMI

FAULTMASK 레지스터에서 인터럽트를 활성화 시키거나 비활성화 시키기 위하여 사용할 수 있는 명령어는 다음과 같다.

```
; set FAULTMASK
MOV   R0, #1
MSR   FAULTMASK, R0
; clear FAULTMASK
MOV   R0, #0
MSR   FAULTMASK, R0
```

또는 다음과 같은 간략한 명령어를 이용하여 인터럽트를 활성화 혹은 비활성화 시킬 수 있다.

```
; set FAULTMASK
CPSID F
; clear interrupt
CPSIE F
```

CMSIS를 지원하는 C컴파일러에서는 FAULTMASK 레지스터와 관련된 다음과 같은 함수를 이용할 수 있다.

```
uint32_t __get_FAULTMASK(void);
void __set_FAULTMASK(uint32_t value);
void __enable_fault_irq(void);        //CPSIE F
void __disable_fault_irq(void);       //CPSID F
```

BASEPRI(Base Priority) 레지스터에 '0'이 아닌 값으로 세트하였을 때, 세트된 값과 비교하여 우선순위가 같거나 낮은 인터럽트는 비활성화 된다. (인터럽트의 우선순위의 값이 작을수록 순위는 높다.) 즉 다음과 같은 명령어를 실행시켰을 때, 0x60 ~ 0xFF의 우선순위를 지닌 인터럽트는 비활성화 된다.

```
; disable interrupt with priority 0x60 ~ 0xFF
MOV   R0, #0x60
MSR   BASEPRI, R0
```

〈표 2-8〉 BASEPRI 레지스터

비트	명칭	기능
[7:0]	BASEPRI	0x00 = no effect Non-zero = define base priority

CMSIS를 지원하는 C컴파일러에서는 BASEPRI 레지스터와 관련된 다음과 같은 함수를 이용할 수 있다.

```
uint32_t __get_BASEPRI(void);
void __set_BASEPRI(uint32_t value);
```

CONTROL 레지스터에 대한 것은 2.1절을 참고하기 바란다.

CMSIS를 지원하는 C컴파일러에서는 CONTROL 레지스터와 관련된 다음과 같은 함수를 이용할 수 있다.

```
uint32_t __get_CONTROL(void);
void __set_CONTROL(uint32_t value);
```

2.2.3 부동소수점 연산 관련 레지스터 (Floating point registers)

FPU를 지닌 Cortex-M4 프로세서는 부동소수점 관련 명령어를 실행하는데 사용되는 다음과 같은 레지스터를 지니고 있다.

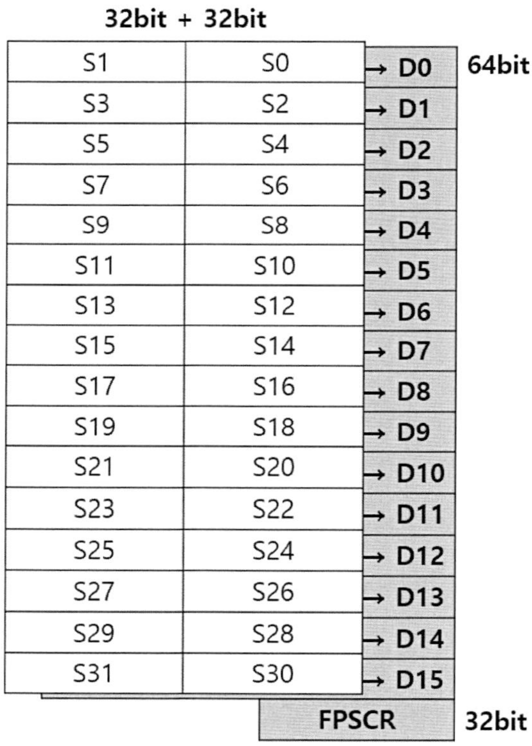

(그림 2-4) 부동소수점 연산 관련 레지스터

레지스터 S0 - S31는 각각 32비트 레지스터이며, D0 레지스터는 그림에 나타난 바와 같이 S1과 S0를 페어로 접근할 수 있는 64비트 레지스터이다. (여기에서 S는 “single precision”을 나타내며, D는 “double precision”을 의미한다. 단일

정밀도(single precision)의 수는 4바이트로 표현되며, 배정밀도로 수를 표현하는 경우에는 8바이트가 요구된다.) 이외에도 FPSCR(Floating Point Status and Control Register)는 부동소수점 연산 결과를 표시하는 N, Z, C, V 비트 플랙을 지니고 있으며, FPU의 동작을 제어하는 데 사용하는 FPSCR의 AHP, DN, FZ와 RMode 필드를 지니고 있다. 또한 IDC, IXC, UFC, OFC, DZC, IOC 필드는 부동소수점 연산에서 익셉션이 발생한 상태를 나타낸다. FPU에 대한 자세한 내용은 5장에 기술되어 있다.

2.3 내부 메모리

2.3.1 Cortex-M3/M4 메모리 맵

Cortex-M3/M4는 (그림 2-5)에서 보는 바와 같이 고정된 메모리 맵을 가지고 있다.

System level	(0.5G)	0xE0000000 ~ 0xFFFFFFFF
External device	(1G)	0xA0000000 ~ 0xDFFFFFFF
External RAM	(1G)	0x60000000 ~ 0x9FFFFFFF
Peripherals	(0.5G)	0x40000000 ~ 0x5FFFFFFF
SRAM	(0.5G)	0x20000000 ~ 0x3FFFFFFF
Code	(0.5G)	0x00000000 ~ 0x1FFFFFFF

(그림 2-5) Cortex-M3/M4 메모리 맵

Cortex-M3/M4 프로세서는 전체 4GB 메모리 영역 중, 처음 0.5GB 영역은 프로그램 코드를 저장하는 용도의 메모리 영역으로 사용한다. 실제 구현된 프로세서를 보면 이 영역에 플래시 메모리가 칩 내에 내장되어 있어 사용자가 작성한 프로그램 코드를 저장할 수 있도록 하고 있다. 이 영역에서 0.5GB는 사용 가능한 최대 메모리 크기를 의미하며, 현재 시장에 나온 Cortex-M3/M4 프로세서는 대부분 64KB ~ 1024KB 용량의 플래시 메모리를 지니고 있다.

SRAM 영역은 주로 데이터를 저장하기 위해서 사용되는 영역이다. 하지만 실행 코드를 SRAM 영역에 두는 것도 가능하다. 이런 경우에는 명령어와 데이터 버스를 동시에 접근이 가능한 Harvard 구조의 장점을 살릴 수 없다. 현재 시장에 나온 Cortex-M3/M4 프로세서는 보통 2KB ~ 256KB 용량의 SRAM이 내장되어 있다.

그 다음 메모리 영역은 주변기기를 위한 영역이다. ARM 프로세서에서는 메모리 맵 I/O(memory-mapped I/O) 방식을 사용하고 있기 때문에 주변기기들도 메모리 중 일정 영역을 차지하게 된다. 이 영역은 칩에 내장되어 있는 여러 가지 주변기기에 할당된다.

그 다음 1GB 영역은 외부 메모리를 위한 영역이며, 이 영역은 프로그램 코드 및 데이터를 저장하는 데 사용할 수 있다. 그 다음 1GB 영역은 외부의 주변기기들을 위한 영역이다. 당연히 외부 주변기기 영역에는 프로그램 코드가 있을 수 없다. (즉, 프로세서는 그 영역에서 명령어 읽기(instruction fetch) 동작을 실행시킬 수 없다.)

마지막 0.5GB 영역은 시스템과 관련된 장치들을 위한 영역이다. 이 영역 중에서 0xE000000~0xE00FFFFF (1MB) 영역은 PPB(Private Peripheral Bus)를 이용하여 접근하는 영역으로 SysTick, NVIC, SCB(System Control Block), MPU, FPU 등이 할당되어 있다. 이 영역 중에서 벤더에 특화된 시스템 장치가 위치할 수 있는 0xE0100000~0xFFFFFFFF (511MB) 영역을 제외한 나머지 영역은 특권을 가지지 않은 상태에서 접근을 하면 버스 폴트가 발생하게 된다. (참고로 메모리 영역 중에서 시스템 관련 장치를 제외한 나머지 영역은 MPU에 의해서 제한을 받지 않으면 특권이 없더라도 접근할 수 있는 영역이다.)

각 메모리 영역을 접근할 때 사용되는 버스는 (그림 2-6)과 같다. 그림에서 보는 바와 같이 첫 0.5GB 영역에서는 명령어와 데이터를 각각 ICODE AHB와 DCODE AHB를 이용하여 접근하기 때문에 동시에 명령어와 데이터의 접근이 가능하게 된다. 하지만 SRAM과 External RAM 영역에서 코드를 실행시킬 경우에는 코드와 데이터가 단일 버스(System AHB)를 이용하기 때문에 성능 저하가 발생할 것이다.

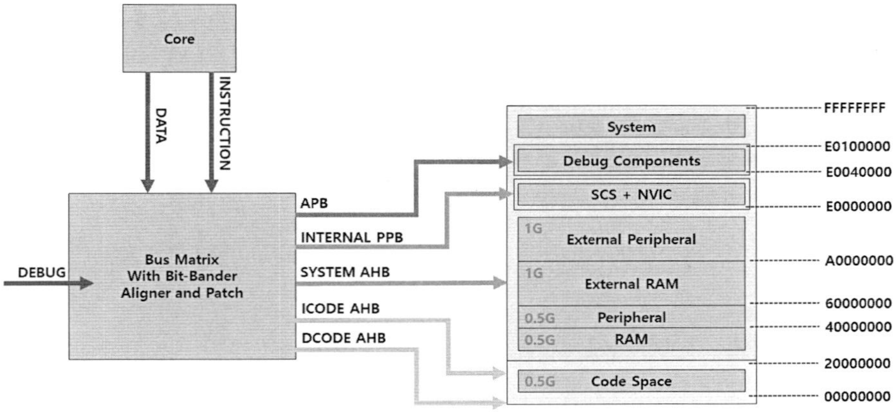

(그림 2-6) 각 메모리 영역 접근에 사용되는 버스

MPU 모듈은 Cortex-M3/M4에서는 옵션 사항이다. MPU가 존재할 경우, 특정 메모리 영역에 대한 접근을 특권이 있을 때만 허용하도록 설정할 수 있게 된다.

일반적으로 Cortex-M3/M4 프로세서는 캐시는 가지고 있지 않지만, DCODE와 시스템 버스를 통하여 메모리나 외부 장치에 데이터를 쓸 경우에는 성능을 높이기 위하여 일반적으로 "write buffer"를 통하여 쓰게 된다. 즉, 단일 클럭 시간 동안 메모리에 데이터를 쓰는 것이 불가능하기 때문에 "write buffer"에 일단 데이터를 쓰고, 실질적으로 메모리에 쓰기가 발생하는 시점은 나중이 된다. 일반적으로 Cortex-M3/M4 프로세서는 단일 코어로 프로세서를 만들기 때문에 "write buffer"가 존재하더라도 프로그래머의 관점에서는 신경 쓰지 않아도 된다. 하지만 벡터 테이블의 위치를 변경하거나, 프로그램이 실행되면서 자신의 코드를 변경시키는 경우, 또는 인터럽트의 우선순위를 변경하는 경우와 MPU와 같은 설정을 바꿀 경우와 같은 상황에서는 소위 "memory barrier" 명령어를 사용하여야 한다. "memory barrier" 명령어로는 DMB(Data Memory synchronization Barrier: 다음 메모리 접근 명령이 실행되기 전에 이전의 모든 메모리 접근 실행을 완료한다.), DSB(Data Synchronization Barrier: 다음 명령이 실행되기 전에 이전의 모든 메모리 접근 실행을 완료한다.), ISB(Instruction Synchronization Barrier: 다음 명령이 실행되기 전에 이전의 모든 명령의 실행을 완료한다. 이 경우에는 파이프라인이 비워지게 된다.) 명령어가 존재한다.

Cortex-M3/M4에서는 리틀-엔디안(little-endian) 방식 혹은 빅-엔디안(big-endian) 방식으로 메모리가 동작하게 할 수 있다. 하지만 이러한 동작 방식의 선택은 사용자에 의한 선택 사항은 아니고, 프로세서를 제조할 때 결정된 한 방식만 지원된다. 사용하는 프로세서가 어떠한 방식을 사용하도록 제조되어 있는가를 알아보려면 AIRCR(Application Interrupt and Reset Control) 레지스터의 비트[15]를 읽어 보면 알 수 있다. (이 레지스터는 메모리 주소 0xE000ED0C에 위치한다.) AIRCR[15]=0이면 리틀-엔디안 방식으로 동작하는 프로세서이다. 대부분의 Cortex-M3/M4 프로세서는 리틀-엔디안 방식으로 동작하도록 구현되어 있다.

정수와 같이 4바이트로 구성된 값 $B_3B_2B_1B_0$(B_3가 MSB이고, B_0가 LSB이다.)가 주어졌을 때, STR 명령을 이용하여 이 값을 메모리 N번지에 저장시키면, 이 값은 N ~ (N+3)번지에 저장이 된다. 리틀-엔디안인 경우에는 (그림 2-7)과 같이 메모리 주소가 작은 위치부터 LSB가 저장되는 방식으로 동작하고, 빅-엔디안인 경우에는 메모리 주소가 작은 위치부터 MSB가 저장되는 방식으로 동작한다. 따라서 서로 다른 엔디안 방식으로 동작하는 시스템 간에 데이터를 교환할 때 주의가 필요하다.

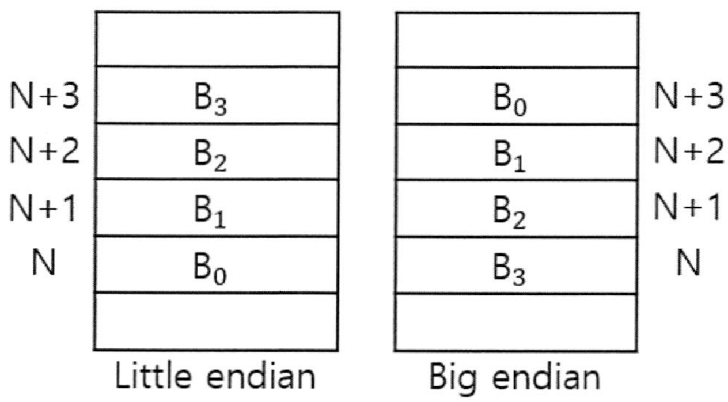

(그림 2-7) Little endian과 Big endian에서 데이터 저장 방법

워드(4바이트) 혹은 하프워드(2바이트) 단위로 메모리를 접근 할 때, 정렬되지 않은 메모리 주소를 사용할 경우 일부 ARM 프로세서는 폴트(usage fault)가 발생한다. 하지만 Cortex-M3/M4에서는 주소값이 정렬되어 있지 않은 경우에도 디폴트 상태에서는 폴트가 발생하지 않는다. Cortex-M3/M4에서 정렬되지 않은 메모리 주소를 사용할 경우에 폴트가 발생하게 하기 위해서는 CCR[3](Configuration Control Register의 비트[3])인 UNALIGN_TRP의 값을 '1'로 하면 된다.

Cortex-M3/M4에서 정렬이 되지 않은 주소의 메모리 접근을 허용하나, 정렬이 된 경우와 비교해 볼 때 동작 시간이 더 많이 소요되기 때문에 특별한 경우를 제외하고는 사용하지 않는 편이 좋다. 정렬이 되지 않은 상태에서 메모리에 접근할 때 어떤 메모리 주소에 접근되는지 (그림 2-8)에 나타나 있다.

Address N+4			[31:14]	[23:16}	Unaligned word data at
Address N	{15:8}	[7:0]			Address N+2

Address N+4		[31:14]	[23:16}	{15:8}	Unaligned word data at
Address N	[7:0]				Address N+3

Address N+4					Unaligned half word data
Address N		{15:8}	[7:0]		At address N+1

Address N+4				{15:8}	Unaligned half word data
Address N	[7:0]				At address N+3

(그림 2-8) Cortex-M3/M4에서 정렬이 되지 않았을 때, 메모리 접근 방식

(그림 2-8)에서 N은 4의 배수 값이다. (그림 2-8)에서 정렬이 되지 않은 경우에도 연속적인 메모리 주소에 접근하는 것으로 동작함을 알 수 있다. 하지만 정렬이 되지 않은 메모리 접근을 허용하는 어떤 ARM 프로세서에서는 (그림 2-8)과는 다르게 동작하는 경우도 있다.

2.3.2 비트 밴드 영역

SRAM의 첫 1MB 영역과 주변기기를 위한 첫 1MB 영역은 비트 밴드 동작을 지원하는 메모리 영역이다. 비트 밴드 동작이란 해당 메모리 영역의 각각의 비트마다 별도의 메모리 주소가 할당되어 있어, 단일 LDR/STR 명령어 동작이 하나의 데이터 비트에 대한 읽기/쓰기 동작으로 작용하는 것을 의미한다. 이러한 비트에 대한 별도의 메모리 주소를 “bit-band alias”라고 한다. (그림 2-9)에 비트 밴드 영역 및 그 영역에 대한 bit-band alias 영역이 표시되어 있다.

SRAM	Peripheral
SRAM bit-band alias region (32 MB) (0x22000000 ~ 0x23FFFFFF)	Peripheral bit-band alias region (32 MB) (0x42000000 ~ 0x43FFFFFF)
(31 MB)	(31 MB)
SRAM bit-band region (1 MB) (0x20000000 ~ 0x200FFFFF)	Peripheral bit-band region (1 MB) (0x40000000 ~ 0x400FFFFF)

(그림 2-9) SRAM과 주변기기에서 비트 밴드 영역 및 bit-band alias 영역

(그림 2-9)에서 보는 바와 같이 bit-band alias 영역은 비트 밴드 영역과 비교할 때 32배의 크기를 지니고 있으므로, bit-band alias 영역에서는 비트 밴드 영역의 한 비트에 4바이트가 매핑되어 있다는 것을 알 수 있다. 실질적으로는 하나의 비트에 매핑된 4바이트 중 LSB만이 직접 연관되어 동작한다. 예를 들어 0x20000004 번지의 비트[7]에 '1'을 쓰려고 한다고 가정하자. 그러면 bit-band alias 영역을 이용하지 않을 경우, 다음과 같이 프로그램을 작성하여야 할 것이다.

```
LDR     R0, = 0x20000004      ; R0 = 0x20000004
LDRB    R1, [R0]              ; load one byte from 0x20000004
ORR     R1, #0x80             ; set the bit 7 of R1
STRB    R1, [R0]              ; store the value of R1 into 0x200000
```

Bit-band alias 주소는 다음과 같은 수식에 의해서 계산된다.

```
Bit_band_alias_addr = bit_band_base_addr + byte_offset×32 + bit_offset×4
```

위의 수식에서 bit_band_base_addr은 SRAM인 경우에는 0x22000000이고, 주변기기인 경우에는 0x42000000이다. 예를 들어, 0x20000004 번지의 비트[7]에 대한 bit-band alias 영역에서의 주소는 다음과 같다. (0x22000000은 bit-band alias 영역의 시작 주소이며, 4는 오프셋 주소이고 7은 비트 위치이다.)

```
0x22000000 + 4 × 32 + 7 × 4 = 0x2200009C
```

따라서 Bit-band alias 영역을 이용하면 다음과 같이 프로그램을 작성할 수 있다.

```
LDR     R0, = 0x2200009C      ; R0 = 0x2000009C
MOV     R1, #1                ; R1 = 1
STR     R1, [R0]              ; store the value of R1 into 0x200009C
```

위의 예에서 보는 바와 같이 메모리 영역에서 어떤 하나의 비트 값을 바꾸기 위해서는 Read-Modify-Write의 과정이 필요하지만, bit-band alias 주소를 이용하면 하나의 Write 과정으로 작업을 완수할 수 있다. 즉, bit-band alias를 이용하면 비트에 대한 읽기/쓰기가 인터럽트 등에 의해서 나누어지지 않는다는 장점이 있다. (즉, 동작이 'atomic' 하게 된다.)

bit-band alias 영역을 읽거나 쓸 때에는 워드 단위로 동작하는 LDR/STR 명령어 외에도 바이트 단위나 하프워드 단위로 동작하는 LDRB/STRB 혹은 LDRH/STRH 명령어를 사용할 수도 있다.

다음과 같이 HWREG(x)와 HWREGBITW(x,b)를 정의하여 사용하면, bit-band alias 영역에 대한 읽기와 쓰기를 용이하게 할 수 있다.

```
#define HWREG(x)    (*((volatile unsigned long *)(x)))
#define HWREGBITW(x,b) \
        HWREG(((unsigned long)(x) & 0xF0000000) | 0x02000000 | \
        (((unsigned long)(x) & 0x000FFFFF) << 5) | ((b) << 2))
```

2.4 익셉션(exception)

2.4.1 Cortex-M3/M4에서의 익셉션 종류

Cortex-M3/M4를 포함한 ARM 프로세서에서 익셉션이라는 용어는 일반적인 익셉션과 인터럽트 모두를 포함한다. Cortex-M3/M4에서는 시스템 익셉션에 익셉션 번호 1~15번을 사용하고 있으며, 외부 인터럽트에 익셉션 번호 16~255번을 사용하고 있다. 시스템 익셉션인 리셋, NMI와 하드 폴트(Hard Fault)는 우선순위가 고정되어 있지만, 나머지 익셉션의 우선순위는 프로그램 가능하도록 되어 있다. 〈표 2-9〉에 Cortex-M3/M4의 익셉션 종류, 우선순위 및 설명이 나타나 있다. 그리고 우선순위의 값이 작을수록 우선순위는 높다. 프로그램 가능한 익셉션의 디폴트 우선순위는 '0'으로 되어 있다. 따라서 리셋이 우선순위가 가장 높고, 다음으로 NMI, 하드 결함의 순서로 되어 있다. 우선순위가 프로그램 가능한 경우에는 '0' 이상의 값으로 우선순위를 프로그램 할 수 있다.

어떤 폴트가 발생하여 해당 폴트에 대한 처리를 하는 과정 중에 처리하고 있는 폴트와 같거나 낮은 우선순위를 갖는 폴트가 발생하면 현재 폴트를 해결할 수 없게 된다. 왜냐하면 우선순위가 같거나 낮은 경우, 현재 폴트처리가 완료된 후 처리 루틴이 수행되므로, 새로 발생한 폴트 때문에 현재 폴트에 대한 처리를 완료할 수 없기 때문이다. 이와 같은 경우에 새로 발생한 폴트는 하드 폴트로 간주되어 우선순위의 승급(Priority Escalation)이 일어난다. 이러한 이유는 새로 발생한 폴트를 처리한 후에 현재 처리 중인 폴트를 처리하여 모든 폴트를 처리할 수 있도록 하기 위함이다.

〈표 2-9〉 Cortex-M3/M4에서의 익셉션 종류

번호	종류	우선순위	설명
1	Reset	-3 (Highest)	Reset
2	NMI	-2	Non-Maskable Interrupt
3	Hard Fault	-1	Default fault if other hander not implemented
4	MemManage Fault	programmable	MPU violation or access to illegal locations

〈표 2-9〉 Cortex-M3/M4에서의 익셉션 종류 (계속)

번호	종류	우선순위	설명
5	Bus Fault	programmable	Fault if AHB interface receives error
6	Usage Fault	programmable	Exceptions due to program errors
7-10	Reserved	N.A.	
11	SVC	programmable	System Service call
12	DebugMonitor	programmable	Break points, watch points, external debug
13	Reserved	N.A.	
14	PendSV	programmable	Pendable request for System Device
15	SYSTICK	programmable	System Tick Time
16	Interrupt #0	programmable	External Interrupt #0
....	....	programmable	....
255	Interrupt #239	programmable	External Interrupt #239

하드 폴트가 발생하는 경우는 다음과 같다.

- 발생한 폴트에 대한 처리 루틴이 실행되는 동안, 해당 폴트의 우선순위와 같거나 낮은 폴트가 발생한 경우
- 익셉션 처리 루틴이 실행되는 동안, 해당 익셉션의 우선순위와 같거나 낮은 폴트가 발생한 경우
- 폴트가 발생하였으나, 해당 폴트가 비활성화 되어 있는 경우

폴트에 의한 익셉션의 발생 원인은 각 폴트와 관련된 상태 레지스터에 나타난다. 〈표 2-10〉에 그 내용이 나타나 있으며, 어떠한 원인으로 해당 폴트에 대한 익셉션이 발생하였는가를 알 수 있다. 〈표 2-10〉에 stacking/unstacking 오류에 의해서 버스 폴트 혹은 MemManage 폴트가 발생할 수 있는 것으로 되어 있는데, MPU 침해로 인한 stacking/unstacking 오류가 발생하는 경우는 MemManage 폴트가 발생하고, 나머지는 버스 폴트가 발생한다. Cortex-M3/M4에서는 디폴트 상태에서는 정렬되지 않은 주소의 메모리를 접근하는 경우와 나누는 수가 '0'인

경우에 폴트(usage fault)가 발생하지 않지만, CCR.UNALIGN_TRP(CCR[3])와 CCR.DIV_0_ TRP(CCR[4]) 비트 값을 '1'로 설정하면 각각의 이벤트가 발생한 경우에 폴트가 발생하게 된다.

〈표 2-10〉 폴트 종류 및 관련 상태 레지스터와 내용

폴트 종류 및 관련 레지스터	이름	설명
Hard Fault: HFSR (Hard Fault Status Register)	FORCED	Fault escalated to hard fault
	VECTBL	Failed vector table fetch
Bus Fault: BFSR (Bus Fault Status Register)	STKERR	Stacking error
	UNSTKERR	Unstacking error
	IMPRECISERR	Imprecise data access violation
	PRECISERR	Precise data access violation
	IBUSERR	Instruction access violation
MemManage Fault: MFSR (Memory Management Fault status Register)	MSTKERR	Stacking error
	MUNSTKERR	Unstacking error
	DACCVOIL	Data access violation
	IACCVIOL	Instruction access violation
Usage Fault: UFSR (Usage Fault Status Register)	DIVBYZERO	A divide by zero (only if DIV_0_TRP is set)
	UNALIGNED	An unaligned access fault
	NOCP	Attempt to execute a coprocessor instruction
	INVPC	execution with a bad value in the EXC_RETURN
	INVSTATE	Attempt to switch to the ARM state
	UNDEFINSTR	Attempt to execute an undefined instruction

SVC 익셉션은 SVC 명령어를 실행시킬 때 발생하며, 주로 시스템 콜을 구현하는데 사용된다. PendSV는 ICSR(Interrupt Control and Status Register)의 PENDSVSET(ICSR[28]) 비트를 '1'로 세트할 때 발생한다. PendSV 익셉션은 주로 컨텍스트 스위칭(Context Switching)을 위해서 주로 사용된다. SysTick 익셉션은 시스템 타이머 값이 '1'에서 '0'으로 변경될 때 발생한다.

2.4.2 Cortex-M3/M4에서의 익셉션 동작

Cortex-M3/M4에 익셉션 처리루틴의 시작 번지는 벡터 테이블에 의해서 결정된다. 벡터 테이블의 위치는 디폴트로는 0x00000004번지부터 위치하게 된다. 벡터 테이블의 위치를 변경하려면 VTOR(Vector Table Offset Register)를 이용하면 된다. 각 익셉션에 대한 벡터 테이블은 해당 익셉션 번호에 4를 곱한 곳에 위치해 있다. 〈표 2-11〉에 디폴트 벡터 테이블이 나타나 있다.

〈표 2-11〉 익셉션의 벡터 테이블 주소

벡터 데이블 주소	익셉션 번호	익셉션
0x00000004	1	Reset vector (PC initial value)
0x00000008	2	NMI handler starting address
0x0000000C	3	Hard fault handler starting address
0x00000010	4	MemManage fault handler
0x00000014	5	Bus fault handler
0x00000018	6	Usage fault handler
0x0000002C	11	SVC handler
0x00000038	14	PendSV handler
0x0000003C	15	SysTick handler
0x00000040	16	IRQ0 handler
…	…	Other IRQn handler

〈표 2-9〉에서 보는 바와 같이 모든 익셉션은 우선순위를 가지고 있다. 프로그램 가능한 우선순위의 값은 0 ~ 255 사이의 값을 가질 수 있다. 즉, 각 익셉션에 대한 우선순위 설정을 위해서 8비트가 할당되어 있다. 그리고 8비트의 우선순위는 그룹 우선순위(Group Priority)와 하위 우선순위(Sub-Priority)로 나뉘어져 있다. 이 둘을 구분하는 것은 AIRCR(Application Interrupt and Reset Control Register)의 비트 [10:8]에 위치한 PRIGROUP값에 의해서 결정된다. 〈표 2-12〉에 PRIGROUP 값에 따라 그룹 우선순위와 하위 우선순위가 어떻게 나눠지는지 나타나 있다.

〈표 2-12〉 PRIGROUP 설정 값에 따른 그룹우선순위와 하위우선순위 필드 구분

PRIGROUP 값	그룹우선순위	하위우선순위
0	Bit[7:1]	Bit[0]
1	Bit[7:2]	Bit[1:0]
2	Bit[7:3]	Bit[2:0]
3	Bit[7:4]	Bit[3:0]
4	Bit[7:5]	Bit[4:0]
5	Bit[7:6]	Bit[5:0]
6	Bit[7]	Bit[6:0]
7	none	Bit[7:0]

일반적으로 낮은 우선순위의 익셉션이 처리되고 있을 때, 높은 우선순위의 익셉션이 발생하면, 선점(preemption)이 발생하여 현재 실행되고 있는 익셉션의 처리가 중단되고, 높은 우선순위의 익셉션이 먼저 처리하게 된다. Cortex-M3/M4에서는 그룹 우선순위가 높은 경우에만 선점이 발생한다. 즉, 우선순위가 높다고 하더라도, 그룹 우선순위가 같은 경우에는 선점이 발생하지 않는다.

STMicroelectronics 사의 STM32 계열의 프로세서에서는 각 익셉션의 우선순위를 위하여 8비트를 모두 사용하지 않고 4비트만 사용하고 있다. 8비트 우선순위를 PRI[7:0]로 표시한다면, 이와 같이 4비트만 구현되어 있는 경우에는 PRI[7:4]만을 사용하는 것으로 생각하면 된다. (즉, PRI[3:0] 부분은 '0'으로 고정되어 있는 경우이다.) 따라서 이와 같은 경우에는 PRIGROUP값이 0 ~ 3을 갖는 경우에는 하위 우선순위를 구별하는 부분은 없는 것이 되고, PRI[7:4]가 모두 그룹 우선순위를 구별하는데 사용된다. 만약 PRIGROUP값을 5로 할 경우에는 그룹 우선순위에는 PRI[7:6]이 사용되고, 하위 우선순위에는 PRI[5:4]가 사용되게 된다.

앞에서 잠시 언급한 바와 같이 Cortex-M3/M4에서 익셉션을 처리하는 방법에서 많은 변화가 있었다. Cortex-M3/M4 프로세서에서 익셉션이 발생하고, 이것이 처리될 때 (tail-chain 이나 late-arrival이 아닌 경우) 다음과 같은 과정을 프로세서가 자동적으로 수행한다.

- 스태킹(stacking)이라고 하는 과정(즉 R0-R3, R12, LR, PC, PSR 레지스터 값을 현재 사용하고 있는 스택에 저장하는 과정)이 일어난다.

- 벡터 테이블로부터 익셉션 처리 루틴이 위치한 주소를 읽어서 PC에 로드한다.
- 핸들러 모드에서 MSP가 사용되도록 한다.
- LR에 'EXC_RETURN'라고 불리는 특별한 값을 저장한다.
- IPSR 레지스터와 익셉션 대기 상태(pending status)와 관련 레지스터 내용을 변경한다.

기존의 ARM 프로세서와 비교하여 Cortex-M3/M4의 익셉션 처리에서 특이한 부분은 스태킹 과정을 하드웨어에서 처리한다는 점과 LR 레지스터에 익셉션 처리 후에 복귀할 주소와 관련된 정보를 지니지 않고, EXC_RETURN이라는 특별한 값을 지닌다는 점이다.

스태킹이 수행될 때, 각 레지스터가 스택에 저장되는 위치는 〈표 2-13〉과 같다. 가장 높은 메모리 번지에 xPSR 레지스터가 저장되고, 그 다음에 PC, LR, R12, R3, R2, R1, R0의 총 8개의 레지스터가 저장된다.

〈표 2-13〉 스태킹 때 스택에 저장되는 레지스터의 위치

주소	저장되는 레지스터
N (이전 SP)	
N-4	xPSR
N-8	PC
N-12	LR
N-16	R12
N-20	R3
N-24	R2
N-28	R1
N-32 (새 SP)	R0

실제 스태킹은 스택 정렬 방식에 따라 〈표 2-13〉과는 조금 차이가 있을 수가 있다. CCR[9]의 STKALIGN의 값이 '0'이면 항상 〈표 2-13〉과 같이 스태킹이 이루어진다. 즉 CCR[9]=0의 의미는 스택이 4바이트 즉 워드 단위로 정렬이 된다는 의미이다. 만약 CCR[9]=1로 설정하면 스택은 8바이트 단위로 정렬이 되도록 동

작한다. 그럴 경우 이전 SP의 값이 8의 배수가 아니면 스택에서 4바이트를 비우고, 그 다음부터 스태킹이 된다. <표 2-14>에 그런 경우에 스태킹 할 때 레지스터가 저장되는 위치가 나타나 있다. 즉, N-4의 메모리 위치는 사용되지 않는다.

<표 2-14> CCR[9]=1이고, 이전 SP가 8의 배수가 아닌 경우의 스태킹

주소	저장되는 레지스터
N (이전 SP)	
N-4	
N-8	xPSR
N-12	PC
N-16	LR
N-20	R12
N-24	R3
N-28	R2
N-32	R1
N-36 (새 SP)	R0

Cortex-M3/M4 프로세서의 종류에 따라 CCR[9]의 디폴트값이 다르게 설정되어 있다. 예를 들어, STM32 계열의 프로세서는 CFGCTRL[9]=1의 값을 디폴트값으로 가지고 있다. CCR[9] 비트 값은 스태킹이 발생할 때, xPSR[9]에 저장되게 되어 익셉션으로부터 복귀할 때 스택 정렬을 어떻게 할 것인가에 대한 정보로 사용되게 된다.

익셉션 처리 루틴이 완료된 다음, 중단된 기존 프로그램을 다시 실행시키기 위해서는 일반적으로 특별한 명령어가 실행된다. 이것은 단순히 기존 프로그램이 다시 실행되는 주소 값만을 필요로 하는 것이 아니라 추가로 프로세서가 실행해야 할 작업들이 있기 때문이다. 그러나 Cortex-M3/M4에서는 LR값을 PC로 로드하기만 하면 된다. 이와 같은 경우는 서브루틴에서 리턴할 때의 동작과도 동일하다. 하지만 Cortex-M3/M4 프로세서가 익셉션으로 부터 리턴이라는 것을 감지할 수 있는 이유는 익셉션인 경우에는 LR에 EXC_RETURN이라는 특수한 값이 들어가기 때문이다. EXC_RETURN이란 0xFFFFFFFx인 값(하위 4비트를 제외한 나머지 비트가 '1'인 값)을 의미한다. Cortex-M3/M4 프로세서에서는 PC에 EXC_RETURN값이 로드되면 익셉션으로부터 리턴 과정이 실행된다. Cortex-M3/M4에서 일반 서브루틴으로부터 리턴될 때에는 PC에 EXC_RETURN과 같은 형태의 값이 주어질 수 없다. 왜냐하면 0xFFFFFFFx인 메모리 주소 영역은 시스템 레벨 영역으로, 그 영역에는 실행 코드가 위치할 수 없기 때문이다. EXC_RETURN의 값은 〈표 2-15〉와 같이 구성되어 있다.

〈표 2-15〉 EXC_RETURN 값의 구성

비트	31 : 4	3	2	1	0
구성	0xFFFFFFF	Return mode 1=thread 0=handler	Return stack 1=process stack 0=main stack	reserved	1

비트[0]는 리턴 시에 프로세서가 Thumb 모드에 있는가를 나타내는데, Cortex- M3/M4는 Thumb 모드만을 지원하기 때문에 항상 '1'의 값을 지니게 된다. 만약 EXC_RETURN 값이 0xFFFFFFFD라고 한다면 쓰레드 모드로 리턴하고, 스택은 프로세스 스택을 사용하라는 의미가 될 것이다.

프로세서가 리셋된 후에 어떻게 동작하는가를 이해하는 것이 프로그래머에게는 중요하다. 이전의 ARM 프로세서 혹은 다른 일반적인 프로세서에서는 보통 0번지부터 명령어를 읽어서 실행하게 된다. 하지만 Cortex-M3/M4에서는 이와는 다르게 동작을 한다. 먼저 메모리 0번지에 저장된 값을 읽어 그 값을 MSP에 로드한다. 즉, 메모리 '0'번지에 스택이 사용할 메모리 주소 값을 지니게 하여야 한다는 의미이다. 다음 메모리 4번지에 저장된 값을 읽어 그 값을 PC에 로드하게 된다. 즉, 메모리 4번지에 처음 실행하여야 코드가 위치한 주소 값을 지녀야 한다는 의미이다. 프로그래머는 메모리에 이러한 내용을 포함하도록 프로그램을 작성하여야 한다.

만약 메모리 0번지에 0x20001000값이 들어가 있고, 4번지에 0x00000101값이 저장되어 있다면, SP=0x20001000이 되어, PUSH 명령어가 실행되면 0x20000FFC번지에 어떤 레지스터 값이 저장될 것이다. 그리고 PC=0x00000100값이 로드되어 0x0100번지에 있는 명령어부터 프로그램을 실행하기 시작할 것이다. 4번지에 저장된 값의 LSB가 '1'인 이유는 프로세서의 동작 모드가 Thumb 모드여야 함을 나타내기 위해서이다. (PC에 값을 로드한다는 의미는 브랜치가 발생하는 것과 동일하다. 브랜치가 발생하였을 때 ARM 프로세서의 동작 모드가 ARM인지 Thumb인지를 나타내기 위하여 비트[0]을 이용한다. 왜냐하면 ARM 혹은 Thumb 모드에서 모든 명령어는 2의 배수에 위치하기 때문에 실제 명령어를 읽어올 때, PC의 비트[0]는 무시되기 때문이다.)

2.4.3 tail-chain과 late-arrival 동작

Cortex-M3/M4에서는 인터럽트 발생 시에 인터럽트를 처리하는 시간을 줄이기 위하여 tail-chain이라는 기법과 late-arrival이라는 기법을 사용하고 있다.

tail-chain이란 우선순위가 높은 인터럽트가 처리되고 있는 도중에 그룹 우선순위가 같거나 낮은 인터럽트가 발생하면, 현재 실행 중인 ISR을 완료한 다음 언스태킹과 스태킹 과정을 생략하여 인터럽트 처리 시간 지연을 줄이는 것을 말한다. (그림 2-10)에서 보는 바와 같이 ARM7TDMI에서는 첫 ISR1이 완료되고 언스태킹과 유사한 과정이 실행되고, 그 다음 새로운 인터럽트를 처리하기 위하여 스태킹과 유사한 과정이 필요하다. 이러한 인터럽트 처리 방법이 보편적인 프로세서에서의 인터럽트 처리 방법이다. 하지만 Cortex-M3/M4에서는 ISR1에 대한 언스태킹 과정과 ISR2에 대한 스태킹 과정이 생략되어 인터럽트 처리 시간을 빠르게 할 수 있다.

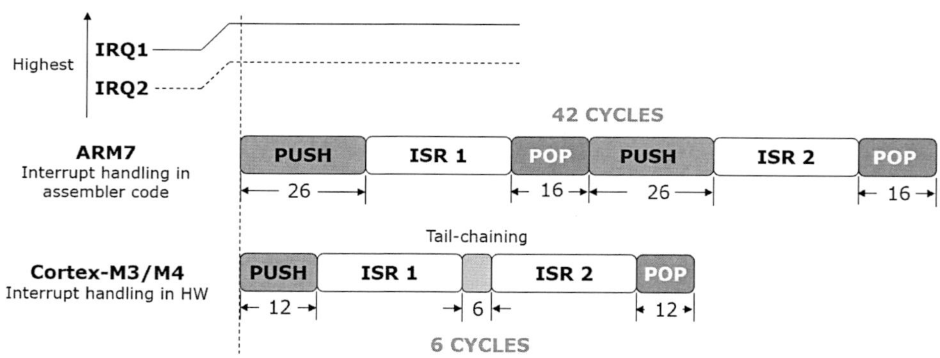

(그림 2-10) tail-chain 동작 예

Late arrival은 그룹 우선순위가 낮은 인터럽트가 발생하여 스태킹 과정 중에 있을 때, 그보다 높은 인터럽트가 발생하면, 현재 스태킹 과정은 계속 진행하여 마친 다음, 높은 그룹 우선순위에 대한 ISR이 실행되도록 동작하는 것을 나타낸다. 이와 같이 하면 (그림 2-11)에서 보는 바와 같이 인터럽트 처리가 빨라지게 되고 후에 언스태킹 과정도 불필요하게 되어 전체적으로 인터럽트 처리 시간이 줄어들게 된다.

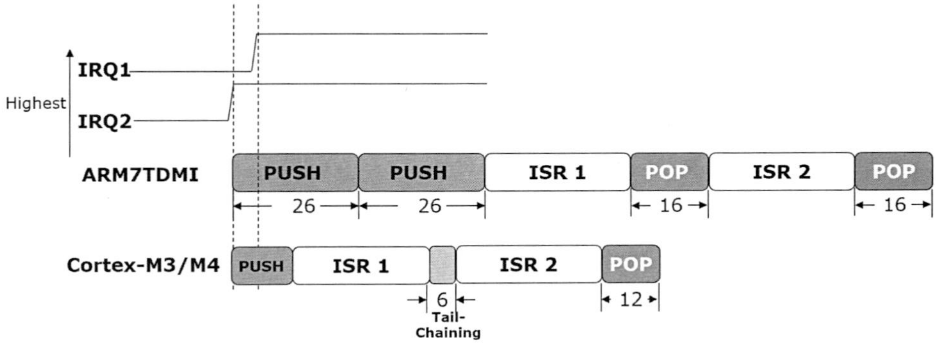

(그림 2-11) late-arrival 동작 예

2.4.4 슬립 모드

Cortex-M3/M4에서는 파워 소모를 줄이기 위하여 실행해야 할 작업이 없을 경우 슬립 모드나 딥 슬립(deep sleep) 모드로 동작 모드를 변환시킬 수 있다. 슬립 모드나 딥 슬립 모드에서 프로세서가 어떻게 동작하는가는 구현 방법에 따라 차이가 있다. 대부분의 경우 슬립 모드에서는 프로세서 코어 클럭을 중단시키고, 딥 슬립 모드에서는 코어 클럭 및 주변기기에 제공하는 클럭 또한 중단시킴으로써 파워 소모를 줄이게 된다. Cortex-M3/M4에서는 WFI(Wait For Interrupt)나 WFE(Wait For Event) 명령을 실행시킴으로써 슬립 모드로 변환할 수 있다. 이때 슬립 모드로 들어갈 것인가 딥 슬립 모드로 들어갈 것인가는 SCR[2](System Control Register의 비트[2]) SLEEPDEEP의 설정에 따라 결정된다. SCR[2]=1인 경우, 딥 슬립 모드로 들어가게 되고, SCR[2]=0인 경우, 슬립 모드로 들어가게 된다.

WFI 명령어를 실행시키면 SCR[2]의 설정 값에 따라 프로세서가 슬립 모드나 딥 슬립 모드에 들어가게 된다. WFE 명령어를 실행하면 이벤트 레지스터(Event Register)의 값을 체크하여 그 값이 '0'이면 WFI와 동일하게 동작하고, 그 값이 '1'이면, 이벤트 레지스터 값을 '0'으로 하고 슬립 모드에 들어가지 않고 계속해서 동작을 하게 된다. (그림 2-12)에 그 과정이 설명되어 있다. 이벤트 레지스터는 프로그래머가 직접 접근할 수 없는 레지스터이고, 그 레지스터 값을 세트시키기 위해서는 SEV(Send Event) 명령어를 실행시키면 된다.

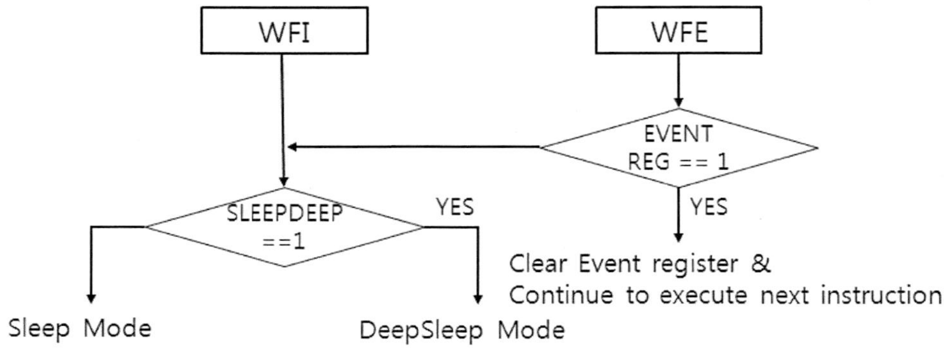

(그림 2-12) WFI와 WFE 명령어의 동작

WFI 명령어에 의해서 슬립 모드에 있을 때, 프로세서가 깨는 경우는 〈표 2-16〉에 나타나는 바와 같이 PRIMASK값에 무관하게, BASEPRI에 설정된 우선순위보다 높은 우선순위를 지닌 인터럽트가 발생하는 경우이다.

WFE 명령어에 의해서 슬립 모드에 있을 때, 프로세서가 깨는 경우는 SCR[4]의 값에 따라 달라진다. (이 비트는 SEVONPEND(Send Event On Pending)의 이름을 가지고 있다.) 〈표 2-17〉에 나타난 바와 같이 SCR[4]=1이면, PRIMASK의 설정된 상태나 발생한 인터럽트의 우선순위에 무관하게 인터럽트가 발생하면 프로세서를 깨우게 된다. 하지만 SCR[4]=0으로 되어 있는 경우에는 발생한 인터럽트에 대한 처리 루틴이 실행되는 경우에만 프로세서가 깨어난다.

〈표 2-16〉 WFI에 의한 슬립모드에서 Wake-up 동작

동작		Wake-up	ISR 실행
PRIMASK=0	Interrupt priority 〉 BASEPRI	Y	Y
	Interrupt priority 〈= BASEPRI	N	N
PRIMASK=1	Interrupt priority 〉 BASEPRI	Y	N
	Interrupt priority 〈= BASEPRI	N	N

〈표 2-17〉 WFE에 의한 슬립모드에서 Wake-up 동작

동작			Wake-up	ISR 실행
SEVONPEND=0	PRIMASK=0	Interrupt priority 〉 BASEPRI	Y	Y
		Interrupt priority 〈= BASEPRI	N	N
	PRIMASK=1	Interrupt priority 〉 BASEPRI	N	N
		Interrupt priority 〈= BASEPRI	N	N
SEVONPEND=1	PRIMASK=0	Interrupt priority 〉 BASEPRI	Y	Y
		Interrupt priority 〈= BASEPRI	Y	N
	PRIMASK=1	Interrupt priority 〉 BASEPRI	Y	N
		Interrupt priority 〈= BASEPRI	Y	N

슬립 모드에서 인터럽트에 의해서 깨어나서 인터럽트 처리 루틴을 실행한 후에 일반적으로 프로세서를 다시 슬립 모드로 동작시키기 위해서는 WFI나 WFE 같은 명령어를 이용하여야 한다. 하지만 SCR[1]=1 (SCR[1]은 SLEEPONEXIT이라고 한다.)로 설정하면, 슬립 모드에서 인터럽트에 의해서 깨어나 인터럽트 처리 루틴을 실행 한 후에 다시 슬립 모드로 들어가게 된다.

2.5 NIVC(Nested Vectored Interrupt Controller)

ARM Cortex-M 프로세서에서는 NVIC에서 익셉션 혹은 인터럽트를 관리한다. Cortex-M 계열의 프로세서에서는 NVIC에 익셉션 혹은 인터럽트 요구 신호는 (그림 2-13)에서 보는 바와 같이 Cortex-M 내부에서 발생하거나 외부의 주변기기로부터 발생한다. 외부에서 발생하는 IRQ 신호는 Cortex-M에서 최대 240개까지 수용이 가능하나, STM32F4xx에서는 82개의 IRQ 신호만이 존재한다.

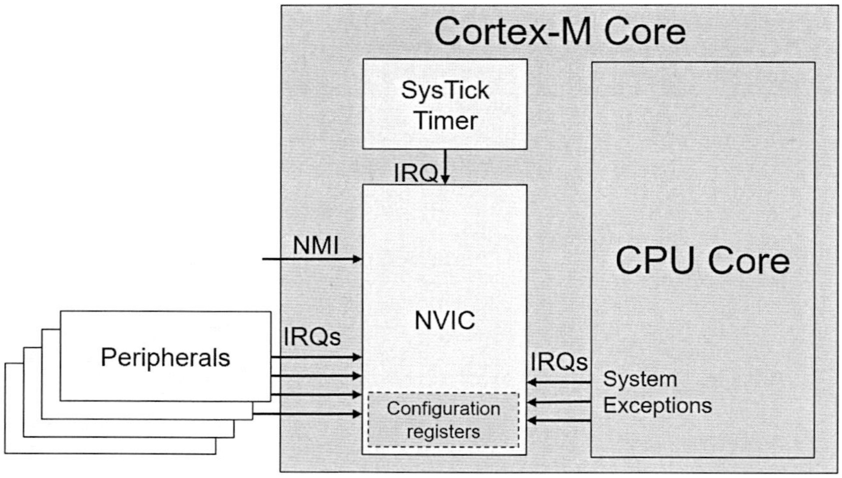

(그림 2-13) Cortex-M 프로세서에서의 IRQ 신호

NVIC의 동작을 제어하는 레지스터들의 종류 및 기능은 다음과 같다.

- **NVIC_ISER**(Interrupt Set-Enable Register), **NVIC_ICER**(Interrupt Clear-Enable Register): 주변기기의 IRQ 신호는 NVIC에 의해서 활성화(enable) 혹은 비활성화(disable) 될 수 있다. 즉, NVIC_ISER와 NVIC_ICER의 각 비트는 주변기기의 각 IRQ 신호를 활성화 혹은 비활성화 시키기 위하여 사용된다. 어떤 IRQ를 활성화시키려면 NVIC_ISER의 IRQ 신호에 해당되는 비트에 '1'을 쓰면 되고, 비활성화 시키려면 NVIC_ICER의 IRQ 신호에 해당되는 비트에 '1'을 쓰면 된다. NVIC_ISER나 NVIC_ICER의 어떤 비트에 '0'을 쓰면 기존 상태에 영향을 주지 않고 이전 상태를 유지하게 된다. NVIC_ISER 혹은 NVIC_ICER를 읽었을 때, 어떤 비트가 '1'이면 해당 IRQ가 활성화된 상태임을 나타내고, '0'이면 비활성화 된 상태임을 나타낸다. 참고로 STM32F4xx 프로세서에서는 82개의 IRQ 신호를 제어해야하기 때문에 NVIC_ISER0 ~ NVIC_ISER2, NVIC_ICER0 ~ NVIC_ICER2가 존재한다. CMSIS에서는 NVIC->ISER[0] ~ NVIC->ISER[2], NVIC->ICER[0] ~ NVIC->ICER[2]란 이름으로 해당 레지스터에 직접 접근할 수 있다.

- **NVIC_ISPR**(Interrupt Set-Pending Register), **NVIC_ICPR**(Interrupt Clear-Pending Register): 이 레지스터들은 소프트웨어를 이용하여 어떤 인터럽트를 요청하거나 혹은 요청된 인터럽트를 해제시키는 데 사용된다. NVIC_ISPR와

NVIC_ICPR의 각 비트의 값을 변경시키는 방법은 NVIC_ISER나 NVIC_ICER의 경우와 같다. 즉, 어떤 IRQ를 발생시키려면 NVIC_ISPR의 IRQ 신호의 해당 비트에 '1'을 쓰면 되고, 해제시키려면 NVIC_ICPR의 IRQ 신호의 해당 비트에 '1'을 쓰면 된다. NVIC_ISPR 혹은 NVIC_ICPR를 읽었을 때, 어떤 비트가 '1'이면 해당 IRQ가 펜딩(pending)된 상태임을 나타낸다. (펜딩된 상태란 인터럽트가 발생하였지만 아직 해당 ISR가 처리되지 못한 상태를 의미한다.) CMSIS에서는 NVIC->ISPR[0] ~ NVIC->ISPR[2], NVIC->ICPR[0] ~ NVIC-> ICPR[2]란 이름으로 해당 레지스터에 직접 접근할 수 있다.

- **NVIC_IABR**(Interrupt Active-Bit Register): 이 레지스터의 각 비트는 해당 인터럽트가 현재 액티브 상태인가를 나타낸다. 어떤 비트가 '1'이면 해당 인터럽트가 액티브 상태임을 나타낸다. STM32F4xx에서는 NVIC_IABR0 ~ NVIC_IABR2까지 레지스터가 존재한다. CMSIS에서는 NVIC->IABR[0] ~ NVIC->IABR[2]란 이름으로 해당 레지스터에 직접 접근할 수 있다.

- **NVIC_IPR**(Interrupt Priority Register): 각 인터럽트에 대한 우선순위를 설정하는 레지스터이다. Cortex-M 프로세서에서 우선순위 값은 0~255까지 가능하기 때문에 하나의 인터럽트에 대한 우선순위를 결정하기 위해서는 8비트가 필요하다. 따라서 32비트 NVIC_IPR를 이용해서는 4개의 인터럽트에 대한 우선순위를 설정할 수 있다. Cortex-M 프로세서에서는 최대 240개의 인터럽트에 대한 우선순위를 설정해야하기 때문에 NNIC_IPR0 ~ NVIC_IPR59이 필요하나, STM32F4xx에서는 82개의 인터럽트가 존재하기 때문에 NVIC_IPR0 ~ NVIC_IPR20만이 존재한다. 앞에서 언급한 바와 같이 STN32F4xx에서는 상위 4비트만을 우선순위 설정에 사용하도록 설계되어 있다. CMSIS에서는 NVIC->IP[0] ~ NVIC->IP[81]란 이름으로 각 IRQn에 대한 우선순위 값에 직접 접근할 수 있다.

- **NVIC_STIR**(Software Trigger Interrupt Register): NVIC_ISPR의 기능과 유사하게 어떤 인터럽트를 소프트웨어를 이용하여 발생시킬 수 있다. 다만 차이점은 단 하나의 인터럽트만을 발생시킨다는 점과 SCR[USERDETPEN]=1로 하였을 경우에는 특권이 없는 동작 모드에서도 NVIC_STIR 레지스터를 사용할 수 있다는 점이다. IRQ10에 해당하는 인터럽트를 발생시키려면 NVIC_STIR[9:0]에 '10'을 쓰면 된다. CMSIS에서는 NVIC->STIR란 이름으로 해당 레지스터에 직접 접근할 수 있다.

〈표 2-18〉에 STM32F4xx의 NVIC 레지스터가 정리되어 있다. RW는 읽고 쓰기가 가능하며, WO는 쓰기만이 가능, RO는 읽기만이 가능하다는 의미이다. w1S/w1c는 어떤 비트에 '1'을 쓰는 경우에만 세트 혹은 클리어 된다는 의미이다.

〈표 2-18〉 STM32F4xx에서의 NVIC 레지스터

주소	이름	형태	설명
0xE000E100 ~ 0xE000E10B	NVIC_ISER0 ~ NVIC_ISER2	RW (w1s)	Interrupt Set-Enable Register
0xE000E180 ~ 0xE000E18B	NVIC_ICER0 ~ NVIC_ICER2	RW (w1c)	Interrupt Clear-Enable Register
0xE000E200 ~ 0xE000E20B	NVIC_ISPR0 ~ NVIC_ISPR2	RW (w1s)	Interrupt Set-Pending Register
0xE000E280 ~ 0xE000E28B	NVIC_ICPR0 ~ NVIC_ICPR2	RW (w1c)	Interrupt Clear-Pending Register
0xE000E300 ~ 0xE000E30B	NVIC_IABR0 ~ NVIC_IABR2	RO	Interrupt Active Bit Register
0xE000E400 ~ 0xE000E453	NVIC_IPR0 ~ NVIC_IPR20	RW	Interrupt Priority Register
0xE000EF00	NVIC_STIR	WO	Software Trigger Interrupt Register

CMSIS에서 주어진 각 레지스터의 이름을 이용하여 직접 레지스터 값을 변경시키거나 레지스터의 상태 값을 읽을 수도 있지만, 이들 레지스터의 값을 변경시키거나 읽을 수 있는 함수 또한 CMSIS에서 제공하고 있으며, 〈표 2-19〉에 이들이 나타나 있다. 표에 나타난 함수 IRQn값은 Cortex-M에서는 0 ~ 239 범위에 있어야 하며, priority값은 0 ~ 255 범위에 있어야 한다. (STM32F4xx에서는 IRQn값은 0~81, priority값은 8비트 중 상위 4비트 값만을 주어야 한다.)

〈표 2-19〉 CMSIS에서 제공하는 NVIC 관련 함수

CMSIS 함수		설명
void	NVIC_EnableIRQ(IRQn_Type IRQn)	IRQn 인터럽트 enable
void	NVIC_DisableIRQ(IRQn_Type IRQn)	IRQn 인터럽트 disable
uint32_t	NVIC_GetEnableIRQ(IRQn_Type IRQn)	IRQn 인터럽트 enable(1)/ disable(0) 상태
void	NVIC_SetPendingIRQ(IRQn_Type IRQn)	IRQn 인터럽트 pending
void	NVIC_ClearPendingIRQ(IRQn_Type IRQn)	IRQn pending 인터럽트 클리어
uint32_t	NVIC_GetPendingIRQ(IRQn_Type IRQn)	IRQn 인터럽트 pending 상태
uint32_t	NVIC_GetActive(IRQn_Type IRQn)	IRQn 인터럽트 액티브 상태
void	NVIC_SetPriotity(IRQn_Type IRQn, uint32_t priority)	IRQn 인터럽트 우선순위 설정
uint_32t	NVIC_GetPriority(IRQn_Type)	IRQn 인터럽트 우선순위 값.

단 NVIC_SetPriority(IRQn_Type IRQn, uint32_t priotrity) 함수에서 IRQn 인자는 음수 값을 포함할 수 있다. 즉, 우선순위의 변경이 가능한 시스템 인터럽트의 우선순위를 설정할 수 있도록 동작한다. 뒤에서 설명을 하겠지만 시스템 인터럽트의 우선순위는 NVIC 영역의 레지스터를 이용하는 것이 아니라, SCB 영역의 SHPR을 이용해야 한다. 하지만 이 함수에서 IRQn의 값이 음수이면 SHPR 값을 변경시키도록 되어 있다. 참고로 프로그램 가능한 우선순위를 지닌 시스템 인터럽트의 IRQn의 값은 〈표 2-20〉과 같다.

〈표 2-20〉 시스템 인터럽트 관련 IRQn 값

시스템 인터럽트 종류 및 IRQn 값		시스템 인터럽트 종류 및 IRQn 값	
MemoryManagement_IRQn	= −12	SVCall_IRQn	= −5
BusFault_IRQn	= −11	PendSV_IRQn	= −2
UsageFault_IRQn	= −10	SysTick_IRQn	= −1

NVIC_SetPriority() 함수와 NVIC_GetPriority() 함수의 기본적인 코드는 (그림 2-14)와 같다.

```
1   __STATIC_INLINE void NVIC_SetPriority(IRQn_Type IRQn, uint32_t priority)
2   {
3       if ((int32_t)(IRQn) < 0)
4           SCB->SHP[(((uint32_t)(int32_t)IRQn) & 0xFUL)-4UL] =
                    (uint8_t)((priority << (8U - __NVIC_PRIO_BITS)) & (uint32_t)
                    0xFFUL);
5       else
6           NVIC->IP[((uint32_t)(int32_t)IRQn)]  =
                    (uint8_t)((priority << (8U - __NVIC_PRIO_BITS)) & (uint32_t)
                    0xFFUL);
7   }
8   //---------------------------------------------------
9   __STATIC_INLINE uint32_t NVIC_GetPriority(IRQn_Type IRQn)
10  {
11      if ((int32_t)(IRQn) < 0)
12          return(((uint32_t)SCB->SHP[(((uint32_t)(int32_t)IRQn) & 0xFUL)-4UL] >>
                                                    (8U - __NVIC_PRIO_BITS)));
13      else
14          return(((uint32_t)NVIC->IP[((uint32_t)(int32_t)IRQn)] >>
                                                    (8U - __NVIC_PRIO_BITS)));
15  }
```

(그림 2-14) NVIC_SetPriority() 함수와 NVIC_GetPriority() 함수의 코드 예

라인 4와 6에 나타난 바와 같이 레지스터에 우선순위 값을 쓰기 전에 'priority'로 주어진 우선순위 값을 (8 - __NVIC_PRIO_BITS) 만큼 왼편으로 시프트 시킴을 볼 수 있다. 우선순위 값을 읽을 때에도 라인 12와 14에 나타난 바와 같이 읽은 레지스터 값을 (8 - __NVIC_PRIO_BITS) 만큼 오른편으로 시프트 시킨 값을 반환하고 있음을 알 수 있다. 따라서 STM32F4xx 프로세서에서는 __NVIC_PRIO_BITS 값이 '4'이므로, NVIC_SetPrioty() 함수에서 'priority' 인자 값을 8비트 값으로 주어서는 안 되고, 상위 4비트 값만 주어야 한다. 또한 NVIC_GetPriority() 함수로 설정된 우선순위 값을 읽을 때에 결과도 설정된 우선순위 중 상위 4비트 값만 반환됨을 기억해야 한다. 단 직접 레지스터에 값을 쓸 때에는 우선순위 8비트 값을 주어야 한다. IRQn=6인 인터럽트의 우선순위 값을 0x90으로 설정하려면 다음과 같이 해야 한다.

```
NVIC_SetPriority(6, 0x90>>4);        //or
NVIC->IP[6] = 0x90;
```

SysTick 인터럽트에 대한 우선순위 값을 0x40으로 설정하려면 다음과 같이 해야 한다.

```
NVIC_SetPriority(-1, 0x40>>4);      // or
SCB->SHP[11] = 0x40;
```

익셉션 혹은 인터럽트 제어와 관련된 추가적인 부분은 다음과 같다.

- **우선순위 그룹 제어**

  Cortex-M 프로세서에서는 우선순위는 그룹 우선순위와 하위 우선순위로 나눠지며, 그 둘을 구분하는 것은 SCB(System Control Block)에 위치한 AIRCR (Application Interrupt and Reset Control Register)의 비트[10:8]에 위치한 PRIGROUP값이다. PRIGROUP에 설정한 값이 5이면 우선순위 8비트 중에서 하위 6비트([5:0])가 하위 우선순위에 속하게 된다. CMSIS에서 AIRCR의 이름은 SCB->AIRCR이며, AIRCR의 값을 변경시키기 위하여, AIRCR로 어떤 값을 쓸 때 반드시 AIRCR[31:16] = 0x05FA값을 주어야 한다.

  그룹 우선순위 제어를 위한 다음과 같은 CMSIS 함수도 제공하고 있다. (앞에서 언급한 바와 같이 우선순위 그룹 제어는 SCB에 위치한 레지스터를 이용하고 있으나 함수 이름은 NVIC_로 되어 있다.) PriorityGroup 값은 0~7까지의 값을 지녀야 한다.

〈표 2-21〉 그룹 우선순위 제어를 위한 CMSIS 함수

CMSIS 함수		설명
void	NVIC_SetPriorityGrouping(uint32_t PriorityGroup)	그룹 우선순위 제어
uint32_t	NVIC_GetPriorityGrouping(void)	AIRCR의 PRIGROUP 값 반환

• 시스템 관련 익셉션 우선순위 설정

우선순위가 결정되어 있는 RESET, NMI와 하드폴트를 제외한 시스템 익셉션에 대한 우선순위는 사용자가 설정할 수 있다. 이 부분에 대한 우선순위는 SCB 영역에 위치한 SHPR(System Handler Priority Register)를 이용하여 설정한다. STM32F4xx의 각 시스템 익셉션에 대한 우선순위를 설정할 수 있는 레지스터 및 필드는 〈표 2-22〉와 같다. 시스템 익셉션에 대한 우선순위도 8비트 우선순위 중 상위 4비트에 대한 부분만 설정할 수 있다. 시스템 익셉션의 우선순위를 설정하기 위한 CMSIS 함수는 앞에서 설명한 NVIC_SetPriority() 함수를 이용할 수 있다.

〈표 2-22〉 시스템 익셉션 우선순위 설정 관련 레지스터 및 필드

익셉션 타입	레지스터 및 필드	CMSIS 이름
MemManage fault	SCB_SHPR1[7:0]	SCB->SHP[0]
Bus fault	SCB_SHPR1[15:8]	SCB->SHP[1]
Usage fault	SCB_SHPR1[23:16]	SCB->SHP[2]
SVC	SCB_SHPR1[31:24]	SCB->SHP[7]
PendSV	SCB_SHPR3[23:16]	SCB->SHP[10]
SysTick	SCB_SHPR3[31:24]	SCB->SHP[11]

• 소프트웨어를 이용한 시스템 관련 익셉션 요청

앞에서 살펴본 바와 같이 일반적인 인터럽트는 NVIC_ISPR/NVIC_ICPR를 이용하여 소프트웨어적으로 인터럽트를 발생 혹은 제거할 수 있다. 이와 유사하게 NMI, PendSV, SysTick 인터럽트도 소프트웨어를 이용하여 발생 혹은 제거시킬 수 있다. 이러한 기능은 SCB 영역에 위치한 ICSR(Interrupt Control and Status Register)를 이용하여 수행할 수 있다. ICSR의 주소는 0xE000ED04이며, CMSIS에서는 SCB->ICSR이란 이름을 사용한다. 이와 관련된 ICSR의 비트들과 기능은 다음 〈표 2-23〉에 나타나 있다.

〈표 2-23〉 NMI, PendSV와 SysTick 인터럽트 요청 및 해제 관련 ICSR 비트

ICSR 비트	이름	형태	기능
[31]	NMIPENDSET	RW	NMI pending 요청/NMI pending 상태
[28]	PENDSVSET	RW (w1s)	write 1: PendSV pending 요청/ read: PendSV pending 상태
[27]	PENDSVCLR	WO (w1c)	PendSV pending 제거
[26]	PENDSTSET	RW (w1s)	write 1:SysTick Pending 요청 read: SysTick pending 성태
[25]	PENDSTCLR	WO (w1c)	SysTick Pending 제거

2.6 SysTick을 이용한 ARM Cortex-M 인터럽트 특성 실험

Cortrex-M 계열의 모든 프로세서는 코어 부분에 SysTick이라는 단순한 24비트 타이머를 가지고 있다. 즉, 모든 ARM Cortex-M 프로세서는 동일한 SysTick 타이머를 지니고 있기 때문에 기본적으로 하나의 tick 타이머를 요구하는 RTOS를 손쉽게 포팅할 수 있게 된다.

SysTick 타이머는 Cortex-M 코어 부분에 포함되어 있기 때문에 다른 주변기기와는 달리 최소한 노력만으로 동작시킬 수 있으며, 또한 타이머 동작 특성으로 인하여 일정 시간 후에 인터럽트가 발생하도록 할 수 있기 때문에 Corterx-M에서 지원하는 인터럽트 동작을 확인하는데 유용하게 사용될 수 있다. 이 절에서는 SysTick과 관련된 내용을 살펴보고 간단한 예를 통하여 사용법을 실습을 한다. 그 후에 'late arrival'과 'tail chaning', 그룹 우선순위, 하위 우선순위에 따른 선점 등의 인터럽트 특성을 실습한다.

2.6.1 SysTick의 동작

SysTick 타이머는 단순한 기능을 지닌 24비트 타이머로, 이를 제어하기 위하여 **STK_CTRL**(SysTick Control and Status), **STK_LOAD**(SysTick Reload value), **STK_VAL**(SysTick Current value), **STK_CALIB**(SysTick Calibration Value) 레지스터가 존재한다. 이들 레지스터의 기능은 〈표 2-24〉에 나타나 있다.

〈표 2-24〉 SysTick 관련 레지스터 및 기능

레지스터 이름 (CMSIS 이름)	주소	주요 기능
STK_CTRL (SysTick-〉CTRL)	0xE000E010	SysTick 타이머 제어 및 상태 - SysTick 타이머 활성화 (STK_CTRL[0]=1) - SysTick 타이머 인터럽트 enable (STK_CTRL[1]=1) - SysTick 클럭 소스 선택 (STK_CTRL[2]) 1: 프로세서 클럭(AHB), 0: AHB/8 - SysTick 타이머에서 타임아웃 발생 유무 (STK_CTRL[16])
STK_LOAD (SysTick-〉LOAD)	0xE000E014	SysTick 타이머에서 타임아웃 발생 시간 간격 - 24비트만 사용된다. [23:0] - 타이머가 처음 활성화가 될 때와 타임아웃이 발생할 때에 STK_VAL 레지스터로 값이 전달된다.
STK_VAL (SysTick-〉VAL)	0xE000E018	SysTick 카운터의 현재 값
STK_CALIB	0xE000E01C	제조사/디바이스 종류마다 차이가 있지만 STMF411에서는 SysTick이 AHB/8 클럭(10.5 MHz)으로 동작할 때 1ms 타임아웃을 발생시키기 위한 기준 값을 나타낸다.

SysTick 타이머를 이용하여 일정 시간이 경과한 것을 체크하려면, 현재 동작하고 있는 시스템 클럭을 고려하여 STK_LOAD 레지스터에 적절한 값을 써 넣고, SysTick 타이머를 활성화(STK_CTRL[0]=1)한 후에 STK_CTRL[16] 비트를 확인하여 해당 비트가 '1'이 되면 원하는 시간이 경과하였다는 것을 알 수 있다. 여기서 주의할 점은 STK_CTRL 레지스터를 읽으면 자동적으로 STK_CTRL[16] 값이 클리어 된다는 점이다.

예를 들어 시스템 클럭이 20MHz로 동작하고 있다고 가정하자. 그런 경우 0.5초마다 특정한 일을 하려고 하면, STK_LOAD 레지스터에 (10,000,000 - 1)값을 로드하고, SysTick 타이머를 활성화시킨 후, STK_CTRL[16] 비트가 '1'이 되었는가를 체크하면 된다. STK_CTRL[16] 비트가 '1'이 되었다는 것은 0.5초가 경과하였다는 것을 의미한다. SysTick 타이머를 비활성화 시키지 않는 한 타이머는 반복해서 동작한다.

SysTick과 관련된 CMSIS함수로는 SysTick_Config()가 있으며, 함수에 대한 정의는 <표 2-25>에 나타나 있다. 시스템 클럭이 20MHz로 동작하고 있다고 가정할 때, 0.5초 마다 인터럽트가 발생하도록 하려면, SysTick_Config(10000000)로 하여야 한다.

<표 2-25> SysTick 관련 CMSIS 함수

CMSIS 함수	설명
uint32_t SysTick_Config(uint32_t ticks)	SysTick 타이머를 초기화 및 시작 인터럽트 활성화 리턴 값 성공 시 '0', 실패 시 '1' 반환

2.6.2 SysTick을 이용한 실습

Mbed-OS에서는 SysTick을 OS에서 사용하기 때문에 특별한 경우가 아니면 사용자가 SysTick을 다른 용도로 사용하지 않는 것이 좋다. 본 절에서는 Mbed-OS는 사용하지 않고, SysTick 관련된 레지스터를 직접 조작하여 SysTick을 제어한다. 먼저 500ms 간격으로 SysTick 타이머가 인터럽트를 발생하도록 하는 실습을 Keil uVision5 툴을 이용하여 수행한다.

- 새로운 프로젝트를 만들기 위해서는 다음 (그림 2-15)에 나타난 바와 같이 메뉴 바에서 Project -> 'New μ Vision Project...'를 선택한다.

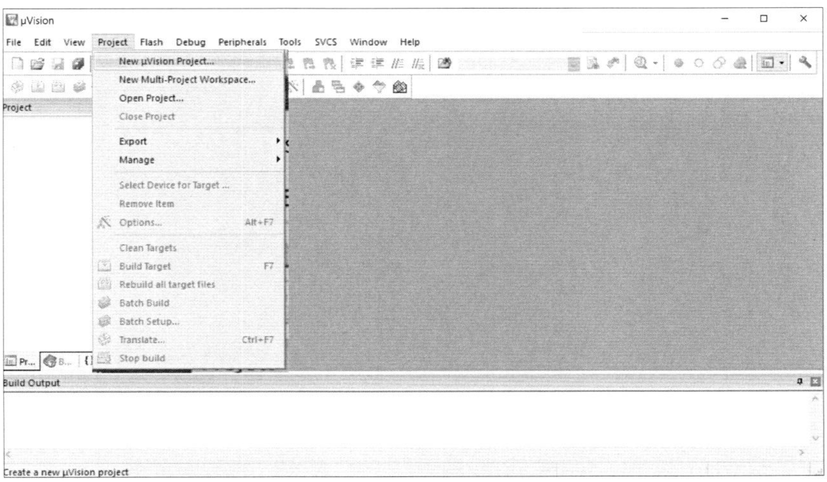

(그림 2-15) 새로운 프로젝트 생성

• (그림 2-16)과 같은 팝업 창에서 프로젝트의 이름(그림 2-16에서는 systick_int_ex1)을 기입한다. 해당 프로젝트가 디렉토리 D:₩Workspace_uVision5₩systick_int_ex1₩ 아래에 생성되도록 선택하고 있다.

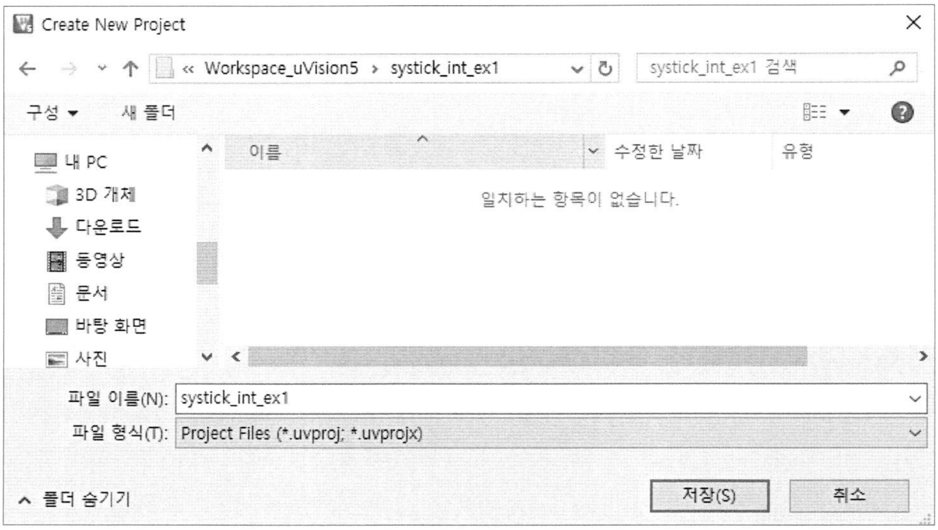

(그림 2-16) 프로젝트 이름 설정.

• 다음 팝업 창에서 해당 프로젝트에서 사용할 디바이스를 선택한다. (그림 2-17)에서는 STM32F411RE 프로세서를 사용하도록 선택한 예가 나타나 있다.

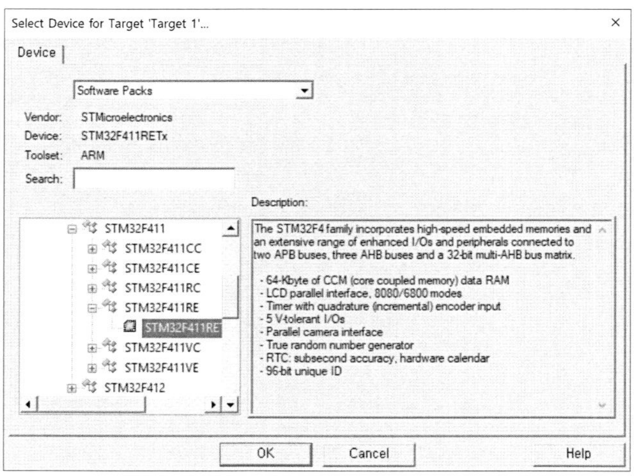

(그림 2-17) 프로젝트에서 사용할 디바이스 선택 예

• 다음 팝업 창에서 해당 프로젝트가 동작할 런-타임 환경과 관련된 소프트웨어를 선택한다. (혹은 추후에 Project -> Manage -> 'Run-Time Environment...'를 실행시켜 런-타임 환경과 관련된 소프트웨어를 설정할 수도 있다.) 프로젝트에서 필요한 것은 프로세서가 처음에 실행해야 할 코드이며, 이 코드들이 프로젝트에 포함되기 위해서는 (그림 2-18)에 나타난 바와 같이 'CMSIS-CORE for Cortex-M ...'와 'System Startup for STMicroelectronics ...'를 선택한 다음에 'OK' 버튼을 클릭한다.

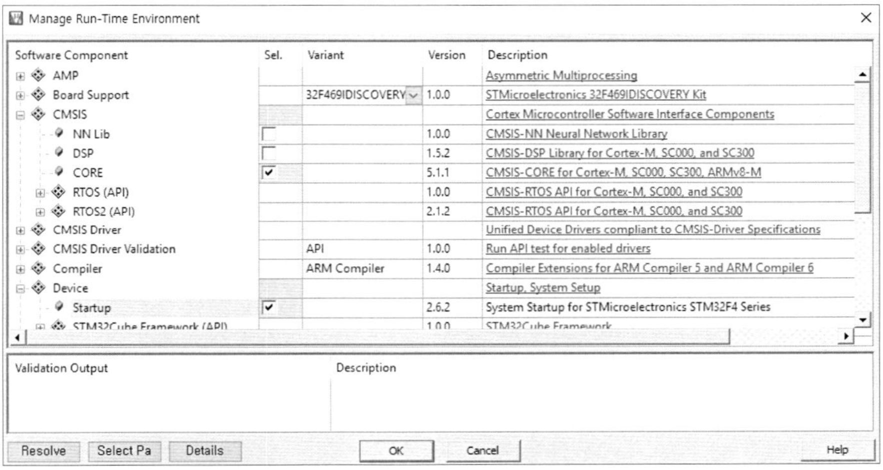

(그림 2-18) 런-타임 환경에 필요한 소프트웨어 선택

CMSIS 라이브러리와 프로세서가 처음 시작될 때 실행되는 2개의 스타트업 파일들이 (그림 2-19)에 나타난 바와 같이 프로젝트 내에 설치됨을 알 수 있다.

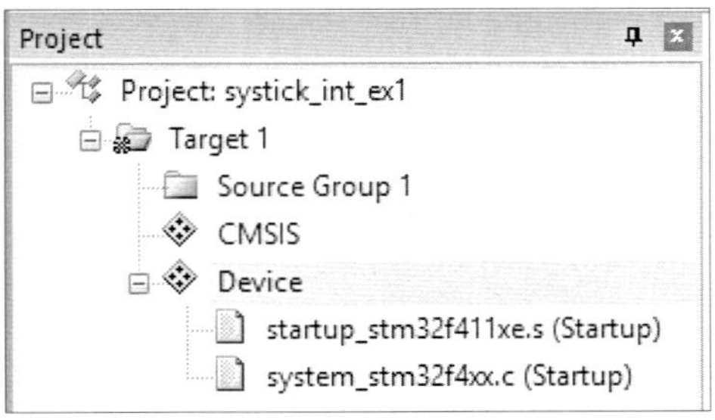

(그림 2-19) 프로젝트에 포함된 스타트업 파일

• 다음으로는 프로젝트에서 사용할 타겟 보드와 관련된 부분을 설정해야 한다. 메뉴 바에서 Project -> "Options for Target 'Target 1'..."을 선택한다. 그러면 나타나는 (그림 2-20)과 같은 창에서 Xtal 값을 16.0으로 설정한다. 참고로 STM32F411RE 칩에서는 디폴트 시스템 클럭으로 내부 발진 회로에 의해서 생성되는 HSI 클럭을 사용하도록 되어 있으며, 내부 발진 회로에 의해서 생성되는 HSI 클럭은 16.0 MHz 이다.

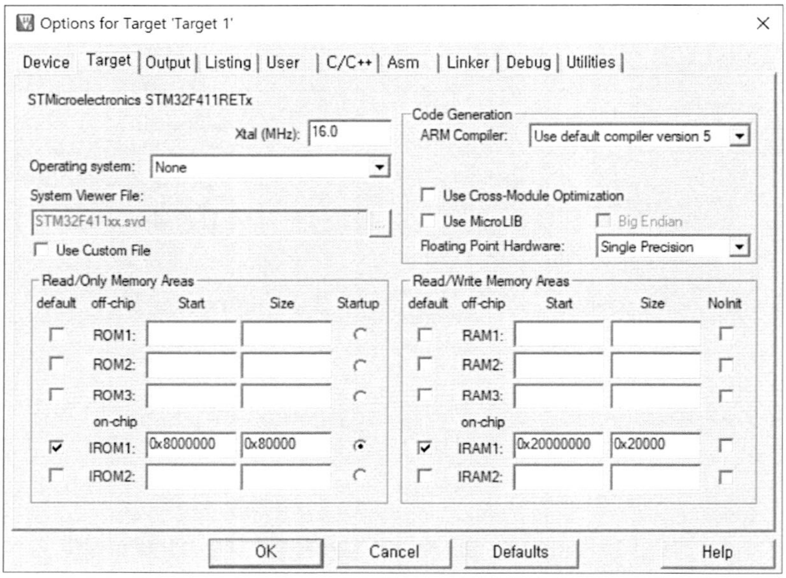

(그림 2-20) 타겟 보드 클럭 값 설정

• 다음으로 디버그 환경을 설정하기 위하여 'Debug' 탭을 선택한다. 타겟 보드에서 동작하는 것을 디버깅하기 위해서는 다음 (그림 2-21)와 같이 'ST-Link Debugger'를 사용하도록 선택해야 한다.

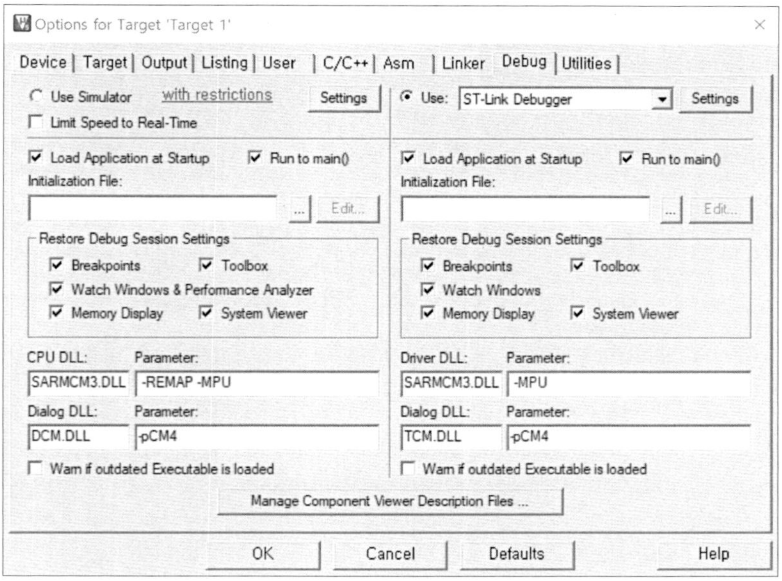

(그림 2-21) 사용 디버거 선택

• (그림 2-21)에서 선택한 메뉴 오른쪽에 위치한 "setting" 버튼을 클릭한 다음 (그림 2-22)과 같이 설정한다.

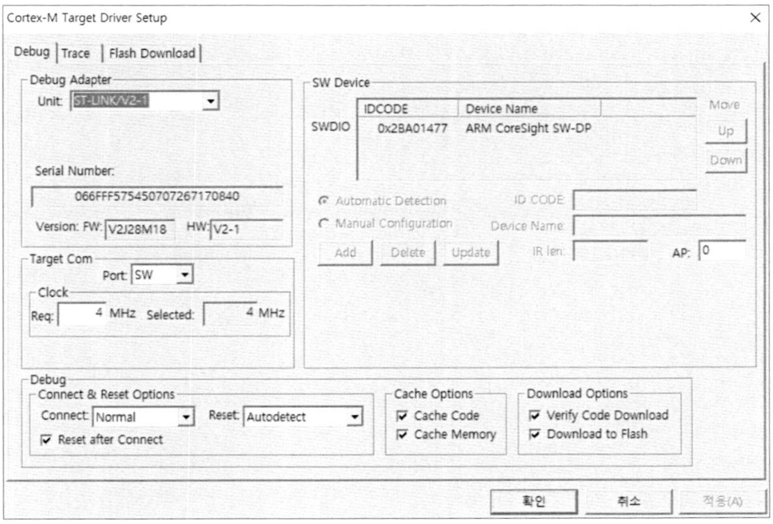

(그림 2-22) 다운로드 관련 설정

- 여기까지가 일반적인 설정 방법이고, 그 다음으로는 원하는 동작을 위한 코드를 작성해야 한다. 마우스를 'Source Group 1'에 두고 우클릭하면 여러 가지 선택할 수 있는 옵션이 (그림 2-23)과 같이 나타나며, 그 중에서 'Add New Item to Group ...'을 선택한다.

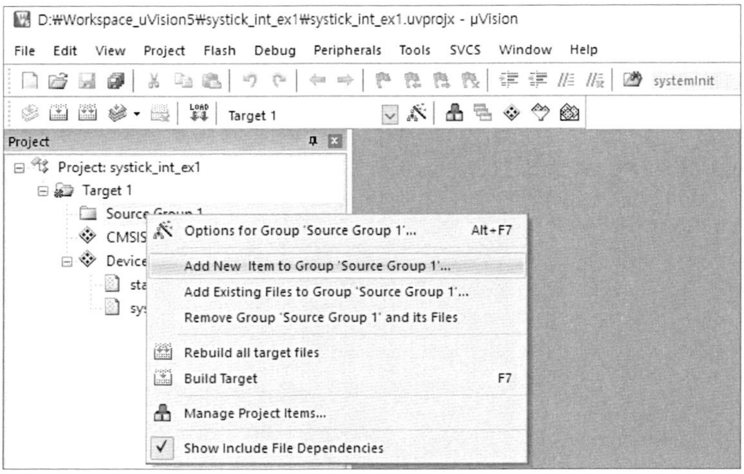

(그림 2-23) 프로젝트에 새 파일 추가

- 그 다음에 나타난 (그림 2-24)와 같은 창에서 'C File (.c)'를 선택한 다음, C 파일의 이름을 기입하면 된다. 그림에서는 파일 이름을 main.c로 준 예가 나타나 있다.

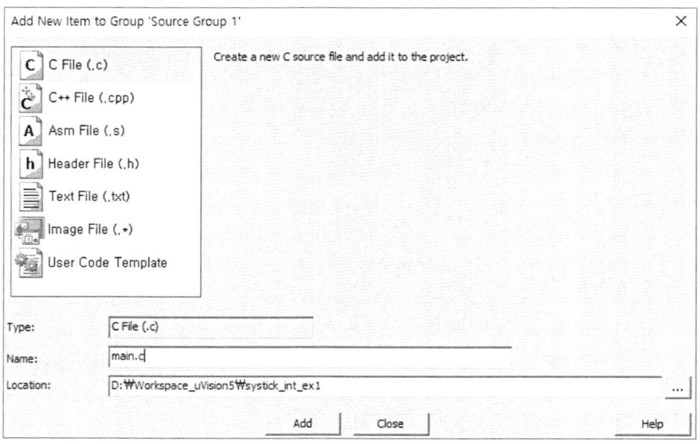

(그림 2-24) 새로운 C 파일(main.c) 추가 예

• 그 다음으로는 편집기를 이용하여 (그림 2-25)과 같은 C 코드를 작성하여 저장한 다음, Build를 실행시킨다. 오류가 없으면 Objects₩systick_int_ex1.axf 파일이 생성될 것이다. 생성된 실행 파일을 Flash->Download를 이용하여 (혹은 Load 아이콘을 이용하여) 타겟 보드의 플래시 메모리에 다운로드한다.

```
; main.c: a systick example code
#include "stm32f4xx.h"

volatile uint32_t ticks = 0;
uint32_t tmp;

void myDelay(uint32_t loop) {
        while(loop > 0) {
            loop--;
        }
}

void SysTick_Handler(void) {
        ticks++;
        tmp = SysTick->CTRL;
        myDelay(100);
}

int main()
{
        tmp = SystemCoreClock/2;

        SysTick->LOAD = tmp - 1;
        SysTick->CTRL = (0x01 | (0x01 << 1) | (0x01 <<2 ));

        while(1) {
        }
}
```

(그림 2-25) main.c 코드 예

위의 코드에서 SystemCoreClock 변수 값은 현재 프로세서가 동작하고 있는 클럭 값이고 SysTick에서는 그 클럭 값에 따라 타이머가 동작하도록 설정되어 있다. 따라서 위의 프로그램은 0.5초마다 SysTick 인터럽트가 발생하고, SysTick ISR인 SysTick_Handler()가 실행되는 프로그램이다.

- 디버거를 동작시키면 (그림 2-26)과 같은 디버거 실행 창이 나타날 것이다. 그리고 현재 main()함수 시작점인 20번째 라인부터 디버거가 시작할 것이라는 표시가 나타나 있음을 알 수 있다.

- Peripherals->'Core Peripherals'->'System Tick Timer(SysTick)' 창을 열도록 한 다음, 디버거의 'Step Over' 아이콘을 이용하여 23번 코드까지 실행시키면서 SysTick 관련 레지스터 값이 어떻게 변하는가를 확인하여라. SysTick 관련 레지스터 값들이 (그림 2-27)과 같은 값을 지니게 됨을 확인할 수 있을 것이다.

- 또한 마우스 포인트를 SystemCoreClock 변수 값에 두면 해당 변수 값이 화면에 나타날 것이다. 현재 값이 0x00F42400 (16,000,000) 임을 확인할 수 있을 것이다.

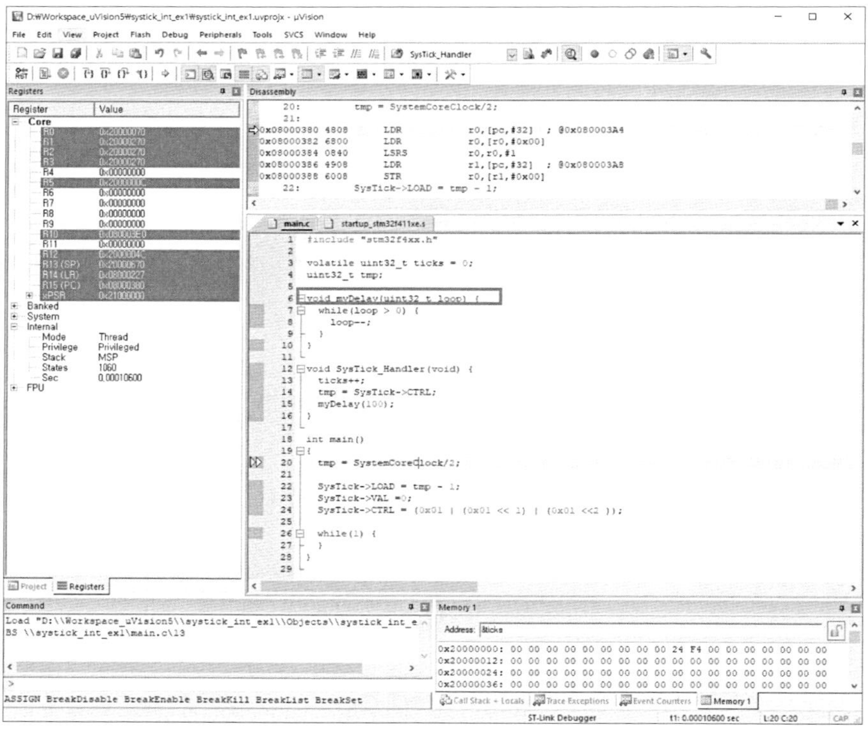

(그림 2-26) uVision 디버거 시작 창

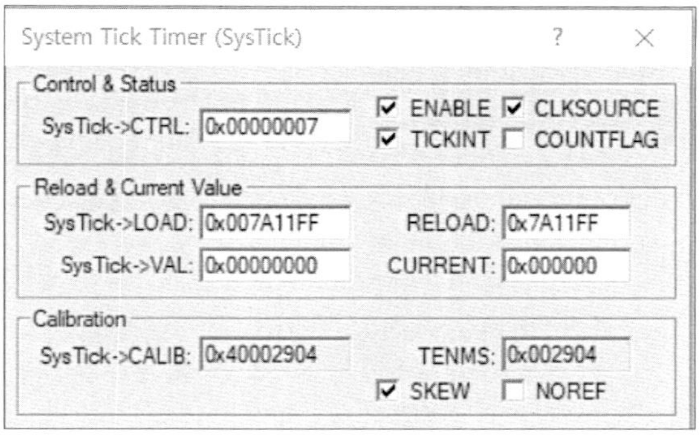

(그림 2-27) SysTick 관련 레지스터 값

- 브레이크 포인트를 SysTick ISR의 시작점인 13번 코드 라인에 설정을 하고, View –> 'Memory Windows' –> 'Memory 1'을 이용하여 메모리 창을 연다. 그리고 메모리 창의 Address 입력 부분에 "&ticks"(ticks의 변수의 메모리 주소를 의미한다.)을 입력한다. &ticks 값이 0x2000000임을 알 수 있고, 현재 저장된 값은 '0'임을 알 수 있다. (그림 2-28)를 참조하여라.

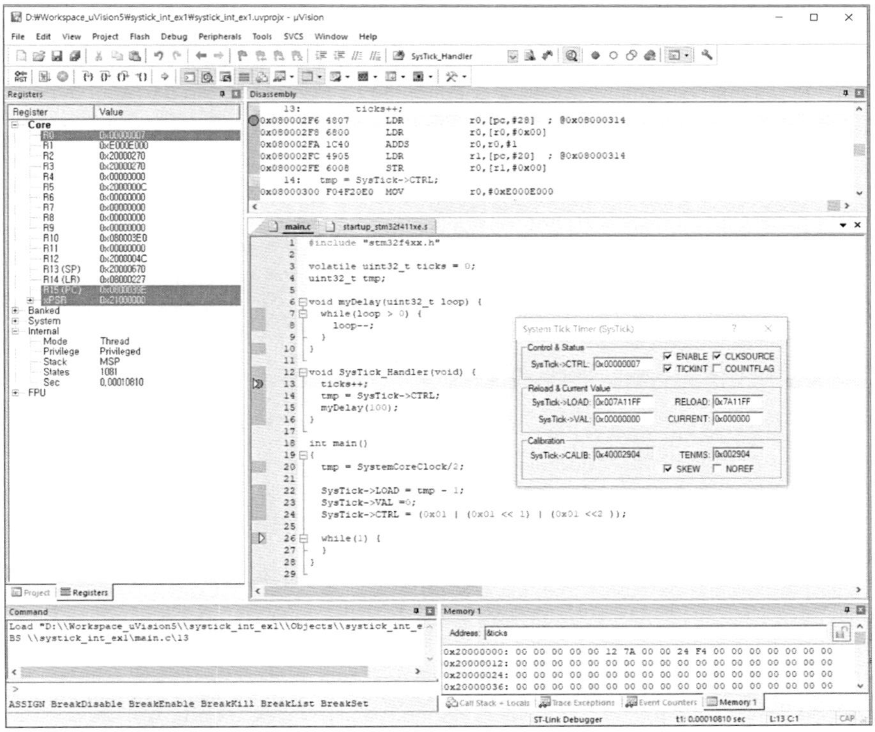

(그림 2-28) 브레이크 포인트 설정 및 메모리 창에서 ticks 값 확인

- 디버거의 'Run' 아이콘을 클릭하여 디버거를 연속적으로 실행시킨다. 그러면 SysTick 인터럽트가 발생하여 브레이크 포인트에서 프로그램이 중단됨을 확인할 수 있을 것이다. 그 때, SysTick 타이머 창에서 SysTick->CTRL 레지스터의 COUNTFLAG 값이 세트됨을 확인할 수 있을 것이다.
- 디버거의 'Step Over' 아이콘을 클릭하면, ticks 변수 값이 '1'로 변하는 것을 메모리 창에서 확인할 수 있을 것이다.
- 디버거의 'Step Over' 아이콘을 클릭하면, 14라인 코드가 실행되고, 그러면 SysTick 타이머 창에서 SysTick->CTRL 레지스터의 COUNTFLAG 값이 클리어됨을 확인할 수 있을 것이다.
- 다시 'Run' 아이콘을 클릭하면 일정 시간이 경과 후에 SysTick 인터럽트가 발생하여 브레이크 포인트에서 프로그램이 중단되고, 이를 반복할 때 마다 ticks 값이 증가함을 확인할 수 있을 것이다.

2.6.3 Cortex-M에서의 'late arrival' 특성 실습

앞에서 설명한 바와 같이 Cortex-M 계열 프로세서에서는 그룹 우선순위가 낮은 인터럽트에 대한 스태킹 과정이 일어나는 동안, 그룹 우선순위가 높은 인터럽트가 발생하면 현재 진행 중인 스태킹 과정이 완료된 다음, 그룹 우선순위가 높은 인터럽트에 대한 ISR이 실행되게 되며, 이와 같은 메커니즘을 'late arrival'이라고 한다.

'late arrival' 메커니즘이 실제로 작동하는가를 어떻게 하면 테스트할 수 있을까? 이를 위해서는 인터럽트 발생 시간을 정밀하게 제어할 수 있어야 할 것이다. 즉, 그룹 우선순위가 낮은 인터럽트에 대한 스태킹 과정이 진행되는 동안, 그룹 우선순위가 높은 인터럽트를 발생시켜야 할 것이다. 이를 위해서 SysTick의 그룹 우선순위를 높게 설정하고, 다른 한 인터럽트의 그룹 우선순위를 낮게 설정하여 테스트 프로그램을 작성할 수 있을 것이다.

실습에서는 그룹 우선순위에 해당 하는 비트를 [7:6]으로 설정한 다음, IRQn=6인 인터럽트의 우선순위를 0x80으로 설정하고, SysTick의 인터럽트 우선순위를 0x40으로 설정하면 SysTick 인터럽트가 IRQ=6인 인터럽트와 비교할 때, 그룹 우선순위가 높게 될 것이다.

IRQn=6인 인터럽트가 발생한 다음 스태킹 과정이 완료되기 전에 SysTick 인터럽트가 발생하도록 코딩을 하면 된다. 이와 같은 코드는 (그림 2-29)과 같이 작성할 수 있을 것이다.

```
1   NVIC_SetPriorityGrouping(5);      //[5:0]: subpriority
2
3   NVIC_SetPriority(6, 0x80>>4);     //priority of IRQ=6 = 0x80
4   NVIC_SetPriority(-1, 0x40>>4);    //SysTick priority = 0x40
5
6   NVIC_EnableIRQ(6);                //IRQn=6에 대한 인터럽트 enable
7
8   SysTick->LOAD = tmp;
9   SysTick->CTRL = 0x07;   //0b0111: enable systick int enable,
10                          //clock source=AHB, enable systick
11  NVIC_SetPendingIRQ(6);  //generate the interrupt IRQn=6
```

(그림 2-29) 'late arrival'을 위한 인터럽트 발생 코드

라인 9의 코드가 실행되면, 그 때부터 SysTick 타이머가 다운 카운트를 시작할 것이고, tmp 클럭 사이클 후에 SysTick 인터럽트가 발생할 것이다. 또한 라인 11의 코드가 실행되면 IRQn=6의 인터럽트가 발생하여 스태킹이 시작될 것이다. 따라서 스태킹이 완료되기 전에 SysTick 인터럽트가 발생하도록 적절한 tmp 값을 주어야 할 것이다. (현재 보드와 함께 제공되는 ST-Link 디버거는 이와 같은 특성을 디버깅할 만큼 빠르고 정밀한 디버거는 아니라는 점을 고려하여 디버거를 사용하여야 한다.)

IRQn=6의 인터럽트 소스는 EXTI0이며, startup_stm32f411xe.s를 살펴보면, EXTI0 인터럽트의 ISR 이름은 EXIT0_IRQHandler로 되어 있으며, SysTick 인터럽트의 ISR 이름은 SysTick_Handler로 되어 있다. 이들 ISR은 startup_stm32f411xe.s에 정의되어 있지만, 그 ISR 이름은 'WEAK'로 정의되어 있어서, 다른 프로그램 모듈에서 해당 ISR을 다시 정의하여 작성하더라도 에러가 발생하지 않는다. 따라서 main.c 모듈에 적절한 ISR을 작성하면 될 것이다. (인터럽트 시에 특별한 일을 수행할 필요는 없다. 다만 디버깅을 위한 적절한 코드를 작성하면 될 것이다. (그림 2-30)에 예제 코드가 나타나 있다.)

```
#include "stm32f4xx.h"

volatile uint32_t ticks = 0;

void SysTick_Handler(void) {
        SysTick->CTRL &= ~0x01;      // disable SysTick timer
        ticks++;
}

void EXTI0_IRQHandler(void) {
        ticks += 10;
}
```

(그림 2-30) SysTick과 EXIT0를 위한 ISR 예

실험을 하면서 다음 사항을 살펴보아라.

- Core Peripherals NVIC의 창을 열어서 각 코드가 실행됨에 따라 각 레지스터의 값이 어떻게 변하는 가를 살펴보아라. (SysTick과 EXTI0에 대한 Priority값이 주어진 값과 같이 설정되었는가를 확인하고, E(enable)/P(pending)/A(active)의 비트 값이 어떻게 변하는가를 살펴보아라.)
- 'late arrival'이 발생하는 것으로 추정되는 tmp값의 범위를 구하여라. 그 이유를 설명하여라. (디버거에 나타나는 값만으로는 'late arrival'이 발생하였다는 것을 직접적으로 알 수는 없다. 단지 추정만이 가능하다.)

추가문제

- 그룹 우선순위에 해당하는 비트가 [7:6]인 경우에 INT1의 우선순위는 0x60, INT2의 우선순위는 0x40, INT3의 우선순위는 0x80, INT4의 우선순위는 0x20이라고 하자.
- INT1이 발생하여 INT1의 ISR이 실행되고 있는 도중에 INT2, INT3와 INT4가 순차적으로 발생하였다고 하자. INT1 ~ INT4에 대한 ISR이 어떻게(어떤 순서로) 동작하는가를 확인할 수 있는 프로그램을 디자인하고, 이를 실행시킨 다음에 이들의 동작에 대해서 설명하여라. (그림으로 표현한 다음, 글로 설명하여라.)

제3장

ARM Cortex-M4 어셈블리 명령어

이 장에서는 ARM Cortex-M3/M4 어셈블리 명령어의 구성 및 기본적인 어셈블리 명령어의 동작에 대해서 간단하게 설명한다. 어셈블리 명령어를 이용하여 프로그램을 작성할 때, 어셈블러 지시어(directive)를 포함한 프로그램 구조는 사용하는 어셈블러에 따라 상당한 차이가 있다. 본 장에서는 ARM 사의 MDK-ARM (uVision) 개발 환경을 사용한다는 가정 하에서 설명을 진행한다.

3.1 ARM Cortex-M3/M4 어셈블리 명령어의 특징 및 구조

앞 장에서 설명한 바와 같이 Cortex-M3/M4에서는 Thumb-2 명령어만을 지원한다. (하지만 Thumb-2 명령어 중 Cortex-M3/M4가 지원하지 않는 하드웨어와 관련된 명령어는 당연히 지원하지 않고 있다. 예를 들면 Cortex-M3에서는 co-processor를 가지고 있지 않기 때문에 그와 관련된 명령어는 지원하지 않고, 또한 “BLX label”과 같은 명령어도 Cortex-M3/M4에서는 Thumb 모드만 지원하기 때문에 지원하지 않는다.) Thumb-2 명령어는 16비트의 Thumb 명령어와 추가된 32비트 명령어로 구성되어 있다. 그리고 16비트 명령어와 32비트 명령어를 동작 모드의 변환없이 혼재하여 사용할 수 있게 되어 있다.

기존의 ARM 프로세서에서는 동작 모드를 ARM 모드 혹은 Thumb 모드로 변경시켜 32비트 ARM 명령어 혹은 16비트 Thumb 명령어를 동작시켰다. ARM 모드에서는 4바이트 명령어를 읽어서 명령어를 디코딩하고, Thumb 모드에서는 2바이트 명령어를 읽어서 명령어를 디코딩한다.

Cortex-M3/M4에서 16비트 명령어와 32비트 명령어를 혼재하여 사용하는 방법은 다음과 같다. Cortex-M3/M4에서는 일단 한번에 16비트 명령어를 읽어 온다. 그리고 상위 5비트를 검사 하여, 해당 비트 패턴이 11101, 11110, 혹은 11111일 경우에는 해당 명령어가 32비트 명령어이므로 (Thumb-2 명령어에서 32비트 명령어는 항상 16비트에서 비트 [15:11]의 구성이 11101, 11110, 혹은 11111로 되어 있다.) 그 다음 16비트를 추가로 읽어온 다음에 그 명령어를 디코딩하여 실행시킨다. (참고로 비트 [15:11]이 11100으로 되어 있는 명령어는 16비트 명령어인 “B label” 이다.) 그 외의 경우는 모두 16비트 명령어이므로 해당 명령어를 디코딩하여 실행시킨다. Thiumb-2 명령어가 이와 같은 구조로 되어 있기 때문에 16비트 명령어와 32비트 명령어가 혼재되어 사용될 수 있는 것이다.

Thumb-2 명령어가 앞에서 말한 형태를 가지고 있기 때문에, 32비트 명령어에서도 대부분의 32비트 ARM 명령어가 취할 수 있는 조건부 실행(conditional execution) 옵션을 가질 수 없다. 32비트 ARM 명령어에서는 조건부 실행 옵션이 32비트 머신 코드 중에서 [31:28]의 4비트에 표시되어 있으나, Thumb-2 32비트 명령어에서는 해당 비트가 32비트 명령어임을 나타내는 데에 사용되고 있기 때문이다.

참고로 일반적인 32비트 ARM 기계어의 구조는 (그림 3-1)과 같으며, 비트 [31:28]는 실행 조건에 따라 〈표 3-1〉과 같은 값을 지니게 된다.

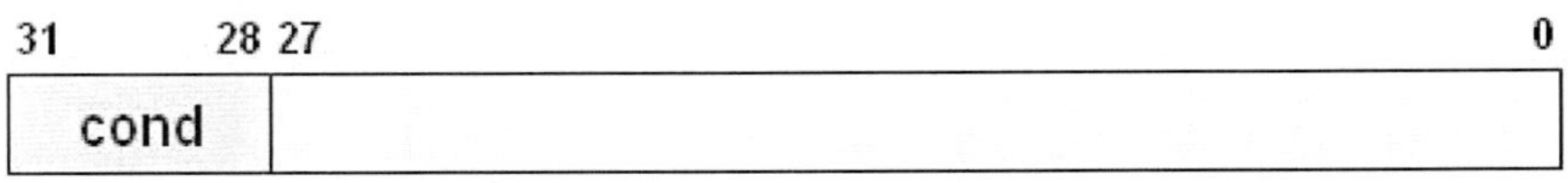

(그림 3-1) 일반적인 ARM 기계어 구조.

〈표 3-1〉 조건부 필드의 값 및 의미

코드	명령어의 접미사	의미	CPSR의 플랙
0000	EQ	Equal	Z = 1
0001	NE	Not equal	Z = 0
0010	CS/HS	Unsigned higher or same	C = 1
0011	CC/LO	Unsigned lower	C = 0
0100	MI	Minus	N = 1
0101	PL	Positive or Zero	N = 0
0110	VS	Overflow	V = 1
0111	VC	No Overflow	V = 0
1000	HI	Unsigned higher	C = 1 & Z = 1
1001	LS	Unsigned lower or same	C = 0 & Z = 1
1010	GE	Greater or equal	N = V
1011	LT	Less than	N != V
1100	GT	Greater than	Z = 0 & N = V
1101	LE	Less than or equal	Z = 1 or N != V
1110	AL	Always	

예를 들어서 덧셈 명령어는 “ADD”라는 기본적인 형태를 지니고 있으며, 이 명령어는 실질적으로는 “ADDAL”로 항상 덧셈을 실행시키라는 의미이다. 반면에 “ADDEQ” 라는 명령어는 PSR의 Z 플랙이 ‘1’일 때에만 덧셈 명령을 실행시키고, 아닌 경우에는 NOP(no operation)를 실행시키게 된다.

조건부 실행이라는 개념은 프로세서에서 파이프라인을 깨지지 않게 하는 유용한 것이나, Thumb-2에서는 앞에서 언급한 이유로 인해서 이를 사용할 수 없게 되었다. 따라서 IT(If-Then) 명령어를 Thumb-2에서 추가하게 되었다. IT 명령어는 IT 명령어에 주어진 조건에 따라 IT 명령어 다음에 위치한 최대 4개의 명령어들을 조건에 맞는 경우 실행시키고, 조건이 맞지 않는 경우에는 주어진 명령어 대신 NOP 명령어를 실행시킨다. 자세한 동작은 IT 명령어에 나타나 있다.

어셈블리 명령어로 프로그램을 작성할 때 다음과 같은 형식이 사용된다.

```
label1
        opcode operand1, operand2, operand3  ; comment
```

위에서 “label1”은 명령어의 위치를 지정하여 다른 곳에서 참조할 수 있도록 하는 옵션 항목이다. 즉 다른 곳에서 “B label1”이란 명령어를 실행하면 “label1”이 표시된 위치로 점프하여 명령어가 실행되게 된다.

‘;’ 다음에 오는 문장/단어는 주석문으로 간주된다.

ARM 혹은 Cortex-M3/M4 명령어는 명령어에 따라 몇 개의 operand를 가질 수가 있다. 일반적으로 첫 번째 operand가 결과를 저장하는 레지스터를 표시한다. 예를 들어 다음과 같은 명령어는 R1과 R2의 레지스터의 값을 더하여 그 결과를 레지스터 R0에 저장하라는 명령어이다.

```
ADD R0, R1, R2
```

ARM 명령어에서도 그렇지만, Cortex-M3/M4 어셈블리 명령어에서도 각 명령어에 접미사가 옵션으로 붙을 수 있다. 다음에 그 예가 나타나 있다.

```
ADDS R0, R1, R2
ADDNE R0, R1, R2
```

접미사 'S'의 경우는 연산의 결과(여기서는 덧셈)에 따라 APSR의 N, Z, C, V의 플랙 값을 변경하라는 의미이다. 각 명령어에 접미사 'S'가 없는 경우에는 해당 명령어의 연산 결과가 APSR의 플랙에 반영되지 않는다. (단 CMP. CMN. TST와 TEQ 명령어에서는 접미사 'S'가 없어도 결과가 APSR의 플랙에 반영된다.)

접미사 'NE'는 〈표 3-1〉에 나타나 있는 조건의 하나이며, Cortex-M3/M4에서는 IT 명령어와 함께 해당 조건이 만족될 때에 (여기서는 NE 즉 같지 않을 때에) 해당 명령어를 실행하라는 의미이다. (실질적으로는 Thumb-2 명령어에서는 조건부 명령어가 존재하지 않기 때문에, Thumb-2 명령어에서의 조건부 명령어는 단지 프로그래머의 실수를 줄이기 위한 방편일 뿐이다. 해당 명령어의 실행 조건은 IT 명령어에 포함된다.)

Thumb-2 명령어에서는 동일한 기능을 16비트 명령어로도 실행할 수 있고, 32비트 명령어로도 실행할 수 있다. 프로그래머가 이를 구별하여 기술하는 것은 부담이 크다. 따라서 특별하게 16비트 혹은 32비트 명령어를 사용하라고 표시하지 않고, 일반적인 명령어로 표시하면 어셈블러가 Thumb-2 명령어 중에서 가장 좋은 것을 선택하여 실행하도록 하는 통합된 어셈블리 언어가 개발되어 사용되고 있다. 이를 UAL(Unified Assembly Language)이라고 한다.

예를 들어 레지스터 R0 값에 '1'을 더하여 그 결과를 R0에 저장하고, 연산 결과를 APSR의 플랙에 반영하도록 하는 명령어는 다음과 같이 표현이 가능하다.

```
ADDS   R0, R0, #1
ADDS.N    R0, R0, #1
ADDS.W    R0, R0, #1
```

위에서 두 번째 명령어는 "ADDS R0, R0, #1" 명령어를 16비트 명령어로 하라는 것이고, 세 번째 명령어는 "ADDS R0, R0, #1" 명령어를 32비트 명령어로 하라는 명령어이다, 하지만 첫 번째 명령어는 "ADDS R0, R0, #1" 명령어를 실행시킬 때, 어셈블러가 적절한 Thumb-2 명령어를 사용하라는 의미이다. 대부분의 경우 가능하다면 16비트 명령어가 우선적으로 선택된다. 어떤 명령어에 접미사 '.N'를 붙였으나 해당 명령어를 16비트로 표현할 수 없다면 어셈블러는 에러 메시지를 출력할 것이다. 동일하게 어떤 명령어에 접미사 ".W'를 붙였으나 해당 명령어를 32비트로 표현할 수 없으면 에러 메시지를 출력하게 된다. 따라서 특별한 경우를 제외하고 UAL에서는 '.N'과 '.W'를 사용하지 않는 것이 좋다.

이 장에서 어떤 명령어를 다음과 같은 형태로 표현할 것이다. (실제 프로그램을 작성할 때 어셈블러 명령어를 소문자로 표현하는 경우가 더 많다. 일반적으로 대부분 어셈블러는 대문자와 소문자를 구별하지 않는다.)

```
add{S}〈c〉〈q〉        {rd}, rn, #const
```

위에서 〈c〉는 〈표 3-1〉에 나타난 조건이 접미사로 명령어에 붙을 수 있다는 의미이고, 〈q〉는 명령어에 '.N' 혹은 '.W'가 붙을 수 있다는 의미이다. {rd}는 결과를 저장하는 레지스터가 생략될 수도 있다는 의미이다. 즉 다음 두 명령어는 동일한 의미를 지닌다.

```
ADD    R0, #1
ADD    R0, R0, #1
```

3.2 데이터 처리 명령어

이 절에서는 Cortex-M3/M4 명령어 중에서 가장 방대한 데이터 처리 명령어들에 대해서 살펴본다. 〈표 3-2〉에 덧셈과 뺄셈과 관련된 데이터 처리 명령어의 구조 및 동작 설명이 나타나 있다.

〈표 3-2〉 덧셈과 뺄셈 관련 명령어

명령어 구조		인코딩	동작
ADC{S}〈c〉〈q〉 ADC{S}〈c〉〈q〉	{Rd,} Rn, #const {Rd,} Rn, Rm {, shift}	16 or 32 bit	Add with carry
ADD{S}〈c〉〈q〉 ADD{S}〈c〉〈q〉	{Rd,} Rn, #const {Rd,} Rn, Rm {, shift}	16 or 32 bit	Add
ADDW〈c〉〈q〉	{Rd,} Rn, #imm12	32 bit	Add
SBC{S}〈c〉〈q〉 SBC{S}〈c〉〈q〉	{Rd,} Rn, #const {Rd,} Rn, Rm {, shift}	16 or 32 bit	Subtract with carry
SUB{S}〈c〉〈q〉 SUB{S}〈c〉〈q〉	{Rd,} Rn, #const {Rd,} Rn, Rm {, shift}	16 or 32 bit	Subtract

〈표 3-2〉 덧셈과 뺄셈 관련 명령어(계속)

명령어 구조		인코딩	동작
SUBW〈c〉〈q〉	{Rd,} Rn, #imm12	32 bit	Subtract
RSB{S}〈c〉〈q〉 RSB{S}〈c〉〈q〉	{Rd,} Rn, #const {Rd,} Rn, Rm {, shift}	32 bit	Reverse subtract

〈표 3-2〉에서 #const의 의미는 직접 수(immediate data)가 주어지는 경우이다. 명령어에 따라서 직접 표현 가능한 수의 범위가 제한된다. 예를 들어 ADD 명령어의 경우에는 명령어의 인코딩 형태에 따라 #imm3 (3비트로 표현 가능한 수), #imm8, #imme12 그리고 변형된 숫자 표현 방법(modified immediate constant)이 존재한다. 따라서 오퍼랜드(operand)에 직접 수를 표현될 때에는 각 명령어마다 제한된 범위가 있다는 것을 인지하고 있는 것이 좋다. 이를 모두 암기할 필요는 없고, 어떤 명령어에서 표현 불가능한 수가 주어질 때 어셈블러에서 에러 메시지를 발생시킬 것이니 그런 경우에 확인 후 프로그램을 적절하게 수정하면 될 것이다.

변형된 숫자 표현 방법은 32비트 명령어에서 사용되고 있는데, 기계어에서 (그림 3-2)와 같은 구조를 지니고 있다.

15	14	13	12	11	10	9	8	7	6	5	4	3	2	1	0	15	14	13	12	11	10	9	8	7	6	5	4	3	2	1	0
					i												Imm3							a	Imm7						

(그림 3-2) 32비트 Thumb-2 명령어에서 변형된 수의 인코딩 방식

실제의 값은 i:imm3:a:imm7의 12비트에 의해서 표현된다. 하지만 단순히 12비트로 표현 가능한 수로 표현되는 것은 아니고, imm7=bcdefgh의 값을 지닐 때, 전체 12비트가 나타내는 값은 〈표 3-3〉과 같다.

〈표 3-3〉 변형된 수의 인코딩에 따른 실제 값

i:imm3:a 값	const 값
0000a	00000000 00000000 00000000 abcdefgh
0001a	00000000 abcdefgh 00000000 abcdefgh
0010a	abcdefgh 00000000 abcdefgh 00000000
0011a	abcdefgh abcdefgh abcdefgh abcdefgh

〈표 3-3〉 변형된 수의 인코딩에 따른 실제 값(계속)

i:imm3:a 값	const 값
01000	abcdefgh 00000000 00000000 00000000
01001	0abcdefg h0000000 00000000 00000000
01010	00abcdef gh000000 00000000 00000000
…	…
11101	00000000 00000000 00000abc defgh000
11110	00000000 00000000 000000ab cdefgh00
11111	00000000 00000000 0000000a bcdefgh0

즉 i:imm3의 값이 0000 ~ 0011 일 경우에는 주어진 8비트 패턴이 반복되는 형태로 값을 가지고, i:imm3:a의 값이 01000 ~ 11111 일 경우에는 'abcdefgh'의 값이 shift left 된 형태의 값을 지닌다. 이렇게 수를 표현함으로써 32비트 명령어에서 다양한 형태의 32비트 상수 값을 표현할 수 있도록 하고 있다.

〈표 3-2〉에서 오퍼랜드가 "Rm {, shift}"로 표현되어 있는 명령어는 Rm 레지스터의 값을 다음에 나타나는 시프트의 종류 및 시프트 횟수에 따라 적용한 다음, 그 값을 두 번째 오퍼랜드로 사용하라는 의미이다. 시프트의 종류 및 가능한 횟수는 〈표 3-4〉에 나타나 있다.

〈표 3-4〉 시프트의 종류 및 가능한 횟수

형태	n 값의 범위
LSL #n	0 ≤ n ≤ 31
ASR #n	1 ≤ n ≤ 32
LSR #n	1 ≤ n ≤ 32
ROR #n	1 ≤ n ≤ 31
RRX	

(그림 3-3)에 시프트의 종류에 따른 동작이 나타나 있다. 그림에서 CF는 캐리 플랙(carry flag)을 의미한다. 하지만 시프트의 결과에 따라 실제 CF의 값이 변경되는 경우는 명령어에 접미사 'S'를 가진 경우에 한한다. 만약 명령어에 'S' 확장자가 없는 경우에는 동작은 (그림 3-3)과 같이 하되, CF 값은 원래 값을 지니게 된다.

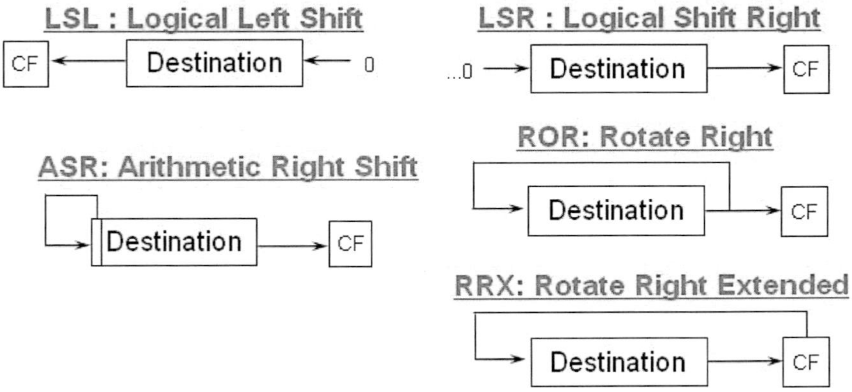

(그림 3-3) 시프트의 종류 및 동작

두 번째 오퍼랜드에 레지스터만을 가지고 시프트 옵션이 없는 명령어는 기계어의 인코딩 방식으로 해석을 한다면 두 번째 오퍼랜드로 오는 레지스터 값을 "LSL #0"로 하는 경우이다. 즉 다음의 두 명령어는 동일한 기계어로 표현된다.

```
ADD    R0, R1, R2
ADD    R0, R1, R2, LSL #0
```

〈표 3-4〉에 따르면 명령어에서 "ASR #0", "LSR #0", "ROR #0"는 허용되지 않는 것으로 나타나 있지만, 대부분의 어셈블러에서는 이런 경우 에러를 발생시키지는 않고 경고 메시지만 나타내고, 실질적으로는 그 의미를 해석하여 "LSL #0" 로 간주하여 기계어로 변환시키게 된다.

"ROR #32"는 원래 자신의 레지스터 내용을 나타내므로 불필요하다. 따라서 이 부분에 해당하는 기계어의 동작을 RRX로 하도록 하고 있기 때문에 RRX에 대해서는 시프트 횟수가 주어지지 않는다.

〈표 3-2〉에서 보는 바와 같이 RSB라는 명령어가 존재한다. "RSB R0, R1, R2" 라는 명령어의 동작은 R0=R2-R1 이다. 따라서 이와 같은 명령어는 "SUB R0, R2, R1"으로 동작시키면 되기 때문에 불필요해 보인다. 사실 ARM을 제외한 대부분의 프로세서에서는 RSB와 같은 명령어는 존재하지 않는다. 하지만 ARM 프로세서에서 이와 같은 명령어가 존재하는 이유는 Cortex-M3/M4를 포함한 ARM 프로세서의 독특한 하드웨어 구조 때문이다. 즉 ARM 프로세서에서는 (그림 3-4)에서 보는 바와 같이 두 번째 오퍼랜드가 ALU에 인가되기 전에 배럴 시프터(barrel shifter)를 거치게 되어 피제수에 시프트 연산을 적용하려고 한다면 SUB 명령어로는 불가능하게 된다. 이와 같은 경우를 위하여 RSB 명령어를 가지고 있다.

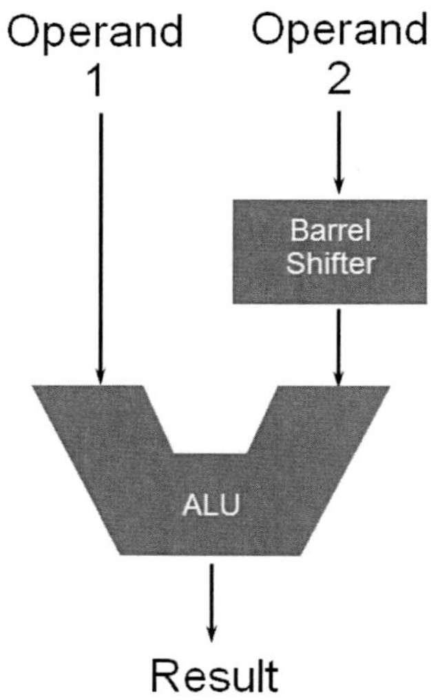

(그림 3-4) ARM 프로세서에서 배럴 시프터

또한 이러한 배럴 시프터를 가지고 있기 때문에 "ADD R0, R1, R2, ASR #2"와 같이 시프트 연산이 포함된 명령어를 추가 시간없이 실행할 수 있다.

〈표 3-5〉에 논리 연산과 관련된 데이터 처리 명령어의 구조 및 동작 설명이 나타나 있다.

〈표 3-5〉 논리 연산 관련 명령어

명령어 구조	인코딩	동작
AND{S}〈c〉〈q〉 {Rd,} Rn, #const AND{S}〈c〉〈q〉 {Rd,} Rn, Rm {, shift}	16 or 32 bit	A bitwise logical AND
ORR{S}〈c〉〈q〉 {Rd,} Rn, #const ORR{S}〈c〉〈q〉 {Rd,} Rn, Rm {, shift}	16 or 32 bit	A bitwise logical OR
EOR{S}〈c〉〈q〉 {Rd,} Rn, #const EOR{S}〈c〉〈q〉 {Rd,} Rn, Rm {, shift}	16 or 32 bit	A bitwise logical exclusive OR
BIC{S}〈c〉〈q〉 {Rd,} Rn, #const BIC{S}〈c〉〈q〉 {Rd,} Rn, Rm {, shift}	16 or 32 bit	Bit clear
ORN{S}〈c〉〈q〉 {Rd,} Rn, #const ORN{S}〈c〉〈q〉 {Rd,} Rn, Rm {, shift}	32 bit	A bitwise logical OR Not (Rn OR NOT(Op2))

〈표 3-5〉에서 BIC 명령어는 "Rd = Rn AND NOT(#const)" 혹은 "Rd = Rn AND NOT(shift(Rm))"으로 동작한다. 즉 Rn 레지스터의 내용 중에서 두 번째 오퍼랜드에 있는 비트가 '1'인 위치의 내용이 '0'으로 클리어 되게 된다. BIC 명령어의 동작 예가 다음에 나타나 있다.

연산 전	연산 후
; R1=0b1111, R2=0b0101 BIC R0, R1, R2	;R0 = 0b1010

ORN 명령어는 두 번째 오퍼랜드의 비트를 반전시킨 다음에 첫 번째 오퍼랜드 값과 비트별로 OR를 실행시킨 결과를 레지스터 Rd에 저장시키는 것이다. ORN 명령어의 동작 예가 다음에 나타나 있다.

연산 전	연산 후
; R1=0xF0, R2=0xFFFFFFF0 ORN R0, R1, R2	;R0 = 0xFF

〈표 3-6〉에 비교에 대한 명령어가 나타나 있다. 앞 장에서 잠시 언급한 바와 같이 이 명령어들은 명령어에 접미사 'S'가 붙지 않더라도 연산의 결과가 ASPR의 N, Z, C, V 플랙에 반영되게 된다. CMP 명령어의 경우 내부에서의 동작은 빼셈 즉 "Rn − #const (or shift(Rm))"을 한다. 하지만 이 연산 결과는 어떤 레지스터에 저장되지 않고 단지 연산 결과에 따르는 플랙만 변하게 된다. CMN 명령어의 내부 동작은 덧셈이며, TST 명령어의 내부 동작은 비트별 AND, TEQ 명령어의 내부 동작은 비트별 EOR이다.

〈표 3-6〉 비교 명령어

명령어 구조	인코딩	동작
CMP〈c〉〈q〉 Rn, #const CMP〈c〉〈q〉 Rn, Rm {, shift}	16 or 32 bit	Compare (subtraction)
CMN〈c〉〈q〉 Rn, #const CMN〈c〉〈q〉 Rn, Rm {, shift}	16 or 32 bit	Compare negative (addition)
TST〈c〉〈q〉 Rn, #const TST〈c〉〈q〉 Rn, Rm {, shift}	16 or 32 bit	Test bits (logical AND)
TEQ〈c〉〈q〉 Rn, #const TEQ〈c〉〈q〉 Rn, Rm {, shift}	16 or 32 bit	Test equivalence (exclusive OR)

〈표 3-7〉에 시프트 및 로테이트 명령어가 나타나 있다. 각 명령어에서 시프트와 로테이트의 동작은 (그림 3-3)을 참조하기 바란다.

〈표 3-7〉 시프트 및 로테이트 명령어

명령어 구조	인코딩	동작
ASR{S}〈c〉〈q〉 Rd, Rn, Rm ASR{S}〈c〉〈q〉 Rd, Rn, #imm5	16 or 32 bit 16 or 32 bit	Arithmetic shift right $1 \le n \le 32$
LSL{S}〈c〉〈q〉 Rd, Rn, Rm LSL{S}〈c〉〈q〉 Rd, Rn, #imm5	16 or 32 bit 16 or 32 bit	Logical shift left $0 \le n \le 31$
LSR{S}〈c〉〈q〉 Rd, Rn, Rm LSR{S}〈c〉〈q〉 Rd, Rn, #imm5	16 or 32 bit 16 or 32 bit	Logical shift right $1 \le n \le 32$
ROR{S}〈c〉〈q〉 Rd, Rn, Rm ROR{S}〈c〉〈q〉 Rd, Rn, #imm5	16 or 32 bit 16 or 32 bit	Rotate right $1 \le n \le 31$
RRX{S}〈c〉〈q〉 Rd, Rn, Rm	32 bit	Rotate right with extend

두 번째 오퍼랜드에 나타난 값이 시프트 혹은 로테이트의 횟수를 나타낸다. 단 두 번째 오퍼랜드로 레지스터가 오는 경우 레지스터의 모든 값이 반영되지 않고 단지 하위의 8비트만 시프트 혹은 로테이트의 횟수를 나타내게 된다. 따라서 두 번째 오퍼랜드로 레지스터가 오는 경우 시프트/로테이트의 횟수의 범위는 0~255까지가 된다.

〈표 3-8〉에 데이터 바이트 혹은 비트 위치를 반전시키는 명령어가 나타나 있다. 바이트 위치 반전 명령어들은 주로 리틀 엔디안 데이터와 빅 엔디안 데이터 간의 변환을 용이하게 할 수 있다.

〈표 3-8〉 바이트/비트 위치 반전 정렬 명령어

명령어 구조	인코딩	동작
REV〈c〉〈q〉 Rd, Rm	16 or 32 bit	Reverse byte order in word
REV16〈c〉〈q〉 Rd, Rm	16 or 32 bit	Reverse byre order in half word
REVSH〈c〉〈q〉 Rd, Rm	16 or 32 bit	Reverse byte order in the bottom half word, and sign extends the result to 32 bits
RBIT〈c〉〈q〉 Rd, Rm	32 bit	Reverse bits

바이트 위치 반전 명령어의 동작이 (그림 3-5)에 나타나 있다. 비트 위치 반전 명령어인 RBIT은 Rm[31]->Rd[0], …, Rm[0]->Rd[31]로 비트의 위치를 반전시키는 명령이다.

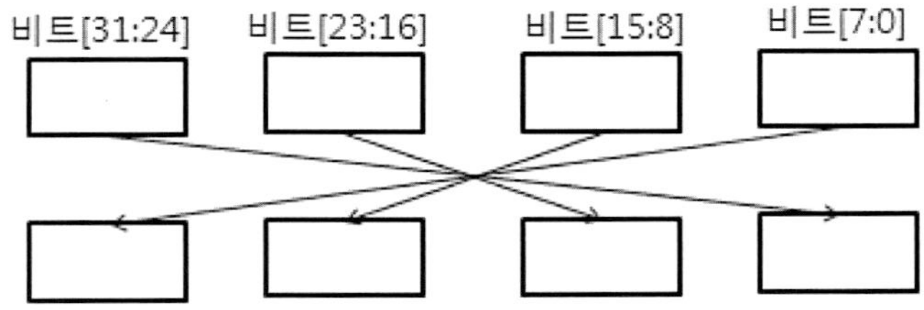

(a) REV 명령어

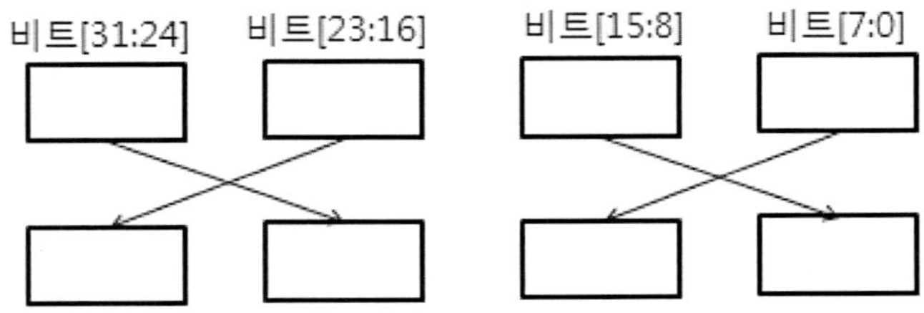

(b) REV16 명령어

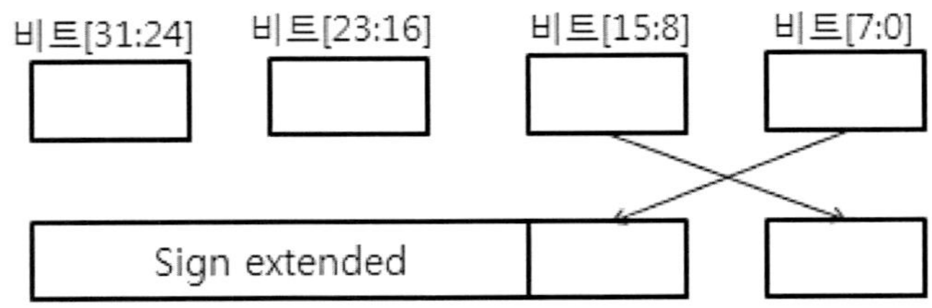

(c) REVSH 명령어

(그림 3-5) 데이터 위치 반전 명령어의 동작

비트 필드 처리 명령어들이 〈표 3-9〉에 나타나 있다.

〈표 3-9〉 비트 필드 처리 명령어

명령어 구조	인코딩	동작
BFC〈c〉〈q〉 Rd, #lsb, #width	32 bit	Bit field clear
BFI〈c〉〈q〉 Rd, Rn, #lsb, #width	32 bit	Bit field insert
SBFX〈c〉〈q〉 Rd, Rn, #lsb, #width	32 bit	Signed bitfield extract
UBFX〈c〉〈q〉 Rd, Rn, #lsb, #width	32 bit	Unsigned bitfield extract

비트 필드 명령어의 동작은 다음과 같다.

- "BFC R1, #8, #12" 명령어의 경우 레지스터 R1의 비트[19:8] 즉 비트 8부터 시작하여 12개의 비트를 클리어 한다.
- "BFI R0, R1, #8, #12" 명령어는 레지스터 R1[19:8]의 값을 취하여 그 값으로 레지스터 R0[19:8]의 내용을 바꾼다.
- "SBFX R0, R1, #20, #4" 명령어는 레지스터 R1[23:20] 비트를 취한 다음 그 값에서 32비트까지 사인 부호를 확장시킨 값을 레지스터 R0에 저장한다.
- "UBFX R0, R1, #20, #4" 명령어는 레지스터 R1[23:20] 비트를 취한 다음 32비트 중 나머지 비트를 '0'으로 채운 값을 레지스터 R0에 저장한다.

연산 전	연산 후
; R1=0xFFFFFFF0 BFC R1, #8, #12	; R1 = 0xFFF000F0
; R0 = 0x00, R1 = 0xFFFF0F0F BFI R0, R1, #8, #12	; R0 = 0x000F0F00
; R1 = 0x00a00000 SBFX R0, R1, #20, #4	; R0 = 0xfffffffa
; R1 = 0x00a00000 UBFX R0, R1, #20, #4	; R0 = 0x0000000a

바이트 혹은 하프워드 데이터를 취하여 부호를 확장시키는 명령어가 〈표 3-10〉에 나타나 있다. 〈표 3-10〉에서 #n의 n은 0, 8, 16, 혹은 24의 값 만을 가질 수 있다. 동작은 레지스터 Rm을 "ROR #n" 시킨 다음, 그 값에서 하위 한 바이트(SXTB, UXTB 경우)혹은 하위 하프워드를(SXTH, UXTH 경우) 취하고 그 값에서 sign-extension(SXTB, SXTH 경우) 혹은 zero-extension(UXTB, UXTH 경우)시켜서 레지스터 Rd에 저장하게 된다.

〈표 3-10〉 바이트/하프워드 추출 명령어

명령어 구조	인코딩	동작
SXTB〈c〉〈q〉 Rd, Rm {, ROR #n}	16 or 32 bit	Singed extend byte
SXTH〈c〉〈q〉 Rd, Rm {, ROR #n}	16 or 32 bit	Singed extend half-word
UXTB〈c〉〈q〉 Rd, Rm {, ROR #n}	16 or 32 bit	Unsigned extend byte
UXTH〈c〉〈q〉 Rd, Rm {, ROR #n}	16 or 32 bit	Unsigned extend half-word

이 명령어들의 동작 예는 다음에 나타나 있다.

연산 전	연산 후
; R1=0x00a0a000 SXTB R0, R1, ROR #8	;R0 = 0xffffffa0
; R1=0x00a0a000 UXTB R0, R1, ROR #8	;R0 = 0x000000a0
; R1=0x00a0a000 SXTH R0, R1, ROR #8	;R0 = 0xffffa0a0
; R1=0x00a0a000 UXTH R0, R1, ROR #8	;R0 = 0x0000a0a0

이 밖에도 레지스터의 값에 MSB부터 시작하여 연속된 '0'의 개수를 알려주는 CLZ(counting leading zero) 명령어가 있다. 이 명령어는 32비트 명령어이며 다음과 같은 명령어 구조를 지닌다. 이 명령어는 레지스터 Rm에서 MSB부터 연속된 '0'의 개수를 세어서, 그 결과를 Rd에 저장한다.

```
CLZ〈c〉〈q〉 Rd, Rm
```

3.3 데이터 이동 명령어

이 절에서는 레지스터와 레지스터 간의 데이터 이동, 상수 값을 레지스터로 이동시키는 명령어에 대해서 살펴본다. 〈표 3-11〉에 관련 명령어가 나타나 있다.

〈표 3-11〉 데이터 이동 명령어

명령어 구조	인코딩	동작

MOV{S}〈c〉〈q〉 Rd, #const
MOV{S}〈c〉〈q〉 Rd, Rm {, shift}
	16 or 32 bit	Rd = #const
		Rd = shift(Rm)

MOVW〈c〉〈q〉 Rd, #imm16	32 bit	Rd = #imme16
MVN{S}〈c〉〈q〉 Rd, #const MVN{S}〈c〉〈q〉 Rd, Rm {, shift}	32 bit	Rd = NOT(#const) Rd = NOT(shift(Rm))
MOVT〈c〉〈q〉 Rd, #imm16	16 or 32 bit	Rd[31:16] = #imme16
MRS〈c〉〈q〉 Rd, spec_reg	32 bit	Move to a register from a special register
MSR〈c〉〈q〉 spec_reg, Rn	32 bit	Move to a special register from a register

MOV 명령어에서 오퍼랜드로 사용될 수 있는 #const 값은 8비트로 표현 가능한 수 이거나 〈표 3-3〉의 형태로 표현 가능한 수만 허용된다. (엄밀하게 말한다면 8비트로 표현 가능한 수는 〈표 3-3〉에서 표현 가능한 수에 포함이 된다. 하지만 명령어의 인코딩 방식에서 차이가 있다.) 그렇지 않은 경우에 어셈블러에서 에러가 발생할 것이다. 반면에 MVN 명령어에서 사용 가능한 #const 값은 〈표 3-3〉의 형태로 표현 가능한 수이다.

MOVT 명령어는 〈표 3-11〉에 나타난 바와 같이 16비트 상수 값을 레지스터 Rd의 비트 [31:16]에 쓰도록 하는 명령어이다. 이 경우 레지스터 Rd의 비트 [15:0]은 원래의 값이 변하지 않는다.

MSR/MRS 명령어는 특별 레지스터(special register)에 쓰고/읽는 명령어이다. 특별 레지스터의 종류는 〈표 3-12〉에 나타나 있다.

〈표 3-12〉 특별 레지스터

Register	Description
IPSR	Interrupt status register
EPSR	Execution status register
APSR	Flags from previous operation
IEPSR	A composite of IPSR and EPSR
IAPSR	A composite of IPSR and APSR
EAPSR	A composite of EPSR and APSR
xPSR	A composite of APSR, EPSR and IPSR
MSP	Main stack pointer
PSP	Process stack pointer
PRIMASK	Normal exception mask register
BASEPRI	Normal exception priority mask register
BASEPRI_MAX	Same as BASEPRI with conditional write (new priority level must be higher than the old)
FAULTMASK	Fault exception mask register
CONTROL	Control register

〈표 3-12〉에서 레지스터 BASEPRI_MAX는 레지스터 BASEPRI와 동일한 하드웨어이다. 단지 레지스터 BASEPRI_MAX를 사용하면, 기존의 우선순위보다 낮은 값을 해당 레지스터에 쓸 경우 그 값은 무시된다는 차이가 있다. 예를 들어 다음과 같은 일련의 명령을 실행시킨다고 하자. 처음에 BASEPRI로 #0x80 값이 주어지고, 그 다음 BASEPRI_MAX에 #0x90을 쓰면 우선순위가 더 낮은 값을 쓰려고 하기 때문에 그것은 무시된다. 하지만 BASEPRI_MAX에 #0x40을 쓰면 그 값은 BASEPRI에 반영이 될 것이다.

```
MOV   R0, #0x80
MSR   BASEPRI, R0
;
MOV   R0, #0x90
MSR   BASEPRI_MAX, R0   ; this is ignored
;
MOV   R0, #0x40
MSR   BASEPRI_MAX, R0   ; BASEPRI is set to 0x40
```

3.4 메모리 접근(memory access) 명령어

이 절에서는 메모리와 레지스터 간의 데이터 이동에 관련된 명령어에 대해서 살펴본다. 메모리 접근과 관련된 설명은 메모리의 동작이 리틀 엔디안이라고 가정하고 설명한다. Cortex-M3/M4에서 지원하는 메모리 접근 명령어는 크게 3가지가 존재한다.

- **단일 레지스터 명령어(LDR/STR)**

  이 명령어는 단일 레지스터와 메모리 사이에서 워드 단위(32비트), 하프워드 단위(16비트), 바이트 단위(8비트)로 데이터를 저장 혹은 로드 할 수 있는 명령어이다. 바이트 혹은 하프워드 단위로 레지스터에 로드를 할 때, 레지스터의 나머지 상위 비트를 부호로 확장(sign-extension)시키는 경우와 '0'으로 채우는(zero-extension) 명령어가 존재한다.

- **듀얼 레지스터 명령어 (LDRD/STRD)**

  이 명령어는 두 개의 레지스터와 메모리 사이에서 데이터를 저장 혹은 로드 할 수 있는 명령어이다.

- **다중 레지스터 명령어 (LDM/STM, PUSH/POP)**

  이 명령어는 하나의 명령으로 다중 레지스터와 메모리 사이에서 데이터를 저장 혹은 로드 할 수 있는 명령어이다. 최대 16개의 레지스터의 데이터를 로드, 저장할 수 있다.

3.4.1 단일 레지스터 로드/저장 명령어

메모리로부터 단일 레지스터로 데이터를 로드하는 명령어의 종류가 〈표 3-13〉에 나타나 있으며, 단일 레지스터로부터 메모리로 데이터를 저장하는 명령어의 종류가 〈표 3-14〉에 나타나 있다.

〈표 3-13〉 단일 레지스터 로드 명령어

명령어 구조	인코딩	동작
LDR{type1}〈c〉〈q〉 Rt, [Rn {, #offset}]	16 or 32 bit	Offset: -255 to 4095
LDR{type1}〈c〉〈q〉 Rt, [Rn, #offset]!	32 bit	Offset: -255 to 255
LDR{type1}〈c〉〈q〉 Rt, [Rn], #offset	32 bit	Offset: -255 to 255
LDR{type1}〈c〉〈q〉 Rt, [Rn, Rm {, LSL #imm2}]	16 or 32 bit	
LDR{type1}T〈c〉〈q〉 Rt, [Rn, {, #offset}]	32 bit	Offset: 0 to 255

〈표 3-14〉 단일 레지스터 저장 명령어

명령어 구조	인코딩	동작
STR{type2}〈c〉〈q〉 Rt, [Rn {, #offset}]	16 or 32 bit	Offset: -255 to 4095
STR{type2}〈c〉〈q〉 Rt, [Rn, #offset]!	32 bit	Offset: -255 to 255
STR{type2}〈c〉〈q〉 Rt, [Rn], #offset	32 bit	Offset: -255 to 255
STR{type2}〈c〉〈q〉 Rt, [Rn, Rm {, LSL #imm2}]	16 or 32 bit	
STR{type2}T〈c〉〈q〉 Rt, [Rn, {, offset}]	32 bit	Offset: 0 to 255

기본적인 명령어 형태의 예로 "LDR R0, [R1]"의 동작은 다음과 같다. 레지스터 R1=0x1000이고, 메모리 0x1000번지에 0x01, 0x1001번지에 0x02, 0x1002번지에 0x03, 0x1003번지에 0x04 값이 저장되어 있다고 한다면, "LDR R0, [R1]" 명령어를 실행시키면 레지스터 R0=0x04030201이 된다. 즉 이 명령어는 레지스터 R1이 가리키는 메모리 번지로부터 연속하여 4바이트를 읽어서 레지스터 R0로 로드시킨다는 의미이다. (이와 같은 동작을 R0=mem[R1, 4]로 표시하기도 한다. 즉 레지스터 R1의 주소의 메모리 번지로부터 4바이트를 레지스터 R0로 읽는다는 의미이다.)

기본적인 저장 명령어의 한 예는 "STR R0, [R1]"이다. 레지스터 R1=0x1000이라 하고 레지스터 R0=0x04030201 이라고 하면, 메모리 0x1000 번지에 0x01, 0x1001번지에 0x02, 0x1002번지에 0x03, 0x1003번지에 0x04 값이 저장되게 된다. 즉 이 명령어는 레지스터 R0의 값을 레지스터 R1이 가리키는 메모리 번지로부터 연속된 4바이트에 저장한다는 의미이다. (이와 같은 동작을 mem[R1, 4]=R0 로 표시하기도 한다. 즉 레지스터 R1의 주소의 메모리 번지로부터 연속된 4바이트에 레지스터 R0 값을 저장한다는 의미이다.)

〈표 3-13〉에 나타난 로드 명령어에서 접미사로 올 수 있는 {type1}은 B, H, SB, SH 이고, 〈표 3-14〉에 나타난 저장 명령어에서 접미사로 올 수 있는 {type2}는 B와 H이다. 이와 관련하여 명령어의 종류를 살펴보면 〈표 3-15〉와 같을 것이다.

〈표 3-15〉 단일 레지스터 로드/저장 명령어 종류

액세스 단위	로드 명령	저장 명령
워드(32비트)	LDR	STR
Unsigned 바이트(8비트)	LDRB	STRB
하프워드(16비트)	LDRH	STRH
Signed 바이트	LDRSB	-
Signed 하프워드	LDRSH	-

LDRB와 LDRSB 명령어의 차이를 "LDRB R0, [R1]"이라는 명령어와 "LDRSB R0, [R1]"이라는 명령어의 동작을 통하여 비교하자. 먼저 R1=0x1000 이라 하고, 메모리 0x1000번지에 0xa0 값이 저장되어 있다고 하자. 두 명령어 모두 메모리 0x1000번지로부터 한 바이트를 읽어서 레지스터 R0[7:0]에 로드하는 것은 동일하다. 하지만 LDRB의 명령어에서는 R0[31:8]=0 즉 '0'으로 확장하고, LDRSB 명령어에서는 R0[31:8]의 각 비트가 R0[[7] 값 즉 부호 값으로 확장하게 된다.

LDRH와 LDRSH인 경우에도 메모리로부터 2바이트를 읽어서 목적지 레지스터 비트 [15:0]에 로드한 다음, 목적지 레지스터 비트 [31:15]를 '0'으로 확장하거나 혹은 부호 값으로 확장하게 된다.

"STRB R0, [R1]"의 경우에 동작은 mem[R1,1]=R0[7:0] 즉 레지스터 R0의 하위 8비트를 레지스터 R1이 가리키는 메모리 번지에 저장한다. "STRH R0, [R1]"의 경우 동작은 mem[R1, 2]=R0[15:0]가 된다. 즉 레지스터 R0의 하위 16비트를 레지스터 R1이 가리키는 메모리 번지로부터 연속된 2바이트에 저장한다는 의미이다. STR 명령어에서 STRSB나 STRSH가 없는 이유는 정해진 개수의 바이트만 메모리에 저장하면 되기 때문에 zero-extension이나 sign-extension을 고려할 필요가 없기 때문이다.

LDRT와 STRT 명령어는 현재 동작 모드가 특권 모드라 할지라도 특권이 없는 모드에서의 메모리 접근을 하는 명령어이다.

〈표 3-13〉과 〈표 3-14〉를 보면 로드와 저장 명령어에 다음과 같은 서로 다른 구조의 명령어가 존재한다. 이와 같은 메모리 접근 방식을 프리-인덱싱(pre-indexing)과 포스트-인덱싱(post-indexing) 방식이라 한다.

```
LDR    Rt, [Rn, #offset]!     ; pre-indexing
LDR    Rt, [Rn], #offset      ; post-indexing
;
STR    Rt, [Rn, #offset]!     ; pre-indexing
STR    Rt, [Rn], #offset      ; post-indexing
```

프리-인덱싱 방식은 다음과 같이 동작한다. 저장될 메모리 주소 값 즉 인덱스 값이 로드 혹은 저장 하기 전에 업데이트 된 다음에, 그 인덱스 값에 따라 로드 혹은 저장이 된다. (프리-인덱싱이란 용어 그대로 미리 인덱스 값을 업데이트한다는 것이다.)

```
LDR    Rt, [Rn, #offset]!     ; Rt = mem[Rn + #offset, 4]
                              ; Rn = Rn + #offset
;
STR    Rt, [Rn, #offset]!     ; mem[Rn + #offset, 4] = Rt
                              ; Rn = Rn + #offset
```

포스트-인덱싱 방식은 다음과 같이 동작한다. 저장될 메모리 주소 값 즉 인덱스 값이 로드 혹은 저장을 한 다음에 업데이트 된다. (포스트-인덱싱이란 용어 그대로 후에 인덱스 값을 업데이트한다는 의미이다.)

```
LDR    Rt, [Rn], #offset      ; Rt = mem[Rn, 4]
                              ; Rn = Rn + #offset
;
STR    Rt, [Rn], #offset      ; mem[Rn, 4] = Rt
                              ; Rn = Rn + #offset
```

프리-인덱싱 방식에서 '!'가 없는 형태는 인덱스 값이 변경되지 않게 된다.

```
LDR    Rt, [Rn, #offset]      ; Rt = mem[Rn + #offset]
;
STR    Rt, [Rn, #offset]      ; mem[Rn + #offset, 4] = Rt
```

워드 혹은 하프워드 단위로 메모리를 접근 할 때, 주소가 정렬되어 있는 경우에(하프 워드에 대한 접근일 때는 메모리 주소 값이 2의 배수이고, 워드 단위에 대한 접근일 때는 메모리 주소 값이 4의 배수를 의미한다.) 주소가 정렬되어 있지 않은 메모리를 접근하는 경우에 일부 ARM 프로세서는 익셉션(usage fault)이 발생한다. Cortex-M3/M4에서는 주소값이 정렬되어 있지 않은 경우에도 익셉션이 발생하지 않는다. 정렬되지 않은 메모리 접근일 때 익셉션이 발생하게 하기 위해서는 CCR(configuration control register) 레지스터의 비트[3]인 UNALIGN_TRP의 값을 '1'로 하면 된다.

Cortex-M3/M4에서 정렬이 되지 않은 메모리 접근을 허용하나, 정렬이 된 경우와 비교해 볼 때 동작 시간이 더 많이 소요되기 때문에 특별한 경우를 제외하고는 사용하지 않는 편이 좋다. 정렬이 되지 않은 상태에서 메모리를 접근하였을 때 어떤 메모리 주소가 접근되는 지가 (그림 3-6)에 나타나 있다.

Address N+4				[31:14]	Unaligned word data at
Address N	[23:16}	{15:8}	[7:0]		Address N+1
Address N+4			[31:14]	[23:16}	Unaligned word data at
Address N	{15:8}	[7:0]			Address N+2
Address N+4		[31:14]	[23:16}	{15:8}	Unaligned word data at
Address N	[7:0]				At address N+3
Address N+4					Unaligned half word data
Address N		{15:8}	[7:0]		At address N+1
Address N+4				{15:8}	Unaligned half word data
Address N	[7:0]				At address N+3

(그림 3-6) Cortex-M3/M4에서 정렬이 되지 않았을 때, 메모리 접근 방식

(그림 3-6)에서 N은 4의 배수 값이다. (그림 3-6)에서 정렬이 되지 않은 경우에도 연속인 메모리 주소에 접근하는 것으로 동작함을 알 수 있다. 하지만 정렬이

되지 않은 메모리 접근을 허용하는 다른 ARM 프로세서에서는 (그림 3-6)과는 다르게 동작하는 경우도 있다.

3.4.2 듀얼 레지스터 로드/저장 명령어

메모리로부터 두 레지스터로 데이터를 로드하는 명령어의 종류와 두 개의 레지스터로부터 메모리로 데이터를 저장하는 명령어의 종류 및 동작이 〈표 3-16〉에 나타나 있다.

〈표 3-16〉 듀얼 레지스터 로드 및 저장 명령어

명령어 구조	인코딩	동작
LDRD〈c〉〈q〉 Rt, Rt2, [Rn {, #±imm8}]	32 bit	Rt = mem[Rn ± imm8, 4] Rt2 = mem[Rn ± imm8 + 4, 4]
LDRD〈c〉〈q〉 Rt, Rt2, [Rn, #±imm8]!	32 bit	Rt = mem[Rn ± imm8, 4] Rt2 = mem[Rn ± imm8 + 4, 4] Rn = Rn ± imm8
LDRD〈c〉〈q〉 Rt, Rt2, [Rn], #±imm8	32 bit	Rt = mem[Rn, 4], Rt2 = mem[Rn + 4, 4] Rn = Rn ± imm8
STRD〈c〉〈q〉 Rt, Rt2, [Rn {, #±imm8}]	32 bit	mem[Rn ± imm8, 4] = Rt mem[Rn ± imm8 + 4, 4] = Rt2
STRD〈c〉〈q〉 Rt, Rt2, [Rn, #±imm8]!	32 bit	mem[Rn ± imm8, 4] = Rt mem[Rn ± imm8 + 4, 4] = Rt2 Rn = Rn ± imm8
STRD〈c〉〈q〉 Rt, Rt2, [Rn], #±imm8	32 bit	mem[Rn, 4] = Rt, mem[Rn + 4, 4] = Rt2 Rn = Rn ± imm8

3.4.3. 다중 레지스터 로드/저장 명령어

다중 레지스터 로드/저장 명령어는 하나의 명령어로 여러개의 레지스터에 메모리의 데이터를 로드하거나, 여러 레지스터의 데이터를 메모리에 저장하는 명령어이다. 이 명령어는 대용량의 데이터를 옮기거나, 스택에 레지스터의 내용을 'PUSH' 또는 'POP'을 할 때 유용하게 사용된다. 〈표 3-17〉에 다중 레지스터 로드 및 저장 명령어가 나타나 있다.

〈표 3-17〉 다중 레지스터 로드/저장 명령어

명령어 구조	인코딩	동작
LDM{addr_mode}〈c〉〈q〉 Rn{!}, {regter_list}	16 or 32 bit	
STM{addr_mode}〈c〉〈q〉 Rn{!}, {regter_list}	16 or 32 bit	
POP〈c〉〈q〉 {register_list}	16 or 32 bit	
PUSH〈c〉〈q〉 {register_list}	16 or 32 bit	

다중 레지스터 로드/저장 명령어에서 〈register_list〉에서 사용될 수 있는 레지스터는 R0~R15의 모든 레지스터를 이용하거나, 혹은 임의의 부분 집합 만을 사용할 수 있다. 예를 들어 R1, R2, R3의 연속적인 레지스터를 표시할 때는 {R1-R3}와 같은 형태로 표시할 수도 있고, 혹은 {R1, R2, R3}와 같은 형태로 표현할 수도 있다. 레지스터를 나열할 때는 번호가 낮은 레지스터부터 하는 것이 일반적이다. {R0, R4, R2}와 같이 임의의 순서로 표시하였다 하더라도, 동작하는 것은 {R0, R2, R4}의 경우와 동일하므로 쓸데없는 오해의 여지를 남길 수 있기 때문이다. 이렇게 동작하는 이유는 해당 명령어의 기계어 구조에서 어떤 레지스터의 포함 여부만 표시될 뿐, 동작 순서는 표시되지 않기 때문이다.

Rn! 형태를 지니게 되면, 이전에 프리-인덱싱 모드에서 처럼 인덱스로 작용하는 Rn 레지스터의 값이 업데이트된다. 반면에 '!'가 붙지 않게 되면 레지스터 Rn 값은 변하지 않게 된다.

〈addr_mode〉는 다수의 데이터를 레지스터와 메모리 간에 이동을 할 때 메모리의 주소 지정 방법에 대한 것이다. Cortex-M3/M4에서의 동작 방법은 두 가지가 있으나, 표현하는 방법에 있어서는 데이터를 이동시킬 경우와 스택으로 동작하는 경우를 각각 다르게 표현하므로 네 가지 addr_mode가 존재한다. (ARM 프로세서에서는 8가지 addr_mode가 존재한다.) 다음 〈표 3-18〉에 데이터를 이동시킬 경우와 스택의 동작을 표현할 때 사용되는 명령어가 나타나 있다. 같은 행에 있는 명령어는 동일한 동작을 수행한다. 데이터 이동 관점에서는 키워드가 IA, DB 이며, 스택 관점에서는 FD, EA 이다. 만약에 〈addr_mode〉 부분이 생략될 경우는 LDMIA/STMIA 명령어와 동일하게 동작한다. 즉 IA 모드가 디폴트 모드이다.

〈표 3-18〉 〈addr_mode〉에 따른 다중 레지스터 로드/저장 명령어

데이터이동관점 및 동작	스택 관점 및 동작
LDMIA: Increment After load	LDMFD: Load in Full Descending
LDMDB: Decrement Before load	LDMEA: Load in Empty Ascending
STMIA: Increment After store	STMEA: Store in Empty Ascending
STMDB: Decrement Before store	STMFD: Store in Full Descending

다중 레지스터 로드/저장 명령어는 리스트된 레지스터의 내용을 연속된 주소의 메모리로 혹은 연속된 메모리로부터의 데이터를 리스트된 레지스터로 옮기는 명령어이다. 하지만 메모리의 주소를 지정하고 있는 레지스터가 Rn 하나만 존재하기 때문에, 그 값이 어떤 방식으로 변하느냐에 따라서 〈표 3-18〉과 같은 형태의 명령어가 존재하게 된다. 다음과 같은 명령어가 어떻게 동작하는지 살펴보자.

```
LDMIA    R0, {R1-R3}         ; R0 = 0x9000
```

위의 명령어는 'IA (increment after)'의 키워드를 지니고 있기 때문에, 현재 R0가 지니고 있는 메모리 주소로부터 데이터를 로드한 후에 R0의 값을 증가시키게 된다. 그리고 증가된 R0의 값의 메모리 주소로부터 데이터를 그 다음 레지스터로 로드하는 방식으로 동작한다. 여기서 중요한 점은 처음 레지스터 R0가 지정하고 있는 메모리 주소에 위치한 데이터를 읽어서 어떤 레지스터로 로드하느냐는 것이다. 다중 레지스터 로드/저장 명령어에서 일관되게 적용되는 방식은 낮은 번지의 메모리에 위치한 데이터가 낮은 번호의 레지스터에 저장된다는 점이다. 따라서 위의 명령어의 결과는 R1=mem[0x9000,4], R2=mem[0x9004, 4], R3=mem[0x9008, 4]가 되게 된다. 그리고 레지스터 R0 값은 라이트백(write-back)이 적용되지 않고 있기 때문에, 즉 'R0!'의 형태가 아니기 때문에 값이 변하지 않고 0x9000 값을 유지하게 된다. 다음 예에서 보는 바와 같이 다른 명령어들도 동일한 원리로 동작하게 된다.

예 1 다음과 같이 메모리에 데이터가 저장되어 있다. 그러한 환경에서 다음 각각의 명령을 실행시켰을 때, 레지스터 R0-R3의 값은 다음과 같이 된다.

주소	값
0x900C	0x00000004
0x9008	0x00000003
0x9004	0x00000002
0x9000	0x00000001
0x8FFC	0x0000000F
0x8FF8	0x0000000E
0x8FF4	0x0000000D
0x8FF0	0x0000000C

단, 레지스터 R0=0x9000이라고 가정한다.

(1) LDMIA R0, {R1-R3}

R0	0x9000
R1	0x00000001
R2	0x00000002
R3	0x00000003

(2) LDMDB R0!, {R1-R3}

R0	0x8ff4
R1	0x0000000d
R2	0x0000000e
R3	0x0000000f

예 2 레지스터의 값이 다음과 같다. 그러한 환경에서 다음 각각의 명령을 실행시켰을 때, 메모리의 내용과 레지스터 R0의 값은 다음과 같이 된다. 단, 레지스터 R0=0x9000이라고 가정한다.

R0	0x9000	R2	0x00000002
R1	0x00000001	R3	0x00000003

(1) STMDB R0, {R1-R3}

주소	데이터
0x900C	
0x9008	
0x9004	
0x9000	
0x8FFC	0x00000003
0x8FF8	0x00000002
0x8FF4	0x00000001
0x8FF0	

R0 = 0x9000

(2) STMIA R0!, {R1-R3}

주소	데이터
0x900C	
0x9008	0x00000003
0x9004	0x00000002
0x9000	0x00000001
0x8FFC	
0x8FF8	
0x8FF4	
0x8FF0	

R0 = 0x900C

또한 다중 레지스터 로드/저장 명령어를 이용하여 스택을 제어할 수 있다. 하지만 스택 동작에서는 IA, DB와 같은 키워드를 사용하지 않고, 스택의 종류에 따라 FD, EA와 같은 키워드를 LDM과 STM 명령어와 조합하여 사용하는 것이 일반적이다.

스택의 종류는 현재 스택 포인터가 지정하고 있는 스택 위치에 데이터가 비어 있는가(즉 다음에 사용할 스택 위치를 지정함을 의미) 이미 데이터가 저장되어 있는 가에 따라 'E(empty)'와 'F(full)'로 나뉘고, 스택에 데이터를 저장(PUSH)할 때 주소가 증가 혹은 감소함에 따라 'A(ascending)'과 'D(descending)'로 나뉘게 된다. ARM 프로세서에서 일반적으로 가장 많이 사용되는 형태는 'FD' 방식이다. 다음과 같은 명령어가 어떻게 동작하는지 살펴보자.

```
STMFD    SP!, {R0, R2-R4}              ; SP = 0xA000
```

위의 명령어는 'FD(full descending)' 모드로 동작하는 스택에 데이터를 저장하는 명령이다. 따라서 현재 SP가 지정하고 있는 메모리 위치에 이미 다른 데이터가 존재하고, 'descending' 모드로 동작하기 때문에 SP가 지정하고 있는 값을 감소시킨 위치부터 레지스터 값을 저장시켜나가게 된다. 여기서도 앞에서와 동일하게 높은 번지의 메모리에 높은 번호의 레지스터의 데이터가 저장된다. 따라서 결과는 다음과 같이 된다. 표시 방법은 0x9ffc 번지에 레지스터 R4의 내용이 저장되어 있는 것을 의미한다. 명령어가 'SP!'의 형태를 지니고 있으므로, SP의 값은 마지막 R0를 저장하고 있는 주소인 0x9ff0가 된다.

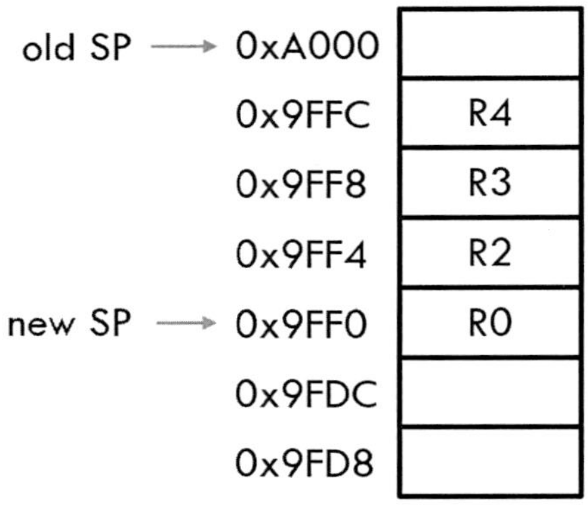

스택에 저장된 데이터를 다시 원래 레지스터 값으로 복구시키기 위해서는 동일한 스택 동작에서의 로드 명령을 사용하면 된다. 즉 다음과 같은 명령이다.

```
LDMFD    SP!, {R0, R2-R4}
```

위의 명령은 'FD' 모드에서 동작하는 스택에서 레지스터로 데이터를 로드하라는 명령으로, STMFD의 명령어의 역과정으로 동작하게 된다. 즉 'F'이므로 현재 SP가 지정한 위치에 데이터가 존재하므로, 그 데이터를 읽어 레지스터 리스트 중에서 가장 번호가 낮은 레지스터 R0에 데이터를 옮기고, 저장 시에 'descending' 모드로 저장을 하였기 때문에 로드 시에는 주소가 증가하는 방향으로 포인터가 움직이면서 동작하게 된다. 따라서 SP가 지정한 주소부터 시작해서 주소가 증가해 가면서 각각의 메모리 내용이 R0, R2, R3, R4에 옮겨지게 된다. 그리고 SP는 'F' 모드이므로 R4의 데이터를 저장한 주소의 위치보다 증가된 위치를 가리키게 될 것이다.

'FD' 모드에서 동작하는 명령어 STMFD와 LDMFD의 동작을 검토해보면 이들 명령은 각각 STMDB 명령과 LDMIA의 명령어와 동일하다는 것을 알 수 있을 것이다. 하지만 일반적으로 스택 동작에서는 스택과 관련된 키워드를 지닌 명령어를 사용하는 것이 일반적이다. 다음에 스택 동작과 관련된 몇 가지 명령어의 동작 예가 나타나 있다.

예 3 레지스터의 값이 다음과 같다. 그러한 환경에서 다음 각각의 명령을 실행시켰을 때, 메모리의 내용과 레지스터 SP의 값은 다음과 같이 된다.

SP	0x9000	R2	0x00000002
R0	0x00000001	R3	0x00000003

(1) STMFD SP!, {R0,R2,R3}

주소	내용
0x900C	
0x9008	
0x9004	
0x9000	
0x8FFC	0x00000003
0x8FF8	0x00000002
0x8FF4	0x00000001

SP = 0x8FF4

(2) STMEA SP!, {R0,R2,R3}

주소	내용
0x900C	
0x9008	0x00000003
0x9004	0x00000002
0x9000	0x00000001
0x8FFC	
0x8FF8	
0x8FF4	

SP=0x900C

예 4 다음과 같이 메모리에 데이터가 저장되어 있다. 그러한 환경에서 다음 각각의 명령을 실행시켰을 때, 레지스터 R0, R2-R3, SP의 값은 다음과 같이 된다. 단, 레지스터 SP=0x9000이라고 가정한다.

주소	내용
0x900C	0x00000004
0x9008	0x00000003
0x9004	0x00000002
0x9000	0x00000001
0x8FFC	0x0000000F
0x8FF8	0x0000000E
0x8FF4	0x0000000D
0x8FF0	0x0000000C

(1) LDMFD SP!, {R0,R2,R3}

SP	0x900C
R1	0x00000001
R2	0x00000002
R3	0x00000003

(2) LDMEA SP!, {R0,R2,R3}

SP	0x8FF4
R1	0x0000000D
R2	0x0000000E
R3	0x0000000F

"PUSH {register_list}" 명령어는 "STMFD SP!, {register_list}" 명령어와 동일하고, "POP {register_list}" 명령어는 "LDMFD SP!, {register_list}" 명령어와 동일한 역할을 한다. 즉 PUSH와 POP 명령어는 FD 관점에서 스택의 저장 및 로드 기능을 담당한다.

3.4.4 ADR 및 LDR 의사 명령어 (pseudo-instruction)

- ADR 명령어는 다음과 같은 형태를 지니며, 'label'의 주소를 레지스터로 로드하는 명령어이다.

```
ADR〈c〉〈q〉  Rd, label
```

이 의사 명령어는 어셈블러에 의해서 'label'이 위치한 곳에 따라 'ADD Rd, PC, #val' 나 'SUB Rd, PC, #val' 형태의 명령어로 바뀐다. 이 명령어는 라벨이 동일한 파일 내에 있지 않거나, 동일 섹션 (section)에 있지 않는 경우에는 변환이 불가능하고 또한 라벨의 범위가 일정 범위를 넘어가게 되면 에러가 발생하게 된다.

- LDR 의사 명령어는 ARM 명령어 중에서 메모리의 내용을 레지스터로 로드하는 것과 같은 명령어 LDR 처럼 보이지만 명령어의 구성이 다르고, 그 동작도 다르다. 이 의사 명령어는 다음과 같은 몇 가지 형태를 갖는다.

```
(1)  LDR〈c〉〈q〉  Rd, label
(2)  LDR〈c〉〈q〉  Rd, =label
(3)  LDR〈c〉〈q〉  Rd, =const
```

(1) 형태의 명령어는 'label'이 위치한 메모리 내용을 읽어 레지스터 Rd로 로드하는 의사 명령어이다. 이 의사 명령어는 어셈블러에 의해서 'LDR Rd, [PC, #± offset]' 형태의 명령어로 변환되어 실행된다. 즉 label이 위치한 메모리 주소를 "PC ± offset" 값이 되도록 한 다음 실행시킨다.

(2) 형태의 명령어는 'ADR Rd, label' 명령어와 동일한 결과를 나타낸다. 즉 'label'의 주소 값을 레지스터 Rd로 로드하게 된다. 하지만 내부 동작에서는 ADR 명령어와 차이가 있다. (2) 형태의 명령어에서는 어셈블러가 적절한 메모리의 위치에 'label'의 주소 값을 저장한 다음, 그 저장된 값을 읽어 오도록 동작한다. 따라서 ADR이 가지고 있는 제약이 없게 된다. 이렇게 어셈블러가 만든 데이터를 'literal pool'이라고 한다. 그리고 'LDR Rd, =label' 명령어는 'LDR Rd, [PC, #± offset]' 형태의 명령어로 변환되어 실행된다.

(3) 형태의 명령어는 레지스터 Rd에 정해진 값 #const을 로드하는 명령어이다, 잎에서 학습한 바와 같이 어떤 레지스터에 정해진 값을 로드하기 위해서는 'MOV' 혹은 'MVN' 명령어를 사용하여야 한다. 하지만 앞에서 살펴본 바와 같이 'MOV' 혹은 'MVN' 명령어에서는 임의의 값을 항상 로드하는 것은 불가능하다. 주어진 값을 로드하는 것이 것이 불가능할 때에는 어셈블러가 에러를 발생하기 때문에 코딩을 하는 데에 불편함이 있다. 이러한 불편함을 해소시키기 위하여 'LDR Rd, =const' 의사 명령어를 사용한다. 이 명령어를 이용하면 어셈블러가 판단하여 해당 명령어를 'MOV' 혹은 'MVN' 명령어로 치환시키기거나, 이것이 불가능할 경우에는 로드하려는 수를 'literal pool'로 만들어서, 해당 메모리로부터 원하는 값을 레지스터로 읽도록 변경시킨다. 후자의 경우에는 'LDR Rd, [PC, #± offset]' 형태의 명령어로 변환되어 실행된다.

3.5 분기 및 제어 명령어

기본적으로 프로세서는 순차적으로 프로그램을 실행하지만, 이러한 순차적인 실행의 흐름을 바꾸어야 할 경우가 있으며, 이러한 경우에 사용되는 명령어가 분기 명령어이다.

분기 명령어는 단순히 실행 흐름을 변경하는 경우와 서브루틴 호출과 같은 경우에 사용되는 명령어로 분류할 수도 있다. 즉 서브루틴 호출의 경우에 사용되는 분기 명령어는 복귀 주소를 저장하는 기능이 있는 명령어이다. 또한 상대적인 분기를 하는 경우와 절대 주소로 분기하는 명령어가 있다. 임의의 메모리 영역에 코드를 저장하여 실행시키려는 경우에는 상대적인 분기 명령어를 사용하는 것이 장점이 있다. 만약 그러한 경우에 절대 주소로 분기하는 명령어가 포함되어 있으면 실행에 문제가 발생할 것이다. 또한 조건에 따라 분기를 하는 명령어도 있으며, 조건에 따라 명령어가 실행되거나 실행되지 않게 하는 제어 명령어도 존재한다. 〈표 3-19〉에는 분기 및 제어 명령어가 나타나 있다.

〈표 3-19〉 분기 및 제어 명령어

명령어 구조	인코딩	동작
B〈c〉〈q〉 label	16 or 32 bit	Branch range: −16MB to +16MB (outside or last in IT block)
Bcond〈q〉 label	16 or 32 bit	Branch range : −1MB to +1MB (outside IT block)
BL〈c〉〈q〉 label	32 bit	Branch with link Branch range : −16MB to +16MB
BX〈c〉〈q〉 Rm	16 bit	Branch and exchange
BLX〈c〉〈q〉 Rm	16 bit	Branch with link and exchange
CBZ Rn, label CBNZ Rn, label	16 bit	Compare and branch if zero (or if not zero) Branch range: 0 ~ 126
IT{x{y{z}}} cond	16 bit	If-then x, y, z: T (then) or E (else)

〈표 3-19〉의 처음에 있는 'B' (branch) 명령어와 두 번째 'B' 명령어는 나타나는 형태는 동일하지만 기계어의 구성은 서로 다르다. 두 번째에 있는 'B' 명령어는

IT 명령어와 관련되어 사용되는 조건부 명령이 아니라, (그림 3-7)에서 보는 바와 같이 기계어 내부에 명령어 실행 조건이 포함된 명령어이다. 따라서 IT 명령어와 함께 사용될 수 없다. 뒤에 설명을 하겠지만, IT 명령어와 관련되어서 나타나는 조건부 실행 명령어는 실질적으로는 기계어 내부에 실행 조건이 포함되어 있지 않다. 이 경우의 인코딩 형태는 (그림 3-8)에 나타나 있다.

첫 번째 'B' 명령어는 실행 조건이 없을 때 즉 무조건 분기 시에는 IT 명령어와 관계하여 사용될 수 없으며, 실행 조건이 있을 때에는 IT 명령어 블록의 마지막에 올 수 있다. (왜냐하면 IT 명령어 블록 중간에서 분기가 발생할 수 없기 때문이다.)

15	14	13	12	11	10	9	8	7	6	5	4	3	2	1	0
1	1	0	1	cond				Imm8							

(a) 16비트 명령어의 인코딩 형태

15	14	13	12	11	10	9	8	7	6	5	4	3	2	1	0	15	14	13	12	11	10	9	8	7	6	5	4	3	2	1	0
1	1	1	1	0	S	cond				Imm6						1	0	J1	1	J2	S	Imm11									

(b) 32비트 명령어의 인코딩 형태

(그림 3-7) 실행 조건을 포함하고 있는 'B' 명령어의 기계어 구조

15	14	13	12	11	10	9	8	7	6	5	4	3	2	1	0
1	1	1	0	0	Imm11										

(a) 16비트 명령어의 인코딩 형태

15	14	13	12	11	10	9	8	7	6	5	4	3	2	1	0	15	14	13	12	11	10	9	8	7	6	5	4	3	2	1	0
1	1	1	1	0	S	Imm10										1	0	J1	1	J2	Imm11										

(b) 32비트 명령어의 인코딩 형태

(그림 3-8) 실행 조건을 포함하고 있지 않은 'B' 명령어의 기계어 구조

"B/BL label"과 같은 명령어는 프로그램에서 'label'이 있는 위치로 프로그램이 분기되는 것을 의미한다. 이들 명령어는 상대적인 분기를 하게 된다. 상대적인 분기인 경우에는 명령어의 2진 기계어가 32비트로 되어 있기 때문에 모든 주소 영역으로 분기할 수는 없고, 분기할 수 있는 범위는 〈표 3-19〉에 나타난 바와 같이 제한된다. 이 범위는 명령어의 구조에 따라 달라지게 된다. (그림 3-7)과 (그림 3-8)을 참조하라.

반면에 "BX/BLX Rm"과 같은 명령어는 분기되는 주소가 레지스터 Rm의 값에 의하여 직접 결정되기 때문에 이는 상대적 분기가 아니라 절대적인 주소로 분기가 된다. 분기되는 주소는 "Rm & 0xfffffffe"가 된다. "BX/BLX Rm" 명령어는 절대 주소로의 분기 기능 외에 'X'(exchange) 기능이 있는데 이는 프로세서의 동작 모드를 변화시킬 수 있는 기능이다. 즉 Rm[0]의 값이 '0'이면 ARM 모드로, Rm[0]=1이면 Thumb 모드로 변환하게 한다. 하지만 Cortex-M3/M4 프로세서에서는 Thumb 모드만 지원하기 때문에 Rm[0]는 항상 '1'이어야 한다.

"BL label" 혹은 "BLX Rm" 명령어는 서브루틴 호출을 할 때 사용되는 명령어이다. 즉 서브루틴 호출인 경우에는 서브루틴을 실행한 다음에 서브루틴을 호출한 그 다음 명령어가 실행되어야 하므로, 복귀 주소가 레지스터 LR에 저장되게 된다. 따라서 서브 루틴 끝에는 다음과 같은 명령어를 사용하여 복귀할 수 있을 것이다.

```
MOV   PC, LR     ; or
BX    LR
```

"CBZ Rn, label" 명령어는 레지스터 Rn 값이 '0'인 경우에 'label'로 분기를 하는 명령어이다. 이때 label의 위치는 0~128B 이내여야 한다. "CBNZ Rn, label" 명령어는 반대로 레지스터 Rn 값이 '0'인 아닌 경우에 'label'로 분기를 하는 명령어이다. CBZ/CBNZ 명령어는 레지스터의 내용을 비교하는 부분이 있지만 APSR의 플랙에는 영향을 주지 않는다.

3.1절에서 설명한 바와 같이 IT 명령어는 IT 명령어 다음에 최대 4개까지의 명령어를 조건에 따라 실행시킬 수 있도록 하는 명령어이다. 조건에 맞으면 해당 명령어가 실행되고, 조건에 맞지 않은 경우에는 NOP 명령이 실행되게 된다. IT 명령어의 구성은 "IT{x{y{z}}} cond" (x, y, z는 T 혹은 E가 올 수 있다) 형태로 IT 명령어에서 기술된 조건에 따라 이후 명령어의 실행 조건이 결정된다. 하나의 IT 명령어와 그와 연관된 일련의 명령어를 IT 블록이라고 한다. IT 명령어를 사용한 예가 다음에 나타나 있다.

[예 1]	IT GT ADDGT R1, R1, #1

[예 2]	CMP R0, #9
	ITE GT
	ADDGT R1, R0, #55 ;#55='A'
	ADDLE R1, R0, #48 ;#48='0'

[예 3]	ITTEE EQ
	MOVEQ R0, R1
	ADDEQ R2, R2, #10
	ANDNE R3, R3, #1
	BNE LOOP

[예 1]은 조건부 실행 명령어가 하나만 있는 경우이고, 조건이 GT(greater than)인 경우에 다음 "ADDGT …" 명령을 실행하도록 하는 예이다.

[예 2]는 레지스터 R0에 있는 0~15 범위의 이진수를 (즉 hexa-decimal 수) ASCII 코드로 변환하는 프로그램으로, R0의 값이 '9'보다 크면 'A'에 해당하는 ASCII 코드값을 더하고 아닐 경우 '0'에 해당하는 ASCII 코드 값을 더하는 프로그램이다. 이 예에서 명령어는 ITE 형태를 지니고 있다. 즉 IT 명령어 다음 명령어는 'T'이면 실행을 시키고 두 번째 명령어는 'E'(else) 즉 LE(less than or equal to)이면 실행시킨다는 의미이다.

[예 3]은 IT 명령어에서 수용할 수 있는 최대 한도인 4개의 명령어에 대해서 조건부 실행을 하도록 한 경우이다. 명령어의 형태가 'ITTEE'이므로, 첫 번째와 두 번째 명령어는 'T'일 때, 세 번째와 네 번째 명령어는 'E'일 때 실행시키는 경우이다.

예에서 보는 바와 같이 IT 블록 내의 각 명령어에는 IT 명령어에 주어진 실행 조건에 따른 실행 조건 접미사가 붙어 있다. 즉 예 2)에서 "ITE GT' 명령어일 때, 첫 번째 명령어의 실행 조건은 GT, 두 번째 명령어의 실행 조건은 LE로 되어 있다. 그렇지만 3.1절에서 언급한 바와 같이 Cortex-M3/M4 명령어에는 ARM 명령어와는 달리 각 명령어에 조건부 실행 조건을 부가할 수 없다. 따라서 IT 블록 내의 각 명령어에 부가된 조건부 실행 조건은 프로그래머가 실수를 하지 않도록 하기 위한 문법 구조이다. 어셈블러에서도 이 두 가지 중복된 조건이 서로 일치하는 가를 확인하여 다를 경우 에러 메시지 혹은 경고 메시지를 주게 된다. 사실

어셈블러에 의해서 변환된 기계어를 보면 IT 블록 내의 조건부 명령어는 조건이 없는 명령어의 기계어와 차이가 없음을 알 수 있을 것이다.

IT 블럭 내에서는 분기 명령어는 사용할 수 없고, (단 IT 블록 마지막 명령어는 분기 명령어를 사용할 수 있다.) 또한 APSR의 플랙을 변경시키는 명령어는 사용할 수 없다.

테이블 값을 이용하여 상대적인 분기를 하는 TBB와 TBH 명령어가 있으며, 명령어 구조는 〈표 3-20〉에 나타나 있다.

〈표 3-20〉 TBB와 TBH 명령어

명령어 구조	인코딩	동작
TBB〈q〉 [Rn, Rm]	32 bit	Table branch byte PC = PC + 2 * mem[Rn + Rm, 1]
TBH〈q〉 [Rn, Rm, LSL #1]	32 bit	Table branch half-word PC = PC + 2 * mem[Rn + 2*Rm, 2]

이들 명령어에서 일반적으로 레지스터 Rn은 테이블이 위치한 주소 값을 가지고 있으며, 레지스터 Rm은 인덱스 값을 가지고 있다. 이를 이용하여 작성한 프로그램의 예는 다음과 같다.

TBB 예

```
        ADR     R0, B_Tbl_B
        TBB     [R0, R1]
Case1
; codes for Case1
Case2
; codes for Case2
Case3
; codes for Case3
B_Tbl_B
        DCB  0
        DCB  ((Case2-Case1)/2)
        DCB  ((Case3-Case1)/2)
```

TBH 예

```
        TBH   [PC, R1, LSL #1]
B_Tbl_H
        DCW   ((Case1-B_Tbl_H)/2))
        DCW   ((Case2-B_Tbl_H)/2))
        DCW   ((Case3-B_Tbl_H)/2))
Case1
; codes for Case1
Case2
; codes for Case2
Case3
; codes for Case3
```

위의 프로그램에서 DCB는 메모리 한 바이트를 그 뒤에 나타난 값으로 채우라는 의미이고, DCW는 메모리 2바이트를 그 뒤에 주어진 값으로 채우라는 의미이다. 참고로 DCD는 4바이트를 그 뒤에 주어진 값으로 채우라는 지시어이다.

TBB에서 레지스터 R0는 테이블 B_Tbl_B이 시작되는 주소값을 가지게 되고, 레지스터 R1에는 Case1을 실행하려고 하면 '0', Case2를 실행하려고 하면 '1', Case3를 실행하려고 하면 '2'의 값을 갖도록 하여야 한다. "TBB [R0, R1]"이 실행될 때 PC 값은 파이프 라인 효과로 인해서 "TBB [R0, R1]" 명령어가 위치한 메모리 번지보다 +4인 값을 지니고 있다. 따라서 이 값은 Case1 부분에 대한 메모리 주소 값이 된다. 만약에 인덱스 값 (즉 레지스터 R1 값)이 '0'이면 테이블 첫 바이트인 '0'을 읽어 오게 되므로 결국 Case1부터 실행하게 된다. 인덱스 값이 '1'이면 실행을 시작하는 주소 값이 Case2(= PC(=Case1) + 2*(Case2−Case1)/2)가 된다.

TBH의 예에서도 이와 유사하게 동작한다. "TBH [PC, R1, LSL #1]" 명령어에서 PC 값은 파이프 라인 효과로 인해서 TBH 명령어가 있는 위치보다 +4인 값을 지니고 있게 된다. 즉 PC 값은 테이블 시작 주소인 B_Tbl_H를 가지게 된다. TBB의 경우와 동일하게 레지스터 R1에는 Case1을 실행하려고 하면 '0', Case2를 실행하려고 하면 '1', Case3를 실행하려고 하면 '2'의 값을 갖도록 하여야 한다. 만약에 인덱스 값 (즉 레지스터 R1 값)이 '0'이면 테이블 첫 하프워드인 (Case1−B_Tbl_H)/2를 읽어 오게 되므로 결국 Case1(= PC(=B_Tbl_H) + 2*(Case1−B_Tbl_H)/2)부터 실행하게 된다. 인덱스 값이 '1'이면 실행을 시작하는 주소 값이 Case2(= PC(=B_Tbl_H) + 2*(Case2−B_Tbl_H)/2)가 된다.

3.6 곱셈 및 나눗셈 명령어

곱셈 명령어는 두 종류로 나눌 수 있다. 첫째는 MUL/MLA/MLS의 명령어와 같이 곱셈의 결과를 하위 32비트만 표시하는 명령어가 있다. 이러한 경우에는 곱셈 결과 중 상위 32비트는 무시된다. 다음은 곱셈의 결과가 64비트로 표현되는 경우이며, 이와 같은 곱셈 명령어에는 부호가 없는 수에 대한 곱셈과(unsigned multiply) 부호가 있는 수에 대한 곱셈으로(signed multiply) 구분할 수 있다. 또한 이전 ARM 프로세서에서는 나눗셈에 대한 명령어는 지원하지 않았으나, Cortex-M3/M4에서는 나눗셈 명령어인 UDIV/SDIV 명령어를 지원하고 있다. 곱셈 나눗셈의 명령어가 〈표 3-21〉에 나타나 있다.

〈표 3-21〉 곱셈과 나눗셈 명령어

명령어 구조	인코딩	동작
MUL{S}〈c〉〈q〉 {Rd, } Rn, Rm	16 or 32 bit	Multiply Rd = Rn*Rm
MLA〈c〉〈q〉 Rd, Rn, Rm, Ra	32 bit	Multiply with accumulate Rd = Rn*Rm + Ra
MLS〈c〉〈q〉 Rd, Rn, Rm, Ra	32 bit	Multiply with subtract Rd = Ra - Rn*Rm
UMULL〈c〉〈q〉 RdLo, RdHi, Rn, Rm	32 bit	Unsigned long Multiply RdHi : RdLo = Rn*Rm
UMLAL〈c〉〈q〉 RdLo, RdHi, Rn, Rm	32 bit	Unsigned long Multiply with accumulate RdHi : RdLo = Rn*Rm + RdHi : RdLo
SMULL〈c〉〈q〉 RdLo, RdHi, Rn, Rm	32 bit	Signed long Multiply RdHi : RdLo = Sint(Rn)*Sint(Rm)
SMLAL〈c〉〈q〉 RdLo, RdHi, Rn, Rm	32 bit	Signed long Multiply with accumulate RdHi : RdLo = Sint(Rn)*Sint(Rm) + Sint(RdHi:RdLo)
SDIV〈c〉〈q〉 {Rd,} Rn, Rm	32 bit	Signed divide Rd = Sint(Rn)/Sint(Rm)
UDIV〈c〉〈q〉 {Rd,} Rn, Rm	32 bit	Unsigned divide Rd = Rn/Rm

〈표 3-21〉에 있는 명령어는 MULS 명령어를 제외하고는 APSR의 플랙에 영향을 미치지 않는다. MULS 명령어도 APSR 플랙 중 N과 Z 플랙 비트에만 영향을 미치며, 여기서 N 플랙 값도 전체 곱셈 결과가 아니라 결과 레지스터 Rd[31] 비트 값을 반영할 뿐이다.

앞에서 언급한 바와 같이 MUL/MLA/MLS의 결과는 32비트 이상이 될 수 있다. 하지만 레지스터 Rd(Rd가 생략되었을 경우는 Rn)에는 연산 결과 중 하위 32비트만이 저장되게 된다. 따라서 곱셈의 결과가 32비트보다 크지 않을 경우에만 사용하도록 주의하여야 한다. 이 곱셈에서는 오퍼랜드의 값을 부호화된 정수로

(signed integer) 생각하여도 되고, 부호 없는 정수로(unsigned integer) 생각하여도 된다. 결과는 동일하다.

UMULL/SMULL 명령어는 레지스터 Rn과 Rm의 값을 곱한 64비트 결과를 두 개의 레지스터 RdHi와 RdLo에 저장하는 명령어로, RdHi에 MSB 값이, RdLo에 LSB 값이 저장된다. 다음에 UMULL과 SMULL 곱셈의 동작 예가 나타나 있다. (R2=0xffffffff, R3=0x00000001의 값을 가지고 있다고 가정하자.)

	연산 전	연산 후
[예 1]	UMULL R0, R1, R2, R3	R0 = 0xffffffff R1 = 0x0
[예 2]	SMULL R0, R1, R2, R3	R0 = 0xffffffff R1 = 0xffffffff

'UMULL' 경우에는 0xffffff (= $2^{32}-1$)에 1을 곱한 경우이기 때문에, 결과가 0xffffffff가 되어야 하므로 R0=0xffffffff와 R1=0이 된다. 하지만 'SMULL' 경우에는 0xffffffff (= −1)에 1을 곱한 경우이기 때문에 결과가 -1이어야 하고, 이 것을 2's 보수 형태로 표현하면 R0=0xffffffff, R1=0xffffffff 가 된다. MLA, UMLAL, SMLAL과 같은 곱셈 명령어는 $\sum_{i=1}^{n} X_i Y_i$ 같은 연산을 용이하게 처리할 수 있으며, 이와 같은 형태는 신호처리에 많이 사용된다.

UDIV/SDIV 명령어는 정수 나눗셈이다. 만약 레지스터 Rm 값이 '0'인 경우에는 CCR (configuration and control register)의 비트[4] DIV_0_TRP를 '1'로 설정한 경우에는 익셉션(usage fault)이 발생하지만, 그렇지 않은 경우에는 결과 값이 '0'이 된다. 그리고 SDIV에서 0x80000000/0xffffffff (즉 $(-2^{32})/(-1)=2^{32}$)가 되나, 이 값은 32비트로는 표현 불가능하다. 이 경우에는 Rd = 0x80000000으로 결과가 나타나므로 조심하여야 한다.

3.7 포화 연산

일반적인 연산에서는 표현 가능한 최대 양수 값이나 최소 음수 값의 범위를 넘어가게 되면 오버플로우가 발생하게 되어 결과 값이 원래의 결과와 큰 차이가 발생하게 된다. 예를 들어 32비트 연산에서 0x7fffffff + 0x1 의 결과는 0x80000000이 되고 V 플랙이 세트된다. 즉 원하는 결과 값은 $+2^{31}$ 이나 실제 연산 결과는 오버플로우가 발생하여 -2^{31} 이 되게 된다. 하지만 신호 처리와 같은 경우에서는 오버플로우가 빌생하는 경우 오차가 가장 작은 결과가 나타나도록 하는 편이 바람직하다. 이와 같은 처리를 위하여 사용되는 것이 포화 연산이다. 포화 연산에서는 표현 가능 범위에서 가장 오차가 작은 결과를 나타내고, 만약 포화가 발생하면 APSR의 Q 플랙을 세트하게 된다. Cortex-M3/M4에서 포화 연산과 관계된 명령어는 〈표 3-22〉에 나타나 있다.

〈표 3-22〉 SSAT와 USAT 명령어

명령어 구조	인코딩	동작
SSAT〈c〉〈q〉 Rd, #n, Rm {, ASR|LSL #s}	32 bit	Singed saturate $1 \le n \le 32$, $0 \le s \le 31$ (for LSL) $1 \le s \le 31$ (for ASR)
USAT〈c〉〈q〉 Rd, #n, Rm {, ASR|LSL #s}	32 bit	Unsigned saturate $1 \le n \le 31$ $0 \le s \le 31$ (for LSL) $1 \le s \le 31$ (for ASR)

SSAT 명령어는 레지스터 Rm 값 혹은 Rm 값에 시프트 연산을 (ASR #s or LSL #s) 한 결과를 포화를 고려하여 n 비트로 표현하는 것이다. 물론 레지스터 Rd는 n 비트 결과를 부호를 확장시킨 값을 지니게 된다. n 비트로 표현 가능한 수의 범위는 $-2^{n-1} \sim (2^{n-1}-1)$이므로 시프트 연산 결과가 이 범위를 벗어나게 되면 포화가 발생하게 된다.

USAT 명령어도 이와 유사하게 동작한다. 레지스터 Rm 값에 기술한 시프트 연산을 (ASR #s or LSL #s) 한 결과를 포화를 고려하여 n 비트로 표현하는 것이다. n 비트로 표현된 데이터가 부호 없는 데이터이기 때문에 레지스터 Rd는 n 비트 결과를 '0'으로 확장시킨 값을 지니게 된다. n 비트로 표현 가능한 수의 범위는 $0 \sim (2^n - 1)$ 이므로 시프트 연산 결과가 이 범위를 벗어나게 되면 포화가 발생하게 된다.

SSAT와 USAT 명령어에서 레지스터 Rm 값 혹은 Rm 값에 시프트 연산을 (ASR #s or LSL #s) 한 결과 값을 signed 데이터로 간주하여 동작하며, 포화 동작을 할 때에도 그 결과 값을 2의 보수 값으로 생각한다. 다음 간단한 동작 예에서 동작을 확인하여라.

몇 가지 R1 값에 대한 "SSAT R0, #16, R1"의 명령어 실행 결과가 다음에 나타나 있다.

R1	R0 (결과값)	Q 비트
0x00020000	0x00007FFF	1
0x00007FFF	0x00007FFF	변화 없음
0x00000000	0x00000000	변화 없음
0xFFFF8000	0xFFFF8000	변화 없음
0xFFFE0000	0xFFFF8000	1

몇 가지 R1 값에 대한 "USAT R0, #16, R1"의 명령어 실행 결과가 다음에 나타나 있다. R1의 값은 부호 있는 데이터로 간주되어 동작함을 알 수 있다.

R1	R0 (결과값)	Q 비트
0x00020000	0x0000FFFF	1
0x00008000	0x00008000	변화 없음
0x00000000	0x00000000	변화 없음
0xFFFF8000	0x00000000	1
0xFFFE0000	0x00000000	1

SSAT/USAT 명령어의 동작 결과로 N, Z, C, V 플랙은 영향을 받지 않으며, 단지 계산 과정 중에 포화가 발생하면 Q 플랙이 세트된다. Q 플랙을 다룰 때에 중요한 점은 Q 플랙은 한번 세트되면 그 다음 연산 결과에 포화가 발생하지 않았더라도 여전히 세트된 값을 나타낸다는 점이다. 즉 한번 세트된 Q 플랙은 MSR 명령을 이용해서만 세트된 값을 해제시킬 수가 있다.

3.8 그 밖의 명령어

Cortex-M3/M4에서는 몇 가지 배리어(barrier) 명령어를 지원한다. 〈표 3-23〉에 배리어 명령어가 나타나 있다.

〈표 3-23〉 배리어 명령어

명령어 구조	인코딩	동작
DMB〈c〉〈q〉	32 bit	Data memory barrier
DSB〈c〉〈q〉	32 bit	Data synchronization barrier
ISB〈c〉〈q〉	32 bit	instruction synchronization barrier

DMB 명령어는 DMB 명령어 전에 나타난 모든 메모리 접근 명령이 다른 메모리 접근을 하기 전에 모두 완료되도록 한다. DSB 명령어는 DSB 명령어 전에 나타난 모든 메모리 접근 명령이 다른 명령어를 실행하기 전에 모두 완료되도록 한다. ISB 명령어는 파이프라인을 모두 비우고 ISB 명령어 전의 모든 명령어가 새로운 명령어 실행 전에 모두 실행되도록 한다.

이와 같은 명령어는 특수한 상황에서 유용하게 사용된다. 예를 들어 어떤 프로그램이 동작하면서 자신의 프로그램을 수정한다면, DSB와 ISB 명령어를 이용하여 프로그램 수정이 완료된 후에 다음 명령어가 실행되는 것을 보장하여야 하고 또한 이미 패치되었을 가능성이 있는 파이프라인의 내용을 비우고 새 명령어부터 실행하도록 하여야 한다.

이 외에도 〈표 3-24〉와 같은 명령어가 존재한다.

〈표 3-24〉 그 외의 명령어

syntax	encoding	description
SEV〈c〉〈q〉	16 or 32 bit	Send event
SVC〈c〉〈q〉 #imm8	16 bit	Supervisor call
WFE〈c〉〈q〉	16 or 32 bit	Wait for event
WFI〈c〉〈q〉	16 or 32 bit	Wait for interrupt
NOP〈c〉〈q〉	16 or 32 bit	No operation
BKPT〈q〉 #imm8	16 bit	Breakpoint

〈표 3-24〉 그 외의 명령어 (계속)

syntax	encoding	description
CPSIE〈q〉 I	16 bit	Clear PRIMASK
CPSID〈q〉 I	16 bit	Set PROMASK
CPSIE〈q〉 F	16 bit	Clear FAULTMASK
CPSID〈q〉 F	16 bit	Set FAULTMASK

SEV, WFE, WFI 명령어는 슬립 모드 제어와 관련된 명령어들로 이들의 동작은 2.4절에 자세히 설명되어 있으며, CPSIE/CPSID 명령어의 동작은 2.2절에 자세히 설명되어 있다.

SVC 명령어는 소프트웨어적으로 익셉션(SVC 익셉션, 익셉션 번호 11)을 발생시킨다. 이는 주로 시스템 콜을 구현하는데 사용되며, SVC 명령어에 나타나는 #imm8이 시스템 콜 종류를 구분하는데사용될 수 있다.

NOP는 명령어가 의미하는 바와 같이 아무런 동작도 하지 않는 것이다. 이전의 ARM 프로세서에서는 NOP가 의사 명령어였으나, (어셈블러에 의해서 MOV R0, R0 와 같은 명령어로 변환된다.) Cortex-M3에서는 명령어에 속해 있다.

BKPT 명령어는 DebugMonitor 익셉션(익셉션 번호 12)을 발생시키는 명령어로 디버거를 구현할 때, 브레이크 포인트를 설정할 때 사용할 수 있을 것이다.

3.9 ARM Cortex-M4 DSP 관련 명령어

Cortex-M3 프로세서와 비교하였을 때, Cortex-M4에서는 DSP 연산을 지원하기 위한 SIMD(Single Instruction Multiple Data) 명령어가 추가되었으며, 포화관련 명령어와 MAC(multiply and accumulation) 관련 명령어와 데이터 핸들링(packing and unpacking) 관련 명령어 또한 확장되어 지원되고 있다. Cortex-M4F에서는 단일 정밀도 부동소수점 연산과 관련된 명령어를 지원한다. 부동소수점 연산과 관련된 명령어는 항상 'V'로 시작되는 명령어로 되어 있다. 예를 들어 "VABS.F32 Sd, Sm"은 부동소수점 연산에서 절대값을 구하는 명령어이다.

SIMD 관련 명령어는 다수의 데이터에 동일한 연산을 수행할 때 사용되는 명령어이다. 이와 같은 명령어는 오디오 혹은 영상 신호를 효율적으로 처리하기 위해서 사용된다. 즉 각 오디오 샘플이나 영상 샘플 데이터들에 동일한 연산이 반복되어 실행되는 경우가 많으며, 오디오 샘플 혹은 영상 데이터 샘플은 16비트 혹은 8비트로 구성되어 있는 경우가 많다. 따라서 32비트 데이터에는 8비트 데이터 4개 혹은 16비트 데이터 2개가 포함될 수 있으므로 이러한 특성을 이용하여 SIMD 연산을 수행한다. 예를 들어 "SADD8 Rd, Rn, Rm" 명령어는 각 레지스터에 있는 8비트 데이터에 대해서 부호를 고려한 덧셈(signed addition)을 수행하라는 명령어이다. 이의 동작이 (그림 3-9)에 나타나 있다.

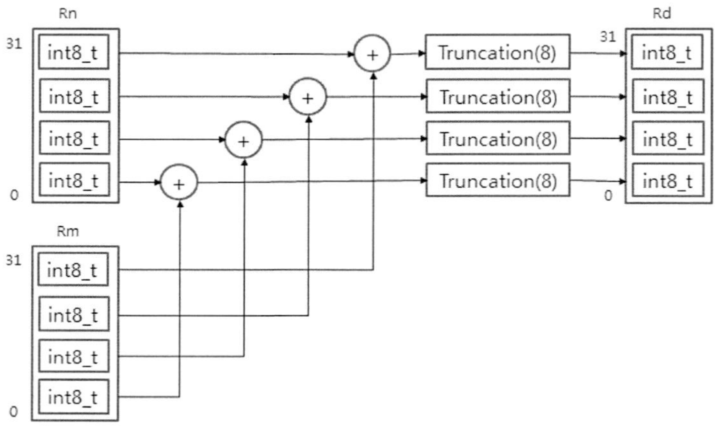

(그림 3-9) "SADD8 Rd, Rn, Rm" 명령어 동작

SIMD 데이터 타입은 일반적으로 C 언어에서는 지원되지 않기 때문에, 일반적인 C 컴파일러로는 SIMD 명령어가 생성되지 않는다. 따라서 ARM 사에서는 CMSIS-DSP 라이브러리를 제공하여 C 언어 개발 환경에서도 SIMD 명령어를 사용할 수 있도록 지원하고 있다.

ARM Cortex-M4에서 지원하는 기본적인 SIMD 명령어는 〈표 3-25〉에 나타나 있다.

〈표 3-25〉 기본적인 SIMD 명령어

명령어 구조	동작
ADD8 {Rd,} Rn, Rm	4-pair 8-bit addition
SUB8 {Rd,} Rn, Rm	4-pair 8-bit subtraction
ADD16 {Rd,} Rn, Rm	2-pair 16-bit addition
SUB16 {Rd,} Rn, Rm	2-pair 16-bit subtraction
ASX {Rd,} Rn, Rm	Exchange half words of the 2nd operand, then add top half words and subtract bottom half words
SAX {Rd,} Rn, Rm	Exchange half words of the 2nd operand, then subtract top half words and add bottom half words

이를 기본으로 변형된 형태의 명령어의 형태가 〈표 3-26〉에 나타나 있다.

〈표 3-26〉 SIMD 명령어

기본형	Signed	Signed saturating	Signed halving	Unsigned	Unsigned saturating	Unsigned halving
ADD8	SADD8	QADD8	SHADD8	UADD8	UQADD8	UHADD8
SUB8	SSUB8	QSUB8	SHSUB8	USUB8	UQSUB8	UHSUB8
ADD16	SADD16	QADD16	SHADD16	UADD16	UQADD16	UHADD16
SUB16	SSUB16	QSUB16	SHSUB16	USUB16	UQSUB16	UHSUB16
ASX	SASX	QASX	SHASX	UASX	UQASX	UHASX
SAX	SSAX	QSAX	SHSAX	USAX	UQSAX	UHSAX

이들 명령어의 상세한 동작은 STMicroelectronics사에서 제공되는 "PM0214 Programming Manual"과 같은 자료를 참고하면 될 것이다. 이외의 SIMD와 포화관련 명령어는 〈표 3-27〉에 나타나 있다.

〈표 3-27〉 부가적인 SIMD 명령어 및 포화 관련 명령어

명령어 구조	동작
USAD8 {Rd,} Rn, Rm	Unsigned sum of absolute difference between 4-pair 8-bit data
USADA8 {Rd,} Rn, Rm, Ra	Unsigned sum of absolute difference between 4-pair 8-bit data and accumulate

〈표 3-27〉 부가적인 SIMD 명령어 및 포화 관련 명령어(계속)

명령어 구조	동작
USAT16 Rd, #imm, Rm	Unsigned saturate two pair signed 16-bit values to a selected unsigned range
SSAT16 Rd, #imm, Rm	Signed saturate two pair signed 16-bit values to a selected unsigned range
SEL {Rd,} Rn, Rm	Select byte from the first or second operand based on GF flags
SSAT {Rd,} #imm, Rm {,LSL/ASR #n}	Signed saturation (Cortex-M3도 지원)
USAT {Rd,} #imm, Rm {,LSL/ASR #n}	Unsigned saturation (Cortex-M3도 지원)
QADD {Rd,} Rn, Rm	Saturate the sum of two signed 32 bit data
QDADD {Rd,} Rn, Rm	Double a 32 bit signed integer and add it to another 32 bit signed integer. After that saturate
QSUB {Rd,} Rn, Rm	Saturate the subtraction of two signed 32 bit data
QDSUB {Rd,} Rn, Rm	Double a 32 bit signed integer and subtract it to another 32 bit signed integer. After that saturate

그 밖에도 곱셈 및 MAC(multiply and accumulate) 관련 명령어가 〈표 3-28〉에 나타나 있다.

〈표 3-28〉 MAC 명령어

명령어 구조	동작
SMLAL RdLo, RdHi, Rn,Rm	Signed MAC (Cortex-M3도 지원)
UMLAL RdLo, RdHi, Rn, Rm	Unsigned MAC (Cortex-M3도 지원)
UMAAL RdLo, RdHi, Rn, Rm	Unsigned MAC
SMULxy {Rd,} Rn, Rm	Signed multiply (x, y = B or T)
SMLAxy Rd, Rn, Rm, Ra	Signed MAC (x, y = B or T)
SMULWx Rd, Rn, Rm	Signed multiply (x = B or T)
SMLAWx Rd, Rn, Rm, Ra	Signed MAC (x = B or T)
SMMUL {Rd,} Rn, Rm	Signed multiply (return upper 32-bit)

〈표 3-28〉 MAC 명령어(계속)

명령어 구조	동작
SMMULR {Rd,} Rn, Rm	Signed multiply with round (return rounded upper 32-bit)
SMMLA Rd, Rn, Rm, Ra	Signed MAC (return upper 32-bit)
SMMLAR Rd, Rn, Rm, Ra	Signed MAC with round (return rounded upper 32-bit)
SMMLS Rd, Rn, Rm, Ra	Signed multiply and subtract (return upper 32-bit)
SMMLSR Rd, Rn, Rm, Ra	Signed multiply and subtract with round (return rounded upper 32-bit)
SMLALxy RdLo, RdHi, Rn, Rm	Signed MAC (x, y = B or T)
SMUAD {Rd,} Rn, Rm	Signed-multiply two pair of 16-bit data and then add
SMUADX {Rd,} Rn, Rm	Exchange the 2nd operand and signed multiply two pair of 16-bit data and then add
SMUSD {Rd,} Rn, Rm	Signed-multiply two pair of 16-bit data and then subtract
SMUSDX {Rd,} Rn, Rm	Exchange the 2nd operand and signed multiply two pair of 16-bit data and then subtract
SMLAD Rd, Rn, Rm, Ra	Signed-multiply two pair of 16-bit data and then add After that accumulate
SMLADX Rd, Rn, Rm, Ra	Exchange the 2nd operand and signed multiply two pair of 16-bit data and then add. After that accumulate
SMLSD Rd, Rn, Rm, Ra	Signed-multiply two pair of 16-bit data and then subtract. After that accumulate
SMLSDX Rd, Rn, Rm, Ra	Exchange the 2nd operand and signed multiply two pair of 16-bit data and then subtract. After that accumulate.
SMLALD RdLo, RdHi, Rn, Rm	Signed-multiply two pair of 16-bit data and then add. After that accumulate (result = 64b)
SMLALDX RdLo, RdHi, Rn, Rm	Exchange the 2nd operand and signed multiply two pair of 16-bit data and then add. After that accumulate (result=64b)

〈표 3-28〉 MAC 명령어(계속)

명령어 구조	동작
SMLSLD RdLo, RdHi, Rn, Rm	Signed-multiply two pair of 16-bit data and then subtract. After that accumulate (result=64b)
SMLSLDX RdLo, RdHi, Rn, Rm	Exchange the 2nd operand and signed multiply two pair of 16-bit data and then subtract. After that accumulate (result=64b)

부가적인 데이터 핸들링(packing and unpacking) 관련 명령어가 〈표 3-29〉에 나타나 있다. 참고로 Cortex-M3에서 지원하고 있는 데이터 핸들링 명령어로는 STXB, STXH, UXTB, UXTH가 존재한다.

〈표 3-29〉 부가적인 데이터 핸들링 명령어

명령어 구조	동작
PKHBT {Rd,} Rn, Rm {,LSL #imm}	Pack the lower half of 1st operand and the upper half of barrel-shifted 2nd operand
PKHTB {Rd,} Rn, Rm {,ASR #imm}	Pack the upper half of 1st operand and the lower half of barrel-shifted 2ndoperand
SXTB16 Rd,Rm {,ROR #n}	Signed eXtend two 8-bits to two half-words
UXTB16 Rd,Rm {,ROR #n}	Unsigned eXtend two 8-bits to two half-words
SXTAB {Rd,} Rn, Rm{,ROR #n}	Signed eXtend 8-bit data and then add
SXTAH {Rd,} Rn, Rm{,ROR #n}	Signed eXtend 16-bit data and then add
SXTAB16 {Rd,} Rn, Rm{,ROR #n}	Signed eXtend two 8-bits to two half-words. And then dual 16-bit-add
UXTAB {Rd,} Rn, Rm{,ROR #n}	Unsigned eXtend 8-bit data and then add
UXTAH {Rd,} Rn, Rm{,ROR #n}	Unsigned eXtend 16-bit data and then add
UXTAB16 {Rd,} Rn, Rm{,ROR #n}	Unsigned eXtend two 8-bits to two half-words. And then dual 16-bit-add

3.10 MDK-ARM v5 환경에서 어셈블리 언어 기반 프로젝트

본 절에서는 Keil MDK-ARM v5(μVision5)에서 어셈블리 언어 기반의 프로젝트 작성 방법을 간단한 예제를 이용하여 설명하며, 몇 가지 추가 문제가 주어진다. μ Vision5에서 제공하는 시뮬레이터를 이용하면 타겟 보드가 없는 상태에서도 어셈블리 언어로 작성된 프로그램의 동작을 디버깅할 수 있다.

3.10.1 어셈블리 언어 기반의 프로젝트 작성 및 실습 예 1.

새로운 프로젝트를 생성하는 방법은 2.6.2에서 설명한 C 언어 기반의 프로젝트를 생성하는 방법과 유사하다. 새로운 프로젝트의 이름 설정, 프로젝트에서 사용할 디바이스 선택, 런 타입 환경에 필요한 소프트웨어 선택, 타켓 보드 Xtal 값 선택과 관련된 사항은 2.6.2에서 (그림 2-16) ~ (그림 2-21)을 참조하기 바란다.

- 다음으로 디버그 환경을 설정하기 위하여 'Debug' 탭을 선택한다. 만약 시뮬레이터를 이용하여 코드를 디버깅하기 위해서는 (그림 3-10)과 같이 'Use Simulator'를 선택한다. (인터럽트 실습부분에서 설명한 바와 같이 타켓 보드에서 디버깅을 하려면 ST-Link Debugger를 선택하여야 한다. 하지만 여기서는 단지 어셈블리 언어 자체만의 동작을 테스트하기 때문에 시뮬레이터를 사용하는 것이 편리할 것이다.)

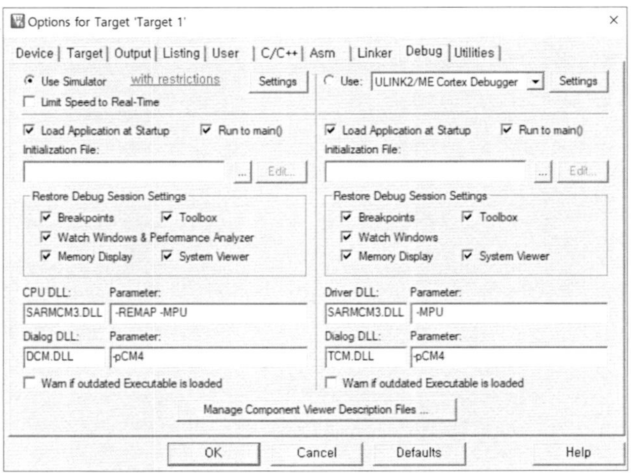

(그림 3-10) simulator를 이용한 디버거 선택

• 그 다음으로는 원하는 동작을 위한 어셈블리 코드를 작성하여야 한다. (여기에서는 프로젝트 이름을 assem_ex1으로 한 예이다.) 마우스를 'Source Group 1'에 두고 우클릭을 하면 여러 가지 선택할 수 있는 옵션이 (그림 3-11)과 같이 나타나며, 그 중에서 'Add New Item to Group ...'을 선택한다.

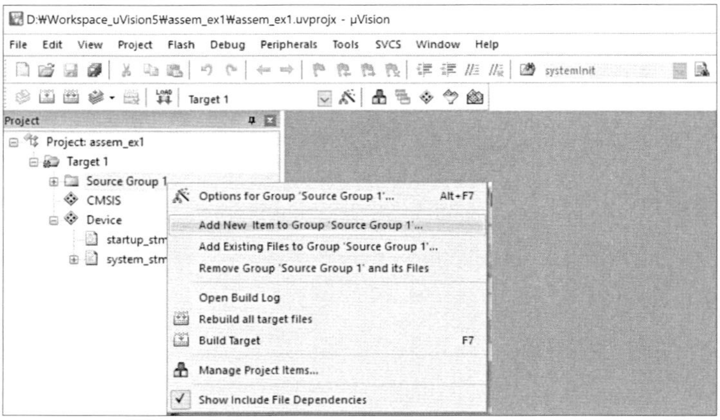

(그림 3-11) 프로젝트에 새 파일 추가

• 그 다음에 나타난 (그림 3-12)와 같은 창에서 'Asm File (.s)'를 선택한 다음, 어셈블리 파일의 이름을 기입하면 된다. (그림 3-12)에서는 파일 이름을 ex1.s으로 한 예가 나타나 있다.

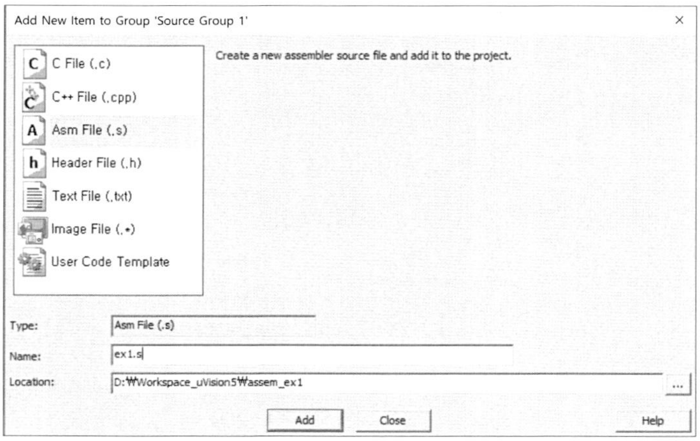

(그림 3-12) 새로운 Asm 파일 ex1.s 추가 예

• 그 다음으로는 편집기를 이용하여 다음과 같은 어셈블리 코드를 작성하여 저장한다. Build를 실행시키면, 입력 상에 오류가 없으면 Objects₩assem_ex1.axf 파일이 생성될 것이다.

```
; ex1.s: an example assembly code
            AREA |.text|, CODE, READONLY, ALIGN=2
            EXPORT __main
__main      PROC
            ldr r0, =first
            ldr r1, [r0]
            ldr r2, [r0, #4]
            add r1, r1, r2
            ldr r2, [r0, #8]
            add r1, r1, r2
            ldr r0, =result
            str r1, [r0]
            b .
            ENDP

            AREA Ex1_data, DATA, READONLY, ALIGN=2
first       DCD 10, 20, 30, 40, 50

            AREA STORAGE, DATA, READWRITE, ALIGN=3
result      SPACE 4
            END
```

• 단지 어셈블리어를 공부할 때에는 디버거 환경을 시뮬레이터로 설정한 다음에 디버거를 이용하여 각 명령어가 어떻게 동작하는 가를 확인할 수 있다. (그림 3-13)에 디버거의 실행 창이 나타나 있다. 각 명령어가 실행되면서 레지스터의 값과 메모리의 내용이 어떻게 변화하는 가를 파악할 수 있기 때문에 에셈블리 언어를 공부하는데 유용하게 사용될 수 있을 것이다. 디버거의 사용 방법에 대한 설명은 부록을 참조하기 바란다. 디버거를 이용하여 각 명령어의 동작을 예측한 다음, 실행한 후에 레지스터 값들의 결과와 비교해 보면 각 명령어의 동작을 이해할 수 있을 것이다.

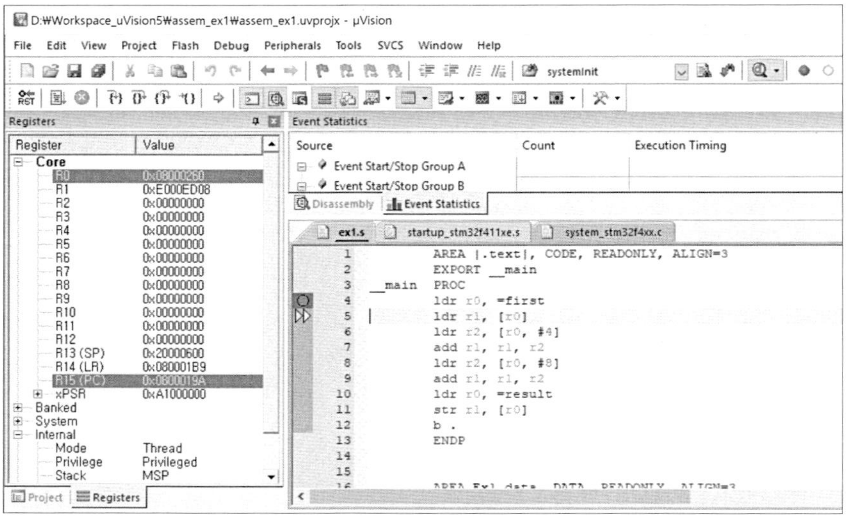

(그림 3-13) 디버거 창 예

• 참고로 위의 어셈블리 프로그램에서 "AREA ..."으로 된 부분은 어셈블러 지시어로 섹션을 구분하기 위하여 사용된다. 각 섹션은 독립적인 코드 혹은 데이터 영역이며 나눠질 수 없는 영역이다. 사용 문법은 "AREA name{, attr{, attr} ..." 형태를 지닌다. 'name'은 섹션의 이름을 나타내며, 임의의 이름을 사용할 수 있다. 일반적으로 |.text| 는 주로 C 컴파일러에 의해서 만들어지는 코드 섹션을 의미한다.

• 이름 다음으로 해당 섹션의 여러 가지 특성 (attr: attribute)을 규정할 수 있다. 일반적으로 해당 섹션이 프로그램 코드를 포함하고 있는지, 아니면 데이터를 포함하고 있는지, 아니면 초기화를 할 필요가 없는 데이터 영역인가를 각각 CODE, DATA, NOINIT 로 표시한다.

• 다음으로 주로 해당 섹션이 READONLY 인지 READWRIET가 가능한 가를 명시한다. 일반적으로 CODE 섹션은 디폴트 상태가 READONLY이고, DATA 섹션은 READWRITE이다.

• 그 다음으로 해당 섹션이 메모리에 매핑될 때, 시작 번지에 대한 제약 조건을 ALIGN 키워드를 통하여 명시한다. 특별한 명시가 없으면 각 섹션은 4의 배수가 되는 곳부터 위치시키며, ALIGN=n 으로 표시하면 2^n의 베수가 되는 메모리 위치부터 해당 섹션을 위치시킨다.

- "EXPORT symbol_name" 은 주어진 symbol_name을 링커가 참조하도록 하는 것이다. system_stm32f411xe.s 파일을 보면 시스템 초기화가 끝난 다음에 '__main' 함수를 실행하도록 되어 있기 때문에 '__main' 심볼을 export 시키고 있다.
- PROC/ENDP 지시어는 함수의 시작과 끝을 표시하는 것이며, DCD는 4바이트 데이터를 메모리에 위치시키도록 하는 것이다. 참고로 DCB와 DCW는 각각 1바이트와 2바이트 데이터 값을 주기 위하여 사용된다. 그리고 "SPACE expr"는 'expr'로 표시된 크기만큼 메모리 영역을 예약하는 지시어이다. END 지시어는 어셈블리 코드의 마지막을 표시한다.
- 질문 1: 4번 라인에 있는 명령어의 의미는 무엇인가 설명하시오.
- 질문 2: 디스어셈블러 창에서 살펴보면 4번 라인의 명령어은 다음과 같이 변경되어 실행되고 있다. 즉 [pc, #16] 에 저장된 값을 레지스터 r0로 읽어 오도록 하고 있다. (pc + 16)번지 값은 무엇인가 계산하고, 그 값이 되는 이유는 무엇인가 설명하시오.

```
0x080001A8 4804        LDR            r0,[pc,#16]  ;
```

- 질문 3: 전체 프로그램의 동작을 설명하고, 메모리에 저장된 결과 값이 정상적인 가를 메모리 창을 이용하여 확인하시오.

3.10.2 어셈블리 언어 기반의 프로젝트 작성 및 실습 예 2.

다음과 같은 어셈블리 언어로 구성된 프로그램(ex2.s)을 지닌 프로젝트를 생성하여라.

- 질문 1: 전체 프로그램의 동작을 설명하여라.
- 질문 2: 라인 26 ~ 라인 33 부분을 설명하여라.
- 질문 3: "adr r4, src1"에 대한 머신 코드는 무엇인가 확인하여라. (디스어셈블리 창에서 이를 확인하라.) (이전 ARM 프로세서에서 adr 명령어는 의사명령어(pseudo-instruction)로 동작하였으나 Coretx-M3/M4에서는 정식 명령어의

하나로 간주된다.) 머신 코드 값을 분석하여 이 명령의 실행한 후, 레지스터 r4의 값이 어떻게 될 것인지 설명하여라. 그리고 디버거를 통하여 이 명령을 실행한 후, 레지스터 r4의 값이 어떻게 되었는지 확인하여라.

- 질문 4: "ldr r5, =src2" 의사명령어의 실질적인 명령어는 무엇인가 확인하여라. 이 명령을 실행한 후, 레지스터 r5의 값이 어떻게 되었는지 확인하고, 동작을 설명하여라.

- 질문 5: "ldr r6, des_adr"의 명령어를 실행한 후, 레지스터 r6의 값이 어떻게 되었는지 확인하고, 이 명령어의 동작을 설명하여라.

- 질문 6: "bl fn_add" 명령을 실행시킨 다음, 레지스터 lr(r14)의 값은 무엇인가 확인하여라. 라인 23의 "bx lr"을 실행시키면 어떻게 동작하는가를 설명하여라. (레지스터 lr 값을 고려하여 설명하여라.)

```
; ex2.s: an example assembly code
1               AREA |.text|, CODE, READONLY
2               EXPORT __main
3     __main    PROC
4               adr r4, src1
5               ldr r5, =src2
6               ldr r6, des_addr
7               sub r7, r5, r4
8               mov r7, r7, asr #2
9     loop
10              ldr r0, [r4]
11              ldr r1, [r5]
12              bl fn_add
13              str r0, [r6]
14              subs r7, r7, #1
15              ittt ne
16              addne r4, r4, #4
17              addne r5, r5, #4
18              addne r6, r6, #4
19              bne loop
20              b .
21
22    fn_add    add r0, r0, r1
```

```
            bx lr
            ENDP

            ALIGN
src1        DCD 11, 12, 13, 14, 15, 16, 17, 18, 19, 20
src2        DCD 1100, 1200, 1300, 1400, 1500
            DCD 1600, 1700, 1800, 1900, 2000
des_addr    DCD des

            AREA STORAGE, DATA, READWRITE
des         SPACE 40
            END
```

- 질문 7: des로 지정된 메모리는 주소를 파악하고, 프로그램이 모두 수행된 다음, 메모리에 저장된 결과값을 확인하여라.
- 질문 8: 위의 프로그램을 post-indexing 혹은 pre-indexing 방식을 사용하여 최대한 간단하게 재작성하여라.
- 질문 9: 위의 프로그램을 수정하여, src1과 src2 위치부터 저장된 10개의 64비트로 구성된 두 값을 각각 읽어 와서 더한 다음 (64비트 덧셈), 그 결과를 des에 저장하는 프로그램을 작성하고 디버거를 통하여 결과를 검증하여라. (프로그램이 정상적으로 동작하는 가를 확신하기 위해서는 테스트를 위한 데이터를 잘 선택하여야 한다.)
- 질문 10: 위의 프로그램에서 32비트의 데이터가 부호가 있는 정수(signed integer)라 하자. 그리고 결과에 오버플로우가 발생하면 그 결과를 오차가 가장 적은 값이 저장되도록 프로그램을 수정하여라. (즉 결과가 $2^{31}-1$보다 크게 되면 오버플로우가 발생하여 결과가(-) 값을 지니게 될 것이다. 이 경우에 결과는 $2^{31}-1$이 되도록 조정하여야 하며, 결과 값이 -2^{31}보다 작으면 오버플로우가 발생하여 결과가(+) 값이 나타나게 될 것이다. 이 경우에는 결과가 -2^{31}이 되도록 하여야 한다.).

3.10.3 어셈블리 언어 기반의 프로젝트 작성 및 실습 예 3.

다음과 같은 어셈블리 언어로 구성된 프로그램(ex3.s)을 지닌 프로젝트를 생성한 다음, 디버거를 이용하여 프로그램의 동작을 확인하고 다음 질문에 답하여라.

- 질문 1: 라인 15 ~ 20의 프로그램 동작을 설명하여라.
- 질문 2: 위의 프로그램을 실행시켰을 때, (즉 라인 13 “b .”까지 실행시킴) APSR의 N, Z, C, V 값이 각각 어떻게 되었는가? 그 이유를 설명하여라.
- 질문 3: 9번째 라인의 명령어를 “mov r0, #F_ADD”로 변경하여 실행할 경우, 프로그램의 전체 동작을 설명하여라.
- 질문 4: 다음에 열거된 값에 대해서N, Z, C, V 값이 어떻게 변할 것인지 예상을 해보고, 디버거를 이용하여 이를 확인하여라.

덧셈	뺄셈
218 + 34	218 - 34
1147967296 + 3147000000	-218 - 34
1200000000 + 1400000000	512 -512
(-1) + (-1)	512 - 600
-1200000000 + (-1400000000)	-1147967296 - 3147000000

- 질문 5: Thumb-2 명령어에는 TBB라는 테이블 기반 브랜치 명령어가 존재한다. 이를 이용하여 위의 프로그램을 재작성하여라.
- 질문 6: Thumb-2 명령어에는 TBH라는 테이블 기반 브랜치 명령어가 존재한다. 이를 이용하여 위의 프로그램을 재작성하여라.

```
; ex3.s: an example assembly code
1   NUM_FUNC       EQU 3
2   F_ADD    EQU 0
3   F_SUB    EQU 1
4   F_MUL    EQU 2
5
6            AREA |.text|, CODE, READONLY
7            EXPORT __main
8   __main   PROC
9            mov r0,#F_SUB
10           mov r1,#218
11           mov r2,#34
12           bl dispatch
```

```
            b .

dispatch    ; Multi-way branch function
            cmp r0,#NUM_FUNC
            it HS
            bxhs lr
            adr r3, fn_table
            ldr pc,[r3, r0, lsl #2]
fn_add
            adds r0,r1,r2
            bx lr
fn_sub
            subs r0,r1,r2
            bx lr
fn_mul
            mul r0,r1,r2
            bx lr
fn_table
            DCD fn_add
            DCD fn_sub
            DCD fn_mul
            END
```

3.10.4 어셈블리 언어 기반의 프로젝트 작성 및 실습 예 4.

다음과 같은 어셈블리 언어로 구성된 프로그램(ex4.s)을 지닌 프로젝트를 생성한 다음, 디버거를 이용하여 프로그램의 동작을 확인하고 다음 질문에 답하여라.

- **질문 1**: 프로그램을 모두 실행시킨 다음, 레지스터 r0~r7의 값을 추정하고, 디버거를 이용하여 레지스터 값을 확인하여라.
- **질문 2**: 라인 13과 라인 14에 위치한 strb, strh 명령어에 의해서 변경된 메모리의 주소와 그 메모리에 저장된 값을 추정하고, 디버거를 이용하여 이를 확인하여라.

```
; e4.s: an example assembly code
            AREA |.text|, CODE, READONLY
            EXPORT __main
__main      PROC
            adr r0, sample_table
            ldr r1, tmp_add
            mov r11, #4
            ldr r2, [r0, r11]
            ldrb r3, [r0, #1]!
            ldrsb r4, [r0], #1
            ldrsh r5, [r0]
            ldrh r6, [r0]
            ldr r7, [r0]
            strb r5, [r1], #2
            strh r4, [r1, #2]
            b .
sample_table
            DCD 0xA0908070, 0x12345678, 0x87654321, 0xF010D020
tmp_add
            DCD tmp

            AREA STORAGE, DATA, READWRITE
tmp         SPACE 20
            END
```

3.10.5 어셈블리 언어 기반의 프로젝트 작성 및 실습 예 5.

main.s, mult2.s와 sub1.s 로 구성된 프로그램을 지닌 프로젝트에서 sub1.s 는 다음과 같이 주어진다고 하자. 즉 서브루틴 sub1은 (r0*r0 + r1)의 계산 결과 값을 r0에 넣은 다음에 리턴하는 함수이다. 그리고 서브루틴 수행 후, r0~r3, r12, lr, pc 레지스터를 제외한 나머지 레지스터 값이 변하지 않도록 하여야 한다. 그리고 mult2 서브루틴은 (r0 * r1)의 계산 결과 값을 r0로 넘겨주는 함수이다.

```
; sub1.s: an example assembly code

        AREA |.text|, CODE, READONLY
        EXPORT sub1
sub1    PROC
        stmfd   sp!, (__________(1)__________}
        mov     r4, r1
        mov     r1, r0
        bl      mult2
        add     r0, r0, r4
        (__________(2)__________}
        ENDP
```

- 질문 1: mult2 서브루틴은 (r0 * r1)의 계산 결과 값을 r0로 넘겨주는 함수이다. C 언어로 표현하면 mult2 함수는 다음과 같이 정의된다. mult2 서브 루틴을 어셈블리 언어로 작성하여라.

```
int mult2(int, int)
```

- 질문 2: 서브루틴 sub1에서 stmfd 명령어 나머지 부분 (1)을 완성하고 (최소한의 레지스터만 저장하여야 한다.), 또한 서브루틴 마지막 명령어(2)를 완성하여라.
- 질문 3: 레지스터 r0와 r1에 계산할 적절한 값을 할당한 다음에 서브루틴 sub1을 부르는 기능을 수행하도록 어셈블리 언어로 main.s를 작성하여라.
- 질문 4: main.s에서 서브루틴 sub1을 부르기 전의 레지스터 r4, sp 값을 기록하여라.
- 질문 5: sub1에서 stmfd 명령어를 실행한 후, 스택에 저장된 내용을 기술하여라. (각 메모리 주소와 저장된 값을 표시하라.)
- 질문 6: 서브루틴 sub1의 마지막 명령어가 실행된 후, 레지스터 r4, sp 값을 기록하여라. 그리고 정상적으로 main.s에서 sub1을 부른 다음 명령어로 리턴되었는 가를 확인하여라.

제4장

메모리 보호 장치: MPU

ARM Cortex-M3/M4 프로세서는 MPU(Memory Protection Unit)를 옵션으로 포함할 수 있다. MPU는 각 메모리 영역에 대해서 메모리 접근 허용 여부와 메모리 동작 특성에 관하여 규정할 수 있는 장치이다. 현재 실습에서 사용하고 있는 STMicroelectronics사의 STM32F411RE 프로세서는 MPU를 포함하고 있다.

4.1 MPU 개요

MPU는 시스템을 훨씬 안정성 있게 동작시키는 역할을 수행한다. 즉 읽기만 가능하도록 어떤 RAM 영역을 지정함으로써 잘못하여 RAM의 내용이 바뀌는 것을 막을 수 있으며, 스택 넘침(stack overflow)이 발생한 것을 알 수 있다. 또한 OS가 설치된 상황에서 일반 사용자 태스크가 커널 영역의 메모리나 커널이 관장하는 주변기기들을 직접 접근하는 것을 막아 전체 시스템을 안전하게 동작시킬 수 있다. MPU에 설정한 규칙에 반하여 메모리나 주변기기에 접근 혹은 사용하게 되면 메모리 관리(memory management) 폴트가 발생하게 된다.

ARM Cortex-M3/M4 프로세서에서 MPU의 포함 여부는 옵션 사항이다. ARM Cortex-M3/M4 프로세서의 MPU는 최대 8개까지의 메모리 영역을 구분하여 보호할 수 있다. (Cortex-M7 프로세서의 MPU에서는 최대 16개까지의 메모리 영역을 구분하여 보호할 수 있다.) 각 메모리 영역의 크기는 최소 32B부터 시작하여 최대 4GB까지 설정할 수 있으며, 각 메모리 영역에 대해서 메모리 접근에 대한 허용 여부는 설정한 메모리 동작 특성에 의해서 결정된다. 어떤 메모리 영역이 256B 이상이면, 하나의 메모리 영역을 8개의 균등한 크기의 부 영역(sub-region)으로 나눌 수 있으며 (주 영역의 최소 크기는 32B이기 때문이다.), 각 부 영역에서 설정한 규칙이 적용되지 않도록 제어할 수 있다.

각 메모리 영역은 0-7의 숫자로 표현되며, 수가 큰 영역의 우선순위가 높다. 즉 메모리 영역 7의 우선순위가 가장 높다. 따라서 메모리 영역이 겹치는 경우에는 우선순위가 높은 메모리 영역의 설정이 적용된다. (그림 4-1)과 같이 구성된 MPU의 메모리 영역에서는 영역4와 겹치는 영역0과 영역1은 메모리 영역4에 설정된 규칙이 적용되며, 영역5와 겹치는 영역2에서는 메모리 영역5의 규칙이 적용되게 된다.

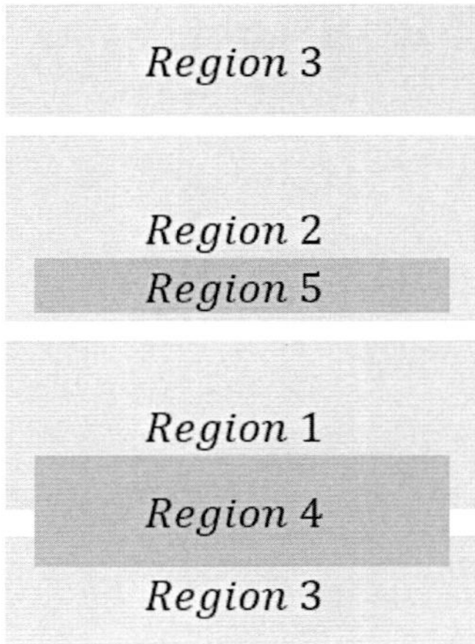

(그림 4-1) MPU에서 메모리 영역 예

메모리 타입으로는 ARMv7-M까지는 'normal memory', 'device memory', 'strongly ordered memory'의 3가지 타입으로 나누고 있지만, ARMv8-M부터는 'strongly ordered memory'는 'device memory'의 한 종류로 포함시켜 2가지 타입으로 구분하고 있다. 'normal memory'는 메모리 읽기/쓰기 동작이 프로그램에서의 순서를 반드시 따를 필요가 없어도 되는 메모리 타입이다.

'device memory'에서는 메모리 읽기/쓰기의 동작이 프로그램의 순서에 따라 반드시 수행되어야 하는 메모리 타입이며, 'strongly ordered memory'는 프로그램에서 메모리 읽기/쓰기 명령이 수행된다면, 해당 명령이 완료된 후에 다음 명령이 실행되어야 하는 메모리 타입이다.

4.2 MPU 관련 주요 레지스터

MPU 관련 주요 레지스터는 〈표 4-1〉에 나타나 있다.

〈표 4-1〉 MPU 관련 주요 레지스터 기능

레지스터 이름 (CMSIS 이름)	주소	기능
MPU_TYPE (MPU->TYPE)	0xE000ED90	MPU가 지원하는 메모리 영역 개수 정보
MPU_CTRL (MPU->CTRL)	0xE000ED94	MPU 활성화/비활성화, 배경 영역 제어
MPU_RNR (MPU->RNR)	0xE000ED98	MPU 메모리 영역 번호 설정
MPU_RBAR (MPU->RBAR)	0xE000ED9C	MPU 메모리 영역의 시작 주소
MPU_RASR (MPU->RASR)	0xE000EDA0	메모리 영역의 크기 및 특징 설정

4.2.1 MPU Type (MPU_TYPE) 레지스터

MPU_TYPE 레지스터는 SCB(System Control Block)에 위치한 레지스터이다. 이 레지스터는 읽기 전용이며, MPU에 대한 정보를 제공한다. 이 레지스터에서 중요한 필드는 DREGION(MPU_TYPE[15:8])으로 MPU에서 지원하는 최대 메모리 영역의 수를 나타낸다. 만약 DREGION = 0 이면 MPU를 지원하지 않는 프로세서임을 나타내게 된다. 실습에서 사용하는 STM32F411RE 프로세서에서는 DREGION = 8의 값을 나타낸다. MPU를 포함하는 다른 Cortex-M3/M4 프로세서도 동일한 값을 나타낼 것이다. DREGION값을 읽기 위해서 CMSIS core에서 기술하는 방식을 사용하면 다음과 같다.

```
value = (MPU->TYPE & 0xFF00) >> 8;
```

4.2.2 MPU Control (MPU_CTRL) 레지스터

MPU_CTRL 레지스터는 MPU의 전체 동작을 제어하는 3개의 비트 필드를 포함하고 있다.

• ENABLE (MPU_CTRL[0])

디폴트 상태는 '0'이며 이러한 경우에는 MPU가 비활성화 된다. MPU를 사용하려면 '1'로 세트해야 한다.

• HFNMIENA (MPU_CTRL[1])

디폴트 상태는 '0'이며, 이러한 경우에는 하드 폴트 익셉션이나 NMI 익셉션 핸들러에서 MPU가 비활성화 된다. '1'로 세트할 경우, 하드 폴트 익셉션이나 NMI 익셉션 핸들러에서도 MPU가 활성화된다.

• PRIVDEFENA (MPU_CTRL[2])

디폴트 상태는 '0'이며, 이런 경우 MPU에 의해서 설정되지 않은 메모리 영역을 접근하게 되면, 특권모드에 있을 지라도 폴트가 발생하게 된다. '1'로 세트될 경우, MPU에 의해서 설정되지 않은 메모리 영역은 특권모드일 때에만 정상적으로 접근이 가능하게 된다. (그림 4-2)에 나타난 바와 같이 MPU에 의해서 설정되지 않은 영역을 배경영역(background region)이라고 하며, 배경영역은 PRIVDEFENA 비트가 '0'일 경우에는 접근이 불가능하며, '1'인 경우에는 특권모드에만 접근이 허용된다.

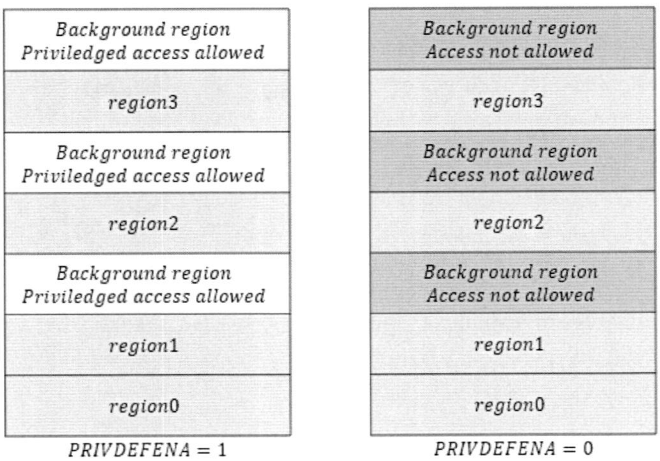

(그림 4-2) PRIVDEFENA 값에 따른 배경영역 접근 권한 예

MPU_CTRL 레지스터는 CMSIS 환경에서 직접 MPU->CTRL을 이용하여 설정할 수 있으며, 다음과 같은 CMSIS HAL API 함수를 이용하여 설정할 수 있다.

〈표 4-2〉 MPU_CTRL 레지스터 함수 정의

함수 명	void HAL_MPU_Enable(uint32 MPU_Control)
	// enable MPU &
	// enable MemManage Fault in SCB->SHCSR

매개변수	MPU_Control: HFNMIENA와 PRIVDEFENA 비트 필드 값 MPU_HFNMI_PRIVDEF_NONE (MPU_CTRL[2:1] = 0b00) MPU_HARDFAULT_NMI (MPU_CTRL[2:1] = 0b01) MPU_PRIVILEGED_DEFAULT (MPU_CTRL[2:1] = 0b10) MPU_HFNMI_PRIVDEF (MPU_CTRL[2:1] = 0b11)

함수 명	void HAL_MPU_Disable(void)
	// disable MPU &
	// disable MemManage Fault in SCB->SHCSR

4.2.3 MPU Region Number (MPU_RNR) 레지스터

MPU_RNR 레지스터는 설정할 메모리의 영역 번호를 지정하는 기능을 가지고 있다. MPU_RNR 레지스터를 설정한 다음에 MPU_RBAR와 MPU_RASR 레지스터를 설정하게 된다. 하지만 MPU_RBAR 레지스터에 메모리 영역을 선택하는 필드가 있기 때문에 반드시 MPU_RNR 레지스터를 사용할 필요는 없다. 단지 메모리 영역에 대한 설정을 한 후 특정 영역을 활성화/비활성화 할 때 MPU_RNR 레지스터를 사용한다. MPU_RNR 레지스터에서 사용하는 필드는 REGION (MPU_RNR[7:0]) 부분이다. (실질적으로 메모리 영역이 최대 8까지 있으므로 STM32F411RE 프로세서는 [2:0]만 사용하도록 구현되어 있다.) MPU_RNR 레지스터는 CMSIS에서는 MPU->RNR을 이용하여 접근을 할 수 있다. MPU 메모리 영역의 특성을 설정할 때 사용하는 CMSIS HAL API인 HAL_Config_Region() 함수 내부에서 MPU_RNR 레지스터 값을 설정한다.

4.2.4 MPU Region Base Address (MPU_RBAR) 레지스터

MPU_BAR 레지스터는 기본적으로 지정된 메모리 영역의 시작 주소(base address)를 설정하는데 사용된다. 시작 주소는 메모리 영역의 크기와 연관되므로, 반드시 시작 주소는 메모리 영역의 배수가 되도록 설정해야 한다. 또한 MPU_RNR 레지스터의 기능과 유사한 설정할 메모리의 영역 번호를 지정하는 기능도 포함하고 있다.

- REGION (MPU_RBAR[3:0])

  MPU_RBAR의 VALID = 1일 때, 설정할 메모리 영역 번호를 표시한다. 이럴 경우 MPU_RNR가 지정한 메모리 영역 번호를 갱신하게 된다.

- VALID (MPU_RBAR[4])

  '1'일 때, REGION 필드가 의미를 가지게 된다. 만약 '0'이면 REGION 필드의 값은 무의미하게 된다.

- ADDR (MPU_RBAR[31:N])

  메모리 영역의 시작 주소(메모리 영역 주소 + 1 인 값)가 주어지게 된다. 메모리 영역의 크기는 MPU_RASR의 SIZE에 주어진다. 항상 MPU_RBAR의 ADDR은 메모리 영역 크기의 배수 값만 올 수 있다. 따라서 시작 주소에서 사용하는 N의 값은 N = $\log_2$(memory region in bytes)로 표시된다. 예를 들면 메모리 영역의 크기가 64KB인 경우에는 N = 16이 되며, 사용 가능한 시작 주소는 0x00010000의 배수 값이 된다. 만약 메모리 영역의 크기가 4GB라면 N = 32가 되어 표시할 수가 없게 될 것 같지만 이런 경우에는 시작 주소가 0x00000000이 된다.

MPU_RBAR 레지스터는 CMSIS core에서는 MPU->RBAR을 이용하여 접근할 수 있으며, MPU 메모리 영역의 특성을 설정할 때 사용하는 CMSIS HAL API인 HAL_Config_Region() 함수 내부에서 MPU_RBAR 레지스터 값을 설정한다.

4.2.5 MPU Region Attribute and Size (MPU_RASR) 레지스터

MPU_RASR 레지스터는 지정된 메모리 영역의 특성과 크기를 설정하는데 사용되며, CMSIS에서는 MPU->RASR을 이용하여 접근할 수 있다. 사용되고 있는 각 필드 및 위치는 〈표 4-3〉과 같다.

〈표 4-3〉 MPU_RASR 레지스터의 필드 위치와 이름

필드 위치	[28]	[26:24]	[21:19]	[18]	[17]	[16]	[15:8]	[5:1]	[0]
필드 이름	XN	AP	TEX	S	C	B	SRD	SIZE	ENABLE

MPU_RNG, MPU_RBAR와 MPU_RASR 레지스터를 설정하는데 사용하는 CMSIS HAL 함수는 HAL_ConfigRegion()이며, 〈표 4-4〉와 같이 정의되어 있다.

〈표 4-4〉 CMSIS HAL 함수 정의

함수 명	void **HAL_ConfigRegion**(MPU_Region_InitTypeDef * MPU_Init) // configure the attributes of a memory region
매개변수	MPU_Region_InitTypeDef 구조체 정의 typedef struct { uint8_t Enable; uint8_t Number; uint32_t BaseAddress; uint8_t Size; uint8_t SubRegionDisable; uint8_t TypeExtField; uint8_t AccessPermission; uint8_t DisableExec; uint8_t IsShareable; uint8_t IsCacheable; uint8_t IsBufferable; } MPU_Region_InitTypeDef;

MPU_RASR 레지스터의 각 필드의 기능은 다음과 같다.

• ENABLE

'1'로 세트시키면 해당 메모리 영역에 대해서 설정한 대로 활성화되며, '0'으로 클리어 시키면 해당 메모리 영역에 대해서 MPU가 적용되지 않는다. 이 필드는 MPU_Region_InitTypeDef 구조체의 멤버 변수 Enable에 해당되며, 다음과 같이 정의된 심볼이 코딩할 때 사용된다.

```
#define  MPU_INSTRUCTION_ACCESS_ENABLE     ((uint8_t)0x00)
#define  MPU_INSTRUCTION_ACCESS_DISABLE    ((uint8_t)0x01)
```

• SIZE

해당 메모리 영역의 크기를 나타낸다. 메모리 영역의 크기는 $2^{(SIZE+1)}$가 된다. SIZE의 가장 작은 값은 0x04로 이때는 메모리 영역의 크기가 32B가 되고, 0x0F이면 메모리 영역의 크기가 64KB가 된다. 이 필드는 MPU_Region_InitTypeDef 구조체 멤버 변수의 SIZE에 해당된다. 이 필드에 할당할 수 있는 값은 0x04 ~ 0x1F까지 이며, 실제 메모리 영역의 크기는 32B ~ 4GB까지 이다. 다음과 같이 정의된 심볼이 코딩할 때 사용된다.

```
#define   MPU_REGION_SIZE_32B      ((uint8_t)0x04)
#define   MPU_REGION_SIZE_64B      ((uint8_t)0x05)
#define   MPU_REGION_SIZE_128B     ((uint8_t)0x06)
...
#define   MPU_REGION_SIZE_1GB      ((uint8_t)0x1D)
#define   MPU_REGION_SIZE_2GB      ((uint8_t)0x1E)
#define   MPU_REGION_SIZE_4GB      ((uint8_t)0x1F)
```

• SRD(Sub-Region Disable)

메모리 영역의 크기가 128B 이하인 경우에는 부영역이 적용되지 않는다. 즉 256B 이상인 경우에만 부영역의 개념이 적용된다. SRB의 각 비트는 동일한 크기의 각 부영역에 대해서 해당 메모리 영역에 대한 설정 적용 유무를 표시한다. SRD가 의미하는 바와 같이 '1'로 설정된 해당 부영역은 해당 메모리 영역에 대한 설정이 적용되지 않는다. 따라서 '1'로 설정된 부영역은 그 영역이 포함된 다른 메모리 영역의 설정에 따라 동작하게 된다. 이 필드는 MPU_Region_InitTypeDef 구조체의 멤버 변수 SubRegionDisable에 해당된다.

• TEX(Type EXtension), S(Sharable), C(Cacheable), B(Bufferable)

이 필드들은 메모리의 동작 특성을 규정하는데 사용되며, 각각 MPU_Region_InitTypeDef 구조체의 멤버 변수 TypeExtField, IsShareable, IsBufferable, IsCacheable에 해당한다. 다음과 같이 정의된 심볼이 코딩할 때 사용된다.

```
#define   MPU_TEX_LEVEL0      ((uint8_t)0x00)
#define   MPU_TEX_LEVEL1      ((uint8_t)0x01)
#define   MPU_TEX_LEVEL2      ((uint8_t)0x02)

#define   MPU_ACCESS_SHAREABLE           ((uint8_t)0x01)
#define   MPU_ACCESS_NOT_SHAREABLE       ((uint8_t)0x00)

#define   MPU_ACCESS_CACHEABLE           ((uint8_t)0x01)
#define   MPU_ACCESS_NOT_CACHEABLE       ((uint8_t)0x00)

#define   MPU_ACCESS_BUFFERABLE          ((uint8_t)0x01)
#define   MPU_ACCESS_NOT_BUFFERABLE      ((uint8_t)0x00)
```

비트 필드 S는 다중 버스 마스터가 있는 경우 메모리 시스템이 데이터 동기화 기능을 제공하도록 하는데 사용된다. TEX, B, C 필드는 캐시 동작을 규정하는데 연관되어 사용된다. 〈표 4-5〉에 메모리 특성에 따른 이들 필드들의 인코딩 예시가 나타나 있다.

〈표 4-5〉 메모리 특성에 따른 TEX, C, B, S 인코딩 예

TEX	C	B	S	기능
000	0	0	X	for (shared) strongly ordered memory
000	0	1	X	for shared device memory
000	1	0	0/1	for write-through, no write allocate normal memory
000	1	1	0/1	for write-back, no write allocate normal memory
001	0	0	0/1	for non-cacheable normal memory
001	0	1	X	reserved
001	1	0	X	undefined
001	1	1	0/1	for write-back, read and write allocate normal memory
010	0	0	X	for non-shareable device memory
010	0	1	X	reserved
010	1	X	X	reserved
1BB	A	A	0/1	for cached normal memory

〈표 4-5〉에서 필드 TEX가 '1'로 시작하는 경우에는 내부 캐시와 외부 캐시의 동작을 다르게 설정하는 경우에 사용된다. 예를 들면 시스템에 L1캐시와 L2캐시가 있는 경우, L1캐시는 내부 캐시, L2캐시는 외부 캐시로 간주할 수 있으며, AA값은 내부 캐시, BB값은 외부 캐시의 동작을 규정한다. AA 혹은 BB 값에 따른 캐시 동작은 〈표 4-6〉에 나타나 있다.

〈표 4-6〉 내부 캐시 및 외부 캐시 동작

AA or BB 값	캐시 동작
00	no-cacheable
01	write-back, read and write allocate
10	write-through, no write allocate
11	write-back, no write allocate

현재 STM32F411RE와 같은 프로세서는 단일 프로세서로 구성되어 있고, 또한 캐시도 지니지 않고 있다. (현재 타사에서 제조되고 있는 대부분의 Cortex-M3/M4 프로세서도 동일한 상황이다. STM32F7 혹은 STM32H7 계열의 프로세서는 L1 캐시를 지니고 있다.) 따라서 S와 C특성을 다르게 설정하더라도 메모리 시스템의 동작에 영향을 주지 않는다.

STM32F411RE 프로세서에는 플래시 메모리 영역에서 명령어를 읽는데 사용되는 I-Code 버스에는 16B 크기의 64개 캐시가 존재하고, 데이터를 읽는데 사용되는 D-Code 버스에는 16B 크기의 8개 캐시가 존재한다. 하지만 이들 캐시의 동작은 "cacheable and non-bufferable"로 동작하도록 하드웨어적으로 고정되어 있어서 MPU의 캐시 관련 설정에 영향을 받지 않도록 되어 있다. (대부분의 Cortex-M3/M4 계열의 프로세서들이 플래시 영역의 캐시 동작은 하드웨어적으로 고정되어 있다.)

Cortex-M3/M4에서 각 메모리 영역에 대한 일반적인 설정은 〈표 4-7〉와 같이 하도록 권고하고 있다.

〈표 4-7〉 Cortex-M3/M4에서 메모리 영역에 대한 일반적인 MPU 설정

메모리 영역	TEX	C	B	S
Flash Memory	000	1	0	0
Internal SRAM	000	1	0	1
External SRAM	000	1	1	1
Peripherals	000	0	1	1

- AP(Access Privilege) 필드

해당 메모리 영역의 접근 특성을 규정하는데 사용된다. 이 필드는 MPU_Region_InitTypeDef 구조체의 멤버 변수 AccessPermission에 해당되며, AP 값에 따른 동작 및 심볼이 〈표 4-8〉에 나타나 있다.

〈표 4-8〉 AP 값에 따른 메모리 영역 접근 특성

AP	Privileged	Unprivileged	MPURegionSet()에서 사용하는 값
000	No access	No access	MPU_REGION_NO_ACCESS
001	RW	No access	MPU_REGION_PRIV_RW
010	RW	RO	MPU_REGION_PRIV_RW_URO
011	RW	RW	MPU_REGION_FULL_ACCESS
100	Unpredictable	Unpredictable	–
101	RO	No access	MPU_REGION_PRIV_RO
110	RO	RO	MPU_REGION_PRIV_RO_URO
111	RO	RO	–

- XN(eXecute Never) 필드

'1'로 설정하면 해당 메모리 영역에 명령어를 저장할 수 없게 된다. 즉 명령어를 읽어 오는 것이 비활성화 된다. 이 필드는 MPU_Region_InitTypeDef 구조체의 멤버 변수 DisableExec에 해당되며, 다음과 같이 정의된 심볼이 코딩할 때 사용된다.

```
#define MPU_INSTRUCTION_ACCESS_ENABLE      ((uint8_t)0x00)
#define MPU_INSTRUCTION_ACCESS_DISABLE     ((uint8_t)0x01)
```

4.3 MPU 설정 예

내부 SRAM을 다음과 같이 동작하도록 MPU를 설정하는 MPU_RegionConfig() 함수를 CMISIS HAL API 함수를 이용하여 코딩한 예가 (그림 4-3)에 나타나 있다. 일반적으로 내부 SRAM은 XN = 0으로 주어지지만 여기에서는 다른 실행 코드가 내부 SRAM에서는 동작하지 않도록 한 경우이다.

〈표 4-9〉 SRAM 메모리의 특징

메모리 시작 주소	크기	영역 번호	메모리 특성
0x2000 0000	128KB	0	sharable, write-through, no write allocate noraml memory, (TEX=0, C=1, B=0, S=1) SRD=0, XN=1, AP=full access

```
void MPU_RegionConfig(void)
{
        MPU_Region_InitTypeDef MPU_InitStruct;

        /* Disable MPU */
        HAL_MPU_Disable();

        /* Configure internal RAM region */
        MPU_InitStruct.Enable = MPU_REGION_ENABLE;
        MPU_InitStruct.Number = MPU_REGION_NUMBER0;
        MPU_InitStruct.BaseAddress = 0x20000000;
        MPU_InitStruct.Size = MPU_REGION_SIZE_128KB;
        MPU_InitStruct.SubRegionDisable = 0x00;
        MPU_InitStruct.TypeExtField = MPU_TEX_LEVEL0;
        MPU_InitStruct.IsCacheable = MPU_ACCESS_CACHEABLE;
        MPU_InitStruct.IsBufferable = MPU_ACCESS_NOT_BUFFERABLE;
        MPU_InitStruct.IsShareable = MPU_ACCESS_SHAREABLE;
        MPU_InitStruct.AccessPermission = MPU_REGION_FULL_ACCESS;
        MPU_InitStruct.DisableExec = MPU_INSTRUCTION_ACCESS_DISABLE;
        HAL_MPU_ConfigRegion(&MPU_InitStruct);

        /* Enable MPU */
        HAL_MPU_Enable(MPU_PRIVILEGED_DEFAULT);
}
```

(그림 4-3) CMISIS HAL API 함수를 이용한 MPU 설정 코딩 예

제5장

부동소수점 처리장치: FPU

Cortex-M4 프로세서는 단정밀도(single precision) FPU(Floating Point Unit)를 포함할 수도 있다. 예를 들어 ARM Cortex-M4F 코어로 만들어진 프로세서는 FPU를 포함하고 있지만, ARM Cortex-M4 코어로 만들어진 프로세서는 FPU를 포함하고 있지 않다. 현재 실습에서 사용하고 있는 STMicroelectronics사의 STM32F411RE 프로세서는 ARM Cortex-M4F 코어로 만들어진 프로세서이다.

5.1 부동소수점 표현 방식

현재 부동소수점을 표현하는 방법은 IEEE 754에 표준화되어 있다. IEEE 754에 표준화되어 있는 부동소수점 표현 방식은 정밀도에 따라 반정밀도(half precision), 단정밀도(single precision), 배정밀도(double precision), 4배정밀도 혹은 4배정도(quadruple precision)가 존재한다.

일반적으로 C 언어에서는 단정밀도, 배정밀도, 4배정밀도 부동소수점은 다음과 같이 표현된다.

```
float a = 3.141593f;
double b = 3.141592653589793;
long double c = 0.3333333333333333333L;
```

IEEE 754에 표준화된 long double은 128비트이지만 현재 많이 사용되는 데이터 타입은 아니다. 그리고 컴파일러와 시스템에 따라 할당되는 비트 수가 다르기 때문에 표준화된 타입은 아니지만 __float128 타입을 사용하기도 한다.

반정밀도 부동소수점은 일부 C 컴파일러에서는 지원되지 않지만, GNU gcc와 ARM C 컴파일러에서는 __fp16 데이터 타입으로 표현된다.

부동소수점 수는 (그림 5-1)에 나타난 바와 같이 Sign, Exponent, Significant (mantissa)의 3부분으로 구성되며, 정밀도에 따라 각 부분에 할당되는 비트 수가 다르며, 정밀도에 따라 할당된 비트 수가 〈표 5-1〉에 나타나 있다.

Sign	Exponent	Significant (Mantissa)

(그림 5-1) 부동소수점 수의 구성

〈표 5-1〉 정밀도 타입에 따라 각 부분에 할당된 비트 수

타입	Sign	Exponent	Significant	Total
Half precision	1	5	10	16
Single precision	1	8	23	32
Double precision	1	11	52	64
Quadruple precision	1	15	112	128

단정밀도 수는 다음 (그림 5-2)와 같이 구성된다.

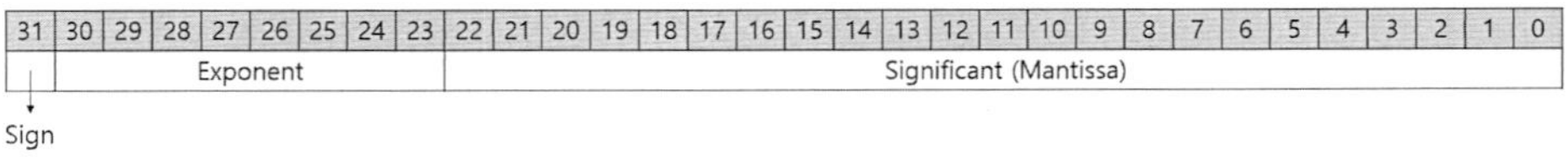

(그림 5-2) 단정밀도 부동소수점 구성

이때 지니는 값은 다음 수식으로 표현된다.

$$\text{value} = (-1)^{\text{sign}} \times 2^{(\text{Exponent}-127)} \times (1 + 2^{-1} \times S[22] + 2^{-2} \times S[21] + \cdots + 2^{-23} \times S[0])$$

(Exponent 값은 1 ~ 254까지 사용한다. 0과 255는 특별한 용도로 사용된다.) 예를 들어 메모리의 값이 0x3E200000(Sign = 0, Exponent = 124, Significant는 S[21]=1 이고, 나머지는 0)인 경우 단정밀도 부동소수점의 값은 다음과 같다.

$$\text{value} = 2^{(124-127)} \times (1 + 2^{-2}) = 2^{-3} \times 1.25 = 0.15625$$

배정밀도 수도 단정밀도와 같은 형태로 구성되며, 단지 차이는 Exponent와 Significant 부분에 할당된 비트 수이다. 이때 표현되는 값은 다음 수식과 같다.

$$\text{value} = (-1)^{\text{sign}} \times 2^{(\text{Exponent}-1023)} \times (1 + 2^{-1} \times S[51] + 2^{-2} \times S[50] + \cdots + 2^{-52} \times S[0])$$

부동소수점으로 수를 표현할 때, 다음과 같은 특수한 경우가 존재한다.

- Exponent = 0이고, Significant != 0 인 경우는 "denormalized"라고 하며, 이는 너무 작은 수여서 정규화 할 수 없다는 의미이다. 단일 정밀도로 표현될 때 다음 수식과 같은 값을 나타낸다.

$$value = (-1) \times 2^{-127} \times (2^{-1} \times S[22] + 2^{-2} \times S[21] + \cdots + 2^{-23} \times S[0])$$

- Exponent = 0 이고, Significant = 0 이면, Sign 비트 값에 따라 +0 혹은 -0을 나타낸다.
- Exponent = 최댓값(즉 단정밀도에서는 255, 배정밀도에서는 2047)이고, Significant = 0 이면, Sign 비트 값에 따라 +∞ 혹은 -∞를 나타낸다.
- Exponent = 최댓값(즉 단정밀도에서는 255, 배정밀도에서는 2047)이고, Significant != 0 이면, 부동소수점의 값이 잘못되어 있음을 나타낸다. 즉 NaN (Not A Number)를 나타낸다.

  ※ 단 ARM Cortex-M4F에서 반정밀도 부동소수점을 표현 할 때, IEEE 754 방식과 Alternative 방식이 존재한다. (FPSCR 레지스터의 AHP 비트 값에 따라 결정된다.) Alternative 표현 방식을 사용할 시에는 +∞, -∞ 혹은 NaN과 같은 형태로 해석되지 않는다.

- NaN의 경우, Significant부분의 MSB(단정밀도에서는 S[22], 배정밀도에서는 S[51] 비트)가 '0'이면 (나머지 significant비트는 0이 아닌 경우) "signaling NaN"이라고 한다. 이와 같은 경우, 부동소수점의 두 수를 비교하는 VCMP 명령어에서는 익셉션을 발생시키게 되고, VCMPE 명령어에서는 "Invalid Operation"익셉션을 발생시키게 된다.
- NaN의 경우에 Significant 부분의 MSB가 '1'이면 (나머지 significant 비트는 임의의 수일 경우) "quiet NaN"이라고 한다. 이와 같은 경우, 부동소수점의 두 수를 비교하는 VCMP 라는 명령어에서 "signaling NaN"을 포함하지 않고 어떤 수가 "quiet NaN"이면 익셉션을 발생시키지 않게 된다.

정리하면 IEEE 754에 의해서 표현되는 부동소수점 수는 〈표 5-2〉와 같이 표현된다.

〈표 5-2〉 IEEE 754에 의한 부동소수점 수의 표현 방식

Sign	Exponent	Significant (Mantissa)	Number
-	[1, MAX-1]	-	Normalized value
0	0	0	+0
1	0	0	-0
0	MAX	0	+∞
1	MAX	0	-∞
-	MAX	MSB=1	Quiet NaN
-	MAX	MSB=0 & !=0	Signaling NaN
-	0	!=0	Denormalized value

5.2 ARM Cortex-M4F FPU 개요

5.2.1 개요

Cortex-M4 프로세서에 포함될 수 있는 FPU는 FPv4-SP(Floating Point version 4 - Single Precision)에 해당되며, FPv4-SP는 ARMv7-A와 ARMv7-R에서 사용되는 FPU인 VFPv4-D16의 부분집합에 해당한다. Cortex-M4 프로세서의 FPU는 IEEE 754-2008 표준에 의한 단일 정밀도 부동소수점 연산을 지원하고 있으며, 특징은 다음과 같다.

- 단정밀도 부동 소수점을 연산하며, (덧셈, 빼셈, 곱셈, 나눗셈, MAC (multiplication with accumulation), 제곱근) 배정밀도 연산은 지원하지 않는다.
- 32개의 32비트 부동소수점 레지스터(S0 ~ S31)가 있으며, S1:S0와 같은 페어 형태로 16개의 64비트 레지스터(D0 ~ D16)로 사용될 수 있다.
- 다음과 같은 형 변환을 지원한다.
  - 정수 〈-〉 단정밀도 부동소수
  - 반정밀도 부동소수 〈-〉 단정밀도 부동소수

- 부동소수점 레지스터와 일반 레지스터 간의 32비트 데이터를 전달한다.
- 부동소수점 레지스터와 메모리 사이에는 32비트와 64비트 단위의 데이터를 전달한다.

5.2.2 CPACR 레지스터

Cortex-M4 프로세서에서 FPU는 코프로세서(co-processor) 10번과 11번으로 간주된다. 따라서 FPU를 활성화시키려면 CPACR(Co-Processor Access Control Register)를 적절하게 설정해야 한다. 하지만 부동소수점 연산과 관련된 어셈블리 명령어는 코프로세서를 제어하는 명령어 구조를 지니고 있지 않고, 모두 "V"로 시작하는 명령어로 구성되어 있다.

CPACR에서 각 코프로세서를 제어하는데 2비트씩 사용하고 있기 때문에 일반적으로 ARM 프로세서는 최대 16개의 코프로세서(코프로세서0 ~ 코프로세서15)를 수용할 수 있다고 기술되어 있다. Cortex-M4 프로세서에서는 FPU가 10번, 11번 코프로세서에 해당되기 때문에 CPACR[23:20] 비트를 이용하여 FPU를 제어하게 된다.

- CPACR[21:20] = CPACR[23:22] = 00 이면 FPU를 비활성화 시키는 것이고,
- CPACR[21:20] = CPACR[23:22] = 01 이면 특권모드에서만 FPU를 사용할 수 있으며, ('10'은 사용되지 않는 값이다.)
- CPACR[21:20] = CPACR[23:22] = 11 이면 모든 사용자가 FPU를 사용할 수 있게 된다.

FPU가 비활성화되어 있거나 권한이 없는 경우 FPU를 사용하면 "usage fault" 익셉션이 발생하게 된다.

CPACR의 메모리 주소값은 0xE000ED88이며, 디폴트 상태에서는 FPU가 비활성화된 상태에 있게 된다. FPU를 모든 사용자가 사용하려면 다음과 같은 명령어를 실행시키면 된다. CMSIS core에서 기술하는 방식을 사용하면 다음과 같다.

```
SCB->CPACR |= (0xF << 20);
```

5.2.3 FPSCR 레지스터

FPSCR(Floating Point Status and Control Register)는 (그림 5-3)에 나타난 바와 같이 정수 연산에서 연산 결과의 상태를 나타내는 APSR과 같이 부동소수점 연산(비교) 결과를 나타낸다. 또한 FPU의 동작 제어와 부동소수점 연산과 관련된 익셉션 상태를 나타내는 비트를 포함하고 있다.

31	30	29	28	26	25	24	[23:22]	7	4	3	2	1	0
N	F	C	V	AHP	DN	FZ	RMode	IDC	IXC	UFC	OFC	DZC	IOC

(그림 5-3) FPSCR 레지스터의 구성

FPSCR의 N, Z, C, V 비트 필드는 비교 명령어(VCMP, VCMPE)의 결과를 나타내는 데 사용된다. (예를 들면 덧셈 (VADD), 뺄셈(VSUB)과 같은 명령어의 결과에 대해서는 변하지 않는다.) 두 부동소수점 수를 비교한 결과 N, Z, C, V 비트 필드는 다음과 같이 나타난다. 여기서 “Unordered”로 되어 있는 부분은 비교 대상이 되는 수에 NaN이 포함되어 있는 경우이다.

〈표 5-3〉 비교 명령어 실행 결과에 따른 FPSCR의 N, Z, C, V 값.

조건	N	Z	C	V
Equal	0	1	1	0
Greater than	0	0	1	0
Less than	1	0	0	0
Unordered	0	0	1	1

FPSCR의 AHP(Alternate half precision control bit), DN(Default NaN mode control bit), FZ(Flush-to-zero mode control bit) 필드는 FPU의 동작을 제어하는데 사용되는 비트이며, IEEE 754 표준에 부합되게 동작시키기 위해서는 디폴트 상태(즉 각각의 비트가 ‘0’인 경우)로 두면 된다.

- AFP = 0인 상태가 디폴트인 상태이며, 이 경우 반정밀도 부동소수점 수를 표현할 때, IEEE 754 포맷을 따르며, AFP = 1일 경우에는 다른 방식을 따름을 의미한다. 앞에서 언급한 바와 같이 AFP =1 인 경우에는 IEEE 754에서 +∞, −∞ 혹은 NaN에 해당하는 포맷은 무시되고 일반적인 부동소수점 수로 간주된다.

- DN = 0이면 디폴트 상태이며, 이 경우에는 첫 번째 오퍼랜드가 signaling NaN이면 결과도 signaling NaN이 되고, quiet NaN이면 결과도 quiet NaN이 된다는 의미이다. DN = 1이면 오퍼랜드에 NaN이 포함되어 있으면 결과는 항상 디폴트 NaN(즉 quiet NaN)이 되도록 동작하라는 의미이다.
- FZ = 0이면 디폴트 상태이고, 대단히 작은 수(denormalized value)를 0으로 변환하지 말고 동작하라는 의미이고, FZ = 1이면 대단히 작은 수를 '0'으로 변환한 다음 연산하라는 의미이다. 이 경우에는 IDC(Input Denormal Cumulative exception)이 발생하게 된다.

RMode(Rounding Mode control bit)는 부동소수점 연산에서 근삿값이 사용될 때 어떤 모드에서 동작하도록 하는 가를 규정하는 필드이다.

- RMode = 00이면 디폴트 상태이며, 가장 가까운 근삿값을 취하며,
- RMode = 01이면 더 큰 값으로 근삿값을 취하며,
- RMode = 10이면 작은 값으로 근삿값을 취하며,
- RMode = 11이면 0에 가까운 값으로 근삿값을 취하게 된다.

IDC(Input Denormal Cumulative exception), IXC(IneXact Cumulative exception), UFC(UnderFlow Cumulative exception), OFC(OverFlow Cumulative exception), DZC(Division by Zero Cumulative exception), IOC(Invalid Operation Cumulative exception) 필드는 부동소수점 연산에서 익셉션이 발생한 상태를 나타내는 비트들이다. Cortex-M4F에서 부동소수점 연산 시에 발생한 익셉션은 프로세서의 동작에 영향을 주는 것은 아니고 FPSCR에 이상이 발생하였다는 것만을 표시한다. IDC/IXC/UFC/OFC/DZC/IOC 비트들은 이름에 나타난 바와 같이 상태가 누적되므로 (이를 "sticky"하다고도 표현한다.) 이상 상태를 확인한 후에는 해당 비트에 '0'을 써서 클리어 시켜야 한다.

FPSCR는 메모리 영역에 위치한 레지스터가 아니고 스페셜 레지스터이다. 따라서 FPSCR의 내용을 파악하거나 내용을 변경시키기 위해서는 일단 일반 레지스터로 옮겨서 처리한 다음, 필요하면 다시 FPSCR로 옮겨야 한다. FPSCR의 내용을 읽거나 쓰기 위해서는 다음과 같은 명령어를 사용해야 한다.

```
VMRS R0, FPSCR
VMSR FPSCR, R4
```

5.2.4 FPCCR 레지스터

FPCCR(Floating Point Context Control Register)의 가장 중요한 기능은 익셉션 발생 시 FPU관련 레지스터의 스태킹을 제어하는 것이다. FPCCR.ASPEN (FPCCR[31])이 '1'로 (디폴트값이 '1'이다.) 되어 있으면 부동소수점 연산 명령이 실행될 때, 자동적으로 CONTROL.FPCA비트가 '1'로 된다. FPCCR.ASPEN이 '0'으로 되어 있는 경우 부동소수점 연산 명령이 실행되더라도 CONTROL.FPCA 비트가 영향을 받지 않는다. CONTROL.FPCA 비트가 '1'이 되어 있으면 익셉션이 발생하였을 때, 자동적으로 S0 ~ S15, FPSCR 값이 스택에 저장된다.

FPCCR.LSPEN (FPCCR[30])이 '1'로 (디폴트 값이 '1'이다) 되어 있으면 익셉션이 발생하였을 때, "lazy stacking" 메커니즘이 동작하게 된다. FPCCR.LSPEN이 '0'으로 되어 있으면 익셉션이 발생하였을 때, "lazy stacking"이 동작하지 않고 그냥 FPU 관련 레지스터가 스택에 저장된다. (물론 CONTROL.FPCA 비트가 '1'로 되어 있는 경우이다. CONTROL.FPCA 비트가 '0'으로 되어 있으면 익셉션이 발생하였을 때, FPU 관련 레지스터는 스택에 저장되지 않는다.)

FPCCR.LSPACT(FPCCR[0])는 "lazy stacking"의 동작과 연관되어 있는 비트이며, 이 비트가 '1'인 경우에는 익셉션이 발생하였을 때 FPU 레지스터를 위한 스택의 공간이 예약되어 있음을 나타낸다. 즉 FPU 레지스터의 공간이 예약되어 있으나 "lazy stacking"에 의해서 아직 FPU 레지스터의 내용은 스택에 저장되지 않았음을 나타내는 비트이다. FPU 레지스터의 내용이 스택에 저장되면 FPCCR.LSPACT 비트는 자동적으로 '0'으로 변경된다. 설정 시에 FPCCR.ASPEN = 0, FPCCR.LSPEN = 1의 조합은 허용되지 않는다. 즉 "lazy stacking"을 사용할 경우에는 반드시 FPCCR.ASPEN = 1로 하여야 한다.

FPCCR의 나머지 비트들은 프로세서가 FPU의 스택을 할당시킬 때 프로세서의 상태를 나타내는 비트들이다. 예를 들면 FPCCR.THREAD (FPCCR[3])는 FPU의 스택을 할당시킬 때 프로세서가 핸들러 모드(=0)/쓰레드 모드(=1)에 있는가를 나타내며, FPCCR.BFRDY (FPCCR[6])는 FPU의 스택을 할당시킬 때 실행된 명령어가 버스 폴트를 발생시켰는가를 나타내는 비트이다.

FPCCR의 주소는 0xE000EF34이며, CMSIS core에서 FPU->FPCCR로 접근이 가능하다.

5.2.5 FPCAR과 FPDSCR 레지스터

FPCAR(Floating Point Context Address Register)은 "lazy stacking"과 연관된 레지스터로 FPU 관련 레지스터를 저장하기 위해서 예약된 스택의 메모리 주소를 저장하는 레지스터이다. 즉 (그림 5-4)에서 보는 바와 같이 익셉션이 발생할 때, 레지스터 S0를 저장할 번지를 지니게 된다. FPSCR[2:0]은 항상 '0'이다. 즉 8의 배수가 되는 곳에 S0가 저장되기 시작한다. FPCAR의 메모리 주소는 0xE00EF38이며, CMSIS core에서 FPU->FPCAR로 접근이 가능하다.

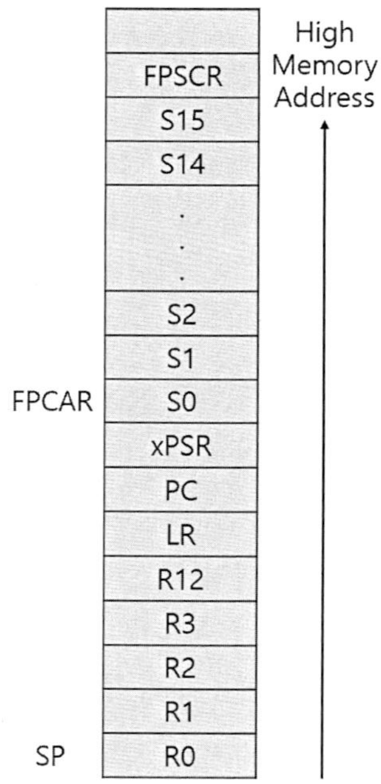

(그림 5-4) FPCAR의 사용 예

FPDSCR(Floating Point Default Status Control Register)는 FPSCR의 디폴트값을 지니는 레지스터로, FPDSCR[26:22]에 AHP, DN, FZ, RMode 디폴트값만 지니고 있다. FPDSCR의 메모리 주소는 0xE000EF3C이며, CMSIS core에서 FPU->FPDSCR로 접근이 가능하다. 부동소수점 연산 명령어를 실행할 때 FPDSCR이 관련된 동작은 다음과 같다.

```
if ( (FPCCR.ASPEN == 1) && (CONTROL.FPCA = 0) then
  FPSCR[26:22] = FPDSCR[26:22];
  CONTROL.FPCA = 1;
```

5.3 Lazy Stacking

5.3.1 개요

FPU를 사용하고 있는 ARM Cortex-M4F에서는 익셉션 발생 시, 17개의 FPU 관련 레지스터(S0 ~ S15, FPSCR)를 스택에 저장하려면 익셉션 처리 시작까지 시간이 길어질 수밖에 없다. 하지만 익셉션 처리 루틴에서 부동소수점 연산 명령어를 사용하지 않고 있다면 FPU 관련 레지스터를 스택에 저장하는 것은 무의미할 것이다. 부동소수점 연산을 요구하는 명령어가 항상 사용되지 않는다는 점을 고려하여 ARM Cortex-M4F에서는 "lazy stacking" 개념을 사용하고 있다. 즉 익셉션 발생 시에 FPU 관련 레지스터를 저장할 스택 공간을 확보만 해 놓고 실질적인 저장은 하고 있지 않다가, 익셉션 처리 루틴에서 부동소수점 연산관련 명령어를 사용하면 그 때 확보한 스택 영역에 FPU 관련 레지스터를 저장한다.

"lazy stacking" 메카니즘이 동작하기 위해서는 다음과 같은 요소들이 사용된다.

- CONTROL.FPCA (CONTROL[2]): 이 비트는 현재 프로그램 문맥에서 부동소수점 연산 명령어 사용 여부를 표시하는데 사용된다. 이 비트는 다음과 같이 동작한다.
  - 리셋 후에는 FPCA = 0인 상태가 된다.
  - FPCCR.ASPEN = 1인 경우, 부동소수점 연산 명령어를 실행하면 자동적으로 FPCA = 1이 된다.
  - 익셉션이 발생하면, FPCA 비트의 반전된 값이 EXC_RETURN[4]에 저장되고, FPCA = 0이 된다.
  - 익셉션에서 리턴될 때, FPCA = ~EXC_RETUEN[4]가 된다.

- EXC_RETURN[4]: 앞에서 언급한 바와 같이 익셉션이 발생하였을 때, CONTROL.FPCA 비트의 반전된 값이 EXC_RETURN[4]에 저장된다. EXC_RETURN[4]의 값을 보면 스택 프레임의 구조를 알 수 있다. 즉 EXC_RETURN[4] = 0이면, 익셉션 발생 전의 문맥에서 부동소수점 연산 명령어를 사용하였다는 의미이므로, 스택 프레임은 R0~R3, R12, LR, PC, xPSR, S0~S15, FPSCR을 포함하는 구조이고, EXC_RETURN[4] = 1이면, 익셉션 발생 전의 문맥에서 부동소수점 연산 명령어를 사용하지 않았기 때문에, 스택 프레임은 R0~R3, R12, LR, PC, xPSR만을 포함하는 구조이다.

- FPCCR.LSPACT(FPCCR[0]): LSPACT(Lazy State Preservation ACTive)가 '1'이면, 스택에 FPU 관련 레지스터 저장을 위한 공간을 예약하였으나 실질적인 저장이 발생하지 않았다는 의미이다. 만약 LSPACT=1인 상태에서 부동소수점 연산 명령어를 만나면 해당 명령어의 실행을 중단한 다음, 프로세서는 FPU 관련 레지스터들을 스택에 저장하고 (이 때 FPCAR 레지스터가 사용된다.), LSPACT = 0으로 만든 후 중단된 명령어를 재개한다. 따라서 LSPACT 비트와 EXC_RETURN[4]를 이용하여 익셉션에서 리턴 할 때, unstacking을 어떻게 할 것인지 결정하게 된다. (EXC_RETURN[4]=0이고 LSPACT=1이면 unstacking은 어떻게 될 것인지 생각해 보아라. 또는 EXC_RETURN[4]=0 이고 LSPACT = 0 이면 unstacking은 어떻게 될 것인지 생각해 보아라.) 익셉션에서 리턴 될 때, LSPACT=EXC_RETURN[4]가 된다. (그 이유를 생각해 보아라.)

- FPCAR: FPCAR의 기능은 앞에서 설명한 바와 같이 lazy stacking이 발생하였을 때, 레지스터 S0을 저장할 메모리 주소를 저장하는 용도로 사용된다.

5.3.2 lazy stacking 동작 예

FPCCR.ASPEN=FPCCR.LSPEN=1인 경우, 즉 "lazy stacking"이 활성화되어 있을 때, "lazy stacking"이 동작하는 몇 가지 예를 살펴보고자 한다.

첫 번째로 메인 프로그램에서 부동소수점 연산 명령어를 사용하지 않는 경우에 익셉션이 발생한 예이다.

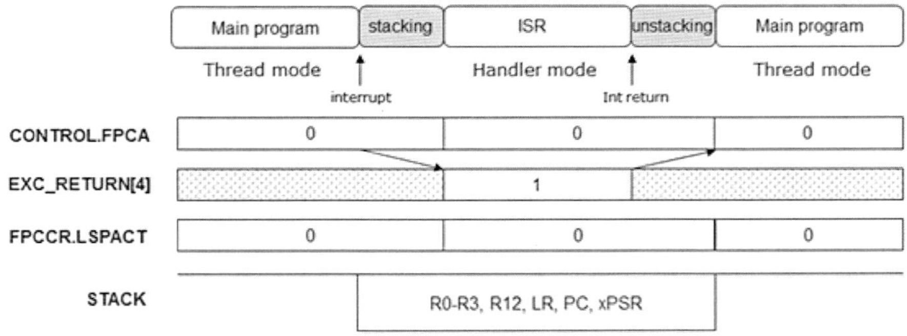

(그림 5-5) 메인 프로그램에서 부동소수점 연산 명령어를 사용하지 않는 경우 익셉션이 발생한 예

메인 프로그램에서 부동소수점 연산 명령어가 없었기 때문에 CONTROL.FPLA=0인 상태이고, (스택에 FPU 관련 레지스터 저장 공간을 예약하였지만 실질적인 저장은 발생하지 않았음을 나타내는데 사용되는) FPCCR.LSPACT=0 인 상태이다. 인터럽트 혹은 익셉션이 발생하면 CONTROL.FPCA의 상태를 반전하여 저장하기 때문에 EXC_RETURN[4]=1이 되고, CONTROL.FPLA=0인 상태에서는 단지 일반 레지스터 R0-R3, R12, LR, PC, xPSR 레지스터 값만 스택에 저장되고, FPU 관련 레지스터를 스택에 저장할 필요가 없기 때문에 스택에 저장 공간이 예약되지 않는다. 따라서 LSACT는 '0' 값을 유지하게 된다. ISR이 실행되는 동안에도 부동소수점 연산 명령어의 실행이 없기 때문에 FPLA는 '0'의 값을 유지한다. ISR으로부터 리턴될 때, CONTROL.FPLA 비트는 EXC_RETURN[4]로 부터 이전에 저장된 값(반전된 값)을 받게 되고, FPCCR.LSACT는 '0'의 값이 되게 된다. 또한 스택에 저장된 R0-R3, R12, LR, PC, xPSR 레지스터 값을 읽어서 ISR 실행 전의 레지스터 값들을 회복하게 된다.

두 번째로 메인 프로그램에서 부동소수점 연산 명령어를 사용하고 있는 경우에 익셉션이 발생한 예이다.

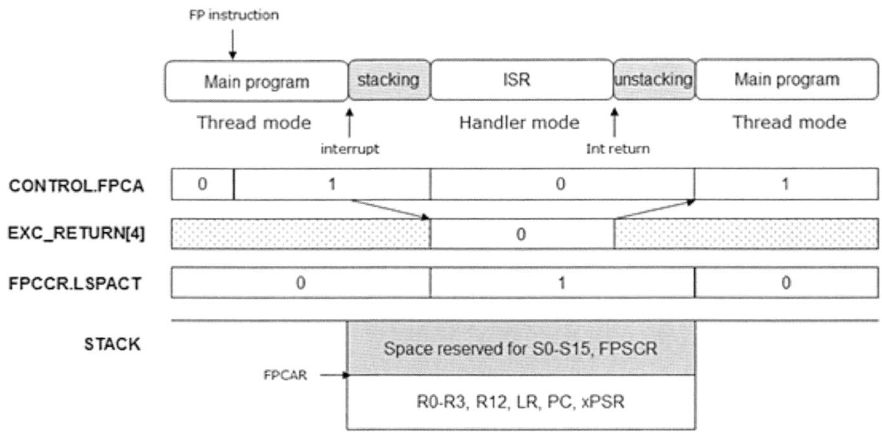

(그림 5-6) 메인 프로그램에서 부동소수점 연산 명령어를 사용하고 있는 경우 익셉션이 발생한 예

메인 프로그램에서 부동소수점 연산 명령어가 있는 시점에 자동적으로 CONTROL. FPLA=1이 된 상태에서 익셉션이 발생하면 EXC_RETURN[4]=0이 된다. CONTROL. FPLA=1인 상태에서는 일반 레지스터 R0-R3, R12, LR, PC, xPSR 값을 스택에 저장하고 FPU 관련 레지스터를 저장할 공간을 스택에 예약하게 된다. 따라서 LSACT=1이 된다. ISR이 실행되는 동안에도 부동소수점 연산 명령어의 실행이 없기 때문에 FPLA는 '0'의 값을 유지하고, LSACT 또한 '1'의 값을 유지하게 된다. 이러한 경우에 실질적으로 FPU 관련 레지스터 값들이 스택에 저장되지는 않는다. 이러한 점이 "lazy stacking"을 이용하는 장점이다. ISR이 종료되어 리턴 될 때, CONTROL.FPLA 비트는 EXC_RETURN[4]로부터 이전에 저장된 값(반전된 값)을 받게 되고, EXC_RETURN[4]=0 이므로 스택 프레임에 FPU 관련 레지스터를 저장한 공간을 포함하고 있다는 것을 나타낸다. 하지만 LSACT=1이므로, 실질적인 FPU 관련 레지스터 값이 스택에 저장되지는 않았다는 사실을 이용하여 unstacking을 하게 된다. 즉 스택에 저장된 R0-R3, R12, LR, PC, xPSR 값을 읽어서 ISR 실행 전의 레지스터 값들을 회복하게 되지만, S0-S15, FPSCR 값들은 스택으로부터 읽지 않는다. 하지만 SP 값은 FPU 관련 레지스터 값들이 스택에 있었던 것처럼 처리되며, FPCCR.LSACT는 '0'의 값이 된다.

세 번째 예는 부동소수점 연산 명령어를 사용하고 있는 메인 프로그램에서 익셉션이 발생하고, ISR에서도 부동소수점 연산 명령어를 사용하는 예이다.

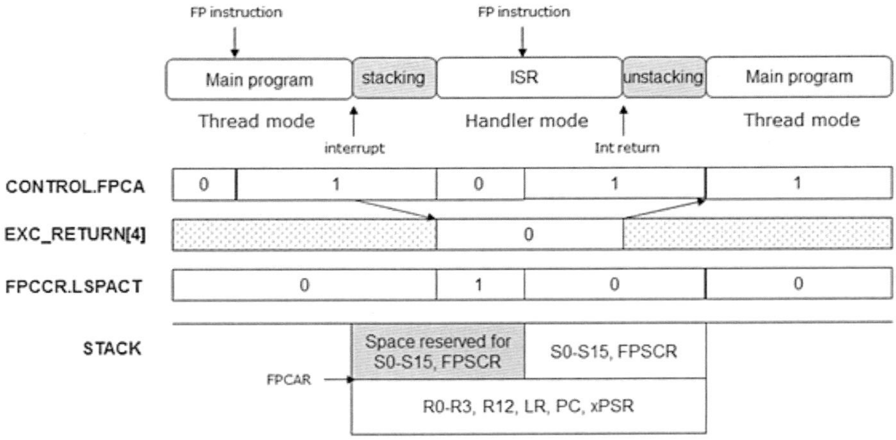

(그림 5-7) 메인 프로그램에서 부동소수점 연산 명령어를 사용하고 있는 경우 익셉션이 발생하였고, ISR에서도 부동소수점 연산 명령어를 사용하는 예

ISR에서 부동소수점 명령어를 실행하기 전까지는 이전의 예와 동일하게 동작한다. ISR에서 부동소수점 명령어를 만나면, FPCA 비트는 자동적으로 '1'로 바뀌게 되고, 이 때 프로세서는 LSPACT 비트를 검사한다. 이 비트가 '1'이므로, FPCAR에 저장된 메모리 주소를 이용하여 S0-S15, FPSCR를 저장하게 된다. 당연히 "lazy stacking"을 하는 동안 진행 중인 프로그램은 멈추게 되고 "lazy stacking"이 완료된 후에 ISR이 계속 진행되게 된다. "lazy stacking"이 완료되면 LSPACT 값은 '0'이 된다. ISR이 리턴 될 때, CONTROL.FPLA 비트는 EXC_RETURN[4]의 반전된 값을 받게 되고, EXC_RETURN[4]=0이고 LSACT=0이기 때문에 실질적인 FPU 관련 레지스터 값이 스택에 저장되었다는 사실을 이용하여 unstacking을 하게 된다. 즉 스택에 저장된 R0-R3, R12, LR, PC, xPSR, S0-S15, FPSCR 레지스터 값을 읽어서 ISR 실행 전의 레지스터 값들을 회복하게 되고, SP 값도 이에 따라 처리된다. FPCCR.LSACT는 '0'의 값이 된다.

인터럽트가 중첩되더라도 동일한 원리에 의해서 동작을 하게 된다. 다음 예는 부동소수점 연산 명령어를 사용하고 있는 메인 프로그램에서 경우에 익셉션이 발생하고, ISR1 실행 중에 우선순위가 높은 익셉션이 발생한 경우이다. ISR1에서는 부동소수점 연산 명령어를 사용하지 않지만, ISR2에서 부동소수점 명령어를 사용하는 경우이다.

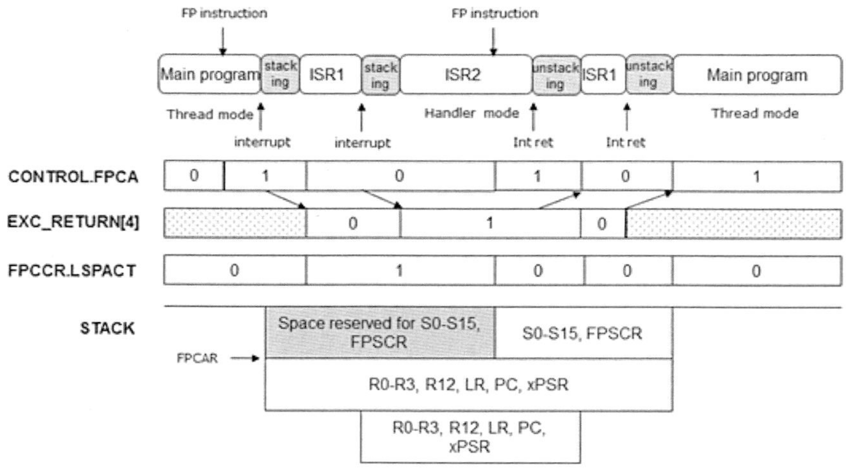

(그림 5-8) 메인 프로그램에서 부동소수점 연산 명령어를 사용하고 있는 경우 익셉션이 발생하였고, ISR1이 실행 중에 우선순위가 높은 익셉션이 발생하는 예

2번째 인터럽트가 발생하기 전까지는 이전에 설명한 예로부터 이해가 될 것이다. 2번째 인터럽트가 발생하였을 때, FPCA 값은 EXC_RETURN[4]에 저장되고, (이전 EXC_RETRN 값은 LR에 위치하게 되므로 이 값은 stacking 과정을 통해서 스택에 저장된다.) 이 때 FPAC=0이기 때문에 FPU 관련 레지스터를 위한 저장 공간을 스택에 예약하지 않고, 다만 R0-R3, R12, LR, PC, xPSR만 스택에 저장된다. 그리고 LSPACT 값은 기존 값을 유지하게 된다. ISR2 실행 중에 부동소수점 명령어를 만나면 FPCA=1이 되고, 이 때 LSPACT=1이기 때문에 FPCAR 레지스터 정보를 활용하여 예약된 스택 공간에 FPU 관련 레지스터를 저장하며, LSPACT=0이 된다.

ISR2에서 리턴 될 때, FPCA 값은 EXC_RETURN[4]로 부터 이전에 저장된 값(반전된 값)을 받게 되고, EXC_RETURN[4] 값은 스택에 저장된 LR 값이 unstacking 과정을 통해 회복되므로 ISR2 이전 값인 '0'이 된다. ISR2에서 리턴 될 때, EXC_RETURN[4]=1 이기 때문에 (이는 stacking 시에 FPU 관련 레지스터를 위한 공간을 스택에 예약하지 않았다는 의미이다.) unstacking 시에 단지 R0-R3, R12, LR, PC, xPSR만 스택에서 읽어서 이전 값으로 회복시키게 된다. LSPACT 값은 '0'의 상태를 유지한다.

ISR1으로 부터 리턴 될 때에, FPCA 값은 EXC_RETURN[4] 값을 이용하여 '1'이 되고, (즉 이전 메인 프로그램에서 부동소수점 명령어를 사용하였다는 의미이다.) EXC_RETUN[4]=0, LSPACT=0 이기 때문에 unstacking 과정에서 R0-R3, R12, LR, PC, xPSR, S0-S15, FPSCR 값을 스택에서 읽어서 회복하게 된다.

5.4 FPU 관련 명령어

FPU 관련 명령어는 앞에서 언급한 바와 같이 항상 V로 시작된다. FPU 명령어는 크게 〈표 5-4〉에 나타나 있다.

〈표 5-4〉 Cortex-M4F FPU 관련 명령어

동작	어셈블러	설명
load	VLDR	loads a signle float/double from memory.
	VLDM	loads multiple floats/doubles from memory.
store	VSTR	stores a single float/double to memory.
	VSTM	stores multiple floats/doubles to memory.
move	VMOV	move a float-point immediate/a register/ to a float register move top/bottom half of double register to/from core register. move a float register to/from a core register. move two float registers/double register to/from core registers.
	VMRS	move a floating-point control/status register to a core register.
	VMSR	move a core register to floating-point control/status register.
push	VPUSH	store float/double registers to stack.
pop	VPOP	load float/double registers from stack.
add	VADD	add floating-point registers.
subtract	VSUB	Subtract floating-point registers.
compare	VCMP	Compare two floating-point registers.
	VCMPE	Compare one floating-point register and zero.

〈표 5-4〉 Cortex-M4F FPU 관련 명령어(계속)

동작	어셈블러	설명
multiply	VMUL	Multiply two floating-point registers.
	VLMA	Multiply two floating-point values, and accumulate the result to the destination register.
	VLMS	Multiply two floating-point values, and subtract the result from the destination register.
	VNMUL	Multiply two floating-point registers, and write the negation of the result to the destination register.
	VNMLA	Multiply two floating-point registers, and add the negation of the result to the negation of destination register.
	VNMLS	Multiply two floating-point registers, and adds the result to the negation of destination register.
	VFMA	Similar to VMLA, but the result of the multiply is not rounded before the addition.
	VFMS	Similar to VMLS, but the result of the multiply is not rounded before the subtration.
	VFNMA	Similar to VNMLA, but the result of the multiply is not rounded before the addition.
	VFNMS	Similar to VNMLS, but the result of the multiply is not rounded before the addition.
divide	VDIV	Divide floating-point registers.
absolute	VABS	Get the absolute value of a floating-point register.
convert	VCVT	Converts a value in a floating-point rgister to a 32-bit integer.
	VCVTR	Similar to VCVT, but convert it with rounding mode.
	VCVTB	Converts between a bottom half-precision value and a single-precision value.
	VCVTT	Converts between a top half-precision value and a single-precision value.
negate	VNEG	Negate the value of a floating-point register.
square root	VSQRT	Calculate the square root of the value in a floating-point register.

5.5 CMSIS 이용한 FPU 사용법

CMSIS-Core 에는 FPU 관련하여 다음 2가지의 심볼이 존재하고 있으며, 이를 이용하여 프로그램에서 FPU를 활성화시키는데 사용된다.

- __FPU_PRESNET

  사용하고 있는 Cprtex-M 프로세서에 FPU의 존재 유무를 나타낸다.

- __FPU_USED

  FPU의 사용 유무를 나타낸다. 만약 Cortex-M 프로세서에 FPU가 존재하지 않으면, 반드시 '0'으로 설정해야 한다.

따라서 이를 이용하여 시스템을 초기화시키는 함수에 다음과 같이 코딩을 한다.

```
#if (__FPU_USED == 1)
    SCB->CPACR |= ((3UL << 10*2) |          // set CP10 Full Access
                   (3UL << 11*2)  );        // set CP11 Full Access
    __DSB();
    __ISB();
#endif
```

FPU를 사용할 경우 MDK-ARMv5 (uViosn5)에서 Project -> "Options for Target 'Target 1'..." 메뉴에서 다음 그림과 같이 FPU를 선택하여야 한다. 그러면 컴파일러와 링커 옵션에 자동적으로 "--cpu Cortex-M4.fp"가 포함된다. 이 옵션은 "--fpu=fpv4-sp" 옵션을 묵시적으로 포함하는 옵션이다.

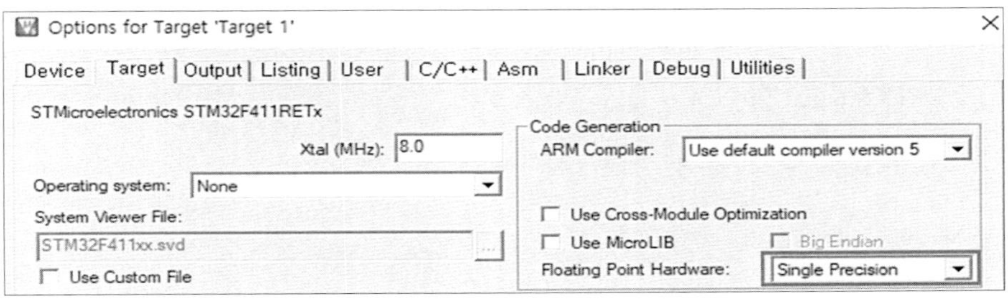

(그림 5-9) MDK-ARMv5 툴 체인에서 FPU를 사용할 경우 설정 방법

위와 같은 컴파일 옵션을 지닐 때, 부동수수점 연산 시에 항상 변수 값이 FPU의 레지스터로 넘겨진다. 하지만 Cortex-M4F FPU에서는 단지 단정밀도 연산만을 지원하므로, 배정밀도를 요구하는 연산인 경우 변수 값이 FPU 레지스터로부터 일반 레지스터로 다시 옮긴 다음, 소프트웨어적으로 연산이 수행되므로 처리에 추가 오버헤드가 발생한다. 이와 같은 경우에는 컴파일 옵션을 "--fpu=softvfp+fpv4-sp" 형태로 주는 것이 좋다. 이러한 경우 부동소수점 연산을 FPU에서 직접 처리가 불가능한 경우에는 일반 레지스터를 이용하여 소프트웨어적으로 연산이 처리되도록 코드가 형성되기 때문에 효율이 높아지게 된다.

CMSIS에서는 Cortes-M4(F)에 포함된 자원을 이용하여 디지털 신호처리를 효율적으로 할 수 있도록 CMSIS-DSP 라이브러리를 제공하고 있다. CMSIS-DSP 라이브러리에는 다음과 같은 적용 분야에 60개 이상의 함수를 제공하고 있으며, 제공되는 함수와 사용법은 http://www.keil.com/pack/doc/CMSIS/DSP/html/modules.html를 참조하면 된다.

- **기본적인 연산 함수**

  예 벡터 덧셈, 뺄셈, 절대값, 벡터 내적 연산 함수

- **고속 연산 함수**

  예 square root, sine, cosine 함수

- **복소수 연산 함수**

  예 공액복소수, 내적, 복소수 크기, 복소수 간의 곱셈 함수

- **필터 함수**

  예 FIR, IIR LMS, convolution 함수

- **매트릭스 함수**

  예 매트릭스 덧셈, 뺄셈, 곱셈, 역행렬 함수

- **변환 함수**

  예 FFT, DCT 함수

• **모터 제어 함수**

예 PID, vector Clarke & Park 변환 함수

• **통계 함수**

예 최대, 최소, 평균, 평균 편차, RMS 함수

• **보간법 (Interpolation) 함수**

예 선형 보간법, bilinear 보간법 함수

제6장

HW 및 SW 실습 환경

6.1 STM32 Nucleo 보드 및 개발 환경

STM32 Nucleo 보드는 STM32 MCU 기반의 개발 플랫폼으로 프로토 타입을 빨리 구현하는데 사용될 수 있다. (그림 6-1)에 나타난 바와 같이 다양한 종류의 STM32 Nucleo 보드가 출시되어 있다.

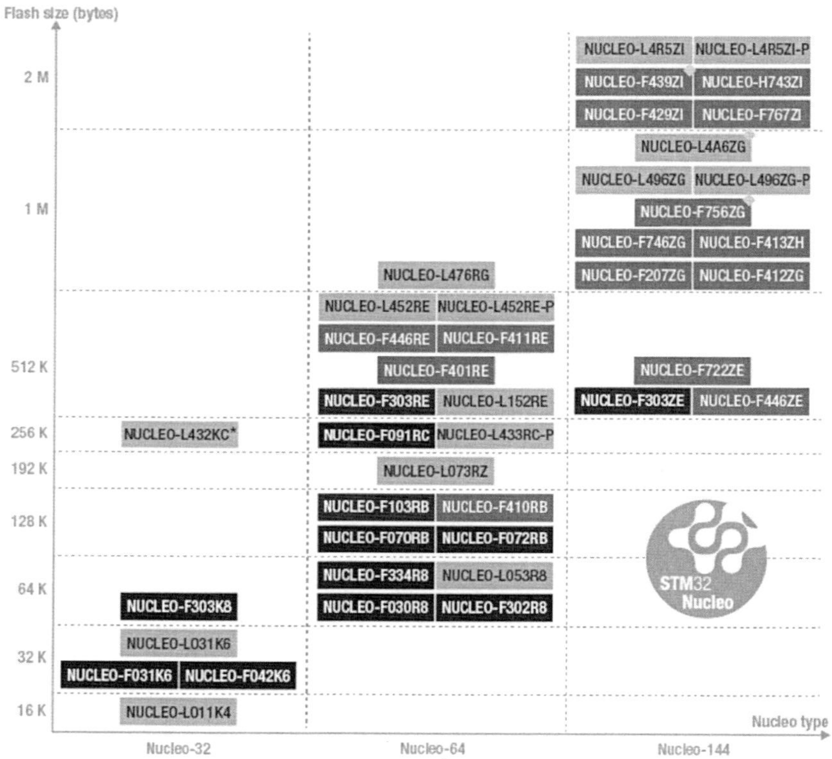

(그림 6-1) CPU/플래시메모리/패키지에 따른 Nucleo 보드 종류(출처: www.st.com)

STM32 Nucleo 보드는 32핀 STM32 MCU 패키지로 구성된 Nucleo-32, 64핀 STM32 MCU 패키지로 구성된 Nucleo-64, 144핀 STM32 MCU 패키지로 구성된 Nucleo-144로 구분된다. (그림 6-2)에 나타난 바와 같이 Nucleo-32 보드에는 아두이노 나노 보드에서 제공하는 형태의 커넥터를 지원하고 있고, Nucleo-64 보드에서는 아두이노 우노 보드에서 제공하는 형태의 커넥터와 ST morpho 커넥터를 지원하고 있다. 또한 모든 Nucleo 보드에는 ST-LINK/V2-1 디버거가 포함되어 있어서 별도의 디버거 장치 없이 프로그램의 디버깅이 가능하다.

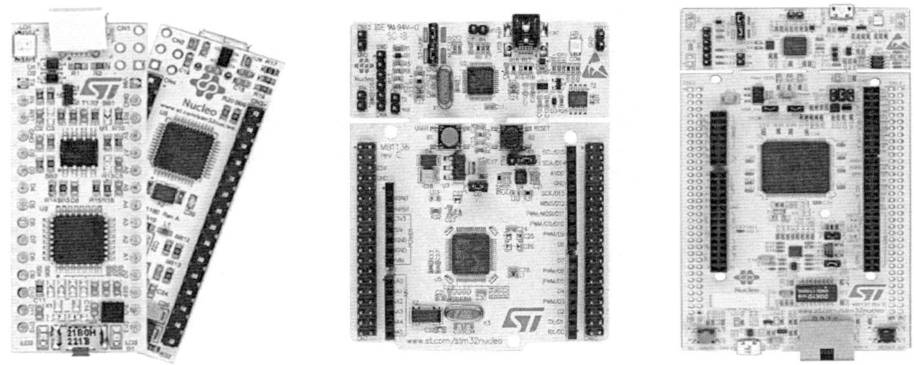

(a) Nucleo-32 보드 (b) Nucleo-64 보드 (c) Nucleo-144 보드

(그림 6-2) Nucleo 보드 형태(출처: www.st.com)

참고로 Nucleo 보드의 명명법은 다음과 같다. 만약 보드의 이름이 Nucleo-TXXXPY 로 되어 있다고 가정하자. 그러한 경우, TXXX는 Nucleo 보드에서 사용하고 있는 STM32 MCU 타입을 표시한다. 이 책에서 사용하는 Nucleo-F411RE인 경우에는 STM32-F411 MCU를 사용하고 있다는 의미이다.

다음으로 P는 MCU핀의 수를 나타낸다. Nucleo-F411RE 보드에서 그 부분은 'R'이며 'R'의 의미는 64핀 MCU를 사용하고 있다는 의미이다. 참고로 'K'는 32핀, 'Z'는 144핀을 의미한다.

마지막으로 Y는 MCU에서의 가능한 코드 크기(MCU 내부의 플래시 메모리 크기)를 의미한다. Nucleo-F411RE 보드에서 그 부분은 'E'이며 'E'의 의미는 512KB의 플래시 메모리를 지니고 있다는 의미이다. 참고로 '4'는 16KB, '6'은 32KB, '8'은 64KB, 'B'는 128KB, 'C'는 256KB, 'G'는 1MB, 'H'는 1.5MB, 'I'는 2MB, 'Z'는 192KB를 의미한다.

STM32 MCU는 32비트 ARM Cortex-M 계열의 마이크로프로세서이므로, 이 프로세서를 지원하는 다양한 형태의 개발 툴 체인을 사용할 수 있다. 현재 가장 많이 사용되는 툴 체인은 다음과 같다.

- MKD-ARM IDE: 상용 툴 체인이며, MDK-Lite(코드 크기가 32KB로 제한된다.)는 무료로 사용할 수 있다.
- EWARM(IAR Embedded Workbench): 상용 툴 체인이며, 30일 평가판 혹은 32KB로 코드가 제한된 경우는 무료로 사용할 수 있다.

- TrueSTUDIO Lite: Atollic 사의 제품으로 이클립스 기반의 IDE이며, 무료로 사용할 수 있다. (Pro 버전은 상용 제품이다.)
- SW4STM32(system workbench for STM32): STM32 MCU를 위한 공개 IDE이다.
- 그리고 일반적인 공개 IDE는 이클립스 + GNU/GCC + openOCD 형태의 개발 환경을 리눅스/윈도우/맥 환경에서 사용 가능하다.
- 이 외에도 ARM사에서 제공하는 온라인 컴파일러도 개발에 유용하게 사용될 수 있다. 단지 제약점은 디버거를 함께 사용할 수 없다는 점이다.

STMicroelectronics사는 STM32 MCU 개발을 위한 몇 가지 소프트웨어를 지원하고 있다.

- STM32Sniffets: STM32 MCU의 성능을 극대화시키기 위하여 가능한 오버헤드를 줄인 최적화된 코드의 예들로 구성되어 있다. CMSIS와 호환되는 API를 사용하며, 직접 레지스터를 액세스하는 형태의 코드들로 구성되어 있다. 현재는 STM32-F0 시리즈와 STM32-L0 시리즈 MCU를 지원하고 있다.
- STM32Cube: STM32 MCU의 응용프로그램 개발에 필요한 일반적인 라이브러리와 소프트웨어 요소들을 제공하는 소프트웨어 패키지로 (그림 6-3)과 같은 요소들로 구성되어 있다. (그림 6-3)에서 HAL과 LL API들은 STM32 MCU의 하드웨어를 제어하는 소프트웨어 요소들이며, BSP는 LCD 모듈, 터치스크린 및 오디오 코덱과 같이 보드 상의 하드웨어를 지원하는 요소들이다. 미들웨어에는 LwIP기반의 TCP/IP 프로토콜 스택, mbed TLS기반의 TLS/SSL 보안계층, USB의 HID와 CDC를 포함한 호스트 클래스와 디바이스 클래스를 지원하는 라이브러리, Segger사의 emWin기반의 STemWin 그래픽 라이브러리, FatFS 기반의 파일시스템, CMSIS-RTOS API기반의 FreeRTOS 등의 요소들이 포함되어 있다. 또한 각각의 MCU에 대한 다양한 프로그램 예제들을 포함하고 있어, 사용자가 용이하게 원하는 응용 프로그램을 구현 가능하도록 하고 있다.

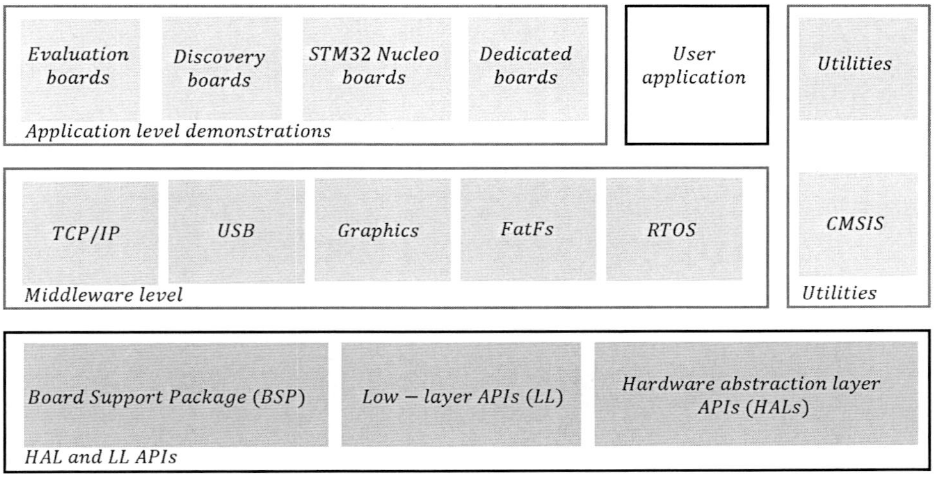

(그림 6-3) STM32Cube 패키지의 구성 요소(출처: www.st.com)

- Mbed-OS: ARM사에서 제공하고 있는 RTOS로 오픈 소스이며, 특징은 IoT 응용 분야에 필요한 기능을 제공하고 있다는 점이다. 타겟 디바이스는 ARM Cortex-M계열의 MCU이며, (그림 6-4)에 나타난 바와 같이 I/O 장치에 대한 드라이버, 태스크 관리 및 스케줄링 기능을 포함한 RTOS, IP 및 BLE를 포함한 IoT에서의 통신을 위한 라이브러리, 통신 보안을 위한 mbed TLS, OS 보안을 위한 uVisor 등을 포함하고 있다.

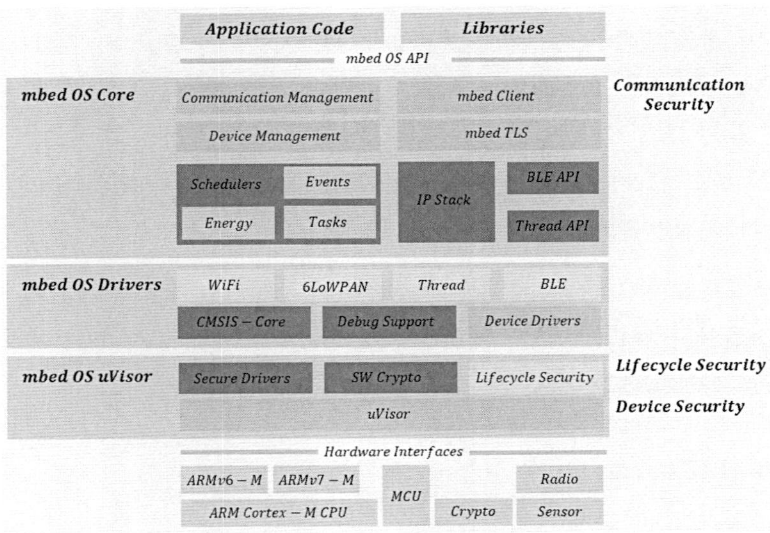

(그림 6-4) Mbed-OS 구조(출처: www.st.com)

특히 IoT 서비스를 위하여 mbed client를 지원하고 있으며, mbed client에는 (그림 6-5)에 나타난 바와 같이 HTTP, MQTT, CoAP 및 LWM2M 등의 프로토콜을 지원하고 있다.

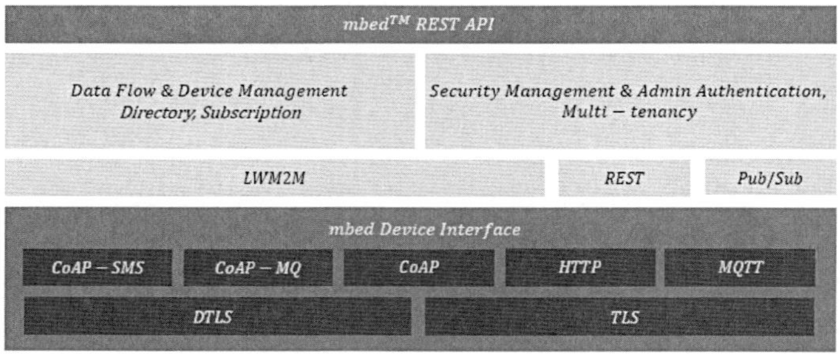

(그림 6-5) Mbed-OS에서 지원하고 있는 통신 프로토콜(출처: www.st.com)

현재 Mbed-OS를 지원하고 있는 벤더들과 보드들은 https://os.mbed.com/platforms에서 확인을 할 수 있다.

6.2 실습 환경

6.2.1 하드웨어 실습 환경(Nucleo-F411RE 보드)

이 책의 실습 과정에서는 Mbed-OS를 지원하는 Nucleo-F411RE 보드를 사용한다. (Nucleo-F411RE 보드를 선택한 특별한 이유는 없다. Mbed-OS를 지원하는 많은 보드 중에서 구하기 쉽고, 경제적으로 부담이 없는 보드이기 때문이다. Mbed-OS를 지원하는 다른 종류의 보드를 가지고 있다면 (특히 Nucleo 보드) 약간의 수정만으로 실험을 진행할 수 있을 것이다.)

Nucleo-F411RE 보드에서는 STM32F411RET6 MCU를 사용하고 있으며, STM32F411RET6 MCU의 주요 특징은 다음과 같다.

- ARM Cortex-M4F CPU core를 사용
- 최대 CPU 클럭: 100MHz

- 동작 전압: 1.7V ~ 3.6V
- 내부 메모리: 512KB 플래시 메모리와 128KB SRAM
- 주변기기: GPIO(50), ADC(12비트 16채널), RTC, Timer(8), I2C(3), UART(3), SPI(5), USB OTG, SDIO

STM32-F411RET6 MCU의 블럭도는 (그림 6-6)과 같다.

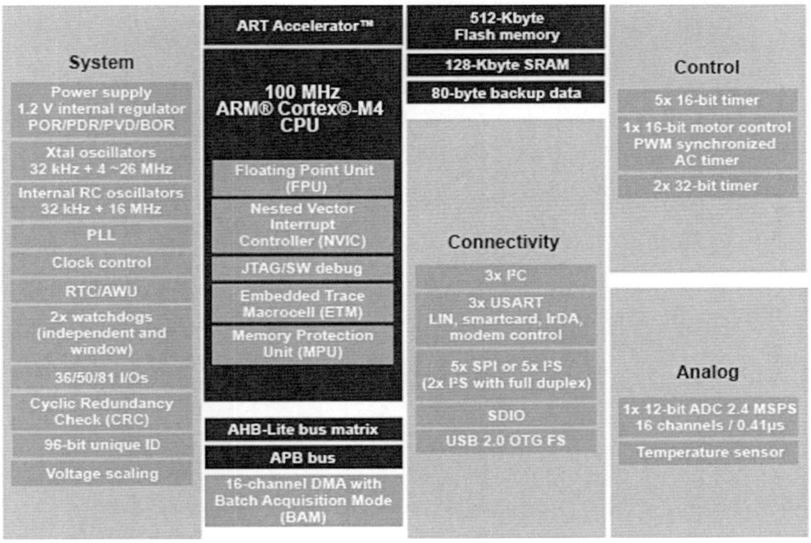

(그림 6-6) STM32-F411RE6 MCU 블럭도(출처: www.st.com)

Nucleo-F411RE 보드의 특징은 다음과 같다.

- 보드에 STLINK/V2-1 디버거와 프로그래머를 포함하고 있다. (그림 6-7)에 나타난 바와 같이 보드는 크게 ST-LINK 부분과 MCU 부분으로 구성되어 있다.

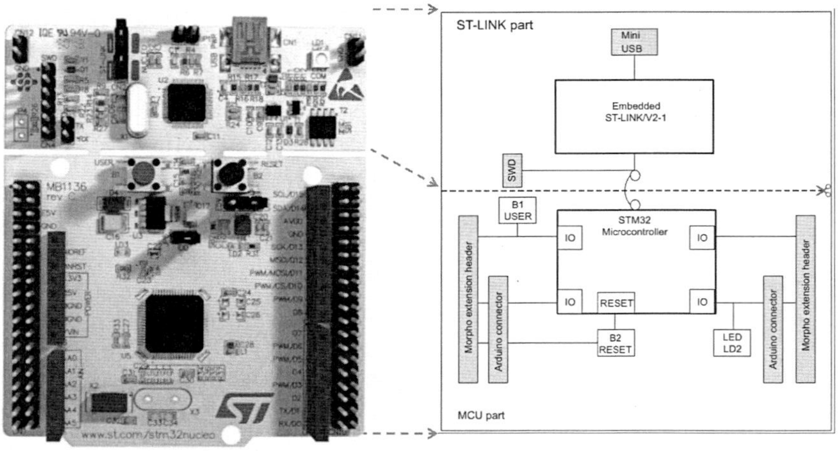

(그림 6-7) Nucleo-F411RE 보드의 외형 및 기능 구조(출처: www.st.com)

- 외부와의 인터페이스로는 사용자 버튼(B1), 리셋 버튼(B2), 사용자 LED(LD2), 외부 확장용 커넥터로 아두이노 우노에서 제공하는 것과 같은 형태의 커넥터, STM사의 Morpho 확장 커넥터를 제공하고 있다. (그림 6-8)에는 Nucleo-F411RE 확장 커넥터인 아두이노 확장 커넥터와 Morpho 커넥터의 형태와 이름이 나타나 있다.

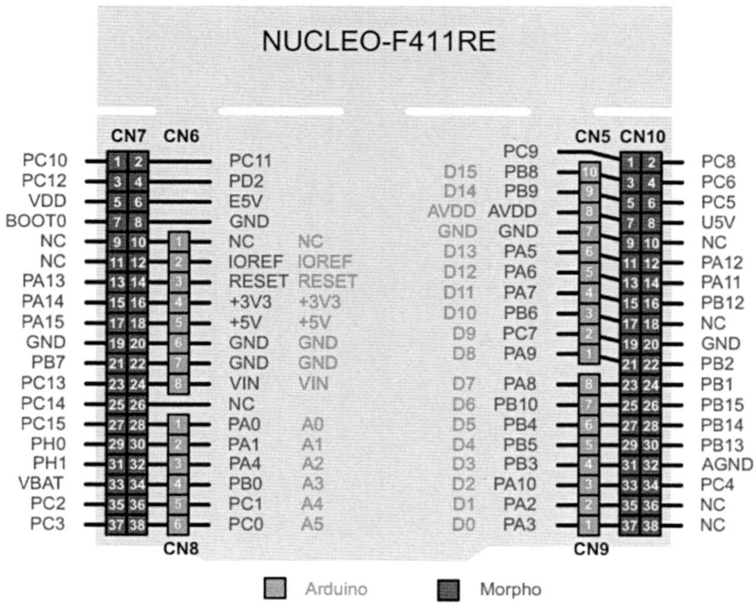

(그림 6-8) Nucleo-F411RE 보드에서의 확장 커넥터(출처: www.st.com)

(그림 6-9)에 나타난 바와 같이 CN5, CN6, CN8과 CN9 커넥터가 아두이노 우노 보드에서 제공하는 커넥터와 동일 규격의 커넥터이다. 이 커넥터에서의 이름(아두이노 보드에서 사용하고 있는 이름)과 각 커넥터 핀과 연결된 포트 이름, 그리고 Nucleo-F411RE 보드에서 사용 가능한 I/O 기능이 나타나 있다. 예를 들면 D0 커넥터 핀은 아두이노 우노 보드에서 사용하고 있는 핀 이름이며, 그 핀은 실질적으로 PA_3(GPIO port A의 3번)에 연결되어 있고, 해당 핀은 GPIO 기능 외에 UART(serial) 2의 RX, analog In, 혹은 PWM2/4 기능으로 사용 가능함을 표시하고 있다.

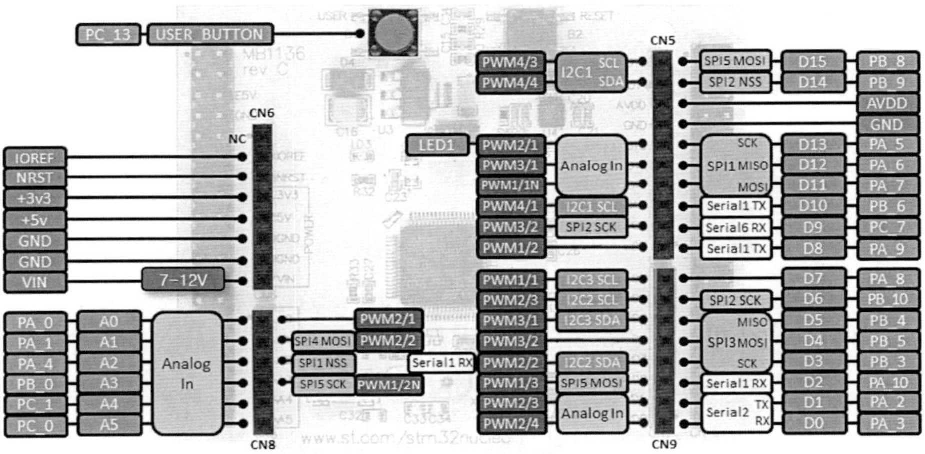

(그림 6-9) Nucleo-F411RE 보드에서 아두이노 확장 커넥터(출처: www.st.com)

(그림 6-10)에는 Nucleo-F411RE 보드의 Morpho 확장 커넥터 핀과 연결된 포트 이름, 그리고 Nucleo-F411RE 보드에서 사용 가능한 I/O 기능이 나타나 있다. 예를 들면 PC_3 커넥터 핀은 실질적으로 PC_3(GPIO port C의 3번)에 연결되어 있음을 나타내고, 해당 핀은 GPIO 기능 외에 SPI2의 MOSI 혹은 AnalogIn 기능으로 사용 가능함을 표시하고 있다.

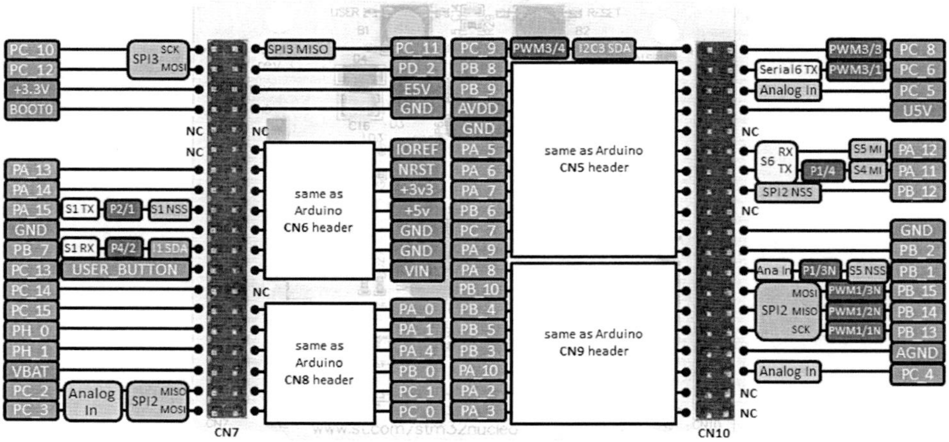

(그림 6-10) Nucleo-F411RE 보드에서 Morpho 확장 커넥터(출처: www.st.com)

참고로 사용자 버튼(B1)은 PC_13번 포트에 연결되어 있고, 사용자 LED(LD2)는 PA_5 포트에 연결되어 있다.

- 보드에 전원을 공급할 수 있는 방법은 USB를 이용하거나 외부의 전원 소스(3.3V, 5V, 혹은 7V ~ 12V)를 이용할 수 있다. 기본적으로는 USB로부터 전원을 공급받거나 E5V(외부 5V) 혹은 V_{IN}(외부 7V ~ 12V)로부터 전원을 공급받는다. 이를 제어하는 점퍼는 JP5이며, JP5의 1-2번을 연결시키면 USB로부터 전원을 공급받게 되고, JP5의 2-3번을 연결시키면 E5V 혹은 V_{IN}으로부터 전원을 공급받게 된다. 디폴트 상태는 JP5의 1-2번이 연결되어 있어 USB로부터 전원을 공급받도록 되어 있다. USB로부터 전원을 공급받을 때, 점퍼 JP1이 연결되어 있지 않으면 최대 300mA의 전류를 사용할 수 있으나, JP1이 연결되어 있으면 최대 100mA까지 전류를 사용할 수 있다. JP1이 연결되어 있지 않은 것이 디폴트 상태이다.

점퍼 JP1과 JP5의 보드에서의 위치는 (그림 6-11)에 나타나 있다.

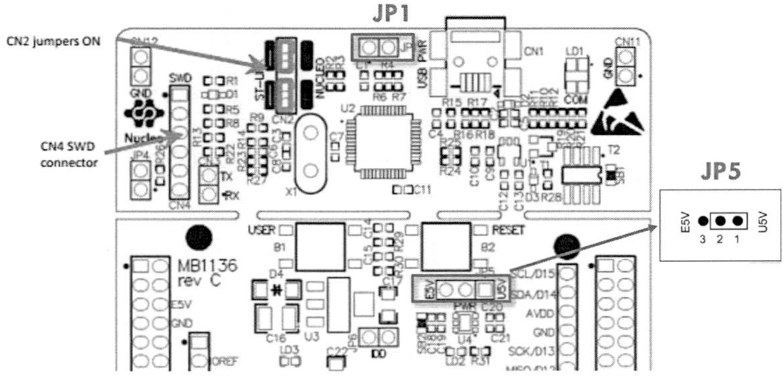

(그림 6-11) Nucleo-F411 보드에서 JP1과 JP5(출처: www.st.com)

USB가 아닌 다른 외부 전원으로부터 전원을 공급 받기 위해서는 (JP5 2-3번을 연결한 상태에서) E5V(CN7-6)에 4.75V ~ 5.25V를 연결하거나, VIN(CN6-8 혹은 CN7-24)에 7V ~ 12V의 전원을 연결하면 된다.

외부에서 직접 3.3V 전원을 공급할 수도 있지만 이러한 경우는 사용 시에 주의가 필요하다. 먼저 SB2와 SB12를 제거한 다음 (내부의 전원 조절기(voltage regulator 출력과의 충돌을 피하기 위하여), CN6-4 혹은 CN7-16과, CN7-12 핀에 3.3V 전원을 공급해야 한다. 하지만 STLINK/V2-1 디버거 부분은 항상 USB로부터 전원이 공급되도록 구성되어 있다.

- PC와 Nucleo-F411RE 보드를 USB 케이블로 연결하면 PC에는 다음과 같은 3가지의 다른 인터페이스가 제공된다. 디버거를 위한 디버거 포트, 시리얼 통신을 위한 포트(Nucleo-F411RE UART2와 연결된 PC의 시리얼 포트), 그리고 Nucleo-F411RE 보드 프로그래밍을 위한 USB 대용량 저장 드라이브는 MCU의 플래시에 프로그램 할 파일을 해당 드라이브로 끌어놓기(drag&drop)만 하면 MCU 내의 플래시 메모리에 자동으로 업로드 된다.
- (그림 6-12)과 같이 CN2를 연결하였을 경우에는 보드와 연결되어 있는 ST-LINK를 이용하여 디버깅을 할 수 있지만 만약 외부의 다른 디버거를 사용할 경우에는 CN2를 연결을 하지 않고, CN4에 외부의 디버거를 연결하여 사용할 수도 있다. 자세한 내용은 "UM1724: STM32 Nucleo-64 boards 6.2절"을 참조하기 바란다.

6.2.2 소프트웨어 개발 환경

호스트 컴퓨터에서 Window OS를 사용하는 것을 가정한다.

6.2.2.1 ST-LINK/V2 드라이버 설치 및 펌웨어 업그레이드

Nucleo-F411RE 보드와 PC를 연결하기 위해서는 ST-LINK/V2 드라이버를 설치해야한다. 설치하는 방법은 다음과 같다. (https://developer.mbed.org/teams/ST/wiki/ST-Link-Driver 참조)

- http://www.st.com/en/development-tools/stsw-link009.html 으로부터 최신의 ST-LINK/V2 드라이버를 다운로드한다. (드라이버를 다운로드 받기 위해서는 계정을 가지고 있어야 한다. 계정이 없는 사람은 계정을 만든 후에 로그인해야 드라이버를 다운로드 받을 수 있다.)
- 압축 파일을 푼 다음, 관리자 모드에서 64비트 OS인 경우에는 dpinst_amd64.exe 혹은 32비트 OS인 경우에는 dpinst_x86.exe를 실행한다. (마우스를 실행할 파일에 위치시키고 우 클릭한 다음, '관리자 권한으로 실행'을 선택하면 된다.)

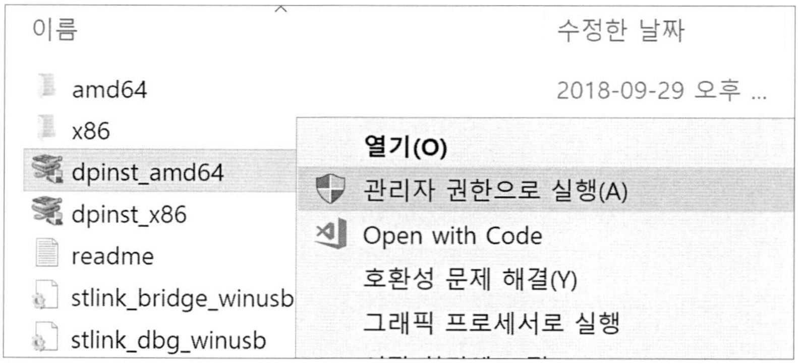

- PC와 Nucleo-F411RE 보드를 USB 케이블을 이용하여 연결한다. 그러면 장치 관리자에서 다음과 같이 'STMicroelectronics STLink dongle'이라는 디바이스와 'STMicroelectronics STLink Virtual COM Port'가 나타날 것이다.

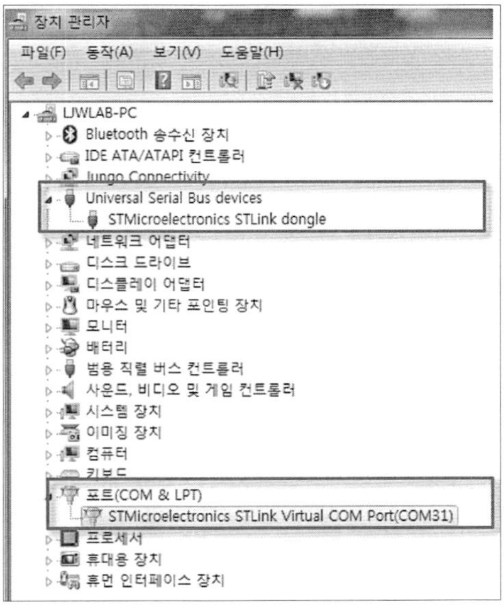

다음으로 Nucleo-F411RE 보드에 있는 ST-LINK의 펌웨어를 업그레이드해야 한다. 업그레이드 하는 방법은 다음과 같다. (https://os.mbed.com/teams/ST/wiki/Nucleo-Firmware 참조)

- http://www.st.com/content/st_com/en/products/development-tools/software-development-tools/stm32-software-development-tools/stm32-programmers/stsw-link007.html 로부터 최신의 ST-LINK/V2-1 펌웨어를 다운로드한다.
- 압축을 푼 다음, 관리자 권한으로 STLinkUpgrade.exe 프로그램을 실행시킨다.
- Nucleo-F411RE 보드를 USB 케이블을 이용하여 PC에 연결한다. PC에서 Nucleo-F411RE 보드를 인식한 다음에, 'Device Connect' 버튼을 클릭한다.
- 현재 ST-LINK/V2 펌웨어 버전이 화면에 표시될 것이고, 'Upgrade the firmware to …' 옆의 'Yes' 버튼을 클릭하면 펌웨어 업그레이드가 시작된다. 'Upgrade is successfully' 메시지가 나타나면 '확인' 버튼을 클릭한다.

가. 온라인 컴파일러 사용법

앞으로 실습은 다양한 기능을 제공하는 Mbed-OS 환경 하에서 프로그램 하는 방법을 사용할 것이다. Mbed-OS 환경 하에서 프로그램을 개발을 지원하고 있는 툴로는 ARM 컴파일러, GCC와 IAR 툴 등이 있다. 현재 ARM 컴파일러는 웹 기반의 온라인 툴 체인을 무료로 제공하고 있기 때문에, 특별한 경우를 제외하고는 별도로 툴을 설치할 필요가 없는 온라인 컴파일러를 이용하여 프로그램을 개발하는 방법을 기준으로 설명을 진행할 것이다. 온라인 컴파일러를 사용할 경우에는 디버거를 사용할 수 없다는 단점이 존재하지만 다양한 미들웨어를 손쉽게 사용할 수 있다는 장점이 있다.

온라인 컴파일러를 사용하기 위해서는 먼저 계정을 만들어야 한다. 계정을 만들기 위해서는 https://os.mbed.com/에 접속한 다음, Log in/Sign up을 선택한다. 계정이 없는 사람은 'Sign up' 과정을 통하여 무료 계정을 만들 수 있다.

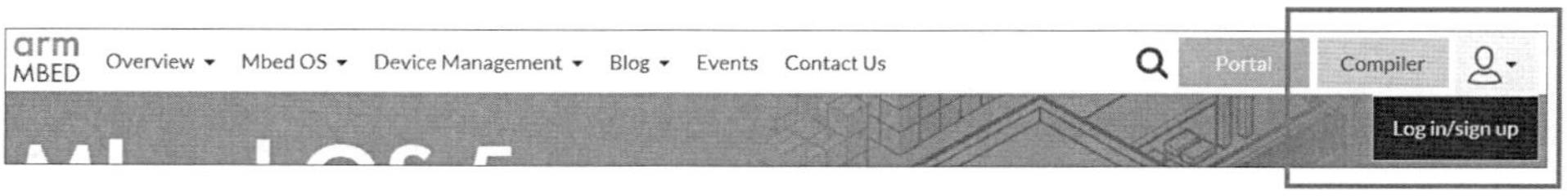

Nucleo-F411RE 보드 상의 LED를 깜빡이게 하는 프로그램을 작성하고, 실행시키는 과정을 이용하여 온라인 컴파일러 사용법을 설명한다.

- https://os.mbed.com/ 에서 자신의 계정으로 로그인한다. 다음에 나타난 바와 같이 'Compiler' 아이콘을 클릭함으로써 온라인 컴파일러로 들어간다.

- 자신이 사용할 플랫폼으로 "NUCLEO-F411RE"를 선택하여야 한다. 플랫폼 버튼(아래 그림에서 박스로 표시된 부분)을 클릭한다.

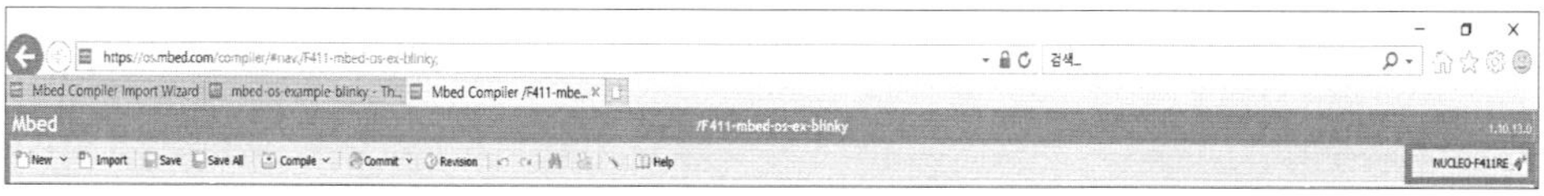

이전에 사용하던 플랫폼에 NUCLEO-F411RE가 있으면 그것을 선택하면 되고(더블 클릭), 만약 없으면 'Add Board'을 선택한다.

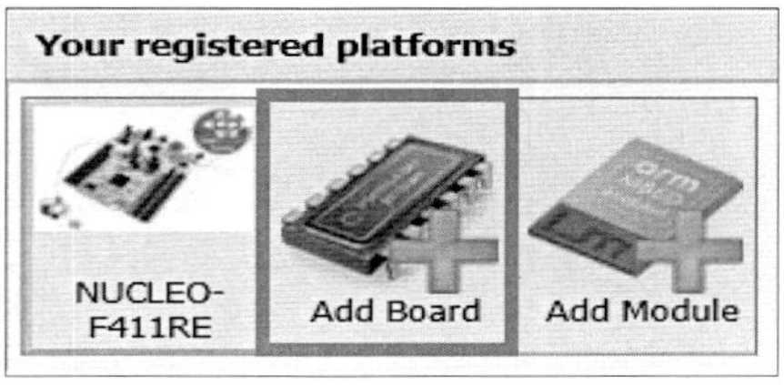

NUCLEO-F411RE 보드를 찾은 다음에, 클릭을 하면 해당 보드에 대한 설명이 포함된 웹 페이지가 나타날 것이다. 그러면 '+Add to your Mbed Compiler'를 클릭한 다음에 'Open Mbed Compiler'를 선택하면 된다.

사용할 플랫폼 선택 과정에 문제가 없으면, 다음과 같이 현재 프로젝트의 플랫폼이 NUCLEO-F411RE로 표시될 것이다.

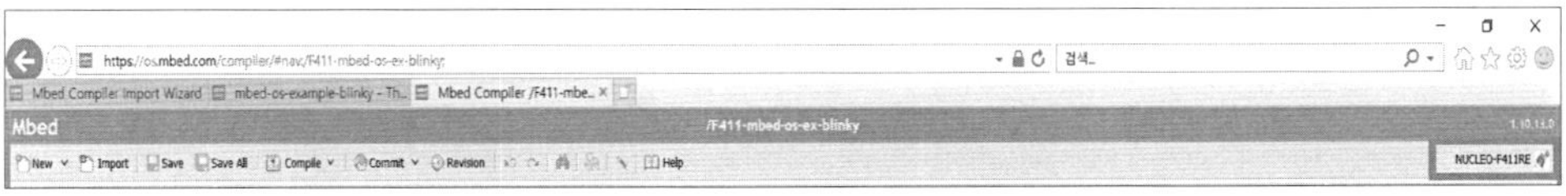

- 일반적으로 온라인 컴파일러를 이용 시에는 자신이 프로그램을 개발하는데 사용할 수 있는 템플릿(template) 프로젝트를 찾은 후, 그 프로젝트를 임포트한 다음, 그 파일을 수정하여 사용하게 된다. 이 예에서 "mbed-os-eaxmple-blinky"라는 프로젝트를 임포트하여 사용할 것이다. 이를 위해서 먼저 "import" 아이콘을 클릭한다.

다음 'search' 필드에 "mbed-os-example-blinky"를 입력한 다음, "search" 아이콘을 클릭한다.

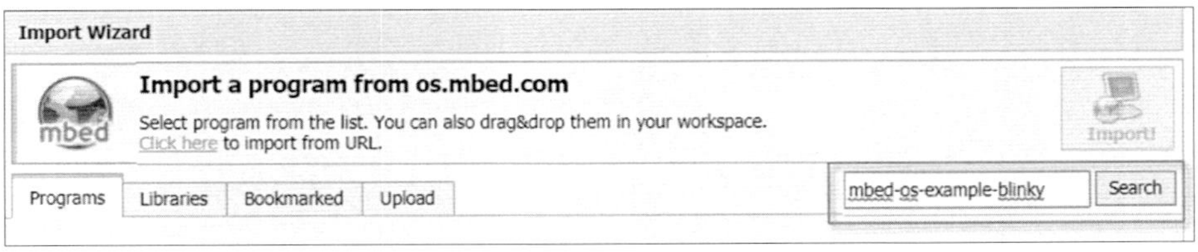

- "Team mbed-os-examples"에서 작성한 프로젝트를 선택한 다음, "Import" 아이콘을 클릭한다.

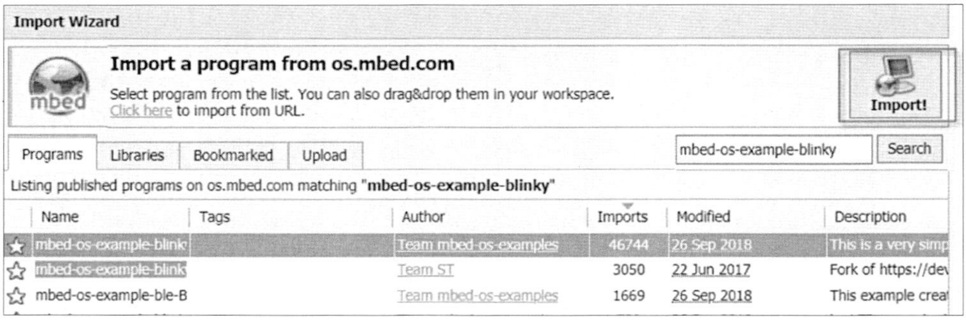

- 자신의 프로젝트 이름을 "Import Name" 필드에 입력한 다음 "Import" 아이콘을 클릭한다. 다음에 나타난 그림에서는 "Update" 항목을 선택하고 있다. 이 항목을 선택하면 해당 프로젝트를 임포트하면서 관련된 라이브러리를 최신 버전으로 업데이트를 하게 된다. 이번 예에서는 단지 Mbed-OS 라이브러리만 사용하기 때문에 선택을 해도 무관하지만, 여러 가지 추가적인 라이브러리를 사용하고 있는 경우에는 라이브러리가 최신 버전으로 변경되면 기존의 코드가 실행되지 않을 수도 있기 때문에 그런 경우에는 업데이트 항목을 선택해서는 안 된다.

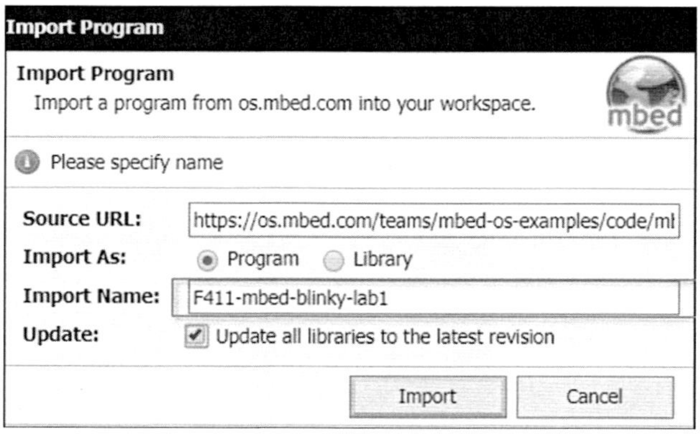

- main.cpp 파일을 연 다음, 그 파일을 다음과 같이 수정한 다음, 저장한다.

```
#include "mbed.h"

DigitalOut led2(LED2);

// main() runs in its own thread in the OS
int main() {
    while (true) {
        led2 = !led2;
        wait(0.5);
    }
}
```

위 프로그램은 Nucleo-F411RE 보드 상의 사용자 LED(LD2)가 1초 간격(0.5초 ON/0.5초 OFF)으로 깜박이는 프로그램이다.

- "Compile"을 클릭하면, 프로그램에 에러가 없는 경우에는 'F411-mbed-blinky-lab1_NUCLEO_F411RE.bin' 파일이 PC로 다운로드 된다.

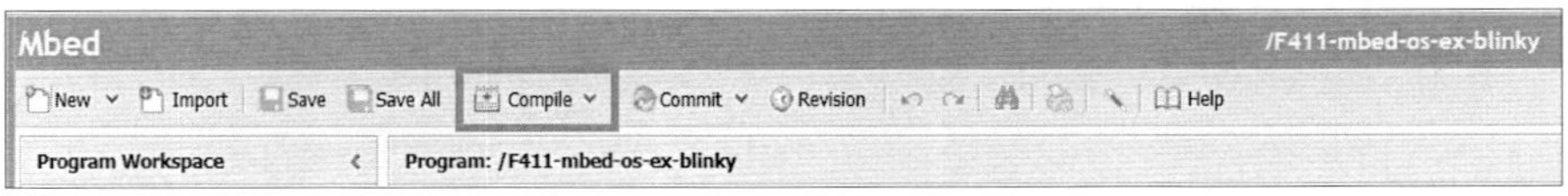

- 그 파일을 'NODE_F411RE' 드라이버로 끌어다 놓으면, Nucleo-F411RE 보드 MCU의 플래시 메모리로 코드가 로드되기 시작되고, 로드가 완료되면 해당 프로그램이 실행된다.

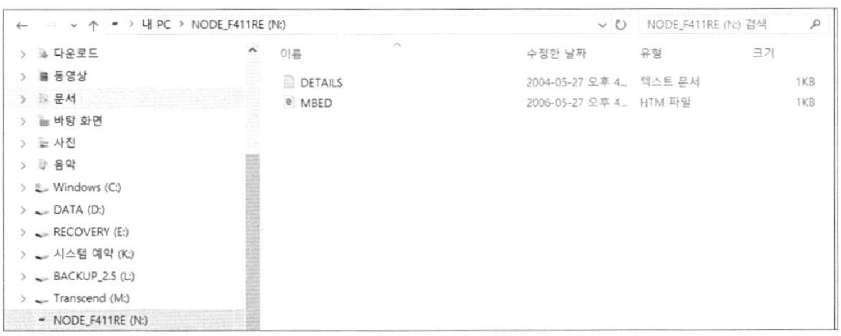

Mbed-OS에 대한 문서와 자세한 사용법은 https://os.mbed.com/docs, https://os.mbed.com/cookbook/Homepage 등에 자세히 설명되어 있으니, 필요할 때 참조하면 된다.

그리고 현재 Mbed-OS는 개발이 계속해서 진행되고 있는 상황이므로, 본 책에 수록된 예제 코드가 Mbed-OS의 버전이 다를 경우 동작하지 않을 경우도 있을 것이다. 이럴 경우 적절한 Mbed-OS 버전을 선택하여야 한다. 어떤 프로젝트에서 Mbed-OS의 버전을 선택하는 방법에 대해서는 부록 B를 참조하기 바란다.

6.3 Nucleo-F411RE 보드에서의 핀 매핑

Mbed-OS에서 Nucleo-F4111RE 보드를 선택할 때 사용되는 핀 매핑에 대한 내용은 https://github.com/ARMmbed/mbed-os/blob/master/targets/TARGET_STM/TARGET_STM32F4/TARGET_STM32F411xE/TARGET_NUCLEO_F411RE/PinNames.h 파일에 나타나 있다. 이 파일을 살펴보면 앞의 blinky 예제에서 사용하였던 LED2라는 심볼이 PA_5, PA_5는 0x05에 매핑되어 있음을 알 수 있다. 아래의 PinNames.h 파일 내용은 Nucleo-F411RE 보드에서 주변기기 프로그래밍을 할 때 사용하는 핀에 대한 필요한 정보를 포함하고 있으므로, 추후 실습에서 필요 시 참조해야 한다.

```
#ifndef MBED_PINNAMES_H
#define MBED_PINNAMES_H

#include "cmsis.h"
#include "PinNamesTypes.h"

#ifdef __cplusplus
extern "C" {
#endif

typedef enum {
    PA_0  = 0x00,
    PA_1  = 0x01,
    PA_2  = 0x02,
    PA_3  = 0x03,
    PA_4  = 0x04,
    PA_5  = 0x05,
    PA_6  = 0x06,
```

```
PA_7  = 0x07,
PA_8  = 0x08,
PA_9  = 0x09,
PA_10 = 0x0A,
PA_11 = 0x0B,
PA_12 = 0x0C,
PA_13 = 0x0D,
PA_14 = 0x0E,
PA_15 = 0x0F,

PB_0  = 0x10,
PB_1  = 0x11,
PB_2  = 0x12,
PB_3  = 0x13,
PB_4  = 0x14,
PB_5  = 0x15,
PB_6  = 0x16,
PB_7  = 0x17,
PB_8  = 0x18,
PB_9  = 0x19,
PB_10 = 0x1A,
PB_12 = 0x1C,
PB_13 = 0x1D,
PB_14 = 0x1E,
PB_15 = 0x1F,

PC_0  = 0x20,
PC_1  = 0x21,
PC_2  = 0x22,
PC_3  = 0x23,
PC_4  = 0x24,
PC_5  = 0x25,
PC_6  = 0x26,
PC_7  = 0x27,
PC_8  = 0x28,
PC_9  = 0x29,
PC_10 = 0x2A,
PC_11 = 0x2B,
PC_12 = 0x2C,
PC_13 = 0x2D,
```

```
    PC_14 = 0x2E,
    PC_15 = 0x2F,

    PD_2  = 0x32,

    PH_0  = 0x70,
    PH_1  = 0x71,

    // ADC internal channels
    ADC_TEMP = 0xF0,
    ADC_VREF = 0xF1,
    ADC_VBAT = 0xF2,

    // Arduino connector namings
    A0          = PA_0,
    A1          = PA_1,
    A2          = PA_4,
    A3          = PB_0,
    A4          = PC_1,
    A5          = PC_0,
    D0          = PA_3,
    D1          = PA_2,
    D2          = PA_10,
    D3          = PB_3,
    D4          = PB_5,
    D5          = PB_4,
    D6          = PB_10,
    D7          = PA_8,
    D8          = PA_9,
    D9          = PC_7,
    D10         = PB_6,
    D11         = PA_7,
    D12         = PA_6,
    D13         = PA_5,
    D14         = PB_9,
    D15         = PB_8,

    // STDIO for console print
#ifdef MBED_CONF_TARGET_STDIO_UART_TX
    STDIO_UART_TX = MBED_CONF_TARGET_STDIO_UART_TX,
```

```
#else
    STDIO_UART_TX = PA_2,
#endif
#ifdef MBED_CONF_TARGET_STDIO_UART_RX
    STDIO_UART_RX = MBED_CONF_TARGET_STDIO_UART_RX,
#else
    STDIO_UART_RX = PA_3,
#endif

    // Generic signals namings
    LED1        = PA_5,
    LED2        = PA_5,
    LED3        = PA_5,
    LED4        = PA_5,
    LED_RED      = LED1,
    USER_BUTTON = PC_13,
    // Standardized button names
    BUTTON1 = USER_BUTTON,
    SERIAL_TX    = STDIO_UART_TX,
    SERIAL_RX    = STDIO_UART_RX,
    USBTX        = STDIO_UART_TX,
    USBRX        = STDIO_UART_RX,
    I2C_SCL      = PB_8,
    I2C_SDA      = PB_9,
    SPI_MOSI     = PA_7,
    SPI_MISO     = PA_6,
    SPI_SCK      = PA_5,
    SPI_CS       = PB_6,
    PWM_OUT      = PB_3,

    //USB pins
    USB_OTG_FS_SOF = PA_8,
    USB_OTG_FS_VBUS = PA_9,
    USB_OTG_FS_ID = PA_10,
    USB_OTG_FS_DM = PA_11,
    USB_OTG_FS_DP = PA_12,

    // Not connected
    NC = (int)0xFFFFFFFF
} PinName;
```

```
#ifdef __cplusplus
}
#endif

#endif
```

또한 동일 디렉토리 내에 위치한 PeripheralPins.c 파일에서는 Mbed-OS에서 사용할 수 있는 주변 기기 핀들에 대한 정보를 포함하고 있다. 예를 들어 UART에 대한 부분은 다음과 같다. UART_2는 PA_2와 PA_3 핀을 사용하고 있으며, UART_2가 현재 STDIO_UART로 사용되고 있다. UART_1의 TX로는 PA_9/PA_15/PB_6를 사용할 수 있으며, RX로는 PA10/PB_3/PB_7을 사용할 수 있으나 현재 PB_3는 SWO로 사용되고 있다. 또한 USART_6의 TX로는 PA_11/PC_6를 사용할 수 있으며, RX로는 PA_12/PC_7이 사용 가능함을 나타내고 있다. 여러 가지 주변기기들을 사용 시에는 사용 핀이 중복되지 않도록 주의해야 하며, 기존에 다른 기능으로 매핑된 핀은 사용하지 않도록 하여야 한다.

```
//*** SERIAL ***

MBED_WEAK const PinMap PinMap_UART_TX[] = {
    {PA_2,   UART_2,   STM_PIN_DATA(STM_MODE_AF_PP,   GPIO_PULLUP,
GPIO_AF7_USART2)}, // Connected to STDIO_UART_TX
    {PA_9,   UART_1,   STM_PIN_DATA(STM_MODE_AF_PP,   GPIO_PULLUP,
GPIO_AF7_USART1)},
    {PA_11,  UART_6,   STM_PIN_DATA(STM_MODE_AF_PP,   GPIO_PULLUP,
GPIO_AF8_USART6)},
    {PA_15,  UART_1,   STM_PIN_DATA(STM_MODE_AF_PP,   GPIO_PULLUP,
GPIO_AF7_USART1)},
    {PB_6,   UART_1,   STM_PIN_DATA(STM_MODE_AF_PP,   GPIO_PULLUP,
GPIO_AF7_USART1)},
    {PC_6,   UART_6,   STM_PIN_DATA(STM_MODE_AF_PP,   GPIO_PULLUP,
GPIO_AF8_USART6)},
    {NC, NC, 0}
};

MBED_WEAK const PinMap PinMap_UART_RX[] = {
    {PA_3,   UART_2,   STM_PIN_DATA(STM_MODE_AF_PP,   GPIO_PULLUP,
```

```
GPIO_AF7_USART2)}, // Connected to STDIO_UART_RX
    {PA_10,    UART_1,    STM_PIN_DATA(STM_MODE_AF_PP,    GPIO_PULLUP,
GPIO_AF7_USART1)},
    {PA_12,    UART_6,    STM_PIN_DATA(STM_MODE_AF_PP,    GPIO_PULLUP,
GPIO_AF8_USART6)},
    {PB_3,    UART_1,    STM_PIN_DATA(STM_MODE_AF_PP,    GPIO_PULLUP,
GPIO_AF7_USART1)}, // Connected to SWO
    {PB_7,    UART_1,    STM_PIN_DATA(STM_MODE_AF_PP,    GPIO_PULLUP,
GPIO_AF7_USART1)},
    {PC_7,    UART_6,    STM_PIN_DATA(STM_MODE_AF_PP,    GPIO_PULLUP,
GPIO_AF8_USART6)},
    {NC, NC, 0}
}
...
```

제7장

레지스터와 CMSIS HAL을 이용한 주변기기 제어

마이크로 프로세서에서 주변기기를 사용한다는 것은 2장에서 SysTick을 제어할 때 설명한 바와 같이, 해당 주변기기를 제어하기 위한 레지스터들의 각 필드에 적절한 값을 설정하는 것을 의미한다. 아두이노나 Mbed-OS와 같은 환경에서는 각 주변기기들을 객체화시켜 사용자가 주변기기를 손쉽게 사용할 수 있는 라이브러리를 제공하고 있다. 하지만 이와 같은 환경에서는 주변기기가 제공하고 있는 모든 기능을 구현하지 않고, 일반적으로 많이 사용하는 기능만을 구현해 놓은 경우가 많다. 따라서 특별한 경우에는 사용자가 직접 주변기기의 레지스터를 핸들링 할 필요가 있다.

본 장에서는 Mbed-OS를 사용하지 않고, 직접 레지스터를 이용하여 주변기기를 설정하는 방법과 CMSIS HAL에서 제공하는 API를 이용하여 주변기기를 설정하는 방법을 간단한 예제를 이용하여 설명한다. 먼저 직접 레지스터를 핸들링하여 시스템 동작 클럭을 설정하는 방법을 설명하고, 다음으로 LED를 깜박이도록 하는 프로그램을 CMSIS HAL에서 제공하는 함수를 이용하여 작성하는 방법을 설명한다.

7.1 시스템 클럭 설정

STM32F411RE 프로세서에서는 다음과 같은 3가지 클럭을 시스템 클럭(HCLK/AHB CLK)으로 사용할 수 있다.

- HSI 클럭: 프로세서 내부의 발진기에 의해서 생성된 16MHz 클럭
- HSE 클럭: 외부의 크리스털 혹은 크리스털 발진기에서 생성되는 4~26MHz 클럭
- PLL 클럭: HSI 혹은 HSE 클럭이 PLL로 인가되어 생성되는 클럭

대부분 주변기기 클럭은 시스템 클럭을 이용하여 만들어지지만, 48MHz USB OTG FS 클럭과 I2S 클럭은 별도로 만들어진다. AHB 영역과 APB2 영역의 최대 클럭 속도는 100MHz이며, APB1 영역의 최대 클럭 속도는 50MHz이다. SysTick 시스템 타이머에는 AHB 클럭(HCLK)과 HCLK/8 클럭이 공급되어 있어서 이들 클럭 중 하나를 선택하여 사용할 수 있다.

시스템 클럭과는 별도로 RTC(Real Time Clock)를 위한 클럭으로는 32kHz LSI(Low-Speed Internal) RC 클럭과 32.768kHz LSE(Low-Speed External) 크리스털이 사용될 수 있다. Nucleo-F411RE 보드에서는 보드 상에서 별도의 32.768kHz 크리스털이 장착되어 있다. LSE 크리스털은 보드 상에서 X2로 표시되어 있는 부분이다.

7.1.1 레지스터 설정을 통한 시스템 클럭 설정

STM32F411RE 프로세서는 디폴트 상태에서 시스템 클럭으로 16MHz HSI가 사용되도록 되어 있다. STM32F411RE 프로세서는 최대 100MHz까지 동작할 수 있으므로, 프로그램을 더 빨리 동작시키기 위해서는 관련 레지스터 값을 적절하게 변경해야 한다. 본 절에서는 STM32F411RE 프로세서를 사용하고 있는 Nucleo-F411RE 보드에서 시스템 클럭을 변경하는 방법에 대해서 설명한다.

시스템 클럭은 RCC(Reset and Control Clock) 모듈에서 제어를 하며, 관련 주요 레지스터는 〈표 7-1〉과 같다.

〈표 7-1〉 시스템 클럭 관련 주요 레지스터 기능

레지스터 이름 (CMSIS 이름)	주소	기능
RCC_CR (RCC->CR)	0x40023800	클럭 제어 (HSI, HSE, PLL 활성화)
RCC_PLLCFGR (RCC->PLLCFGR)	0x40023804	PLL 제어 (PLL division & multiplication factor 제어)
RCC_CFGR (RCC->CFGR)	0x40023808	시스템 클럭 선택 및 프리스케일 값 설정
RCC_CIR (RCC->CIR)	0x4002380C	클럭 관련 인터럽트 상태 및 제어

STM32F411RE 프로세서에서 시스템 클럭 관련 동작 개념도는 (그림 7-1)과 같다. (그림 7-1)에는 관련 기능 및 각 기능을 제어하는 레지스터의 필드가 나타나 있다.

시스템 클럭 HCLK(혹은 AHB CLK)은 HSI, HSE와 PLL_CLK 중에서 선택된 클럭이 1/P로 분주된 형태이다. 3개 클럭 중 한 클럭의 선택은 RCC_CFGR 레지스터의 SW 필드에 의해서 결정되며, 분주 값 P는 RCC_CFGR 레지스터의 HPRE (AHP prescaler) 값에 의해서 결정된다. APB2 CLK은 HCLK 클럭을 RCC_CFGR 레지스터의 PPRE2(ABP2 prescaler) 값으로 분주한 값이 되며, APB1 CLK은

HCLK 클럭을 RCC_CFGR 레지스터의 PPRE1(ABP1 prescaler) 값으로 분주한 값이 된다.

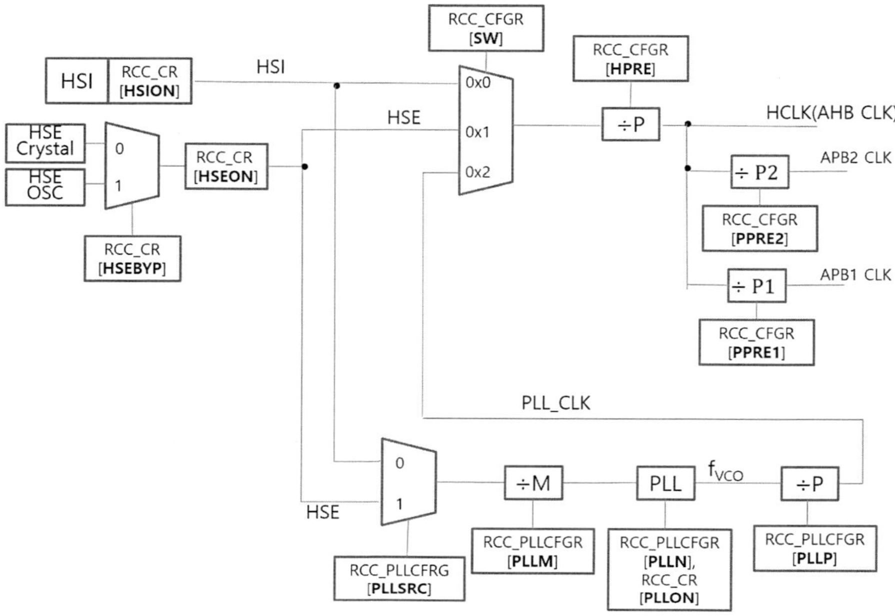

(그림 7-1) 시스템 클럭 설정 관련 레지스터 필드와 동작 개념도.

HSI 클럭은 내부의 발진회로에 의해서 16MHz 클럭이 생성된다. 하지만 외부의 크리스털 발진기를 사용하여 생성된 클럭과 비교할 때 주파수의 정확성이 떨어진다. 그리고 전압이나 온도에 따라 발진 주파수가 영향을 받기 때문에 RCC_CR 레지스터의 HSITRIM[4:0] 비트를 이용하여 주파수를 미세 조정할 수 있다. HSI 클럭의 안정화 상태 유무는 RCC_CR 레지스터의 HSIRDY 비트 값에 표시된다. HSI 클럭을 사용하려면 RCC_CR 레지스터의 HSION 값을 '1'로 해야 한다.

HSE 클럭을 사용하려면 RCC_CR 레지스터의 HSEON 값을 '1'로 해야 한다. (RCC_CR[16]=1) HSE 클럭은 칩에 연결된 크리스털을 발진시킨 클럭 혹은 칩에 직접 공급되는 클럭을 선택하여 사용한다. 즉 칩에 직접 공급되는 클럭을 HSE로 사용하려면 발진회로를 우회시켜야 하고, 발진회로를 사용하는 경우는 크리스털이 칩에 직접 연결된 경우이다. 발진회로를 우회시키려면 RCC_CR 레지스터의 HSEBYE 값을 '1'로 하면 된다. (RCC_CR[18]=1) 반면에 크리스털을 이용하는 경우에는 RCC_CR[18] =0, RCC_CR[16]=1 로 설정해야 한다.

PLL의 소스 클럭으로 HSE나 HSI 클럭을 사용 할 수 있으며, 두 클럭 중 하나를 RCC_PLLCFGR 레지스터의 PLLSRC 값에 따라 선택한다. 선택한 클럭을 RCC_PLLCFGR 레지스터의 PLLM(M) 값에 따라 분주된 신호가 PLL로 인가된다. PLL은 RCC_CR 레지스터의 PLLON 값이 '1'이 될 때 동작하게 되며, f_{VCO} 출력 값은 인가된 클럭이 RCC_PLLCFGR 레지스터의 PLLN(N) 값에 따라 체배된 값이다. 즉 f_{VCO} 출력 값은 다음 수식에 의해서 결정된다.

$$f_{VCO} = \frac{(HSI \text{ or } HSE)*N}{M}$$

PLL_CLK 클럭은 f_{VCO} 클럭이 RCC_PLLCFGR 레지스터의 PLLP(P) 값에 따라 분주된 신호가 된다. M, N, P 값은 각각 RCC_PLLCFGR 레지스터의 [5:0], [14:6], [17:16] 필드를 이용하여 설정할 수 있다. PLL 클럭 소스는 RCC_CFGR 레지스터의 [1:0] 비트 필드를 이용하여 설정할 수 있다. PLL을 활성화시키기 전에 반드시 관련된 매개변수들을 설정하여야 한다.

Nucleo-F411RE 보드(MB1136 C-04 버전)에서는 OSC_IN 핀과 OSC_OUT 핀 사이에 크리스털이 연결되어 있지 않다. (보드 상에 X3로 표시된 부분에 크리스털을 연결하여 사용할 수 있도록 되어 있으나, 기본적으로는 크리스털이 연결되어 있지 않다.) 대신에 ST Link 디버거 동작을 위해서 사용되는 8MHz 클럭이 OSC_IN 핀에 연결되어 있다. (보드 뒷면에 SB16과 SB50에 0Ω 저항으로 연결되어 있음을 확인하여라.) 즉 PLL 입력 클럭 소스로 'HSE Crystal"은 이용할 수 없고, 16MHz의 HSI나 'HSE OSC'를 이용해야 한다.

본 예제에서는 외부의 클럭을 이용하여 시스템 클럭의 속도를 높이는 방법을 기준으로 설명을 진행한다. 이 방법을 이해한다면, 다른 방법으로 동작을 하도록 변경하는데 무리가 없을 것이다.

Nucleo-F411RE 보드에서 8MHz 외부 클럭을 PLL 입력 신호로 사용하여 시스템 클럭(HCLK)를 96MHz, APB2 CLK을 96MHz, APB1 CLK를 48MHz로 변경시키는 SetSysClock() 함수가 다음에 나타나 있다. 일반적으로 이 함수는 system_stm32f4xx.c 파일에 포함시켜 사용한다.

```
// PLL_VCO = (HSE_VALUE or HSI_VALUE / PLL_M) * PLL_N
// 8 MHz external clock (from X1 used for ST Link control) in Nucleo-F411RE
#define PLL_M       4                    // PLL input clock = 2 MHz
#define PLL_N       192                  // PLL_VCO = 384 MHz

// PLL CLK = PLL_VCO/PLL_P = 384/4 = 96 MHz (<= 100 MHz)
#define PLL_P       4

// USB OTG FS, SDIO and RNG Clock =  PLL_VCO / PLL_Q
// 48 MHz is required for USB OTG FS
#define PLL_Q       8

#if !defined  (HSE_STARTUP_TIMEOUT)
  #define HSE_STARTUP_TIMEOUT    1000U   // Time out for HSE start up
#endif

/*****************************************************************************/
/*          PLL (clocked by HSE OSC) used as System clock source             */
/*****************************************************************************/
/*
 *------------------------------------------------------------------------
 *        HSE OSC Frequency(Hz)                  | 8 M
 *------------------------------------------------------------------------
 *        System Clock source                    | PLL (HSE OSC)
 *------------------------------------------------------------------------
 *        SYSCLK(Hz)                             | 96 M
 *------------------------------------------------------------------------
 *        HCLK(Hz)                               | 96 M
 *------------------------------------------------------------------------
 *        AHB Prescaler                          | 1
 *------------------------------------------------------------------------
 *        APB1 Prescaler                         | 2
 *------------------------------------------------------------------------
 *        APB2 Prescaler                         | 1
 *------------------------------------------------------------------------
 *        PLL_M                                  | 4
 *------------------------------------------------------------------------
 *        PLL_N                                  | 192
 *------------------------------------------------------------------------
 *        PLL_P                                  | 4
 *------------------------------------------------------------------------
```

```
 *        PLL_Q                                    | 8
 *-------------------------------------------------------------
*/
void SetSysClock(void)
{
  __IO uint32_t StartUpCounter = 0, HSEStatus = 0;

  /* Enable HSE */
  RCC->CR |= ((uint32_t)(RCC_CR_HSEON | RCC_CR_HSEBYP)) ;

  /* Wait till HSE is ready and if Time out is reached exit */
  do {
     HSEStatus = RCC->CR & RCC_CR_HSERDY;
     StartUpCounter++;
  } while((HSEStatus == 0) && (StartUpCounter != HSE_STARTUP_TIMEOUT));

  if ((RCC->CR & RCC_CR_HSERDY) != RESET)  {
    HSEStatus = (uint32_t)0x01;
  } else {
    HSEStatus = (uint32_t)0x00;
  }

  if (HSEStatus == (uint32_t)0x01)   {
    // Select regulator voltage output Scale 1 mode,
    // System frequency up to 100 MHz */
    RCC->APB1ENR |= RCC_APB1ENR_PWREN;
    PWR->CR |= PWR_CR_VOS;      // scale mode 1 for 0b00

    // HCLK = PLL_VCO / 1 (AHB prescaler)
    RCC->CFGR |= RCC_CFGR_HPRE_DIV1;   // 1 for 0

    // APB2 CLK = HCLK / 1 (PPRE2)
    // max - 100 MHz, HCLK/(1/2/4/8/16)
    RCC->CFGR |= RCC_CFGR_PPRE2_DIV1;   // 1 for 0

    // APB1 CLK = HCLK / 2 (PPRE1)
    // max - 50 MHz, AHB/(2/4/8/16)
    RCC->CFGR |= RCC_CFGR_PPRE1_DIV2;   // 2 for 0b100

    /* Configure the main PLL */
```

```
    RCC->PLLCFGR = PLL_M | (PLL_N << 6) | (((PLL_P >> 1) -1) << 16) |
                   (RCC_PLLCFGR_PLLSRC_HSE) | (PLL_Q << 24);

    /* Enable the main PLL */
    RCC->CR |= RCC_CR_PLLON;

    /* Wait till the main PLL is ready */
    while((RCC->CR & RCC_CR_PLLRDY) == 0)  {
    }

    // Configure Flash prefetch, Instruction cache, Data cache and wait state
    FLASH->ACR = FLASH_ACR_PRFTEN | FLASH_ACR_ICEN |FLASH_ACR_DCEN
                   | FLASH_ACR_LATENCY_5WS;

    // Select the main PLL as system clock source
    RCC->CFGR = (RCC->CFGR & (uint32_t)((uint32_t)~(RCC_CFGR_SW))) |
                   RCC_CFGR_SW_PLL;

    // Wait till the main PLL is used as system clock source
    while ((RCC->CFGR & (uint32_t)RCC_CFGR_SWS ) != RCC_CFGR_SWS_PLL);
  }
  else {
      /* If HSE fails to start-up, the application will have wrong clock
         configuration. User can add here some code to deal with this error */
  }
}
```

system_stm32f4xx.c 함수에 정의되어 있는 HSE_VALUE 값은 PLL 입력 클럭으로 8MHz를 사용하고 있기 때문에 다음과 같이 8000000으로 변경해야 한다.

```
#define HSE_VALUE     ((uint32_t)8000000)
```

main() 함수에서는 SetSysClock() 함수를 부른 다음에는 반드시 SystemCore-ClockUpdate() 함수를 불러야 SystemCoreClock 변수값에 현재 사용하고 있는 시스템 클럭 값에 반영된다.

7.2 CMSIS HAL 함수를 이용한 GPIO 제어

ARM Cortex-M 계열 프로세서에서 코어 기능은 칩의 제조사에 무관하게 동일하지만 주변기기들은 제조사마다 서로 다른 IP를 가지고 만들어지기 때문에 구성과 동작에서 차이가 크다. 따라서 대부분의 제조사들은 자신의 주변기기들에 대한 라이브러리를 제공하고 있다. STMicroelectronics사에서는 주변기기들에 대한 초기화를 쉽게 하기 위하여 STM32CubeMX라는 툴을 제공하고 있지만, 본 절에서는 STMicroelectronics사에서 제공하는 CMSIS HAL 라이브러리를 이용하여 GPIO를 제어한다.

Nucleo-F411RE 보드 상의 LED(LD2)를 깜박이도록 하는 실습을 통하여 GPIO를 제어하는 방법을 학습한다. 먼저 uVision에서 앞의 예와 동일한 방법으로 새로운 프로젝트를 생성한다. 이 프로젝트에서는 GPIO를 HAL을 통하여 제어해야 하므로 관련 라이브러리를 설치해야 한다. 이를 위해서 Project -> Manage -> 'Run-Time Environment...' 를 선택한 다음, (그림 7-2)과 같은 라이브러리를 추가로 설치한다.

그러면 프로젝트에 (그림 7-3)과 같은 파일이 추가로 설치된다.

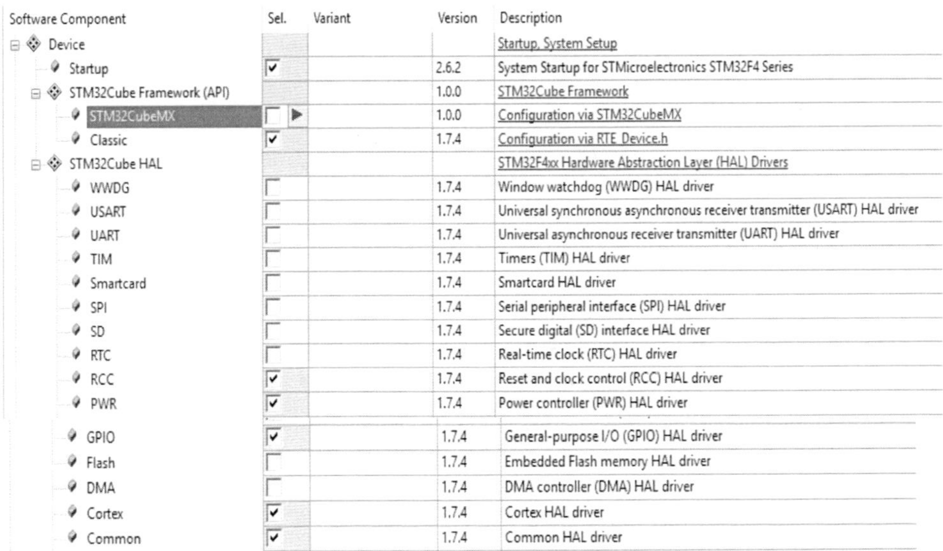

Software Component	Sel.	Variant	Version	Description
Device				Startup, System Setup
Startup	✔		2.6.2	System Startup for STMicroelectronics STM32F4 Series
STM32Cube Framework (API)			1.0.0	STM32Cube Framework
STM32CubeMX	☐ ▶		1.0.0	Configuration via STM32CubeMX
Classic	✔		1.7.4	Configuration via RTE_Device.h
STM32Cube HAL				STM32F4xx Hardware Abstraction Layer (HAL) Drivers
WWDG	☐		1.7.4	Window watchdog (WWDG) HAL driver
USART	☐		1.7.4	Universal synchronous asynchronous receiver transmitter (USART) HAL driver
UART	☐		1.7.4	Universal asynchronous receiver transmitter (UART) HAL driver
TIM	☐		1.7.4	Timers (TIM) HAL driver
Smartcard	☐		1.7.4	Smartcard HAL driver
SPI	☐		1.7.4	Serial peripheral interface (SPI) HAL driver
SD	☐		1.7.4	Secure digital (SD) interface HAL driver
RTC	☐		1.7.4	Real-time clock (RTC) HAL driver
RCC	✔		1.7.4	Reset and clock control (RCC) HAL driver
PWR	✔		1.7.4	Power controller (PWR) HAL driver
GPIO	✔		1.7.4	General-purpose I/O (GPIO) HAL driver
Flash	☐		1.7.4	Embedded Flash memory HAL driver
DMA	☐		1.7.4	DMA controller (DMA) HAL driver
Cortex	✔		1.7.4	Cortex HAL driver
Common	✔		1.7.4	Common HAL driver

(그림 7-2) 추가할 라이브러리 선택

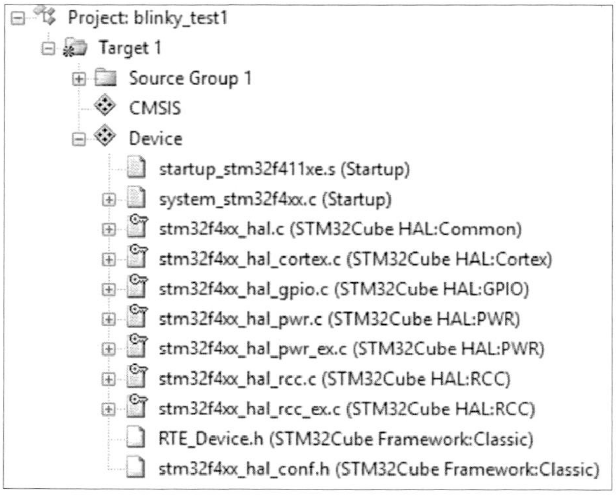

(그림 7-3) 프로젝트에 추가된 소스 파일

Nucleo-F411RE 보드에 위치한 사용자가 제어 가능한 LED는 LD2로 표시되어 있고, GPIO PA_5(포트 A의 핀 5)에 연결되어 있다. (그림 7-4)와 같은 회로로 구성되어 있으므로, GPIO PA_5 출력 값을 '1'로 할 때, LD2가 켜진다.

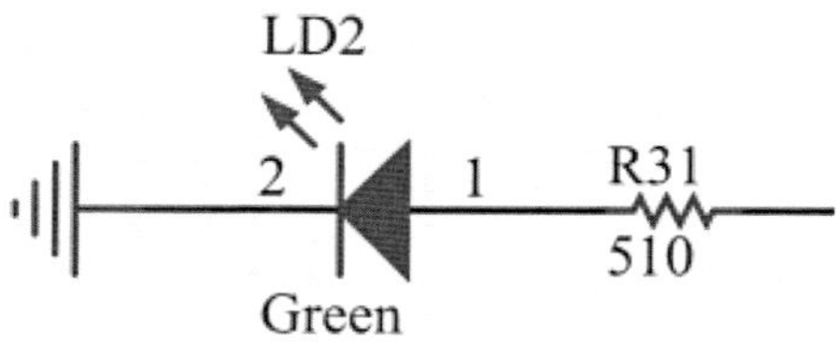

(그림 7-4) LED2 (LD2) 관련 하드웨어 회로도

GPIO PA_5 포트를 초기화하는 LD2_setup() 함수의 예는 다음과 같다.

```
#include "stm32f4xx_hal_gpio.h"
#include "stm32f4xx_hal_rcc.h"

void LD2_setup(void) {
	GPIO_InitTypeDef LD2_InitStruct;

	//GPIOA clock enable
```

```
8          __HAL_RCC_GPIOA_CLK_ENABLE();
9
10         LD2_InitStruct.Pin = GPIO_PIN_5;
11         LD2_InitStruct.Mode = GPIO_MODE_OUTPUT_PP;
12         LD2_InitStruct.Speed = GPIO_SPEED_FAST;
13
14         HAL_GPIO_Init(GPIOA, &LD2_InitStruct);
15     }
```

HAL 드라이버에 대한 설명은 “Description of STM32F4 HAL and LL drivers User Manual”에 자세히 나타나 있다. 라인 8은 GPIOA 모듈의 클럭을 활성화시키는 함수로 GPIOA 관련된 설정을 하기 전에 반드시 선행해야 한다. 라인 10~12는 GPIO의 핀 5번을 푸시-풀 형태의 출력모드로, 출력 값 변화는 ’FAST‘ 모드로 관련 구조체를 설정하고 있다. 라인 14는 설정된 구조체를 이용하여 GPIOA를 초기화시키는 함수이다.

GPIO 관련된 HAL API는 다음과 같다.

함수	void HAL_GPIO_Init (GPIO_TypeDef * GPIOx, GPIO_InitTypeDef * GPIO_Init)
설명	GPIO_Init에 설정된 매개변수 값을 이용하여 GPIOx를 초기화한다.
함수	void HAL_GPIO_DeInit (GPIO_TypeDef * GPIOx, uint32_t GPIO_Pin)
설명	GPIOx의 GPIO_Pin과 관련된 레지스터를 디폴트 상태로 만든다. GPIO_Pin 은 GPIO_PIN_0 ~ GPIO_PIN_15 형태의 값을 취할 수 있다.
함수	GPIO_PinState **HAL_GPIO_ReadPin** (GPIO_TypeDef * GPIOx, uint16_t GPIO_Pin)
설명	GPIOx의 GPIO_Pin의 값을 읽는다.
함수	void HAL_GPIO_WritePin (GPIO_TypeDef * GPIOx, uint16_t GPIO_Pin, GPIO_PinState PinState)
설명	GPIOx의 GPIO_Pin에 PinState 값을 출력시킨다. PinState 는 GPIO_PIN_RESET/GPIO_PIN_SET 값을 취할 수 있다.
함수	void **HAL_GPIO_TogglePin** (GPIO_TypeDef * GPIOx, uint16_t GPIO_Pin)
설명	GPIOx의 GPIO_Pin 출력 값을 토글시킨다.

참고로 GPIO_InitTypeDef 구조체는 다음과 같이 정의되어 있다.

```
{
  uint32_t Pin;
  uint32_t Mode;
  uint32_t Pull;
  uint32_t Speed;
  uint32_t Alternate;
} GPIO_InitTypeDef;
```

실습 1: 앞에서 이미 학습한 내용과 본 절에서 설명된 내용을 기반으로 다음과 같은 프로그램을 작성하여라.

- LD2를 250ms 간격으로 (125ms ON and 125ms off) 깜박이도록 한다.
- 시간 경과 측정은 SysTick을 이용하며, SysTick의 타임아웃 유무는 폴링을 이용해야 한다.

main() 함수는 다음과 형태로 작성할 수 있을 것이다. 비워진 부분을 위에서 기술한 조건을 만족시키도록 프로그램을 작성한 다음, 타켓 보드에서 동작을 확인하여라. 이 프로그램에서는 시스템 클럭을 빨리 할 필요는 없지만, 시스템 클럭을 96MHz로 동작시키도록 한다. (디버거를 이용하여 tmp 변수 값이 확인하여라.)

```
#include "stm32f4xx.h"

int main()
{
        SetSysClock();
        SystemCoreClockUpdate();

        LD2_setup();

        tmp = SystemCoreClock/8;

        SysTick->LOAD = tmp - 1;     //125ms
```

```
        //SysTick->LOAD = tmp;
        SysTick->VAL =0;
        SysTick->CTRL =                  ; // configure the SysTick_CTRL

        while(1) {
              // fill out this part
              // check if time-out occurs
              // if so, toggle LD2
              // if needed, do an additional job
        }
}
```

CMSIS HAL API에서도 SysTick을 제어하는 다음과 같은 함수가 존재한다.

```
uint32_t HAL_SYSTICK_Config(uint32_t TicksNumb)
```

이 함수의 동작은 다음과 같다.

- 함수의 매개변수 TicksNum의 값은 STK_LOAD 레지스터로 값이 전달된다. (정확하게는 “SysTick->LOAD = TicksNum - 1”으로 동작한다.)
- SysTick의 인터럽트 우선순위를 가장 낮은 우선순위를 가지도록 설정한다. 즉 우선순위를 8비트로 표현하면 0xF0의 값으로 설정한다. (STM32에서는 8비트 우선순위 값에서 상위 4비트만 사용하고 있다.)
- SysTick의 클럭 소스로 시스템 클럭인 HCLK가 사용되도록 한다.
- SysTick 인터럽트를 활성화시킨 다음, SysTick 타이머를 활성화시킨다.

하지만 이 함수는 SysTick 타이머를 폴링 모드에서 동작시킬 수는 없으므로 본 실습에 사용하기에는 적절하지 못하다.

실습 2: LD2를 Nucleo-F411 보드 상의 사용자 버튼 B1을 이용하여 ON/OFF 시키는 프로그램을 작성하여라.

- 사용자 버튼 B1을 누르면 LD2가 토글 되도록 동작해야 한다.
- 사용자 버튼 B1은 GPIO Port C 13번에 연결되어 있으며, (그림 7-5)와 같은 회로로 구성되어 있다. 따라서 사용자 버튼 B1을 누르지 않았을 때에는 '1'의 값이 입력되고, 눌렀을 경우에는 '0'의 값이 입력된다.

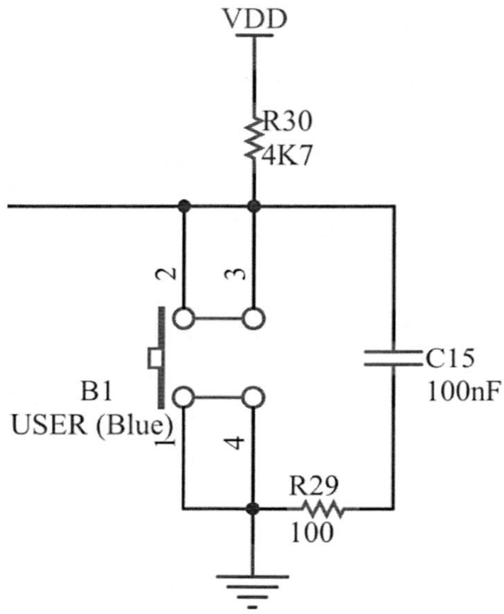

(그림 7-5) 사용자 버튼 주변 회로도

제8장

디지털 입출력 장치 제어

8.1 GPIO(디지털 입력 및 출력 장치)

GPIO는 General Purpose Input/Output의 약어로 디지털 신호를 읽거나 혹은 출력시킬 수 있는 주변 기기이다. 앞에서 Mbed-OS에서 온라인 컴파일러 사용법을 설명할 때 사용하였던 예제는 디지털 출력 신호를 사용하여 LED를 점멸시킨 것으로, GPIO는 MCU의 주변기기 중에서 가장 기본적인 I/O 장치이다. 한 비트 디지털 출력 신호를 이용하여 외부의 장치들을 On/Off 제어할 수 있으며, 외부에서 발생한 이벤트도 디지털 입력 기능을 이용하여 감지할 수 있다.

실습 보드에서 사용하는 STM32F411RE MCU에는 50개의 GPIO 포트를 제공한다. (PA0 ~PA15, PB0 ~ PB15 (PB11 없음.), PC0 ~ PC15, PD2, PH0, PH1) 현대의 대부분의 MCU들과 같이 STM32F411RE MCU에서도 각 GPIO 핀이 다른 기능으로 동작하도록 사용자가 프로그램으로 설정할 수 있다. 즉 GPIOx_AFRL과 GPIOx_ AFRH(GPIO Alternate Function Register Low/High, x=A, B, C, D, H) 레지스터 값을 설정함으로써 각 GPIO 핀의 기능을 선택할 수 있다. (GPIOx_MODER(GPIO Mode Register)에서 해당 핀을 대체 기능으로 사용하겠다는 설정 또한 필요하다.) (그림 8-1)에서 보는 바와 같이, GPIO 포트 A의 핀 0(PA0)는 GPIOA_AFRL 레지스터의 비트 3~0(GPIOA_AFRL[3:0])의 설정 값에 따라, TIM2_CH1, TIM5_CH1, UART2_CTS, EVENTOUT 기능들로도 사용될 수 있다. (참고로 GPIO 각 핀 당 사용 기능 설정을 위해서 4비트가 할당되어 있다. 아래 그림에서 AF00의 의미는 4비트가 '0000'인 경우이고, AF07은 '0111'인 경우이다.)

PORT	AF00	AF01	AF02	AF03	AF04	AF05	AF06	AF07	AF08	AF09	AF10	AF11	AF12	AF13	AF14	AF15
	SYS_AF	TIM1/ TIM2	TIM3/ TIM4/ TIM5	TIM9/ TIM10/ TIM11	I2C1/ I2C2/ I2C3	SPI1/ I2S1/ SPI2/ I2S2/ SPI3/ I2S3	SPI2/ I2S2/ SPI3/ I2S3/ SPI4/ I2S4/ SPI5/ I2S5	SPI3/ I2S3/ USART1/ USART2	USART6	I2C2/ I2C3	OTG1_FS		SDIO			
PA0	-	TIM2_CH1/ TIM2_ETR	TIM5_CH1	-	-	-	-	USART2_CTS	-	-	-	-	-	-	-	EVENT OUT
PA1	-	TIM2_CH2	TIM5_CH2	-	-	SPI4_MOSI/ I2S4_SD	-	USART2_RTS	-	-	-	-	-	-	-	EVENT OUT
PA2	-	TIM2_CH3	TIM5_CH3	TIM9_CH1	-	I2S2_CKIN	-	USART2_TX	-	-	-	-	-	-	-	EVENT OUT
PA3	-	TIM2_CH4	TIM5_CH4	TIM9_CH2	-	I2S2_MCK	-	USART2_RX	-	-	-	-	-	-	-	EVENT OUT

(그림 8-1) GPIO 핀에서 대체 기능 매핑 예

STM32F411RE MCU에서 GPIOx_AFRL/GPIOx_AFRH 레지스터의 각 4비트의 값에 따라 매핑 가능한 대체 기능은 다음 그림과 같이 구성되어 있다.

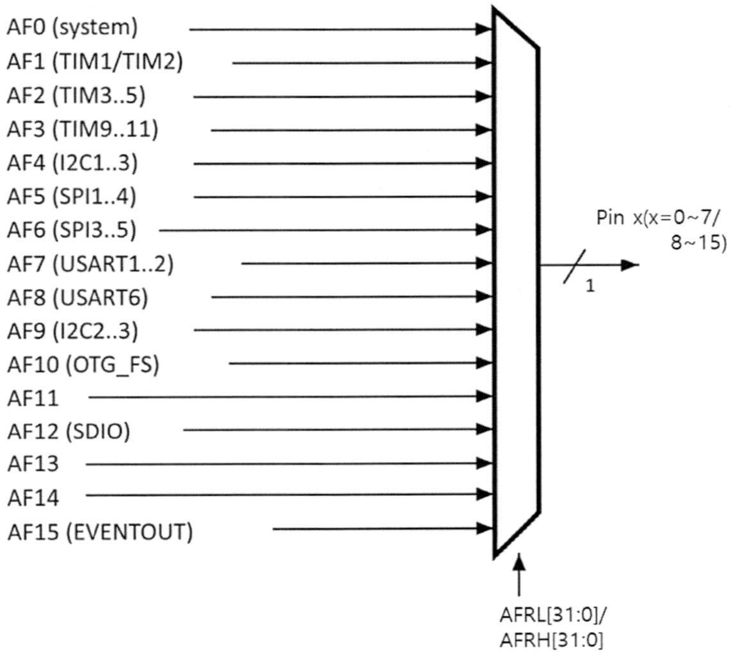

(그림 8-2) STM32F411RE MCU에서 매핑 가능한 대체 기능 구성

MCU가 리셋된 후, 대부분의 GPIO 포트들은 디지털 입력 장치로 동작한다. (예외인 핀들로는 PA13/14/15와 PB3/4가 있으며, 이들은 리셋 후 디폴트 상태가 외부의 디버거와 연결되어 동작하는 기능을 수행하도록 되어 있다.) GPIO 핀이 디지털 입력 장치로 동작하도록 하는 기능은 GPIOx_MODER 레지스터에 의해서 결정된다. GPIOx_MODER 레지스터 설정에 따라 GPIO 각 핀은 '디지털 입력 장치'/'디지털 출력 장치'/'대체 기능'/'애널로그 모드' 의 4가지 중 하나로 동작하도록 설정될 수 있다.

GPIO 관련 주요 레지스터 및 동작은 다음과 같다. Mbed-OS에서 제공하는 API를 이용하여 프로그램하는 경우, MCU 내부의 레지스터들을 알 필요는 없겠지만, MCU 동작을 좀 더 깊게 이해하기 위해서는 레지스터들의 구성 및 기능들을 파악할 필요가 있다.

- GPIOx_OTYPER(GPIO Output Type Register): GPIO의 핀이 디지털 출력 장치로 동작할 때, 출력 신호 형태를 설정하는 레지스터이며, 설정 값에 따라 출력 장치의 핀이 푸시풀(pushpull) 혹은 오픈 드레인(open drain) 형태를 지니도록 할 수 있다. 푸시풀 형태가 디폴트 설정 값이다.

- GPIOx_OSPEEDR(GPIO Output Speed Register): GPIO의 핀이 출력 장치로 동작할 때, 출력 신호 속도를 설정하는 레지스터이며, 설정 값에 따라 4 단계의 동작 속도로 설정할 수 있다. (가장 빠르게 동작하도록 설정할 경우, 토글링 속도는 100MHz이다.) PA_14와 PB_3 핀을 제외하고는 디폴트 상태에서는 가장 낮은 동작 속도로 동작한다. (동작 전압과 출력 포트의 부하에 따라 차이가 있지만, 3.3V 전원을 사용하고 일반적인 부하의 경우에 최대 토글링 속도는 설정된 값에 따라 각각 8MHz/50MHz/100MHz/100MHz 이다.)

- GPIOx_PUPDR(GPIO Pull-up/Pull-down Register): GPIO 포트에 '풀업, 풀다운 저항 미포함'/'풀업 저항 포함'/'풀다운 저항 포함'의 3가지 옵션 중 하나를 선택할 수 있도록 한다. PA_15와 PB_4는 디폴트 상태에서 풀다운 저항이 포함되며, PA_13와 PA_14은 디폴트 상태에서 풀업 저항을 포함한다. 나머지 포트들은 디폴트 상태에서 풀업/풀다운 저항을 포함하지 않는다.

- GPIOx_IDR(GPIO Input Data Register): GPIO 핀이 입력 장치로 설정되어 있을 때, 해당 신호를 읽을 때 사용된다. 단지 읽기만이 가능한 레지스터이다.

- GPIOx_ODR(GPIO Output Data Register): GPIO 핀이 출력 장치로 설정되어 있을 때, 신호 값을 출력시킬 때 사용된다. 쓰기와 읽기가 가능한 레지스터이다. 읽을 경우 이전에 출력한 값이 읽히게 된다.

- GPIOx_BSRR(GPIO Bit Set/Reset Register): GPIO가 출력 장치로 설정되어 있을 때, 나머지 비트들의 값에는 영향을 주지 않고 특정 비트 신호만을 '1' 혹은 '0'으로 출력시키기 위하여 사용된다. GPIOx_BSRR[15:0]의 16비트는 특정 포트 신호를 '1'로 만들기 위하여 사용되고, GPIOx_BSRR[31:16]의 16비트는 특정 포트 신호를 '0'으로 만들기 위해 사용된다. GPIOx_BSRR[15:0]의 비트를 '1'로 하면 해당 GPIO의 출력 값이 '1'로 되고, '0'으로 하였을 경우에는 현재 출력 값에 영향을 주지 않는다. 이와 유사하게 GPIOx_BSRR[31:16]의 어떤 비트를 '1'로 하면 해당 GPIO의 출력 값이 '0'으로 되고, '0'으로 하였을 경우에는 현재 출력 값에 영향을 주지 않는다. 이 레지스터는 단지 쓰기만이 가능하다.

8.1.1 GPIO 입출력 포트의 전기적 특성

GPIO 포트의 핀이 입력 모드일 때, 개념적인 동작 회로는 다음 그림과 같다. 해당 포트를 보호하기 위하여 입력 포트에 보호용 다이오드가 연결되어 있으며, 데이터 시트에 따르면 MCU에서 수용 가능한 외부 입력 신호 범위는 VSS-0.3V ~ VDD+4.0V이다. 현재 Nucleo-F411RE 보드는 VDD=3.3V로 동작하고 있기 때문에, -0.3V ~ +7.3V 범위의 외부 입력 신호는 직접 MCU에 연결하더라도 해를 끼치지 않는다. 3.3V에서는 동작하지 않고 5V에서 동작하는 센서들을 (대표적으로는 초음파 센서) MCU에 연결할 때, Nucelo 보드에서는 해당 센서의 입력 신호를 별도의 로직 변환 장치 없이 직접 연결하여 사용하는 것이 가능하다. (요즘에 출시되고 있는 대부분의 MCU들은 집적도가 대단히 높기 때문에 입력 포트에 이러한 보호 회로가 없는 경우가 태반이다. 따라서 5V 이상의 전원으로 동작하고 있는 센서들을 접속하여 사용할 때에 주의가 필요하다. 스펙 규정을 만족하지 않는 장치와 연결 시에 고장의 원인이 된다.)

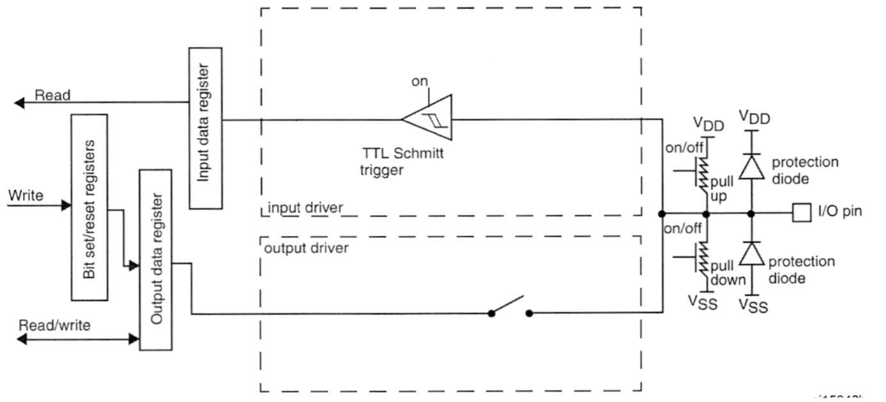

(그림 8-3) 입력 모드일 때, GPIO 포트 핀의 구성도(출처: stm32f411re datasheet)

풀업/풀다운 저항은 PA_10을 제외하고는 약 40 kΩ이다. (PA_10에서는 약 10 kΩ이다. 이는 OTG의 ID 핀으로 사용될 수 있기 때문이다.) 앞에서 설명한 바와 같이 풀업/풀다운 저항은 사용자의 설정에 따라 사용 유무가 결정된다.

STM32F411RE MCU는 CMOS로 제조되었기 때문에 입력 신호가 0.3*VDD 이하이면 로직 '0'으로 인지되게 되고, 0.7*VDD 이상이면 로직 '1'로 인지하게 된다. 즉 Nucleo 보드에서는 VDD=3.3V로 동작하고 있기 때문에, 입력 신호가 0.99V 이하이면 신호 '0'으로 인지하고, 2.31V 이상이면 '1'로 인지하게 된다.

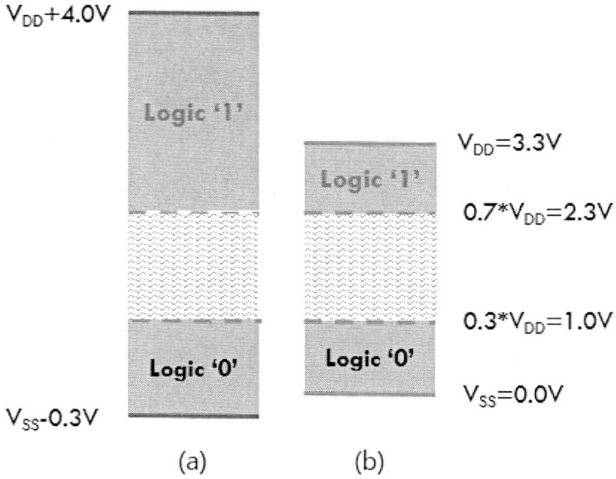

(a) 최대 허용 입력 신호 로직 레벨
(b) 일반적인 입력 신호 로직 레벨

(그림 8-4) Nucleo 보드에서

GPIO 포트의 핀이 출력 모드일 때, 개념적인 동작 회로는 다음 (그림 8-5)과 같다.

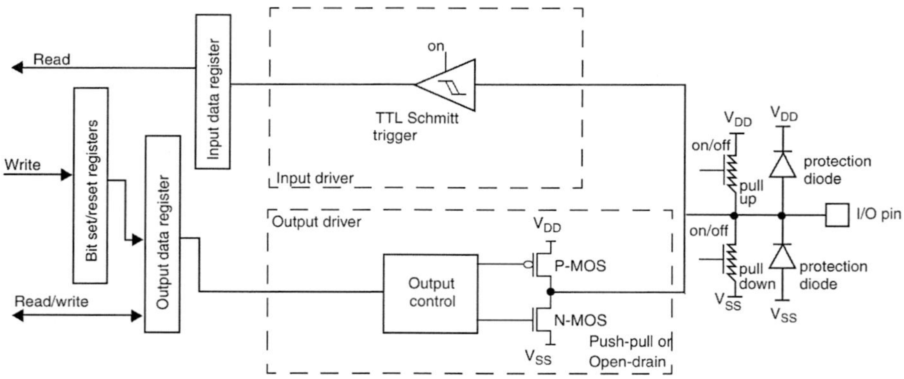

(그림 8-5) 출력 모드일 때, GPIO 포트 핀의 구성도(출처: stm32f411re datasheet)

앞에서 설명한 바와 같이 GPIO 핀이 출력 모드일 때, 출력 신호 형태는 푸시풀 혹은 오픈 드레인 형태가 가능하다. 푸시풀 형태인 경우, 출력 신호가 '0'이면 N-MOS가 활성화되고 P-MOS는 비활성화되어 출력 신호가 (이상적으로 설명할 경우) 0V가 되게 되고, 출력 신호가 '1'이면 반대로 P-MOS가 활성화되고 N-MOS는 비활성화 되어 출력 신호가 (이상적으로 설명할 경우) VDD가 되게 된다. 출력 신호 형태가 오픈 드레인인 경우, 출력 신호가 '0'이면 푸시풀인 경우와 동일하게 N-MOS가 활성화되고 P-MOS는 비활성화되어 출력 신호가 0V가 되게 된다. 하지만 출력 신호가 '1'이면 P-MOS와 N-MOS가 모두 비활성화 되어 출력 신호가 플로팅(floating) 상태가 된다.

일반적으로는 푸시풀 형태의 출력 형태를 가지겠지만, 여러 디바이스가 동시에 같은 라인에 출력을 해야 하는 경우는 푸시풀 형태를 사용하는 것이 불가능하다. (서로 출력 신호가 다르게 되면 신호에서 충돌이 발생하게 되어 정상적으로 동작하지 못할 뿐 아니라 고장의 원인이 된다.) 이러한 경우 출력 형태를 오픈 드레인으로 하면 서로 다른 신호를 출력하더라도 문제가 없고, 최종 출력 신호는 wired-AND 로직으로 동작하게 된다. 즉 어느 한 디바이스라도 '0'을 출력하게 되면 그 라인의 신호는 로직 '0'의 값이 되기 때문이다. (오픈 드레인 출력 형태인 경우에는 출력 라인에 풀업 저항을 사용하여야 한다.)

(그림 8-5)에서 보는 바와 같이 GPIO 포트의 핀이 출력 모드로 동작할 때에도 해당 포트의 핀으로부터 값을 읽을 수가 있다. 하지만 조심해야 하는 부분은 GPIOx_IDR 레지스터와 GPIOx_ODR 레지스터로부터 값을 읽을 수 있다는 점이다. GPIOx_ODR로부터 데이터를 읽을 때에는 전에 GPIOx_ODR 레지스터에 쓴 값이 읽히지만, GPIOx_IDR 레지스터로부터 읽을 때에는 실제 포트의 신호 레벨에 따른 값이 읽히게 된다.

GPIO 포트의 핀을 출력 모드로 동작시킬 때, 주로 해당 핀을 이용하여 다른 장치를 제어하는 용도로 사용된다. 하지만 이 때 주의하여야 할 부분은 GPIO 포트의 핀이 제공할 수 있는 최대 전류가 제한되어 있다는 점이다. 따라서 일반적으로 많은 전류를 요구하는 모터와 같은 장치는 MCU를 이용하여 직접 구동할 수 없다. 이러한 경우, 일반적으로 MCU에서는 모터를 구동하도록 구성된 모듈 혹은 회로를 제어하는 신호 만을 생성하고, 실제 모터의 구동은 모터 드라이버에서 하게 된다. STM32F411RE MCU에서는 각 GPIO 포트의 핀이 제공할 수 있는 최대 전류는 25mA이다. 그리고 모든 I/O 핀이 제공하는 총 전류의 크기는 120mA 이내여야 한다.

참고로 GPIO 포트의 핀에 LED를 연결하여 LED를 점멸하는 경우를 살펴보자. LED를 구동하기 위한 회로는 다음과 같은 2가지이다. (a)의 경우는 GPIO 포트의 핀의 신호가 '0'일 때 LED가 켜지는 경우이고, (b)는 GPIO 포트의 핀이 '1'이 되었을 때 LED가 켜지는 경우이다.

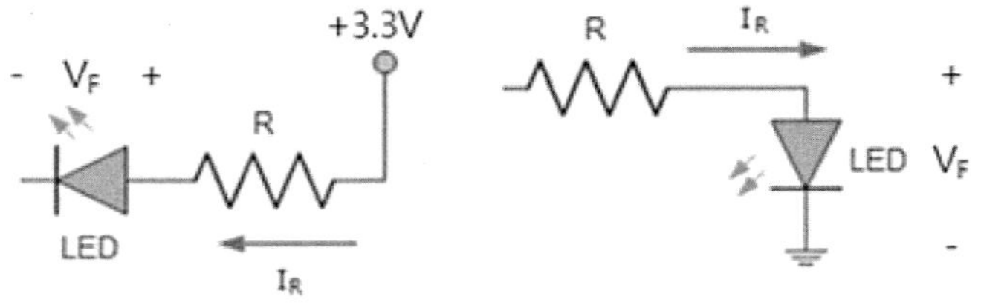

(a) (b)

(그림 8-6) LED 구동 회로

LED는 색과 LED의 제조 물질에 따라서 전압-전류 특성이 다르며, 일반적으로 전압-전류 특성이 비선형성을 지닌다. (그림 8-7 참조)

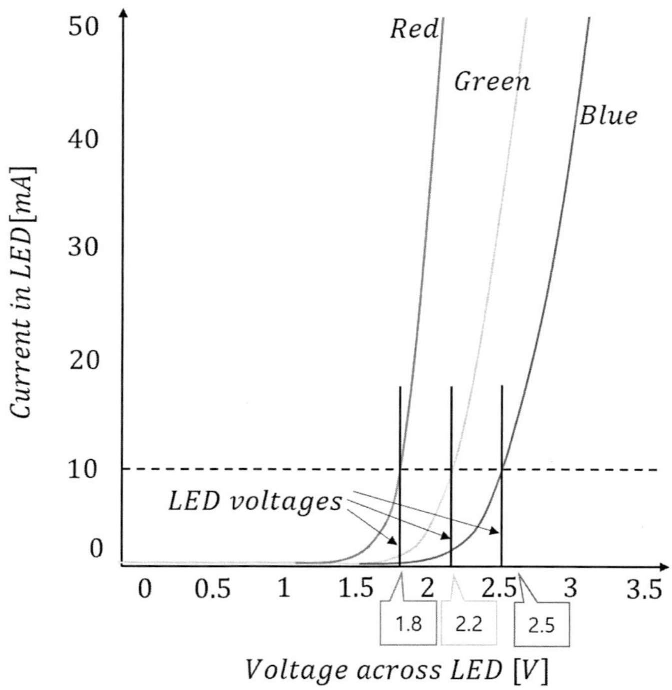

(그림 8-7) LED 색에 따른 전압 전류 특성

LED에 흐르는 전류의 양에 따라 LED의 밝기가 결정되며, 보통 10 ~ 20mA 정도의 전류가 요구된다. STM32F411RE MCU는 최대 25mA이 전류를 공급할 수 있기 때문에 직접 LED를 구동하는 데 무리가 없다. 하지만 위의 회로도에서 LED

에 원하는 전류가 흐르도록 하려면 적절한 저항을 선택하여야 한다. LED의 전압-전류 특성이 비선형성이어서 직접 계산하기는 어렵지만, 원하는 전류가 흐를 때에 LED 양단의 전압 VF를 안다면 쉽게 저항 값을 선택할 수 있을 것이다. 예를 들어 LED의 VF=1.8V일 때, 전류가 10mA가 흐른다고 하고, LED를 통하여 흐르는 전류가 10mA가 되도록 하려면, 저항 R은 다음과 같은 값을 지녀야 할 것이다.

$$R = \frac{3.3V - 1.8V}{10mA} = 150[\Omega]$$

〈표 8-1〉 LED 색에 따른 대표적인 특성.

LED 색	파장 [nm]	V_F @ 20mA
RED	630 ~ 660	1.8
YELLOW	585 ~ 595	2.2
GREEN	550 ~ 570	3.5
BLUE	430 ~ 505	3.6

8.1.2 디지털 출력 장치

이 절에서는 Mbed-OS 상에서 GPIO 핀을 디지털 출력 장치로 동작시키는 방법에 대하여 기술한다. 앞에서 기술한 Nucelo-F411RE 보드 상의 LED2를 점멸시키는 경우도 GPIO 포트 A의 5번 핀을 디지털 출력 장치로 동작하도록 설정한 다음, 해당 핀의 디지털 출력 값을 '1' 혹은 '0'로 출력시켜 LED를 On/OFF 시킨 예이다.

Mbed-OS에서는 디지털 출력 장치를 다루기 위하여 DigitalOut 클래스를 규정하여 사용하고 있다. DigitalOut 클래스는 drivers/DigitalOut.h 파일에 기술되어 있다. DigitalOut 클래스에서 생성자(constructor)는 다음과 같이 규정되어 있다. 예를 들어 'DigitalOut led2(PA_5, 0)'의 의미는 GPIO 포트 A의 핀 5를 led2 이란 이름의 DigitalOut 객체로 생성하고, 초기 출력 값을 '0'으로 하라는 의미이다. 앞에서 간단히 언급한 바와 같이 GPIO의 출력 신호 형태로 여러 가지로 설정할 수 있지만, 이 생성자를 이용하였을 경우에는 디폴트 상태(푸시풀 출력 신호 형태, 풀업/풀다운 저항이 없는 상태, 가장 낮은 속도의 토글링)로 특성이 주어지게 된다. 이를 변경하기 위해서는 직접 GPIO 레지스터에 접근하여 레지스터의 값을 적절하게 바꾸어 주어야 한다.

생성자	DigitalOut(PinName pin) DigitalOut (PinName pin, int value)
설명	GPIO 포트의 어떤 pin을 디지털 출력 장치로 설정한다. 혹은 디지털 출력 장치의 초기값을 value로 한다. 초기값이 주어지지 않았을 경우 디지털 출력 장치의 초기값은 '0'으로 주어진다.
인자	pin: PA_0, … PA_15, PB_0,…, PB_15 등 혹은 D0, …, D15 (아두이노 확장 커넥터 이름) (Pinname에 대한 정의는 https://github.com/ARMmbed/mbed-os/blob/master/targets/TARGET_STM/TARGET_STM32F4/TARGET_STM32F411xE/TARGET_NUCLEO_F411RE/PinNames.h 참조)
사용 예	DigitalOut led1(D2); DigitalOut led2(PA_5, 0);

DigitalOut 클래스에 규정된 주요 함수는 다음과 같다.

함수	void write(int value)
설명	디지털 출력 장치로 설정된 GPIO 포트의 핀을 '0' 혹은 '1'의 값으로 출력한다. (value 값이 0이 아니면 출력 값은 '1'에 해당 하는 값이 출력된다.)
사용 예	led1.write(0); led1.write(1);
함수	int read()
설명	디지털 출력 장치로 설정된 GPIO 포트의 핀에서 입력 신호를 읽는다. (코드를 살펴보면 GPIOx_IDR 레지스터 값을 읽는다.)
사용 예	int a = led1.read();
함수	DigitialOut& operator= (int value)
설명	= 연산자에 대한 재정의 함수로 write() 함수를 간단하게 사용할 수 있도록 정의한 함수이다.
사용 예	led1 = 1; //the same as led1.write(1)

함수	DigitialOut& operator= (DigitalOut& rhs)
설명	= 연산자에 대한 재정의 함수로 write() 함수를 간단하게 사용할 수 있도록 정의한 함수이다. (rhs에도 DigitalOut 객체가 오게 되는 경우로 rhs의 DigitalOut 객체로부터 값을 읽어서 DigitalOut 객체로 해당 값을 출력시키는 경우에 해당한다.)
사용 예	led1 = !led2

함수	operator int()
설명	이것은 일반적으로 C++에서 변환 연산자(conversion operator)이다. DigitalOut 클래스에서는 read()를 간단하게 하기 위하여 사용된다. (변환 연산자의 의미로 설명한다면 DigitalOut 형태를 int 형태로 변환하는 것이다.)
사용 예	int a = led1; //the same as int a = led1.read();

8.1.2.1 디지털 출력 장치 실습(1)

Nucleo-F411RE 보드의 외부 확장 커넥터에 Red, Green, Blue LED를 각각 D2(PA_10), D3(PB_3)과 D4(PB_5)에 연결한 다음, Red LED는 1.0초(0.5초 ON/0.5초 OFF) 간격으로, Green LED는 2.0초 간격으로, Blue LED는 4.0초 간격으로 점멸하는 예제를 살펴보도록 한다.

Mbed-OS에서 시간 경과를 제어할 수 있는 다음과 같은 함수를 제공하고 있다. wait() 함수는 주어지는 파라미터의 단위가 초이므로, wait(0.5)로 하면 0.5초 시간을 기다리게 된다.

함수	설명
void wait (float s)	파라미터는 부동 소수점 형태로 주어지며, 단위는 초이다.
void wait_ms (int ms)	파라미터는 정수 형태로 주어지며, 단위는 ms이다.
void wait_us (int us)	파라미터는 정수 형태로 주어지며, 단위는 us이다.

이들 함수들은 실질적으로는 모두 wait_us() 함수를 이용하여 구현하고 있다. 다음에서 보는 바와 같이 RTOS를 사용하는 경우와 사용하지 않는 경우, 구현에서 차이가 존재한다. 즉 RTOS를 사용하지 않는 경우는 시간이 경과할 때까지 반복적으로 확인한다. 반면에 RTOS를 사용하는 경우, ms 이상의 시간 경과를 수행하는 경우에는 Thread::wait() 함수를 이용하여 다른 쓰레드가 CPU를 사용하도록 하도록 하고 있다.

No-RTOS

```
void wait_us(int us)
{
    const ticker_data_t *const ticker = get_us_ticker_data();
    uint32_t start = ticker_read(ticker);
    while ((ticker_read(ticker) - start) < (uint32_t)us);
}
```

RTOS

```
void wait_us(int us)
{
    const ticker_data_t *const ticker = get_us_ticker_data();

    uint32_t start = ticker_read(ticker);
    // Use the RTOS to wait for millisecond delays if possible
    int ms = us / 1000;
    if ((ms > 0) && core_util_are_interrupts_enabled()) {
        sleep_manager_lock_deep_sleep();
        Thread::wait((uint32_t)ms);
        sleep_manager_unlock_deep_sleep();
    }
    // Use busy waiting for sub-millisecond delays, or for the whole
    // interval if interrupts are not enabled
    while ((ticker_read(ticker) - start) < (uint32_t)us);
}
```

Thread::wait() 함수는 Mbed-OS에서 정적 함수로 제공하는 것으로 CPU가 루프문을 반복하는 것이 아니라 CPU를 wait 상태로 가도록 하여 다른 쓰레드가 CPU를 사용할 수 있도록 동작한다.

함수	설명
Thread::wait(uint32_t ms)	파라미터는 unsigned int 형태로 주어지며, 단위는 ms이다.

본 실습을 구현한 코드의 예는 다음과 같다.

```
#include "mbed.h"

DigitalOut RedLed(D2);
DigitalOut GreenLed(D3);
DigitalOut BlueLed(D4);

// main() runs in its own thread in the OS
int main() {
    int color = 0;
    while (true) {
        RedLed = color & 0x01;
        GreenLed = color & 0x02;
        BlueLed = color & 0x04;
        wait(0.5);                // 0.5 sec delay
        color = (color + 1 ) % 8;
    }
}
```

프로그램이 정상적으로 동작하는 가를 확인하고, 전체 프로그램이 동작하는 원리를 생각해 보아라. 참고로 color 라는 변수는 0.5 초 간격으로 값이 0 (0b000) -> 1(0b001) -> 2(0b010 -> 3(0b011)-> 4(0b100) -> 5(0b101) -> 6(0b110) -> 7(0b111) -> 0 -> … 으로 반복하여 변하게 된다.

8.1.2.2 디지털 출력 실습(2)

본 실습에서는 디지털 출력 장치의 최대 토글링 속도를 측정하는 실습을 수행한다. Mbed-OS에서 주어진 API를 이용하는 경우와 GPIOx_OSPEEDR 레지스터를 변경하고, 값의 변화도 Mbed-OS API에서 주어진 함수를 이용하지 않고 직접 레지스터를 접근하여 프로그램을 수행하는 경우의 토글링 속도를 비교한다.

제공된 API에서는 대부분 일반적인 경우에 대하여 구현되어 있고, 가능한 모든 기능을 구현하지 않는 경우가 많다. 따라서 주어진 API 만을 이용하여 프로그램을 작성하는 것은 빠르게 구현할 수 있다는 장점은 있지만, 필요한 기능이 구현되어 있지 않은 경우에는 주변기기의 내부 구조를 잘 파악하여 직접 주변기기를 제어하는 프로그램을 작성하여야 한다. 여기서 간단한 예를 통해서 이를 살펴본다.

다음은 Mbed-OS API를 이용하여 D2(PA_10) 핀을 디지털 출력 모드로 설정한 다음, 핀의 출력 값이 0과 1을 반복하도록 작성한 단순한 코드이다. while()

문 안에 동일 코드가 반복하여 사용한 이유는 루프 구문을 풀어서 코딩을 하는 것이 실행 속도를 높일 수 있기 때문이다. 이는 임베디드 시스템에서 사용하는 최적화 기법 중의 하나이다.

```
#include "mbed.h"

DigitalOut dout(D2);

// main() runs in its own thread in the OS
int main() {
    while (true) {
        dout = 1;
        dout = 0;
        dout = 1;
        dout = 0;
        ...
        ...
        dout = 1;
        dout = 0;
    }
}
```

위의 코드를 실행시키면서 D2 출력 신호를 디지털 로직분석기로 측정한 출력 신호는 다음과 같다. 토글링 주기는 1/150ns 즉 6.67MHz로 나타남을 알 수 있다. (MCU의 동작 클럭 속도는 100MHz이다.)

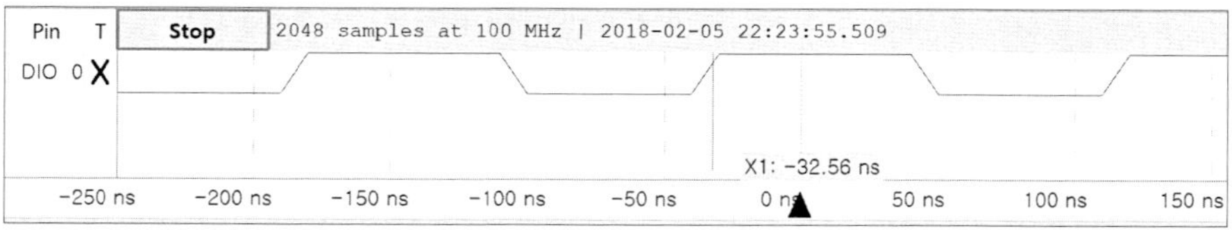

D2(PA_10) 토글링 속도를 최대로 하기 위하여 GPIOA_OSEEDR[21:20]=0b11으로 하여 최고 속도의 동작 속도로 동작하도록 하고, GPIOA_BSRR 레지스터를 직접 조작하여 PA_10 핀의 출력 신호 값을 변화시키도록 한 프로그램 예는 다음에 나타나 있다.

```
#include "mbed.h"

DigitalOut dout(D2);  //PA_10

// main() runs in its own thread in the OS
int main() {
      GPIO_TypeDef *GPIOA_Type = (GPIO_TypeDef *)(GPIOA_BASE);
      // set PA_10 to the highest operation speed
      GPIOA_Type->OSPEEDR   = (uint32_t)(0x03 << 20);

      while (true) {
          GPIOA_Type->BSRR   = 0x01 << 10;     // PA_10 = 1
          GPIOA_Type->BSRR = 0x01 << 26;     // PA_10 = 0
          GPIOA_Type->BSRR = 0x01 << 10;
          GPIOA_Type->BSRR = 0x01 << 26;
          …
          …
          GPIOA_Type->BSRR   = 0x01 << 10;
          GPIOA_Type->BSRR = 0x01 << 26;
    }
}
```

위의 코드를 실행시키면서 D2 출력 신호를 디지털 로직분석기로 측정한 출력 신호는 다음과 같다. (로직분석기의 샘플링 속도가 100MHz이기 때문에 신호 파형이 삼각파 처럼 보인다.) 토글링 주기는 1/20ns 50MHz로 나타남을 알 수 있다. 현재 MCU의 동작 속도가 100MHz이고, ARM Cortex-M 계열 MCU에서는 하나의 명령어 실행에 한 클럭 사이클이 소요되기 때문에 출력 값을 1/0으로 만드는 데, 적어도 2 클럭 사이클이 소모된다. 따라서 최대 동작 속도로 설정을 하였을 경우, 최대 토글링 속도는 100MHz이지만, 실제 최대 토글링 속도는 50MHz가 됨을 알 수 있다.

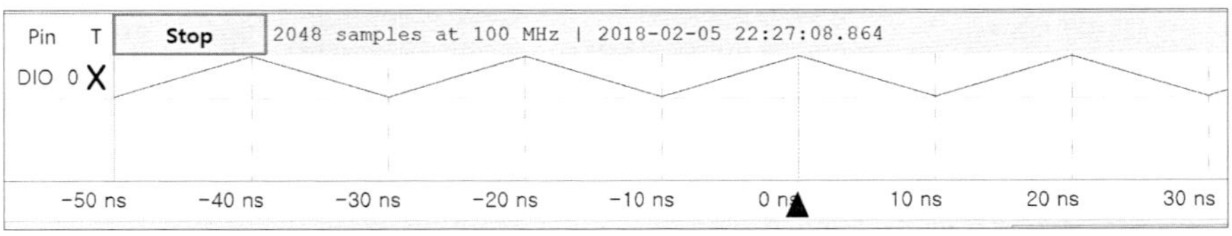

출력 포트의 동작 속도를 가장 낮게 하고(즉 GPIOA_OSEEDR[21:20]=0b00으로 설정하는 경우, 스펙에 의하면 토글링 속도는 최대 8MHz이다.) GPIOA_BSRR

레지스터를 직접 이용하여 최대한 빨리 출력 신호를 변경하는 경우의 동작을 살펴보자. 하드웨어에서는 최대 8MHz까지 동작을 하지만, 소프트웨어에서 50MHz로 토글링하는 경우가 되므로 둘 사이에 충돌이 있게 된다. 측정한 출력 파형에서 볼 수 있는 바와 같이 동일 형태의 신호가 관측되지 않고 설명하기 어려운 형태의 신호가 관측된다. 임베디드 시스템에서는 하드웨어와 소프트웨어 모두에 대한 지식이 있어야만 임베디드 시스템을 정확하게 동작시킬 수 있다.

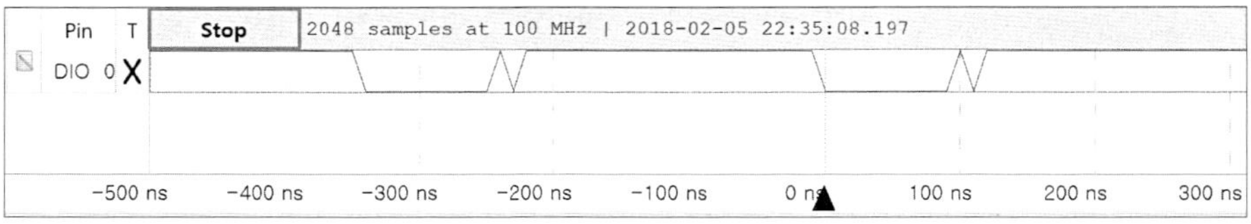

8.1.3 디지털 입력

이 절에서는 Mbed-OS 상에서 GPIO 핀을 디지털 입력 장치로 동작시키는 방법에 대하여 기술한다. Mbed-OS에서 디지털 입력 장치를 다루기 위하여 DigitalIn이라는 클래스를 정의하고 있으며, DigitalIn 클래스는 drivers/DigitalIn.h 파일에 기술되어 있다. DigitalIn 클래스에서 생성자는 다음과 같이 정의되어 있다.

생성자	DigitalIn(PinName pin) DigitalIn (PinName pin, PinMode mode)
설명	GPIO 포트의 pin을 디지털 입력 장치로 설정한다. 혹은 디지털 입력 장치의 pin의 입력 신호 형태를 mode로 한다. mode 값이 주어지지 않을 경우에는 PullNone이 주어진 경우와 동일하다. 즉 풀업과 풀다운이 없는 일반적인 형태이다.
인자	PinName: PA_0, … PA_15, PB_0,…, PB_15 등 혹은 D0, …, D15 (아두이노 확장 커넥터 이름) (Pinname에 대한 정의는 https://github.com/ARMmbed/mbed-os/blob/master/targets/TARGET_STM/TARGET_STM32F4/TARGET_STM32F411xE/TARGET_NUCLEO_F411RE/PinNames.h 참조) PinMode: PullUp, PullDown, PullNone, OpenDrainPullUp, OpenDrainPullDown, OpenDrainNoPull
사용 예	DigitalIn button(PC_13); DigitalIn button(PC_13, PullUp);

DigitalIn 클래스에 규정된 주요 함수는 다음과 같다.

함수	int read()
설명	디지털 입력 장치로 설정된 GPIO 포트의 핀에서 입력 신호를 읽는다.
사용 예	int a = button.read();
함수	void mode(PinMode pull)
설명	입력 핀의 모드를 설정한다.
사용 예	button.mode(PullUp);
함수	operator int()
설명	이것은 C++에서의 변환 연산자이다. DigitalIn 클래스에서는 read()를 간단하게 하기 위하여 사용된다.
사용 예	int a = button; //the same as int a = button.read();

8.1.3.1 디지털 입력 실습

Nucleo-F411RE 보드 상의 사용자 버튼 B1과 LED LD2를 이용하여 디지털 입력장치에 대한 실습을 수행한다. 사용자 버튼 B1을 누를 때마다 LED LD2의 점멸 속도가 변화시키는 실습을 수행한다. LED 점멸 속도의 변화는 다음과 같다: 500 ms on/off → 1 sec on/off → 2 sec on/off → 4 sec on/off → 125 ms on/off → 250 ms on/off → 500 ms on/off → …

Nucelo-F411RE 보드에서 사용자 버튼 B1과 관련된 회로도는 (그림 8-8)과 같다. 버튼을 누르지 않았을 때에는 '1'의 값이, 눌렀을 경우에는 '0'의 값이 PC_13에 입력된다. C15와 R29는 LPF의 역할을 하여 스위치에서 발생하는 바운싱을 제거하는 기능을 수행한다.

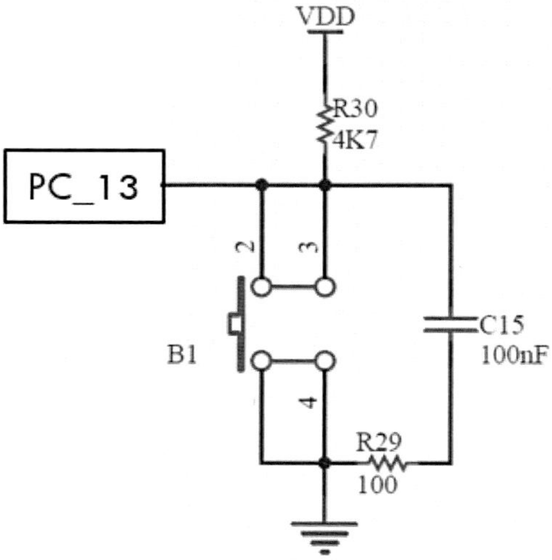

(그림 8-8) 사용자 버튼 B1 관련 회로도

LED LD2의 점멸 속도가 변화하도록 작성한 프로그램 예는 다음과 같다.

```
#include "mbed.h"

DigitalOut led2(LED2);
DigitalIn button(USER_BUTTON);

// main() runs in its own thread in the OS
int main() {
    int interval = 500;

    while (true) {

        if (button == 0) {
            interval = interval << 1;
            if (interval > 4000)
                interval = 125;
        }

        led2 = !led2;
        wait_ms(interval);
    }
}
```

위와 같은 프로그램에서 발생할 수 있는 문제점은 어떠한 것이 있는지 생각하여 보아라.

8.1.4 디지털 입출력

이 절에서는 GPIO 핀을 디지털 입력 및 출력 장치로 동작시키는 방법에 대하여 기술한다. 즉 어느 한 순간에 해당 GPIO 핀을 입력 장치 혹은 출력 장치로 동작하도록 설정하여 사용할 수 있다. Mbed-OS에서 디지털 입출력 장치를 다루기 위하여 DigitalInOut이라는 클래스를 정의한다. DigitalInOut 클래스는 drivers/DigitalInOut.h 파일에 기술되어 있다. DigitalInOut 클래스에서 생성자는 다음과 같이 규정된다.

생성자	DigitalInOut(PinName pin) DigitalInOut (PinName pin, PinDirection dir, , PinMode mode, int value)
설명	GPIO 포트의 어떤 핀을 디지털 입출력 장치로 설정한다. PinDirection이 주어지지 않는 경우에는 디폴트 상태가 디지털 입력 장치로 동작한다. 혹은 디지털 입출력 장치를 입력 장치 혹은 출력 장치로 초기화시키며, 해당 핀의 모드를 설정하고, 출력 장치일 때 출력 신호의 초기값을 value로 한다. 입력 장치인 경우 value는 무의미하다.
인자	pin: PA_0, … PA_15, PB_0,…, PB_15 등 혹은 D0, …, D15 (아두이노 확장 커넥터 이름) dir: PIN_OUTPUT, PIN_INPUT mode: PullUp, PullDown, PullNone, OpenDrainPullUp, OpenDrainPullDown, OpenDrainNoPull
사용 예	DigitalInOut inOut(D2); DigitalInOut inOut(PA_5, PIN_OUTPUT, PullNone, 0)

DigitalInOut 클래스에 주요 함수는 다음과 같다.

함수	void write(int value)
설명	디지털 출력 장치로 동작할 때, GPIO 포트의 핀을 '0' 혹은 '1'의 값으로 출력한다. (value 값이 0이 아니면 출력 값은 '1'에 해당 하는 값이 출력된다.)
사용 예	inOut.write(0); inOut.write(1);

함수	DigitialInOut& operator= (int value)
설명	= 연산자에 대한 재정의 함수로 write() 함수를 간단하게 사용할 수 있도록 정의한 함수이다.
사용 예	inOut = 1; //the same as inOut.write(1)
함수	DigitialInOut& operator= (DigitalInOut& rhs)
설명	= 연산자에 대한 재정의 함수로 write() 함수를 간단하게 사용할 수 있도록 정의한 함수이다.
사용 예	inOut1 = inOut2; //the same as inOut1.write(inOut2.read());
함수	int read()
설명	디지털 입력 혹은 출력 장치로 동작할 때, GPIO 포트의 핀에서 입력 신호를 읽는다. (GPIOx_IDR 레지스터 값을 읽는다.)
사용 예	int a = inOut.read();
함수	operator int()
설명	DigitalInOut 클래스에서는 read()를 간단하게 하기 위하여 사용된다.
사용 예	int a = inOut; //the same as int a = inOut.read();
함수	void input()
설명	디지털 입력 장치로 동작하도록 설정한다.
사용 예	inOut.input();
함수	void output()
설명	디지털 출력 장치로 동작하도록 설정한다.
사용 예	inOut.output();
함수	void mode(PinMode pull)
설명	해당 포트의 모드를 결정한다. (PullUp/PullDown/PullNone/OpenDrainPullUp/OpenDrainPullDown/OpenDrainNoPull)
사용 예	inOut.mode(PullUp);

디지털 입출력 장치는 한 신호선을 이용하여 입력과 출력을 하는 특별한 경우에 사용된다. 이와 같은 형태의 신호 특성을 요구하는 예로 DHT11/DHT22와 같은 온습도 센서가 있다.

8.2 인터럽트 입력 장치

임베디드 시스템에서는 어떤 이벤트가 발생하면 이벤트 종류에 따라 필요한 조치를 취하도록 프로그램을 해야 하는 경우가 많다. 만약 이벤트가 디지털 신호 형태인 경우에는 해당 신호를 모니터링하여 이벤트 발생 유무를 판단하여야 한다. 만약 디지털 입력 장치를 이용하여 이벤트 발생을 감지하려고 한다면 끊임없이 해당 신호를 읽어서 이벤트 발생 유무를 판단하여야 할지도 모른다. 하지만 수행하여야 할 다른 일이 존재하는 경우, 이와 같은 방법으로는 발생한 이벤트를 놓칠 가능성도 있을 것이다.

이와 같은 경우를 처리하기 위하여 디지털 입력 장치와 인터럽트 기능을 합쳐서 동작시키는 장치가 인터럽트 입력 장치이다. 즉 디지털 입력 장치에서 입력 신호가 상승 에지 혹은 하강 에지 때에 인터럽트가 발생하도록 하여 ISR (Interrupt Service Routine)이 실행되도록 하는 것이다. 이를 위하여 Mbed-OS에서는 InterruptIn 클래스를 정의하고 있으며, InterruptIn 클래스는 drivers/InterruptIn.h 파일에 기술되어 있다. IntrruptIn 클래스에서 생성자는 다음과 같이 정의된다.

생성자	InterruptIn(PinName pin)
설명	인터럽트 처리를 위한 구조체를 형성하고, 기본적인 인터럽트 설정을 수행한 다음, 해당 GPIO 핀을 디지털 입력 장치로 설정한다.
인자	pin: PA_0, … PA_15, PB_0,…, PB_15 등 혹은 D0, …, D15 (아두이노 확장 커넥터 이름)
사용 예	InterruptIn button(PC_13);

DigitalIn 클래스의 주요 함수는 다음과 같다.

함수	void fall(Callback〈void()〉 func)
설명	하강 에지 이벤트 발생 때 실행될 ISR인 func를 등록한다.
사용 예	button.fall(&button_pressed);
함수	void rise(Callback〈void()〉 func)
설명	상승 에지 이벤트 발생 때 실행될 ISR인 func를 등록한다.
사용 예	button.rise(&button_released);

함수	void enable_irq()
설명	인터럽트 입력 장치로 설정된 핀에 대한 인터럽트를 활성화시킨다.
사용 예	button.enable_irq();
함수	void disable_irq()
설명	인터럽트 입력 장치로 설정된 핀에 대한 인터럽트를 비활성화시킨다.
사용 예	button.disable_irq();
함수	int read()
설명	인터럽트 입력 장치로 설정된 핀에서 입력 신호 값을 읽는다.
사용 예	int a = button.read();
함수	void mode(PinMode pull)
설명	입력 핀의 모드를 설정한다.
사용 예	button.mode(PullUp);
함수	operator int()
설명	read()를 간단하게 하기 위하여 사용된다.
사용 예	int a = button; //the same as int a = button.read();

8.2.1 인터럽트 입력 장치 실습

D3에 연결된 Green LED는 1초 주기로 점멸(0.5초 on/0.5초 off)하고, D2에 연결된 Red LED는 사용자 버튼을 누를 때마다 ON/OFF 상태가 반전되도록 하는 프로그램 구현 예는 다음과 같다. 버튼을 누를 때마다 인터럽트가 발생하도록 하여 ISR에서 Red LED를 반전시키고 있다.

(그림 8-8)의 회로도에 의하면 사용자 버튼 관련 회로도에 스위치의 바운싱을 막기 위한 RC 회로가 부가되어 있지만, 실험을 해보면 버튼을 한번 누른 경우에도 2번의 인터럽트가 발생하는 경우가 관찰될 것이다. 소프트웨어를 이용해서 이와 같은 바운싱을 막기 위한 방법에 대해서 생각하여 보아라.

```
#include "mbed.h"

DigitalOut redLed(D2);
DigitalOut greenLed(D3);
```

```
InterruptIn button(PC_13);

void button_pressed(void) {
    redLed = !redLed;
}

// main() runs in its own thread in the OS
int main() {
    button.fall(&button_pressed);  // attach the ISR for button-pressed

    while (true) {
        greenLed = !greenLed;
        wait(0.5);
    }
}
```

8.3 버스 출력, 버스 입력, 버스 입출력 장치

버스 출력 장치는 다수의 디지털 출력 장치를 하나의 논리적인 장치로 구성하여 사용하는 것으로, 최대 16개의 디지털 출력 장치를 수용할 수 있다. Mbed-OS에서 버스 출력 장치를 다루기 위하여 BusOut 이라는 클래스가 정의되어 있다. BusOut 클래스는 drivers/BusOut.h 파일에 기술되어 있으며, BusOut 클래스에 대한 설명은 https://os.mbed.com/docs/v5.9/reference/busout.html에 있다. BusOut 클래스에서 생성자 및 주요 함수는 다음과 같다.

생성자	BusOut (PinName p0, PinName p1=NC, PinName p2=NC, PinName p3=NC, PinName p4=NC, PinName p5=NC, PinName p6=NC, PinName p7=NC, PinName p8=NC, PinName p9=NC, PinName p10=NC, PinName p11=NC, PinName p12=NC, PinName p13=NC, PinName p14=NC, PinName p15=NC)
생성자	BusOut (PinName pins[16])
사용 예	BusOut motorCtl(D2, D3, D4, D5);

버스 출력 장치는 다수의 디지털 출력 장치를 묶은 형태이기 때문에 주요 함수의 의미는 디지털 출력 장치의 경우와 같으므로 설명은 생략한다. 주요 함수는 다음과 같다.

함수		설명
void	write(int value)	버스 값을 출력한다
int	read()	버스 값 읽는다.
	operator int()	read() 함수의 간략한 형태이다.
DigitialOut&	operator= (int value)	write() 함수의 간략한 형태이다.
DigitialOut&	operator= (DigitalOut& rhs)	write() 함수의 간략한 형태이다.

버스 입력 장치는 다수의 디지털 입력 장치를 묶은 형태이기 때문에, 생성자는 버스 출력 장치와 유사하고 주요 함수의 의미는 디지털 입력 장치의 경우와 같기 때문에 설명은 생략한다. 생성자 및 주요 함수는 다음과 같다.

생성자 혹은 함수		설명
	BusIn (PinName p0, PinName p1=NC, PinName p2=NC, PinName p3=NC, PinName p4=NC, PinName p5=NC, PinName p6=NC, PinName p7=NC, PinName p8=NC, PinName p9=NC, PinName p10=NC, PinName p11=NC, PinName p12=NC, PinName p13=NC, PinName p14=NC, PinName p15=NC)	생성자
	BusIn (PinName pins[16])	생성자
int	read()	버스 값을 읽는다.
	operator int()	read() 함수의 간략한 형태이다.
void	mode(PinMode mode)	입력 핀들의 모드를 설정한다.
DigitialIn&	operator[] (int index)	특별한 입벽 비트를 읽는다.

BusOut/BusIn 장치와 유사한 장치로는 PortOut/PortIn 장치가 있다. 버스 출력 장치와 포트 출력 장치를 비교해 보면, 버스 출력 장치는 임의의 GPIO 포트의 핀들로 하나의 논리 장치로 구성할 수 있는 반면, 포트 출력 장치에서는 하나의 포트(즉 GPIOA, GPIOB 등)에 속한 다수의 디지털 출력 장치를 하나의 논리 장치로

구성할 수 있는 제약점이 있다. 즉 버스입력/버스출력/버스입출력 장치들은 구성에서 유연성이 있는 반면, 포트입력/포트출력/포트입출력 장치는 동작 속도에서 장점이 있다. 포트출력/포트입력/포트입출력 장치에 대한 클래스는 drivers/PortOut.h, drivers/PortIn.h, drivers/PortInOut.h 에 정의되어 있으며, 설명서는 https://os.mbed.com/docs/v5.9/reference/portout.html,portin. html과 portinout.html에 나타나있다.

PortOut 클래스의 생성자 및 주요 함수는 다음과 같다.

생성자	PortOut (PortNmae port, int mask=0xFFFFFFFF)
인자	port: PortA/PortB/.../PortH 값을 지닐 수 있다. 다음 헤더 파일에 정의되어 있다. (https://github.com/ARMmbed/mbed-os/blob/master/targets/TARGET_STM/ PortNames.h)
	mask: 한 포트에서 어떤 비트들이 포함되었는 가를 표시한다. (비트의 값이 '0'인 비트는 포함되지 않는다.)
사용 예	PB_3, PB_4, PB_5와 PB_6를 포트 출력으로 사용하려 할 때: PortOut motorCtl(PortB, 0x0078);

PortOut 클래스의 함수는 다음과 같다.

함수		설명
void	write(int value)	포트 값을 출력한다.
int	read()	포트 값 읽는다.
	operator int()	read() 함수의 간략한 형태이다.
DigitialOut&	operator= (int value)	write() 함수의 간략한 형태이다.
DigitialOut&	operator= (DigitalOut& rhs)	write() 함수의 간략한 형태이다.

포트 입력 장치의 생성자는 포트 출력 장치와 유사하고 주요 함수의 의미는 디지털 입력 장치의 경우와 같기 때문에 설명은 생략한다. 생성자 및 주요 함수는 다음과 같다.

생성자 혹은 함수		설명
	PortIn (PortNmae port, int mask=0xFFFFFFFF)	생성자
int	read()	포트 값 읽음.
	operator int()	read() 함수의 간략한 형태
void	mode(PinMode mode)	입력 핀들의 모드 설정함.

8.3.1 버스 출력 실습

디지털 출력 장치 실습(1)의 예제(Red, Green, Blue LED를 각각 D2 (PA_10), D3(PB_3)과 D4(PB_5)에 연결한 다음, Red LED는 1.0초 주기(0.5초 ON/0.5초 OFF)로 간격으로, Green LED는 2.0초 간격으로, Blue LED는 4.0초 간격으로 점멸하는 예제)를 버스 출력 장치를 이용하여 구현한 예는 다음과 같다.

```
#include "mbed.h"

BusOut RGBLed(D2, D3, D4);

// main() runs in its own thread in the OS
int main() {
    while (true) {
        for(int color = 0; color < 8; color++) {
            RGBLed    = color;
            wait(0.5);        // 500 ms delay
        }
    }
}
```

8.3.2 포트 출력 실습

8.3.1의 예제와 같이 Red LED는 1.0초 주기(0.5초 ON/0.5초 OFF)로 간격으로, Green LED는 2.0초 간격으로, Blue LED는 4.0초 간격으로 점멸하는 예제)를 버스 출력 장치를 이용하여 구현한 예는 다음과 같다. 하지만 포트 출력을 이용하려면 모든 출력 핀이 동일 포트에 속하여야 하므로, Red, Green, Blue LED를 각각 D3(PB_3), D5(PB_4)와 D4(PB_5)에 연결하여 실습을 수행한다.

```
#include "mbed.h"

// D3(PB_3): red, D5(PB_4): green, D4(PB_5): blue
PortOut RGBLed(PortB, 0x0038);

// main() runs in its own thread in the OS
int main() {
    while (true) {
        for(int color = 0; color < 8; color++) {
            RGBLed   = color << 3;
            wait(0.5);       // 500 ms delay
        }
    }
}
```

제9장

UART, 타이머 및 ADC 장치 제어

9.1 USART(Universal Synchronous/Asynchronous Receiver Transmitter)

USART 장치는 동기식/비동기식 시리얼 통신 기능을 제공하는 주변 기기이다. STM32F4 MCU에서 제공하는 USART 장치는 보편적으로 가장 많이 사용되는 비동기식 시리얼 통신 뿐만이 아니라, 동기식 시리얼 통신, LIN(Local Interconnect Network), IrDA SIR, ISO 7816-3 기반의 스마트카드 통신 기능도 제공한다. (참고로 LIN 통신 방식은 주로 자동차에서 사용되는 통신 방식으로 CAN 통신 방식보다는 낮은 통신 처리량(throughput)을 제공하며, 매스터-슬레이브 방식을 사용하여 통신을 한다.) 동기식 시리얼 통신에서는 전통적인 시리얼 통신 방식과는 달리 전송되는 데이터 포맷에 시작 비트와 정지 비트가 포함되어 있으나, 시작 비트와 정지 비트에는 클럭이 공급되지 않아서 일반적인 동기식 시리얼 통신 장치와 호환성을 유지할 수 있도록 되어 있다. 그리고 클럭의 동작은 SPI와 유사하게 설정할 수 있도록 하고 있다. STM32F411RE MCU에는 3개의 USART (USART1, USART2, USART6)가 제공되고 있다. 이 장에서는 MCU에서 보편적으로 가장 많이 사용되고 있는 비동기식 통신 방식에 대해서만 기술한다.

9.1.1 비동기식 시리얼 통신의 동작

시리얼 통신을 하기 위해서는 송신 측과 수신 측 사이에 클럭 동기가 필요하다. 일반적으로 동기식 시리얼 통신 방식에서는 클럭 정보를 별도의 라인을 이용하여 전송하거나, 데이터에 클럭 정보를 포함시켜 전송하는 방식을 사용한다. 데이터에 클럭 정보를 포함시키는 방법을 라인 코딩이라고 하며, 실용화되어 있는 많은 종류의 라인 코딩이 존재한다. 하지만 라인 코딩을 사용하게 되면 송수신 단에 부가적인 회로가 많이 필요하게 된다.

비동기 시리얼 통신은 별도의 클럭 정보를 제공하지 않는 간단한 방식에 의한 시리얼 통신 방식으로, 비교적 짧은 거리에서 저속의 전송을 하고자 할 때 많이 사용되는 방식이다. 비동기 시리얼 통신에서 사용되는 데이터 전송 형태는 (그림 9-1)과 같다. 그림에서 보는 바와 같이 비동기 시리얼 통신에서 한 프리임의 전송 포맷은 "시작 비트 + 데이터 (5~8비트) + 패러티 체크 비트 (옵션) + 정지 비트"로 구성되어 있다. 8비트의 데이터를 보내기 위해서는 최소한 1비트의 시작 비트와 1비트의 정지 비트를 포함하여 10비트를 전송하여야 한다. 비동기 시리얼 통신에서 클럭 정보 없이 통신이 가능한 이유는 송신 측과 수신 측이 일단 전송하고자 하는 전송 속도를 미리 정하기 때문이다. 그렇다고 하더라도 양 측의 송수신 클럭이 100% 일치할 수는 없다. 또한 독립적으로 발진하는 송수신 클럭의 위상(phase)은 상호 연관성이 없게 된다. 이러한 점을 고려하여 비동기식 시리얼 통신이 이루어지도록 디자인되었다.

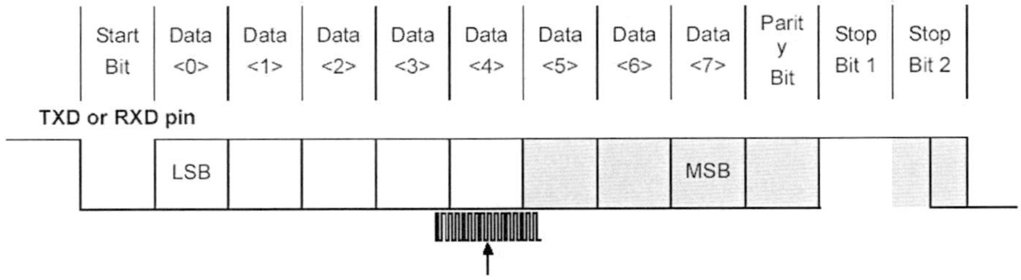

(그림 9-1) 비동기식 시리얼 통신에서의 데이터 포맷

수신 측에서는 일반적으로 송신 측 전송 속도의 8배, 16배 혹은 32배의 클럭을 이용하여 데이터를 수신한다. 여기에서는 일단 16배의 클럭을 이용한다고 가정하자. 시작 비트가 수신되면 (전송 데이터가 없을 때에 데이터는 '1'의 상태를 유지하고, 시작 비트의 값은 '0'이므로) 즉 '1'의 상태에서 '0'의 상태로 변화를 하면, 그 때부터 클럭을 카운트하여 8 클럭이 경과한 후에 '0'의 값이 들어오는지 확인을 한 다음에 (시작 비트 확인), 그 다음부터는 16 클럭이 경과할 때마다 데이터를 읽어 오는 방식이다. 이렇게 하면 전송된 데이터 비트의 중앙에서 전송된 데이터를 확인하게 된다. 즉 가장 데이터의 비트가 안정된 시간 위치에서 미리 정해진 갯수에 해당하는 데이터 비트를 읽게 된다. 패러티 비트를 사용하면, 패러티 비트를 이용하여 데이터에 에러 유무를 체크하고, 그 다음에 정지 비트가 들어오는지를 확인하는 방식이다. 만약 정지 비트가 수신되어야 할 때 정지 비트가 감지되지 않으면 (즉 '1'의 값이 아니면) 프레이밍(framing) 에러가 발생한다. 이러한 방식이 매 데이터마다 반복되어 실행이 되므로, 어느 한도 내에서 송수신 클럭의 차이가 있다 하더라도 에러 없이 통신이 가능하게 된다.

일반적으로 UART에서는 어떠한 전송 데이터 포맷(데이터 비트 길이, 패러티 비트 사용 유무, 정지 비트의 수, 몇배수의 수신 클럭 사용과 관련된 형태)을 지닐지를 사용자의 프로그램에 의해서 결정할 수 있도록 구성되어 있다. 또한 비동기식 시리얼 통신에서는 데이터의 LSB가 먼저 전송되는 형태를 지닌다.

시리얼 포트에서 사용하는 커넥터로는 이전에는 25핀의 DB-25 커넥터를 많이 사용하였지만, 현재에는 대부분 9핀의 DB-9 커넥터를 주로 사용하고 있다. 이들의 구성은 (그림 9-2)과 같다.

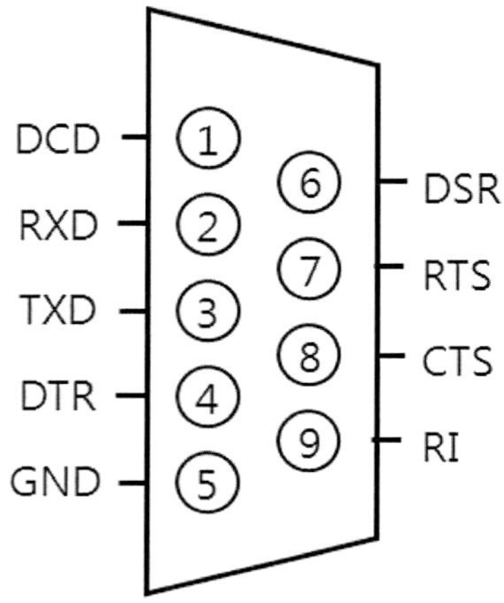

(그림 9-2) 시리얼 포트의 구조

TXD	Transmit Data
RXD	Receive Data
GND	Ground
RTS	Ready To Send
CTS	Clear To Send
DTR	Data Terminal Ready
DSR	Data Set Ready
DCD	Data Carrier Detect
RI	Ring Indicator

위에서 RTS, CTS, DTR, DSR, DCD, RI 신호는 모뎀과 연결되어 사용될 때나 하드웨어적으로 흐름 제어를 할 때 사용되는 제어 신호들이다. 요즘에는 프로세서가 빠르기 때문에 하드웨어 흐름 제어를 거의 사용하지 않는 것이 일반적이고, 이러한 경우에는 RXD, TXD, GND 세 선만 연결하여 사용한다.

Nucleo-F411RE 보드에서 사용할 수 있는 시리얼 통신 장치의 특징은 〈표 9-1〉 같다.

〈표 9-1〉 사용 가능한 USART 장치 및 USART 장치의 TX/RX 핀

USART 장치	RTS/CTS 신호선	최대 전송속도 (Mbps) (x16/x8 클럭 사용시)	비고 (Mbed-os에서 사용 가능한 핀) {TX/RX}
USART1	있음	6.25/12.5	{PA_9(D8)/PA_10(D2} {PA_15/PB_3} {PB_6(D10)/PB_7(CN7_21)}
USART2	있음	3.12/6.25	USB 디버거 포트를 PC와 연결하였을 때, Virtual comm 포트 {PA_2/PA_3}
USART6	없음	6.25/12.5	{PA_11/PA_12} {PC_6/PC_7}

USART2 장치는 Nucelo 보드를 USB 디버거 포트를 이용하여 PC와 연결하면, PC에 가상 시리얼(virtual comm) 포트가 생성된다. 이 가상 시리얼 포트를 이용하여 PC와 Nucelo 보드 내의 MCU가 시리얼 통신을 할 수 있으며, 하드웨어적으로 STM32F411RE MCU의 USART2가 PC의 가상 시리얼 포트와 연결되어 사용되도록 구성되어 있다. 현재 Nucelo-F411RE 보드에서 외부 다른 장치와 시리얼 통신 방식을 이용하여 정보 교환을 하기 위해서는 USART1 혹은 USART6를 사용하여야 한다. USART1과 USART6에서 사용 가능한 TX/RX 핀은 〈표 9-1〉에 나타나 있다. 단 USART1 장치의 PB_3의 핀은 Nucleo-F411RE 보드에서는 디버거의 SWO로 사용되고 있기 때문에 USART1에서 해당 핀은 사용하지 않는 편이 좋다.

9.1.2 비동기 시리얼 장치

이 절에서는 Mbed-OS 상에서 비동기 시리얼 장치를 동작시키는 방법에 대해 기술한다. Mbed-OS에서 비동기 시리얼 장치를 다루기 위하여 Serial이라는 클래스가 정의되어 있다. Serial 클래스는 drivers/Serial.h 파일에 기술되어 있으며, SerialBase 클래스와 Stream 클래스를 상속하고 있다. Serial 클래스에서 생성자는 다음과 같다.

생성자	Serial(PinName tx, PinName rx, const char *name=NULL, int baud=MBED_CONF_PLATFORM_DEAULT_SERIAL_BAUD_RATE) Serial (PinName tx, PinName rx, int baud)
설명	비동기 시리얼 통신에서 사용할 TX 핀과 RX 핀을 결정하고, 시리얼 포트에 대한 초기화를 수행한다. 옵션으로 시리얼 스트림에 대한 이름과 전송 속도를 설정한다. 전송 속도(baud)가 주어지지 않을 때의 디폴트 속도는 9600 bps이며, 디폴트 시리얼 전송 포맷은 8비트 데이터, 패러티는 사용하지 않고, 중지 비트 수는 1비트이다.

인자	pin: PA_0, … PA_15, PB_0,…, PB_15 등 혹은 D0, …, D15 (아두이노 확장 커넥터 이름) baud: 9600, 115200 등
사용 예	Serial pc(PA_2, PA_3); Serial pc(PA_2, PA_3, 115200);

Serial 클래스에 (SerialBase 클래스와 Stream 클래스 포함) 정의된 주요 함수는 다음과 같다.

함수	void baud(int baudrate)
설명	시리얼 장치에서 전송 속도를 설정한다.
사용 예	pc.baud(115200);
함수	void format(int bits=8, Parity parity=SerialBase::None, int stop_bits=1)
설명	시리얼 장치에서 전송 포맷을 설정한다. bits: 5 ~ 8, stop_bits: 1 or 2 parity: SerialBase::None, SerialBase::Odd, SerialBase::Even, SerialBase::Forced1, SerialBase::Forced0
사용 예	pc.format(8, Serial::None, 2); //format 8-N-2
함수	int readable()
설명	읽어야 할 수신 데이터 유무를 나타낸다. '0'을 반환하면 읽어야 할 데이터가 없음을 의미한다.
사용 예	if (pc.readable()) { … }
함수	int writable() or int writeable()
설명	USART TDR(Transmit Data Register)의 상태를 나타낸다. 비어있으면 '1'을 반환한다.
사용 예	If (pc.writeable()) { … }
함수	attach(Callback<void()>func, IrqType type=RxIrq)
설명	시리얼 장치에 대한 RX(디폴트) 혹은 TX 인터럽트를 활성화시키고, 해당 ISR를 등록시킨다. TX 인터럽트에 대해서는 type=TxIrq을 인자로 주어야 한다.
사용 예	pc.attach(&rx.cb); // RX ISR = rx_cb()
함수	int putc(int c) int pus(const char *s) int printf(const chat *format, …)

설명	시리얼 장치에서 데이터를 출력시키는 함수들로, 일반적인 C 함수와 동일하다. putc() 함수는 한 문자를 출력하고, 리턴 값은 쓴 문자가 된다. puts() 함수는 스트링을 출력하고, 성공적으로 실행되었다면 0이 아닌 값이 리턴된다. printf() 함수는 포맷에 따라 출력한다. 쓰여진 총 문자의 수가 리턴된다.
함수	int getc() char * gets(char *s, int size) int scanf(const chat *format, …)
설명	시리얼 장치에서 데이터를 입력하는 함수들로, 일반적인 C 함수와 동일하다. getc() 함수는 한 문자를 읽는다. gets() 함수는 스트링을 읽어서 버퍼 포인터 s부터 기록한다. size는 버퍼의 최대 크기를 의미한다. 성공적으로 실행되었다면 저장한 버퍼 포인터가 리턴된다. scanf() 함수는 포맷에 따라 입력한다. 읽혀져 저장된 총 문자의 수가 리턴된다.

위에서 언급한 읽고 쓰는 함수들은 기본적으로 모두 블로킹 함수들이다. MCU의 동작 속도에 비하여 시리얼 통신의 속도는 대단히 느리게 동작하기 때문에 빨리 처리하여야 할 다른 기능들이 요구될 때에는 위의 함수들을 그냥 사용하는 것은 문제를 야기시킬 수 있다. 그런 경우에는 이를 회피하는 방법을 고려하여야 한다.

9.1.3 비동기 시리얼 장치 실습(1)

이 절에서는 Nucelo-F411RE 보드의 USART2와 PC의 가상 시리얼 포트를 연결하여 비동기식 시리얼 통신을 하는 실습을 한다. PC에서 'Tera Term'과 같은 터미널 에뮬레이션 프로그램을 이용하면, PC의 키보드로부터 입력된 키 값은 PC의 가상 시리얼 포트(물리적으로는 PC의 USB 포트)를 통하여 Nucelo-F411RE 보드의 USART2에 전달되게 된다. Nucelo-F411RE의 USART2에서 전송된 데이터를 수신한 다음, 동일한 데이터를 UART2을 통해서 전송하면 그 데이터는 PC의 가상 시리얼 포트를 통하여 에뮬레이션 프로그램에 전달되고, 터미널 에뮬레이션 화면에 입력된 글자가 표시되게 된다. 즉 이번 실습에서 Nucelo-F411RE 보드에서 USART2이 수신한 데이터를 다시 USART2을 통하여 전송하는 프로그램을 작성한다. 프로그램이 정상적이면 PC에서 동작하는 터미널 에뮬레이션 화면에 입력한 키보드의 글자가 표시될 것이다.

이번 실습에서는 송수신 속도는 115,200 bps로 하고, 데이터 포맷은 8비트 데이터, 패러티 비트는 사용하지 않고, 1 정지 비트, 그리고 흐름 제어는 사용하지 않는다. 앞에서 설명한 바와 같이 USART2에서 수신한 데이터를 다시 송신을 하면 된다. 하지만 수신한 데이터가 0x0D(ASCII 코드에서 CR(Carriage Return)이고, 이 코드는 키보드에서 'Enter' 키를 칠 때 전송되는 데이터이다.)일 경우에는 해당 데이터를 전송한 다음, 0x0A(ASCII 코드에서 LF(Line Feed) 이다.) 데이터를 추가로 전송하여야 한다. 이번 실습에서는 인터럽트를 사용하지 않고 폴링 방법으로 해당 프로그램을 구현한다.

이 실험에서는 Nucelo-F411RE 디버거용 USB 포트와 PC USB 포트를 케이블로 연결하면, 실험을 위한 하드웨어 구성은 완료된 상태이다.

PC에 "Tera Term"과 같은 터미널 에뮬레이션 프로그램을 실행시키면 어떤 포트를 통하여 데이터 통신을 할 것인지 선택하는 창이 뜰 것이다. 그 창에 다음과 같이 "Serial"을 선택하고 Port로는 "COM43:STMICROELECTRONICS STLink Virtual COM PORT"를 선택을 한 다음 OK 버튼을 클릭한다. (여기서는 COM43으로 나타나 있지만 시스템의 상황에 따라 COM 포트 번호는 바뀔 수 있다. 단지 STMicroelectronics STLink COM PORT"를 선택하면 된다.)

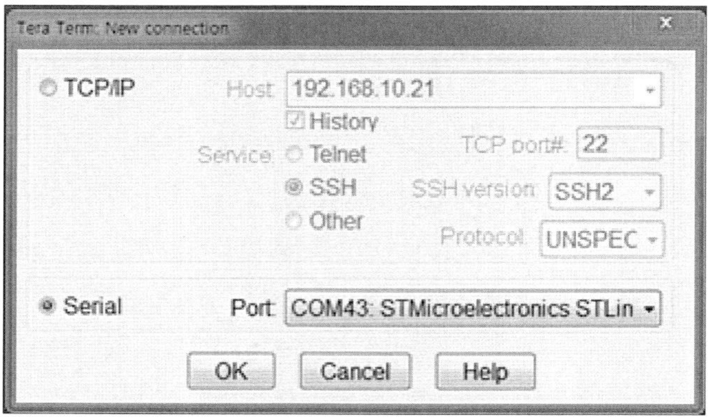

다음으로는 "Tera Term"에서 시리얼 포트 동작 환경을 설정하여야 한다. 그림에 나타난 바와 같이 Setup → "Serial port…" 메뉴를 선택한다.

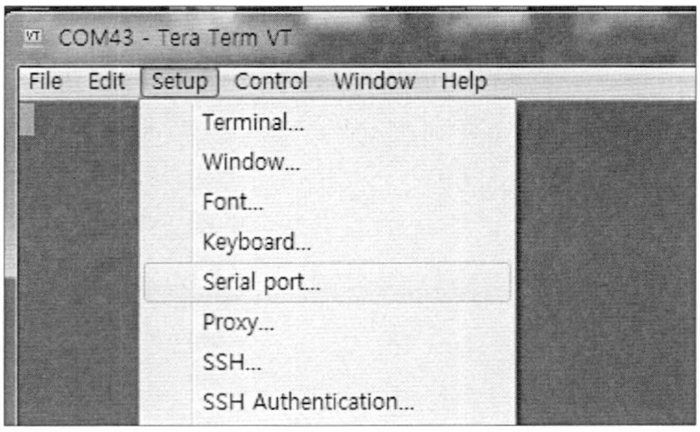

나타난 팝업 창에서 다음과 같이 Baud rate: 115200, Data: 8 bit, Parity: none, Stop: 1 bit, Flow control: none으로 선택한 다음, OK 버튼을 클릭한다.

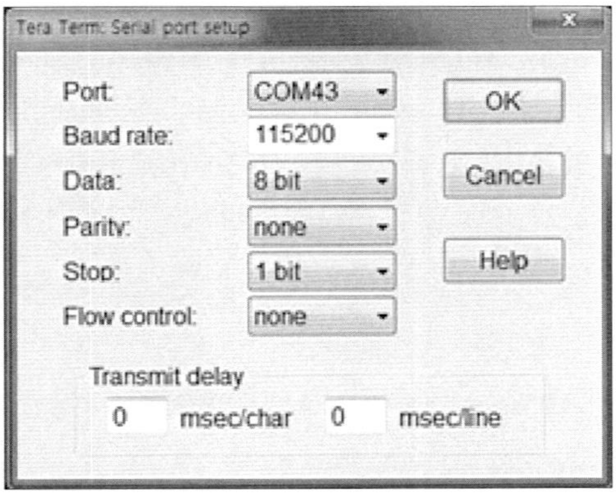

구현한 프로그램의 예는 다음과 같다.

```
#include "mbed.h"

Serial pc(PA_2, PA_3);

// main() runs in its own thread in the OS
int main() {
    pc.baud(115200);
    pc.printf("Hello, Nucelo-F411RE!₩r₩n");
    pc.printf("Enter characters...₩r₩n");

    while (true) {
        int ch = pc.getc();
```

```
            pc.putc(ch);
            if (ch == 0x0D) {           //CR
                while(!pc.writeable());
                pc.putc(0x0A);          //LF
            }
        }
}
```

pc라는 Serial 객체를 생성하고, 전송속도를 115,200 bps로 설정한 다음, 터미널에 메시지를 출력한다. while(true) {..} 구문에서는 pc.getc() 함수는 블로킹 함수이기 때문에 문자가 입력될 때까지 기다리다가 문자가 입력되면 해당 문자를 읽은 후 바로 출력시킨다. 그리고 만약 해당 문자가 '0x0D' 즉 CR(즉 엔터 키를 입력한 경우)이면 추가적으로 0x0A(LF)를 출력시키는 과정을 반복하는 프로그램이다. 프로그램에서 while(!pc.writeable()) 부분은 USART의 TDR(Tx Data Register)가 비었는 가를 확인하는 과정이다. putc() 함수를 살펴 보면, 이 함수는 serial_putc() 함수를 결국 부르게 되는데, 그 함수에서 문자를 출력하기 전에 USART의 TDR이 빌 때까지 기다렸다가 문자를 출력하기 때문에, 실질적으로 해당 코드는 포함시킬 필요는 없다.

프로그램을 실행 시킨 후에 '0123456789<CR>12345<CR>'을 입력하였을 때, Tera Term 화면에 나타난 결과이다.

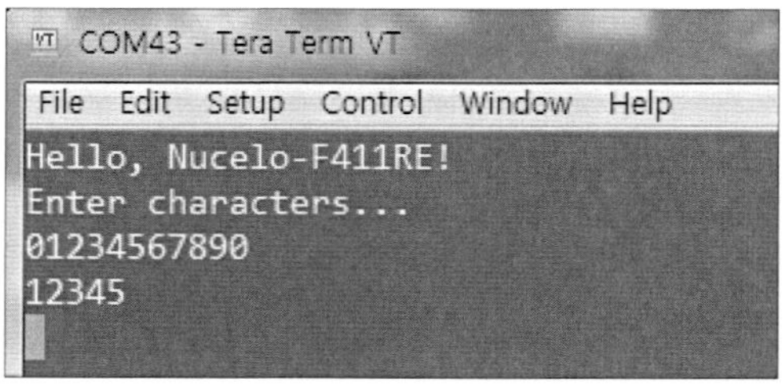

9.1.4 비동기 시리얼 장치 실습(2)

이 실습에서는 Nucelo-F411RE 보드 상의 LED를 2초 간격으로 점멸시키면서, Tera Term과 같은 터미널 에뮬레이터를 통하여 입력된 문자를 터미널 에뮬레이터 화면에 나타나게 하는 예를 살펴본다. 하여야 할 다른 일들이 많은 경우에는 앞 절에서와 같이 pc.getc() 같은 블로킹 함수를 사용하는 것이 부적절하다. 따라서 이 예에서는 문자의 수신을 인터럽트 방식을 이용하여 구현한다.

```
#include "mbed.h"

DigitalOut led(LED2);
Serial pc(PA_2, PA_3, 115200);

void rx_cb(void) {
    int ch = pc.getc();
    pc.putc(ch);
    if (ch == 0x0D) {
        pc.putc(0x0A);
    }
}

// main() runs in its own thread in the OS
int main() {
    pc.printf("Enter characters...₩r₩n");
    pc.attach(&rx_cb);

    while (true) {
        led = !led;
        wait(1.0);
    }
}
```

위의 코드에서 pc.attach(&rx_cb) 는 터미널 에뮬레이터로부터 문자가 입력될 때마다 인터럽트가 발생되도록 하고, 그때 인터럽트를 처리하는 루틴이 rx_cb()가 되도록 등록하는 함수이다.

9.1.5 비동기 시리얼 장치 실습(3)

이 실습에서는 휴대폰의 블루투스 터미널 앱를 이용하여 Nucleo 보드 상의 LED2를 on/off 시키는 실습을 수행한다. 블루투스-to-시리얼/시리얼-to-블루투스 기능을 제공하는 모듈로는 HC-05/HC-06/HM-10 등이 존재한다. HC-05와 HC-06 모듈은 Bluetooth Classic 표준에 따라 블루투스-to-시리얼/시리얼

-to-블루투스 기능을 제공하는 반면에, HM-10은 BLE 표준에 따라 해당 기능을 제공하고 있다. "Bluetooth Terminal HC-05"와 같은 앱은 단지 HC-05/HC-06 만을 지원하며, "Serial Bluetooth Terminal" 앱은 Bluetooth Classic과 BLE 모두를 지원한다. iPhone에서는 "HM10 Bluetooth Serial Lite"라는 앱을 사용할 수 있다. 본 실험에서는 HM-10을 이용한다. HM-10 모듈은 Nucleo 보드의 UART 포트를 통해서 HM-10으로 전달된 데이터는 블루투스를 통하여 페어링된 휴대폰 앱으로 전달하고, 휴대폰의 앱으로부터 전송된 데이터는 HM-10이 수신하여 Nucleo 보드의 UART로 전달되도록 하는 기능을 수행한다.

HM-10은 매스터 혹은 슬레이브의 기능을 수행할 수 있지만, 본 실험에서는 휴대폰이 매스터의 기능을 수행하고 HM-10은 슬레이브로 동작한다. HM-10의 UART 인터페이스의 규격은 변경이 가능하나, 디폴트 상태에서의 전송 속도는 9600 bps, 전송 프레임 형태는 8-N-1, 핀 번호는 '000000'으로 되어 있다.

여기에서는 Nucleo 보드의 USART1을 이용해서 HM-10과 통신을 하도록 하드웨어를 구성하였다고 가정한다. HM-10 모듈의 뒷면의 모습은 (그림 9-3)과 같으며, 실험을 위한 결선 방법은 다음과 같다.

(그림 9-3) HM-10 모듈 커넥터

- VCC (HM-10) 〈--〉 CN6-5 (+5V, Nucelo 보드)
- GND (HM-10) 〈--〉 CN6-6 (GND, Nucelo 보드)
- TXD (HM-10) 〈--〉 D2 (USART1 RXD, Nucelo 보드)
- RXD (HM-10) 〈--〉 D8 (USART1 TXD, Nucelo 보드)

휴대폰 앱에서 명령어를 전달하였을 때, 명령에 따라 Nucelo 보드 상의 LD2가 on/off 되도록 프로그램을 작성하여라.

- LD2를 on시키는 명령어: LED2 on
- LD2를 off시키는 명령어: LED2 off

그리고 잘못된 명령어를 주었을 때에는 휴대폰 앱 화면에 'Error: command'라는 메시지가 표시되게 하고, 명령어가 성공적으로 시행되었을 경우에는 'Success!' 라는 메시지가 표시되도록 프로그램을 작성하여라.

9.2 시간 및 타이머 관련 API

임베디드 프로그래밍에서는 시간/타이머를 필요한 경우가 적지 않다. Mbed-OS에서는 시간/타이머와 관련하여 Ticker, Timeout, Timer 클래스를 제공하고 있다.

9.2.1 Ticker

Ticker는 일정 시간 간격으로 반복하여 인터럽트를 발생시키기 위하여 사용할 수 있으며, 프로그램에서는 제한 없이 Ticker 객체를 생성하여 사용할 수 있다. 이를 위하여 Mbed-OS에서는 Ticker라는 클래스를 정의하고 있다. Ticker 클래스는 drivers/Ticker.h 파일에 기술되어 있으며, TimerEvent 클래스를 상속하고 있다. Ticker에서 최소 시간 해상도는 1μs이며, 내부에서 32비트 레지스터를 사용하고 있기 때문에 최대 시간은 $(2^{32}-1)\mu s$ (약 4294 초)이다. Ticker 클래스에서 생성자와 주요 함수는 다음과 같다.

생성자	Ticker (const ticker_data_t *data)
동작	Ticker 객체를 생성한다.
함수	void attach (Callback〈 void()〉 func, float t)
동작	t 초 간격으로 실행될 함수 func을 등록한다.
함수	template〈typename T , typename M 〉 void attach (T *obj, M method, float t)
동작	t 초 간격으로 실행될 객체 obj의 함수 method를 등록한다.
함수	void attach_us (Callback〈 void()〉 func, us_timestamp_t t)
동작	t us 간격으로 실행될 함수 func을 등록한다.
함수	template〈typename T , typename M 〉 void attach_us (T *obj, M method, us_timestamp_t t)
동작	t us 간격으로 실행될 객체 obj의 함수 method를 등록한다.

함수	void detach ()
동작	Ticker에서 실행될 함수 등록을 해제시킨다.

Ticker의 프로그램 예제가 다음과 같다. 예제에서 led2는 Ticker를 이용하여 interval 간격으로 깜박이고, interval 간격은 버튼을 누를 때마다 0.5 초 -> 1초 -> 2초 -> 4초 -> 0.125초 -> 0.25초 -> 0.5초 -> ... 로 변하게 된다.

```
#include  "mbed.h"

Ticker led2Ticker;
DigitalOut led2(LED2);
InterruptIn button(USER_BUTTON);

float interval = 0.5;   //initial blinking rate 0.5 sec

void buttonPressed_cb (void)
{
    led2Ticker.detach();
    interval = interval * 2;
    if (interval > 4.0) interval = 0.125;
    led2 = 1;      //turn on LED2
    led2Ticker.attach(&blinking_cb, interval);
}

void blinking_cb (void) {
    led2 = !led2;
}

int main() {

    button.fall(&buttonPressed_cb);
    led2Ticker.attach(&blinking_cb, interval);

    while(1) {
    }
}
```

9.2.2 Timeout

Timeout 객체는 일정 시간 후에 인터럽트를 발생시키기 위하여 사용된다. Ticker와의 차이점은 반복하여 인터럽트가 발생하는 것이 아니라, 한번만 인터럽트가 발생한다는 점이다. 프로그램에서는 제한 없이 Timeout 객체를 생성하여 사용할 수 있다. 이를 위하여 Mbed-OS에서는 Timeout 이라는 클래스를 정의하고 있다. Timeout 클래스는 drivers/Timeout.h 파일에 기술되어 있으며, Ticker 클래스를 상속하고 있다. Timeout에서 최소 시간 해상도는 $1\mu s$이며, 내부에서 32비트 레지스터를 사용하기 때문에 주어질 수 있는 최대 시간은 $(2^{32}-1)\mu s$ (약 4294초)이다. Timeout 클래스에서 생성자와 주요 함수는 다음과 같다.

생성자	TimeOut (const ticker_data_t *data)
동작	TimeOut 객체를 생성한다.
함수	void attach (Callback〈 void()〉 func, float t)
동작	t 초 후에 실행될 함수 func을 등록한다.
함수	template〈typename T , typename M 〉 void attach (T *obj, M method, float t)
동작	t 초 후에 실행될 객체 obj의 함수 method를 등록한다.
함수	void attach_us (Callback〈 void()〉 func, us_timestamp_t t)
동작	t us 후에 실행될 함수 func을 등록한다.
함수	template〈typename T , typename M 〉 void attach_us (T *obj, M method, us_timestamp_t t)
동작	t us 후에 실행될 객체 obj의 함수 method를 등록한다.
함수	void detach ()
동작	TimeOut에서 실행될 함수 등록을 해제시킨다.

Timeout와 관련된 예제 코드는 다음과 같다. 예제에서 led1은 1초 주기로 깜박이고, led2는 시작 때에 켜졌다가 10초 후에 꺼진다. 각각의 시간 경과는 Ticker와 Timeout을 이용하여 구현한 예이다.

```
#include   "mbed.h"

Ticker timer1;
Timeout    timeout;

DigitalOut led1(LED2);
DigitalOut led2(D4);

void blink_led1() {
    led1 = !led1;
}

void off_led2() {
    led2 = 0;
}

int main() {
    led2 = 1;
    timer1.attach(callback(blink_led1), 0.5);
    timeout.attach(callback(off_led2), 10);

    while(1) {
    }
}
```

9.2.3 Timer

Timer 객체는 경과 시간을 측정하기 위하여 사용된다. 프로그램에서는 독립적인 Timer 객체를 제한 없이 생성하여 사용할 수 있다. 이를 위하여 Mbed-OS에서는 Timer라는 클래스를 정의하고 있으며, Timer 클래스는 drivers/Timer.h 파일에 기술되어 있다. Timer에서 최소 시간 해상도는 $1\mu s$이며, 내부에서 32비트 레지스터를 사용하기 때문에 측정할 수 있는 최대 시간은 $(2^{32}-1)\mu s$ (약 4294초)이다. Timer 클래스에서 생성자와 주요 함수는 다음과 같다.

생성자	Timer (const ticker_data_t *data)
동작	Timer 객체를 생성한다.
함수	void start ()
동작	타이머 동작을 시작한다.
함수	void stop ()
동작	타이머 동작을 중단시킨다.
함수	void reset ()
동작	타이머 값을 '0'으로 리셋시킨다.
함수	float read ()
동작	타이머 시간을 읽는다. 단위는 sec 이다.
함수	operator float ()
동작	read() 함수와 동일한 기능이다.
함수	int read_ms ()
동작	타이머 시간을 읽는다. 단위는 ms 이다.
함수	int read_us ()
동작	타이머 시간을 읽는다. 단위는 us 이다.

Timer의 예제 코드는 다음과 같다. 예제 코드는 1부터 1,000,000까지 더하는데 소요되는 시간을 반복하여 측정하여 출력하는 프로그램이다.

```
#include    "mbed.h"

Timer t;
Serial pc(USBTX,    USBRX, 115200);

int main() {
    int    i;
    float sum;
    int start, end;

    pc.printf("₩r₩n*** Basic Timer Example ***₩r₩n");

    t.start();
    while(1) {
```

```
        sum = 0.0;
        start = t.read_us();
        for (int i=0; i <= 1000000; i++) {
            sum += i;
        }
        end = t.read_us();
        pc.printf("The time elapsed is %d us.₩r₩n", end-start);
    }
}
```

9.2.4 Time(real-time clock)

Mbed-OS 라이브러리는 기존의 C에서의 “date and time”과 관련된 함수를 제공한다. 즉 1970년 1월 1일을 UTC 기준으로 0으로 하는 시계 기능을 제공한다. 그리고 시계의 시간 해상도는 초 단위이다.

Time과 관련된 mbed 라이브러리를 사용하는 예제 코드가 다음에 나타나 있다.

```
#include "mbed.h"

Serial pc(USBTX, USBRX, 115200);

int main() {
    pc.printf("₩r₩n*** mbed Real Time example ***₩r₩n");

    set_time(1539907200);       // Set RTC time to Wed, 19 Oct 2018 0:0:0

    while(true) {
        time_t time_sec = time(NULL);

        pc.printf("Time as seconds since January 1, 1970 = %d₩r₩n", time_sec);

        pc.printf("Time as a basic string = %s", ctime(&time_sec));
        wait(1.0);
    }
}
```

9.3 ADC

ADC(Analog-to-Digital Converter) 장치는 애널로그 신호를 디지털 신호로 변환하는 장치이며, (그림 9-4)에 나타난 바와 같이 STM32F411RE MCU는 1개의 12비트 SAR ADC를 지니고 있다. 하지만 요즘 대부분의 ADC 처럼 다수의 입력 신호를 선택하여 디지털 신호로 변환할 수 있다. STM32F411RE MCU는 최대 16개의 외부 입력 신호와 3개의 내부 입력 신호(V_{SENSE}(내부 온도센서), V_{REFINT}(내부 기준 전압), V_{BAT}(배터리 전원을 사용할 경우 배터리 전압))를 디지털 신호로 변환시킬 수 있다.

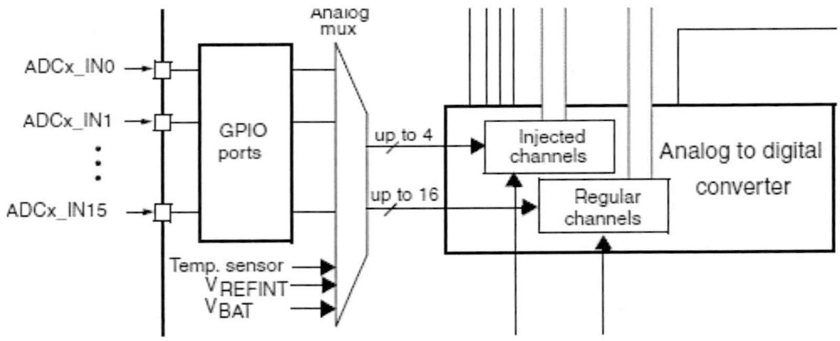

(그림 9-4) ADC 장치 블록도(출처: stm32f411re datasheet)

외부 입력 신호 범위는 V_{SSA} ~ V_{REF+}이며, Nucleo-F411RE 보드에서는 V_{SSA} = 0V, V_{REF+} = 3.3V가 인가되어 있다. ADC의 특성은 내부 변환 클럭을 30MHz로 하였을 때, 최대 샘플링 속도는 2MSPS 정도이며, 정확도는 전체 에러 관점에서 최대 ±5 LSB, 일반적인 경우 ±2 LSB이다. (참고로 오프셋 에러는 ±2.5 LSB/±1.5 LSB, 게인 에러는 ±4 LSB/±1.5 LSB, DNL(Differential Nonlinearity) 에러는 ±2 LSB/±1 LSB, INL(Integrated Nonlinearity) 에러는 ±3 LSB/±1.5 LSB이다.)

Nucleo-F411RE 보드에서 외부 입력 신호의 입력 포트는 다음과 같다. Nucleo- F411RE 보드에서는 PA_2와 PA_3 포트는 UART2로 사용되도록 고정되어 있기 때문에 Nucelo-F411RE 보드에서는 사용할 수 없다. STM32F411RE MCU에서는 내부의 온도 센서는 ADC1_IN16에 연결되어 있으며, 내부 기준 전압 V_{REFINT}는 ADC1_IN17에 연결되어 있다.

〈표 9-2〉 아날로그 입력 신호 이름과 관련 핀

아날로그 입력신호	핀 번호	외부 확장 커넥터	아날로그 입력신호	핀 번호	외부 확장 커넥터
ADC1_IN0	PA_0	A0	ADC1_IN8	PB_0	A3
ADC1_IN1	PA_1	A1	ADC1_IN9	PB_1	
ADC1_IN2	PA_2		ADC1_IN10	PC_0	A5
ADC1_IN3	PA_3		ADC1_IN11	PC_1	A4
ADC1_IN4	PA_4	A2	ADC1_IN12	PC_2	
ADC1_IN5	PA_5		ADC1_IN13	PC_3	
ADC1_IN6	PA_6		ADC1_IN14	PC_4	
ADC1_IN7	PA_7		ADC1_IN15	PC_5	

Mbed-OS에서는 ADC 장치를 다루기 위하여 AnalogIn라는 클래스를 사용하고 있다. AnalogIn 클래스는 drivers/AnalogIn.h 파일에 정의되어 있다. AnalogIn 클래스의 생성자와 주요 함수는 다음과 같다.

생성자 혹은 함수		설명
	AnalogIn (PinName pin)	생성자
float	read()	입력 신호를 읽은 다음, 그 값을 0.0 ~ 1.0 값으로 정규화 시켜 반환한다.
unsigned16_t	read_u16()	입력 신호를 읽은 다음, 그 값을 0x0000 ~ 0xFFFF의 16비트 값으로 변환하여 반환한다.
	operator float()	read() 함수와 동일하다.

read_u16() 함수는 16비트 값으로 변환하여 반환하지만, ADC 의 해상도는 12비트이기 때문에 하위 4비트의 값은 의미가 없다. 실제 코드에서는 하위 4비트 값은 읽은 상위 4비트 값으로 채워서 반환하고 있다.

9.3.1 ADC 실습(1): 조도 센서

이 절에서는 ADC를 이용하여 조도를 측정하는 실습을 수행한다. 이 실습에서 사용하는 센서는 CdS 조도 센서이다. CdS 센서는 일종의 포토 레지스터(photo-resistor)로 형태는 (그림 9-5)와 같다.

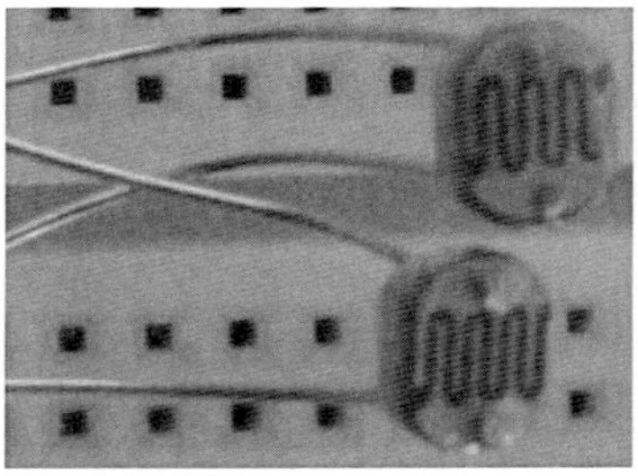

(그림 9-5) CdS 센서 형태

CdS 센서는 빛의 파장에 따른 민감도(sensitivity)가 인간의 눈과 가장 유사한 특성을 지니고 있으며, 약 515nm 파장 대역에서 가장 높은 민감도를 나타낸다. CdS 센서는 입사광의 세기가 증가하면 저항 값이 감소하고, 입사광의 세기가 감소하면 저항 값이 증가하는 특성을 지니고 있다. 빛이 있는 곳에서는 ~100Ω, 어두운 곳에서는 ~1MΩ 정도의 저항 특성을 나타낸다. 하지만 입사광의 세기 따른 저항 값의 변화는 비선형 특성을 지니고 있으며 ((그림 9-6) 참조), 히스테리시스 특성을 지니고 있기 때문에 CdS 센서는 정확한 조도를 측정하는 용도로 사용하기에는 부적절하다. 그리고 조도의 변화에 따른 반응 속도도 10 ~ 100ms 가 소요되기 때문에 빠른 변화를 측정하는 곳에 사용하는 것은 부적절하다. 참고로 포토다이오드나 포토 트랜지스터는 상당히 빠른 반응 속도를 지니고 있다.

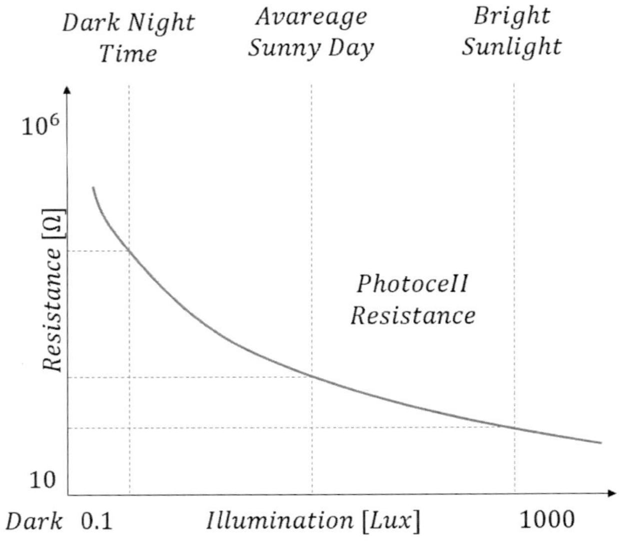

(그림 9-6) 조도에 따른 CdS 센서의 저항값

따라서 CdS 센서는 대략적인 빛의 밝기 만을 측정하는 용도로 사용하여야 한다. (그림 9-7)과 같은 회로를 브레드 보드에 구성하고, VCC에는 Nucelo 보드의 3.3V 와 연결하고, Vout은 Nucelo 보드의 아두이노 확장 커넥터의 A0와 연결한다. 회로의 GND와 Nucelo 보드의 GND는 연결하여야 한다.

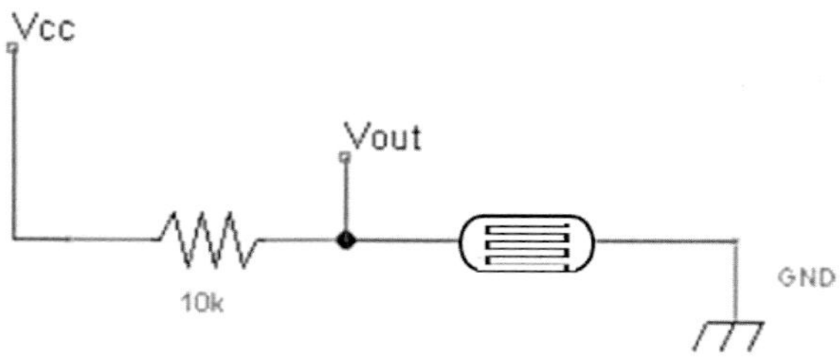

(그림 9-7) 조도 센서 관련 회로도

빛이 있는 곳에서는 CdS 센서의 저항 값 R2가 작아지게 되므로, ADC로부터 측정 전압값은 작아지게 되고, 어두운 곳에서는 CdS 센서의 저항 값 R2가 커지게 되므로, ADC의 측정 전압값은 커지게 될 것이다. 조도를 측정하는 예제 코드는 다음과 같다.

```
#include "mbed.h"

Serial pc(USBTX, USBRX, 115200);
AnalogIn light(A0);

// main() runs in its own thread in the OS
int main() {
    float meas;
    pc.printf("₩r₩n*** AnalohIn Example ***₩r₩n");

    while (true) {
        meas = light.read();
        meas = meas * 3300;  //convert the value to [0, 3300mV]
        pc.printf("CdS input voltage = %f mV₩r₩n", meas);
        wait(2.0);
    }
}
```

위의 코드를 실행한 예가 아래에 나타나 있다. 처음 3개 값은 형광등이 켜져 있을 때에 나타난 값이고, 그 다음 4개 값은 CdS 센서를 손으로 가렸을 때의 값이다.

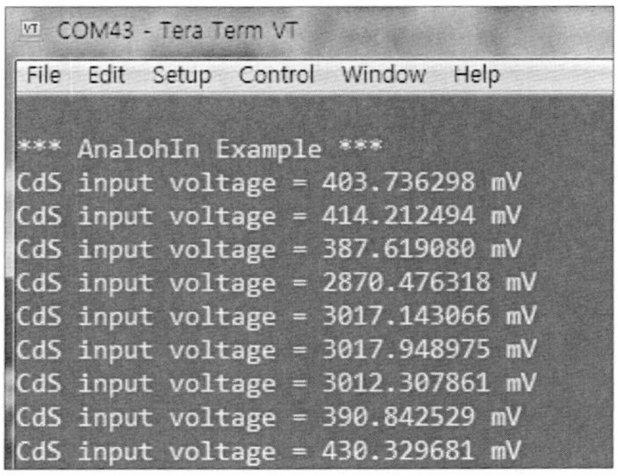

9.3.2 ADC 실습(2): 내부 온도 센서

STM32F411RE MCU 내부에는 칩의 온도를 측정하기 위한 온도 센서가 내장되어 있다. 앞에서 언급한 바와 같이 STM32F411RE MCU에서는 ADC1-IN16 입력 신호 포트에 내부 온도 센서가 연결되어 있다. 그리고 ADC로 측정된 온도 센서의 값이 V_{SENSE}일 때, 온도는 다음 식에 의해서 계산된다.

$$\text{Temperature (℃)} = (V_{SENSE} - V_{25}) / \text{Avg\_Slope} + 25$$

V_{25}는 25℃일 때 온도 센서의 출력 전압을 의미하고, Avg_Slope는 온도에 따른 온도 센서의 전압 값의 평균 기울기를 의미한다. STM32F411 MCU에서는 V_{25}=0.76V, Avg_Slope=2.5mV/℃로 주어진다. 온도 센서의 정확도는 최대 ±1℃, ±2℃이다.

내부 온도를 구하는 예제 코드는 다음과 같다.

```
#include    "mbed.h"

Serial pc(USBTX,    USBRX, 115200);
AnalogIn    tempSensor(ADC_TEMP);

int main() {
```

```
    float meas;
    pc.printf("₩r₩n*** AnalohIn Example  (Internal Temp Sensor) ***₩r₩n");

    while (true) {
        meas = tempSensor.read();
        meas = 25.0 + (3300.0 * meas - 760.0)/2.5;  //convert to temp (C)
        pc.printf("Internal Temperature  = %.2f [C]₩r₩n", meas);
        wait(2.0);
    }
}
```

다음은 위의 코드를 실행 한 결과 예이다. STM32F411 칩 위에 손을 접촉시키면 온도가 증가하다가 (5번째 출력 값 이후부터) 손을 떼면 (11번째 출력 값 이후) 온도가 감소함을 볼 수 있다.

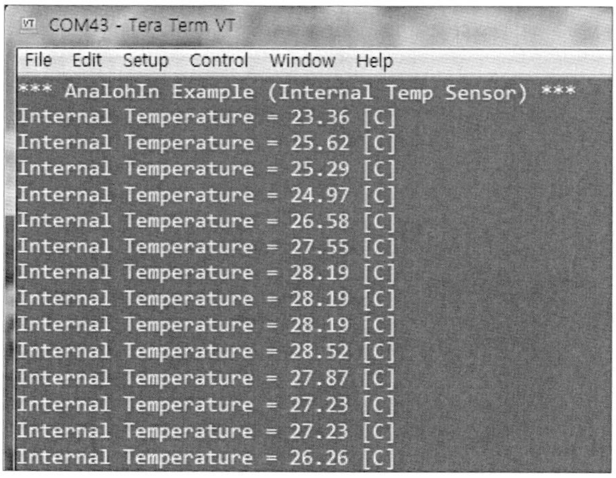

9.3.3 ADC 실습(3): JoyStick Shiled

JoyStick은 다른 장치들을 조정하는 데 유용한 디바이스이다. 일반적으로 JoyStick의 내부에는 가변 저항이 위치하고 있으며, 스틱의 위치에 따라 가변 저항 값이 변하는 구조를 지니고 있다. 따라서 가변 저항 양단에 고정된 전압을 인가하고, 스틱 위치에 따라 변하는 전압 값을 읽음으로써 스틱의 현재 위치를 파악할 수 있다. 이 실험에서는 "JoyStick Shield" 모듈을 이용하여 JoyStick을 이용하는 실험을 수행한다.

"JoyStick Shield" 모듈의 모양은 (그림 9-8)과 같으며, 아두이노 우노 보드에 연결하여 사용할 수 있는 커넥터를 지니고 있다.

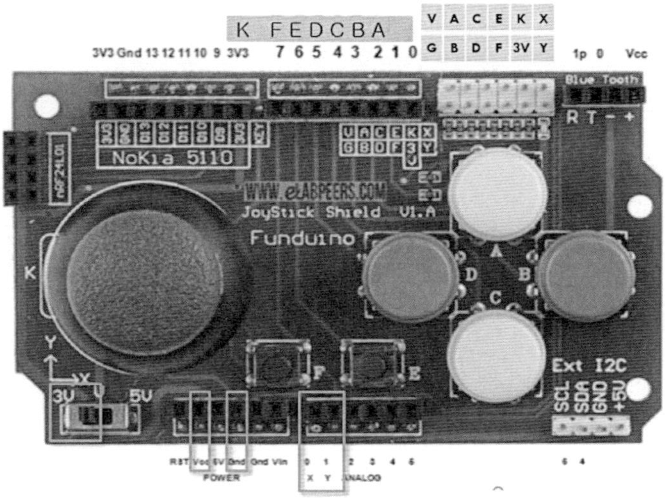

(그림 9-8) JoyStick Shile의 외형 및 커넥터

좌하에 위치한 스위치는 해당 보드에서 전원을 3.3V를 사용 할지, 5V를 사용할지를 결정하는 스위치이다. Nucleo 보드에서는 사용 전원이 3.3V이므로 실험에서 스위치를 3V로 선택하면 된다.

JoyStick Shield를 아두이노 커넥터에 연결하여 사용하여도 되지만 다른 센서들과 함께 사용하려면 VCC로 표시된 커넥터(아두이노 우노 커넥터에서 3.3V를 공급하는 커넥터이다. (그림 9-8)에서 녹색 박스로 표시된 VCC 부분이다)에 3.3V 전원을 연결하고, Gnd 커넥터에 키트의 GND를 연결하면 된다.

JoyStick의 X와 Y 위치에 따른 전압값은 각각 X와 Y핀에 나타나게 된다. 이 부분은 아두이노 우노 커넥터의 A0와 A1에 해당하는 핀이다. 또한 우상에 위치한 2열 커넥터의 X, Y로 표시된 핀을 사용하여도 된다.

JoyStick Shield에는 A ~ F와 K로 표시된 7개의 푸시 버튼이 존재하며, 해당 핀이 우상에 위치한 2열의 커넥터와 아두이노 우노 커넥터에도 연결되어 있다. 기본적으로 푸시 버튼을 누르지 않았을 때에는 '1'의 값이, 눌렀을 경우에는 '0'의 값이 입력되도록 되어 있다.

Nucleo-F411RE 보드에서 JoyStick Shiled 보드에 3.3V 전원과 GND를 연결하고, JoyStick Shield의 X와 Y를 각각 Nucleo-F411RE 보드의 A0와 A1에 연결한 다음에 1초 간격으로 X와 Y의 전압값을 터미널에 출력시키는 프로그램을 작성하여라.

제10장

PWM, I^2C 및 SPI 장치 제어

10.1 PWM(Pulse Width Modulation)

PWM이란 용어에 나타난 바와 같이 통신에서 사용하는 변조 방식 중의 하나이다. 즉 정보에 따라 펄스의 폭을 변화시키는 변조 방식이다. 예를 들어 신호의 크기가 크면 펄스 폭을 크게 하고, 신호의 크기가 작으면 펄스 폭을 작게 하여 정보를 전달한다. 하지만 마이크로프로세서 응용 분야에서는 PWM 신호는 모터를 제어하는 분야에 주로 사용된다. 펄스 폭의 크기에 따라 평균 파워를 변화시킬 수 있기 때문에 이를 이용하여 DC 모터의 회전 속도를 제어할 수 있다. 이 외에도 LED를 단지 ON/OFF 제어가 아닌 밝기 제어가 필요할 경우에는 PWM 신호를 이용할 수 있으며, DC 서보 모터 등을 제어하는 곳에서도 사용된다.

PWM 신호는 다음 그림에 나타난 바와 같이 주기(period)와 펄스 폭(펄스에서 'on'인 시간)으로 표시할 수 있다. 펄스 폭은 듀티 사이클(duty cycle)로 표현되기도 한다. 듀티 사이클의 정의는 다음과 같다.

$$duty\,cycle\,[\%] = \frac{pulse\,on\,time}{pulse\,period} \times 100$$

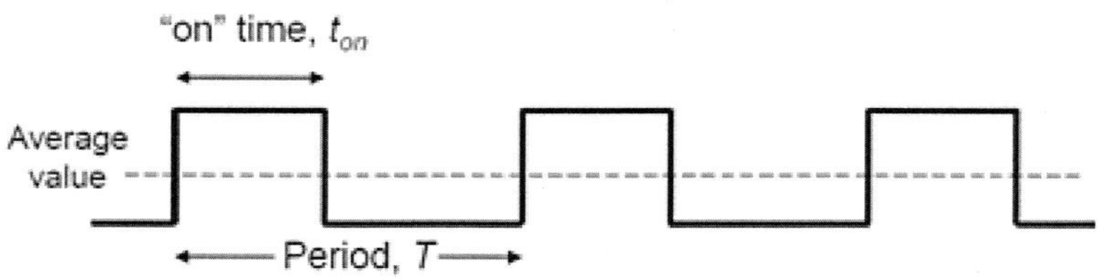

(그림 10-1) PWM 신호 예

STM32F411RE MCU에서는 타이머와 관련된 TIM 모듈에서 PWM 신호를 생성하는 기능을 지니고 있다. TIM1 ~ TIM5 모듈에서는 각각 최대 4개의 독립적인 PWM 신호를 생성할 수 있으며, TIM9 모듈은 2개, TIM10과 TIM11 모듈은 1개의 PWM 신호를 생성할 수 있다. 그 중에서 TIM1 모듈만이 반전된 PWM 신호도 함께 제공한다.

Mbed-OS에서 정의된 STM32F411RE MCU에서의 PWM 신호 출력 포트와 Nucelo-F411RE 보드 아두이노 외부 확장 커넥터와 Motpho 확장 커넥터에 나타난 PWM 신호 출력 포트는 〈표 10-1〉과 같다. TIM5와 TIM9은 Mbed-OS에서는

PWM 신호 출력 용도로는 사용되지 않고 있다. 포트의 핀 번호 뒤에 _ALT0로 표시된 핀은 다른 PWM 핀과 중복이 되기 때문에, 해당 타이머 모듈을 이용하여 PWM 신호를 만들기 위하여 구분하여 정의된 핀 이름이다.

〈표 10-1〉 TIM 모듈 및 해당 장치의 PWM출력 신호 핀

PWM 출력 신호	사용 가능 MCU 핀번호	외부 확장 커넥터	PWM 출력 신호	사용 가능 MCU 핀번호	외부 확장 커넥터
TIM1_CH1	PA_8	D7	TIM1_CH1N	PB_13	D11 CN10-30
TIM1_CH2	PA_9	D8	TIM1_CH2N	PB_0, PB_14	A3 CN10-28
TIM1_CH3	PA_10	D2	TIM1_CH3N	PB_1, PB_15	CN10-24 CN10-26
TIM1_CH4	PA_11	CN10-14			
TIM2_CH1	PA_0, **PA_5**, PA_15,	A0 (LD2) CN7-17	TIM2_CH2	PA_1, **PB_3**	A1 (SWO)
TIM2_CH3	PA_2, PB_10	(UART_TX) D6	TIM2_CH4	PA_3,	(UART_RX)
TIM3_CH1	PA_6, PB_4, PC_6	D12, D5, CN10-4	TIM3_CH2	**PA_7_ALT0**, PB_5, PC_7	D11, D4, D9
TIM3_CH3	**PB_0_ALT0** PC_8	A3, CN10-2	TIM3_CH4	**PB_1_ALT0** PC_9	CN10-24, CN10-1
TIM4_CH1	PB_6	D10	TIM4_CH2	PB_7	CN7-21
TIM4_CH3	PB_8	D15	TIM4_CH4	PB_9	D14
TIM10_CH1	**PB_8_ALT0**	D15	TIM11_CH1	**PB_9_ALT0**	D14

Mbed-OS에서 PWM 장치는 PwmOut이라는 클래스를 이용하여 사용한다. PwmOut 클래스는 drivers/PwmOut.h 파일에 정의되어 있다. PwmOut 클래스의 생성자와 주요 함수는 다음과 같다.

생성자 혹은 함수		설명
	PwmOut(PinName pin)	주어진 pin에 PWM 신호를 만들기 위한 객체를 생성한다. PWM 신호의 디폴트 주기는 20ms이며, 듀티 사이클은 0%이다.
void	write(float value)	value 인자에 PWM 신호의 듀티 사이클을 표시하게 된다. Value 인자가 지닐 수 있는 값의 범위는 0.0 ~ 1.0이며, 0.5이면 50% 듀티 사이클을 지닌 PWM 신호를 생성하라는 의미이다.
float	read()	PWM 신호의 듀티 사이클 값을 반환한다.
void	period(float seconds) period_ms(int ms) period_us(int us)	PWM 신호의 주기를 각각 sec/ms/us 단위로 설정한다.
void	pulsewidth(float seconds) pulsewidth_ms(int ms) pulsewidth_us(int us)	PWM 신호의 펄스 폭을 각각 sec/ms/us 단위로 설정한다.
PwmOut&	operator= (float value)	write() 함수의 간략화된 형태이다.
PwmOut&	operator= (PwmOut &rhs)	write() 함수의 간략화된 형태이다.
	Operator float()	read() 함수의 간략화된 형태이다.

10.1.1 PWM 장치 실습(1)

이 절에서는 PWM 신호를 이용하여 DC 서보 모터를 제어하는 실습을 한다. DC 서보 모터는 모터의 회전 각을 PWM 신호로 제어할 수 있는 모터이다. 간단한 응용 분야에 많이 사용되고 있는 저가의 DMS-MG90 DC 서보 모터의 외형은 (그림 10-2)와 같다.

(그림 10-2) DMS-MG90 서보 모터

서보 모터는 (그림 10-3)에서 보는 바와 같이 DC 모터, 모터의 토크를 크게 하기 위한 기어 어셈블리, 제어 회로와 모터의 회전 각도를 센싱하기 위한 가변저항(potentiometer)으로 구성되어 있다.

(그림 10-3) DC 서보 모터 내부 구조

서보 모터의 동작원리는 (그림 10-4)와 같으며, 일종의 부궤환(negative feedback) 시스템으로 간주된다. 제어 신호로 주어진 PWM 신호는 펄스폭에 따른 평균 전압값으로 변환되고, 모터 현재 회전각은 회전 각 센서(position sensor)에 의해서 회전 각에 비례되는 전압으로 변환되어, 두 전압값이 비교된다. 만약 주어진 PWM 신호에 의한 평균 전압 값보다 회전각의 전압이 작으면 모터를 더 회전시키게 되고, 주어진 PWM 신호에 의한 평균 전압 값보다 회전각의 전압이 크면 모터를 반대 방향으로 회전시켜, 모터가 원하는 회전각을 유지하도록 한다.

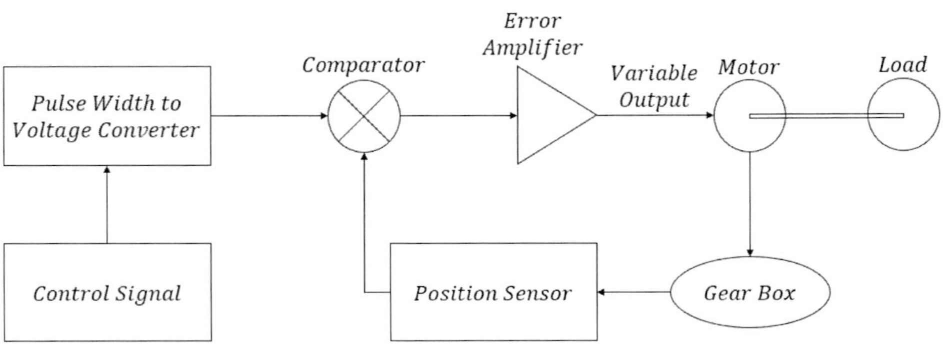

(그림 10-4) 서보 모터 동작 원리

실험에서 사용할 DMS-MG90 DC 서보 모터의 특성은 다음과 같다.

- 토크: 1.8 kg · cm
- 동작 속도: 0.1s/60°
- 동작 전압: 4.8V (~ 5V)
- 동작 온도 범위: 0℃ ~ 55℃

(그림 10-5)에 나타난 바와 같이 갈색(Brown) 선에는 GND를, 붉은(Red) 선 Vcc에는 5V를, 제어 신호로 사용할 PWM 신호는 주황색(Orange) 선에 연결하여야 하다.

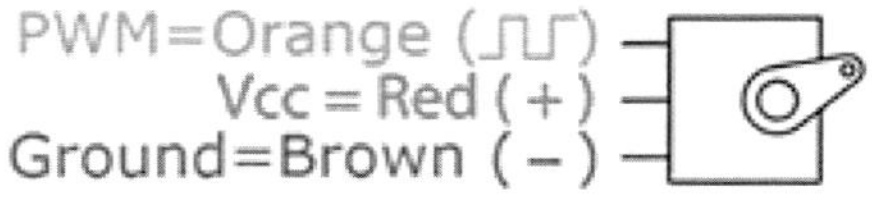

(그림 10-5) DMS-MG90 DC 서보 모터에서 연결선의 기능

PWM 제어 신호는 주기는 20ms로 하여야 하며, 펄스폭은 1ms ~ 2ms 으로 함에 따라 서보 모터의 회전각이 0° ~ 180° 가 되게 된다. 펄스폭을 ~1ms가 되게 하면 0°, 1.5ms가 되게 하면 90°, ~2ms가 되게 하면 180° 로 회전하게 된다. (실제 회전각은 서보 모터에 따라 약간씩의 차이가 있다. 어떤 DMS-MG90의 실험에서는 약 0.55ms 일 때 0°, 약 2.15ms일 때 180° 를 회전하였다.)

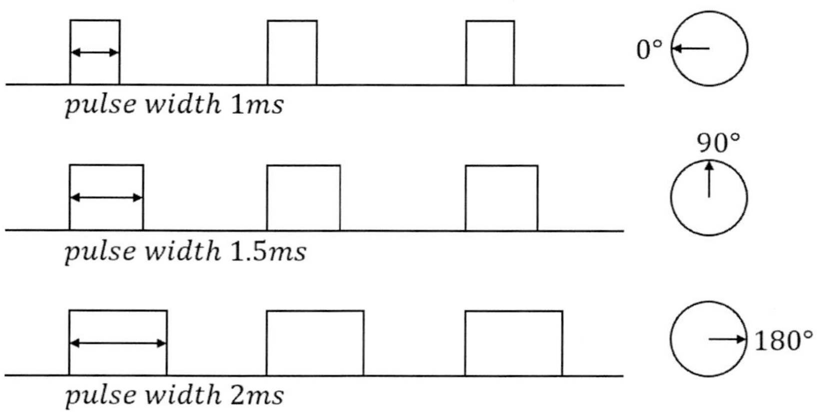

(그림 10-6) PWM 펄스폭에 따른 서보 모터 회전 각

이 절에서는 사용자가 터미널 에뮬레이터를 통하여 입력한 값에 따라 서보 모터를 회전시키는 실습을 수행한다. 입력으로 주어지는 값은 회전각을 의미하며, 0 ~ 180 의 값을 지니게 된다. 구현한 프로그램의 예는 다음과 같다.

```
#include "mbed.h"
#define PWM_MIN 550
#define PWM_MAX 2150

PwmOut servoMotor(D6);    //PB_10
Serial pc(PA_2, PA_3, 115200);

uint8_t rx_buffer[10];
int index = 0;
volatile int flag ;

void control_servo()
{
        int num;
        int on;     //us pulse on time

        num = atoi((const char *)rx_buffer);
        on = PWM_MIN + (PWM_MAX - PWM_MIN)*num/180;
        pc.printf("Pulse ON time = %d (%d)₩r₩n", on, num);
        if (on < PWM_MIN) on = PWM_MIN;
        if (on > PWM_MAX) on = PWM_MAX;
        servoMotor.pulsewidth_us(on);
}

void rx_cb(void)
{
        char ch;
        ch = pc.getc();
        pc.putc(ch);
        rx_buffer[index++] = ch;
        if (ch == 0x0D) {  //CR
            pc.putc(0x0A); //LF
            rx_buffer[--index] = '₩0';      //change CR to 0
            index = 0;
            flag = 1;
```

```
    }
}

int main()
{
        pc.printf("PWM Test Program (Servo Motor)!₩r₩n");
        pc.attach(callback(rx_cb));

        servoMotor.period_ms(20);                    // PWM period = 20ms
        servoMotor.pulsewidth_us(PWM_MIN);      //for 0 degree

        while(1) {
            flag = 0;
            pc.printf(" Enter the rotation degree [0 - 180]: ");
            while(flag != 1);
            control_servo();
    }
}
```

위의 코드에서 rx_cb() 함수는 터미널로부터 문자가 입력되는 것을 처리하는 ISR이며, 엔터(CR) 키가 입력될 때까지 rx_buffer[]에 순서대로 입력된 문자를 저장하고, 한 라인이 모두 입력되면 해당 입력된 문자열을 스트링으로 인식되도록 하기 위하여 CR(0x0D) 값을 Null('₩0') 값으로 변환을 한다. control_servo() 함수는 입력된 값을 정수 값으로 변환하고, 입력된 회전각을 PWM 펄스폭으로 변환시킨 다음, PWM 펄스폭을 결정하도록 동작한다.

10.1.2 PWM 장치 실습(2) (피에조 부저를 이용한 음악 생성)

이 실습에서는 피에조 부저(piezoelectric buzzer)를 이용하여 음악을 생성하는 실습을 수행한다. 피에조 부저는 피에조 효과 혹은 압전 효과라는 성질을 이용하여 소리를 나게 하는 디바이스이다. 즉 압전 물질에 전압을 인가하면 압전 물질이 응축 혹은 신장하게 되고, 여기에 얇은 판을 붙여주면 인가되는 전압에 따라 얇은 판이 떨리게 되어 소리가 나게 된다. 피에조 부저의 모양과 심볼은 다음과 같다.

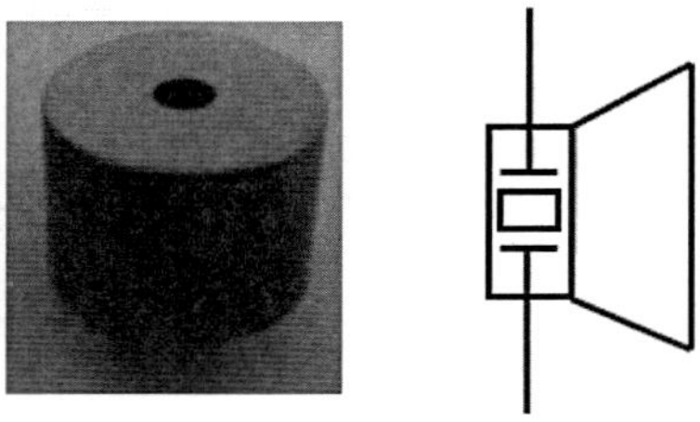

(a) (b)

(그림 10-7) (a) 피에조 부저 외형 예 (b) 피에조 부저 심볼

따라서 피에조 부저 디바이스에 PWM 신호를 주파수를 변경하여 인가하면 피에조 부저의 얇은 막이 주어진 주파수에 따라 변하여 떨리게 되므로 떨리는 주파수에 따른 소리를 생성한다. 참고로 각 음계 따른 주파수는 다음과 같다.

〈표 10-2〉 음계별 주파수 (단위 Hz)

옥타브 / 음계	1	2	3	4	5	6	7	8
C(도)	32.70	65.41	130.81	261.63	523.25	1046.50	2093.00	4186.01
C#	34.65	69.30	138.59	277.18	554.37	1108.73	2217.46	4434.92
D(레)	36.71	73.42	146.83	293.66	587.33	1174.66	2349.32	4698.64
D#	38.89	77.78	155.56	311.13	622.25	1244.51	2489.02	4978.03
E(미)	41.20	82.41	164.81	329.63	659.26	1318.51	2637.02	5274.04
F(파)	43.65	87.31	174.61	349.23	698.46	1396.91	2793.83	5587.65
F#	46.25	92.50	185.00	369.99	739.99	1479.98	2959.96	5919.91
G(솔)	49.00	98.00	196.00	392.00	783.99	1567.98	3135.96	6271.93
G#	51.91	103.83	207.65	415.30	830.61	1661.22	3322.44	6644.88
A(라)	55.00	110.00	220.00	440.00	880.00	1760.00	3520.00	7040.00
A#	58.27	116.54	233.08	466.16	932.33	1864.66	3729.31	7458.62
B(시)	61.74	123.47	246.94	493.88	987.77	1975.53	3951.07	7902.13

실습에서 사용하는 부저 모듈은 다음 회로와 같이 스위치 기능을 수행하는 트랜지스터를 포함하고 있기 때문에 피에조 부저에 공급되는 전류는 3.3V 전원에서 직접 공급된다.

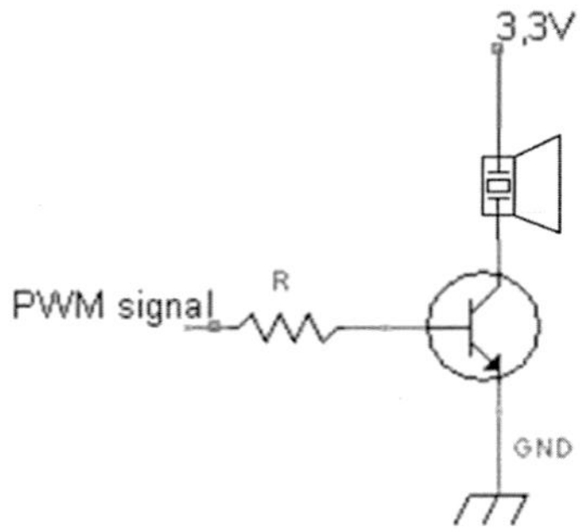

(그림 10-8) 실습에서 사용하고 있는 피에조 부저 모듈 회로도

다음은 C4-D4-E4-F4-G4-A4-B4-C5 C5-B4-A4-G4-F4-E4-D4-C4 의 음계를 반복하여 실행하는 간단한 예제 코드이다.

```
#include "mbed.h"

PwmOut buzzer(PB_3);        //D3

// C4, D4, E4, F4, G4, A4, B4, C5
float freq[]={261.626, 293.665, 329.628, 349.228, 391.995, 440.000, 493.883,
523.251};
int beat[]={4, 4, 4, 4, 4, 4, 4, 4};      //beat array [ 1, ..., 16], 1 beat = 1/16 sec.

int main() {
    int period_us;
    int beat_ms;

    while (true) {
        for (int i=0; i<8; i++) {
            buzzer = 0.1;                      // set duty cycle
            period_us = 1000000/freq[i];
            beat_ms = 62.5 * beat[i];
            buzzer.period_us(period_us);     // set PWM period
            wait_ms(beat_ms);                // hold for beat period
        }

        for (int i=0; i < 8; i++) {
            buzzer = 0.2;                      // set duty cycle
```

```
            period_us = 1000000/freq[7 - i];
            beat_ms = 62.5 * beat[7 - i];
            buzzer.period_us(period_us);        // set PWM period
            wait_ms(beat_ms);                   // hold for beat period
        }

    }
}
```

위의 예제에서 듀티 사이클은 10%와 20%로 하고 있다. 듀티 사이클에 따라 소리의 크기가 결정된다. 50%에서 가장 큰 소리가 나고, 듀티 사이클을 낮게 함에 따라 소리가 작아지게 된다. 참고로 소리를 내지 않으려면 듀티 사이클을 0%로 하면 된다.

어떤 피에조 부저 모듈는 (그림 10-8)와 유사한 회로를 가지고 있지만 NPN 트랜지스터가 아니라 PNP 트랜지스터를 사용하고 있다. 이러한 모듈에서는 PWM 신호가 '0'일 때에 부저가 동작하게 된다. 따라서 이러한 모듈에서는 듀티 사이클 값을 "buzzer = 0.1"이 아니라 반대로 "buzzer = 1 - 0.1"로 주어야 한다.

10.2 I²C(Inter-Integrated Circuit)

STM32F411RE MCU에는 3개의 I²C 주변 장치를 포함하고 있으며, 표준 모드(100 kbps)와 패스트 모드(400 kbps)를 지원한다. 또한 7비트와 10비트 주소 체계를 지원한다. 본 장에서는 I²C 시리얼 통신 원리와 Mbed-OS에서의 I²C 관련 API를 살펴보고, I²C 접속 규격을 지닌 온도 센서를 다루는 실습을 수행한다.

10.2.1 I²C 시리얼 통신 프로토콜

I²C인터페이스는 IC와 IC 사이에 최소한의 핀을 이용하여 정보 교환을 하기 위하여 필립스사에서 제안한 시리얼 통신 프로토콜이다. 통신을 위해서 단지 2개의 선, 즉 SDA(serial data) 선과 SCL(serial clock) 선이 필요하며, 통신 방식은 매스터-슬레이브(master-slave) 방식을 사용한다. 항상 매스터가 통신을 시작하

며, 또한 SCL 선에 클럭을 제공한다. 버스의 정전 용량이 400pF이 넘지 않는 한, 다수의 IC들이 하나의 I^2C인터페이스에 연결되어 사용될 수 있다. 각 IC들은 주소를 지니고 있어, SDA 선을 공유하지만 자신에게 전송되는 데이터를 구별하여 수신할 수 있다. 그리고 I^2C에서는 다수의 매스터가 하나의 I^2C 인터페이스에 존재할 수 있다. 매스터-슬레이브 통신에서는 통신 시에 하나의 매스터 만이 존재해야 하므로, 통신의 시작 시에 누가 매스터로 동작할 것인지에 대한 중재를 할 수 있는 기능을 I^2C가 가지고 있음을 의미한다. 최대 전송 속도는 최초에는 100 kbps였으나, 1992년에는 400 kbps(fast mode)까지, 1998년에는 3.4 Mbps (high-speed mode)까지 가능하도록 표준이 개정되었다. 따라서 사용 시에 해당 IC가 허용하는 최대 전송 속도를 확인하여 사용하여야 한다.

I^2C버스는 (그림 10-9)와 같은 구조를 지니고 있다. SDA와 SCL 버스는 오픈 드레인(혹은 오픈 콜렉터) 형태를 지니고 있어, 하나의 선을 이용해서 양방향 통신이 가능하도록 구성되어 있다. 즉 자신이 데이터를 전송하지 않을 때에는 자신의 출력 포트를 플로팅 시켜 다른 디바이스가 전송하는 것을 방해하지 않도록 하고 있다. 풀업 저항은 일반적으로 2 kΩ ~ 10 kΩ을 사용한다. I^2C버스는 여러 디바이스가 데이터 선을 공유하고 있기 때문에 어느 한 순간에 하나의 디바이스만이 데이터를 전송하여야 한다. 따라서 이러한 것을 I^2C에서는 어떻게 제어하는가를 이해하는 것이 중요하다. (그림 10-9)와 같은 구조에서 연결된 노드의 수가 늘어남에 따라 버스의 정전용량도 커지게 된다. 정전용량이 점차 커지게 되면 데이터 혹은 클럭의 변화가 느려지게 되어 최대 전송 속도가 영향을 받는다. 따라서 표준에서는 버스의 정전 용량이 400pF이 넘지 않도록 규정하고 있다.

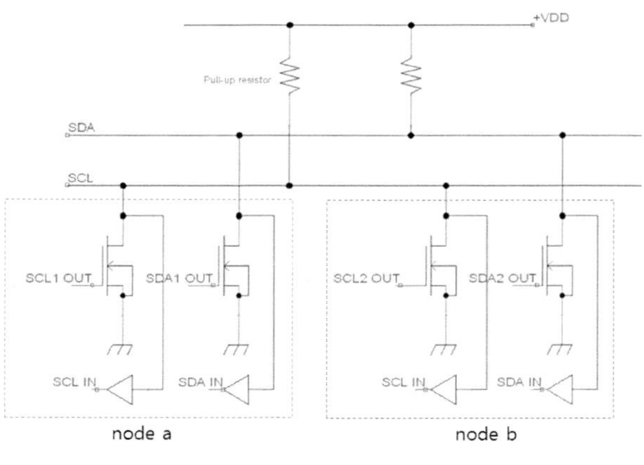

(그림 10-9) I^2C 버스

I^2C 통신에서 기본적인 원칙은 SCL의 값이 '1'일 때, SDA의 값이 변하지 않아야 한다는 것이다. 그리고 이 원칙의 예외 사항을 이용하여 한 프레임의 시작과 끝을 표시하는 방식을 사용한다. (그림 10-10)에서 보는 바와 같이 SCL이 '1'일 때, SDA에서 '1'에서 '0'으로 변화가 있을 때, 한 프레임의 시작을 나타내고, 반면에 SCL이 '1'일 때, SDA에서 '0'에서 '1'으로 변화가 있을 때는 한 프레임이 끝났다는 것을 나타낸다. 항상 매스터가 한 프레임의 시작과 끝에 해당하는 신호를 발생시킨다. 그리고 통신을 하지 않는 상태에서는 SDA와 SCL 선은 '1'의 상태를 유지하게 된다.

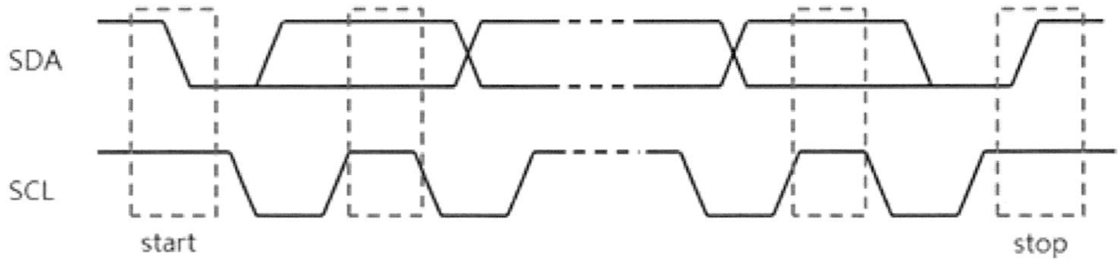

(그림 10-10) I^2C 기본적인 전송 방식

I^2C통신의 기본 포맷의 한 가지는 전송자가 8비트 데이터(MSB가 먼저 전송된다.)를 전송하면, 항상 수신자는 다음 클럭 때(즉 9번째 클럭)에 ACK 신호를 SDA에 전송하는 구조를 지니고 있다. (그림 10-11)에서 보는 바와 같이 ACK 신호는 항상 '0'으로 주어진다. 만약 ACK 신호가 '0'이 아니면 전송자는 수신자가 데이터를 정상적으로 수신하지 못하였다고 판단을 하여 에러 처리를 하게 된다. (매스터가 수신자로 동작할 때, 마지막 데이터를 수신 후에 이 포맷을 고의로 위반하는 경우도 존재한다.)

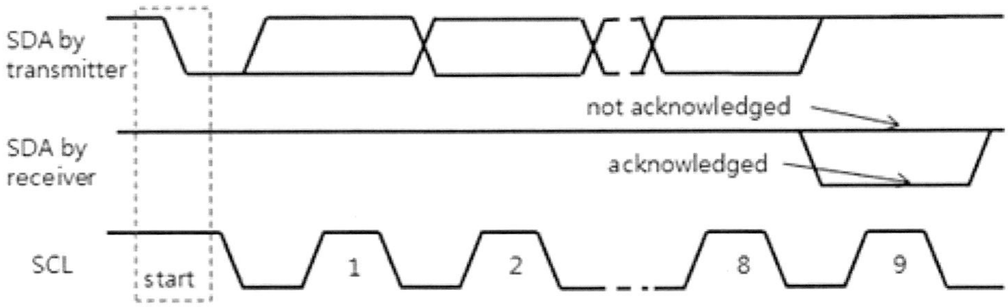

(그림 10-11) I^2C에서 기본적인 통신 포맷

I^2C에서 시작 심볼 다음에 오는 데이터는 슬레이브 디바이스의 주소이다. 슬레이브의 주소는 7비트로 이루어진 경우와 10비트로 이루어진 경우가 존재한다. (그림 10-12)에서 보는 바와 같이 7비트 주소를 사용하는 경우, 처음 7비트 주소를 전송하고 나머지 1비트는 매스터가 데이터를 슬레이브에 전송할 것인지(이 경우 8번째 비트는 '0'이 된다.), 아니면 슬레이브로부터 데이터를 읽기를 요청하는 것인지를 알려준다(이 경우 8번째 비트는 '1'이 된다.). 7비트 주소와 일치하는 슬레이브가 ACK A 신호를 보낸다. 10비트 주소를 사용하는 경우에는 처음 전송되는 7비트는 11110XX 형태를 지니며, 이때 '11110'의 값이 10비트 주소를 사용함을 의미한다. 따라서 처음 7비트 중에서 주소 중 MSB 2비트만이 첫 7비트에 포함되고, 나머지 8비트는 (그림 10-12)에서 보는 바와 같이 두 번째 데이터로 전송된다. (그림 10-12)에서 ACK A1는 10비트 주소 중 MSB 2비트가 같은 다수의 슬레이브가 ACK 신호를 줄 수 있다. 하지만 ACK A2는 10비트 주소가 모두 일치하는 슬레이브만이 ACK 신호를 줄 것이다.

S	XXXXXXX	R/W'	A	DATA
	7비트 주소			

S	11110XX	R/W'	A1	XXXXXXXX	A2	DATA
	XX = 2MSB			나머지 8비트 주소		

(그림 10-12) I^2C 통신 포맷에서 슬레이브 주소의 구성

일반적으로 슬레이브 디바이스에서는 7비트 주소의 첫 MSB 4비트는 해당 디바이스의 기능에 따라 이미 고정되어 있고, 나머지 3비트는 하드웨어적으로 결정하도록 되어 있는 경우가 많다.

매스터가 어떤 슬레이브 디바이스에게 데이터를 전송할 때에는 (그림 10-13)과 같은 포맷을 따른다. 먼저 슬레이브 주소를 전송하고, 데이터를 쓸 것이기 때문에 다음 비트에 W' 즉 '0' 신호를 보내면, 해당 슬레이브 디바이스에서 ACK 신호를 전송한다. 다음 매스터에서 8비트 데이터를 전송하면 그것을 수신한 슬레이브에서 ACK을 신호를 보내는 과정이 반복된다. 매스터에서 모든 데이터를 전송한 후에는 STOP 비트를 전송하게 된다.

(ACK A는 수신하는 슬레이브에서 보낸다.)

S	슬레이브 주소	W'	A	DATA	A	…	DATA	A	P

(그림 10-13) 슬레이브 디바이스에 데이터를 전송할 때의 포맷

매스터가 어떤 슬레이브 디바이스로부터 데이터를 읽을 때에는 (그림 10-14)와 같은 포맷을 따른다. 먼저 슬레이브 주소를 전송하고, 데이터를 쓸 것이기 때문에 다음 비트에 R 즉 '1' 신호를 보내면, 해당 슬레이브 디바이스에서 ACK 신호를 전송한다. 다음 슬레이브에서 8비트 데이터를 전송하면 그것을 수신한 매스터에서 ACK을 신호를 보내는 과정이 반복된다. 마지막 데이터를 수신한 매스터는 ACK 신호를 '0'으로 전송하지 않고, '1'로 응답하여 슬레이브가 더 이상 데이터를 보내지 않도록 알린다. 그리고 매스터에서 STOP 비트를 전송하게 된다.

(주소에 대한 ACK를 제외한 ACK A는 수신하는 매스터에서 보낸다.)

S	슬레이브 주소	R	A	DATA	A	…	DATA	A'	P

(그림 10-14) 슬레이브 디바이스로부터 데이터를 수신할 때의 포맷

매스터가 어떤 슬레이브 디바이스에 데이터를 전송한 후에, 어떤 슬레이브로부터 데이터를 읽을 경우에는 (그림 10-13)의 프레임 다음에 (그림 10-14)의 프레임의 형태로 통신을 할 수도 있지만, (그림 10-15)와 같이 "repeated start"의 형태로 조금 더 빠른 통신을 할 수 있다, "repeated start"란 매스터가 슬레이브에 데이터를 모두 전송한 다음에 STOP 비트를 전송하는 대신에 다시 START 비트를 전송하여 ((그림 10-15)에서 Sr로 표기된 부분임.) 슬레이브로부터 데이터를 읽는 과정을 수행하는 것을 의미한다. 물론 매스터가 슬레이브로부터 데이터를 읽은 후에 데이터를 쓰는 경우에도 동일한 개념이 적용될 수 있다.

S	슬레이브 주소	W'	A	DATA	A	DATA	A	Sr	슬레이브 주소	R	A	DATA	A	DATA	A'	P

(그림 10-15) 슬레이브로 데이터 전송 후 수신할 때의 포맷

I²C에서는 다수의 매스터가 존재할 수 있기 때문에 둘 이상의 매스터가 동시에 통신을 시작하려고 하면 충돌이 발생할 것이다. 따라서 이런 경우 하나의 매스터를 선택하는 중재 알고리듬이 필요하다. I²C에서는 SDA 버스가 오픈 드레인 형태로 구성되어 있기 때문에 서로 다른 매스터가 데이터를 SDA에 실을 때에 서로 다른 값을 전송하게 되면 SDA는 '0'의 값을 나타내게 된다. (wired AND 로직으로 동작하기 때문이다.) 따라서 어떤 매스터는 자신이 전송한 비트와 다른 비트가

SDA 버스에 나타나게 되면, 더 이상 전송하는 것을 중지하고 다른 매스터에게 권한을 양보하는 방법으로 중재 알고리듬이 동작한다.

10.2.2 Mbed-OS에서 I^2C 관련 API

Mbed-OS에 정의된 Nucleo-F411RE 보드의 I^2C 관련 외부 입력 신호의 핀은 〈표 10-3〉과 같다. 외부확장 커넥터에서 CN-x 로 표시된 부분은 Morpho 커넥터에 위치한 포트이다.

〈표 10-3〉 Mbed-OS에서 사용하는 I^2C 장치 및 관련 신호 핀.

I^2C 신호	핀 번호	외부 확장 커넥터	I^2C 신호	핀 번호	외부 확장 커넥터
I2C1_SDA	PB_9, PB_7,	D14, CN7-21	I2C1_SCL	PB_8, PB_6	D15, D10
I2C2_SDA	PB_3 PB_9_ALT0	D3 (SWO) D14	I2C2_SCL	PB_10	D6
I2C3_SDA	PB_4, PB_8, PC_9	D5, D15, CN10-1	I2C3_SCL	PA_8	D7

Mbed-OS에서 I^2C 매스터 장치를 다루기 위하여 I2C라는 클래스를 사용한다. I2C 클래스는 drivers/I2C.h 파일에 정의되어 있다. I2C 클래스에서 생성자와 주요 함수는 다음과 같다.

생성자	I2C (PinName sda, PinName scl)
함수	void frequency (int hz)
동작	시리얼 통신에 사용할 SCL 클럭의 속도를 hz 파라미터로 설정한다. 디폴트 속도는 100 kHz이다..
함수	int read (int address, char *data, int length, bool repeated=false)
동작	인자: address[7:1] = 슬레이브 7비트 주소, address[0] = 1, data: 읽은 데이터를 저장할 버퍼 포인터, length: 읽을 데이터 개수 repeated: true 이면 “repeated start”로 동작함. 즉 모두 읽은 후 프레임을 끝내지 않고, 다시 시작한다. 즉 스톱 심볼 생성하지 않고 스타트 심볼 다시 생성한다. 동작: 주어진 슬레이브로부터 데이터 읽는다. 반환 인자: ‘0’이면 성공, 아니면 실패를 의미한다.

함수	int write (int address, char *data, int length, bool repeated=false)
동작	인자: address[7:1] = 슬레이브 7비트 주소, address[0] = 0, data: 보낼 데이터 저장한 버퍼 포인터, length: 보낼 데이터 개수 repeated: true 이면 "repeated start"로 동작한다. 즉 모두 보낸 후 프레임을 끝내지 않고, 다시 시작한다. 즉 스톱 심볼 생성하지 않고 스타트 심볼 다시 생성한다. 동작: 주어진 슬레이브로 데이터를 전송한다. 반환 인자: '0'이면 성공, 아니면 실패를 의미한다.

10.2.3 I²C 실습: 온도 센서(EVAL-ADT7420-PMDZ)

이 절에서는 I²C 인터페이스를 지닌 EVAL-ADT7420-PMDZ 온도 센서 모듈로부터 온도를 측정하는 실습을 수행한다.

10.2.3.1 EVAL-ADT7420-PMDZ 모듈

EVAL-ADT7420-PMDZ 모듈은 Analog Device사의 ADT7420 온도 센서의 평가 보드로 외형은 (그림 10-16)과 같다.

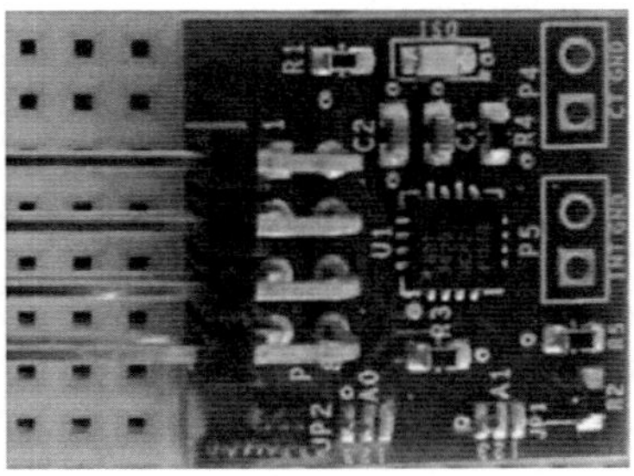

(그림 10-16) EVAL-ADT7420-PMDZ 온도 센서 모듈

ADT7420 IC의 A0와 A1의 입력 핀의 값에 따라 온도 센서의 슬레이브 주소가 결정된다. EVAL-ADT7420-PMDZ 모듈에서 이 값을 결정하는 것은 JP1과 JP2이며, 현재 모듈에서는 A0=A1=GND로 고정되어 있다. 이 경우 I²C 7비트 슬레이브 주소는 0x48이 된다. (참고로 Digilent Inc. 사의 Pmod TMP2 모듈도 ADT7420 온도 센서 기반의 모듈이며, EVAL-ADT7420-PMDZ 모듈과 동일한 인터페이스를 지니고 있으나, 슬레이브 주소는 0x4B이다.)

EVAL-ADT7420-PMDZ 모듈의 커넥터는 8 핀이며, 각 핀의 용도는 〈표 10-4〉와 같다. 모듈 내에는 SCL과 SDA 신호선에 풀업 저항은 연결되어 있지 않다.

〈표 10-4〉 EVAL-ADT7420-PMDZ 모듈의 커넥터 핀 기능

핀 번호	신호 명	설명
1, 2	SCL	I^2C 클럭
3, 4	SDA	I^2C 데이터
5, 6	GND	그라운드
7, 8	VCC	전원 (3.3V/5V)

ADT7420 온도 센서의 특징은 다음과 같다.

- 정확도: ±0.25℃(−20℃ ~ +105℃)
- 해상도: 0.0078125℃(16비트 해상도), 0.0625℃(13비트 해상도: 디폴트)
- 온도 측정 범위: −40℃~+150℃
- 동작 전압: 2.7V ~ 5.5V
- I^2C 인터페이스: 최대 400 kHz
- 사용자에 의한 온도 보정(calibration) 및 비선형성 보정 불필요

ADT7420 온도 센서의 동작 모드는 다음과 같은 4가지 있다.

- 정상 모드(normal mode): 디폴트 모드이며, 연속하여 온도 측정을 하는 동작 모드이다. 한번 온도 측정을 하는데 소요되는 시간은 약 240 ms이다.
- 원샷 모드(one-shot mode): 이 모드에서는 한번만 온도를 측정한 다음, 셧다운 모드가 된다. 온도를 측정하는 데에 소요되는 시간은 최소 240 ms이다.
- 1 SPS 모드(1 SPS mode): 1초 간격으로 온도를 측정하는 동작 모드이며, 온도 측정을 하는 데에 소요되는 시간은 약 60 ms이며, 나머지 940 ms 동안은 휴지(idle) 상태가 된다.

- 셧다운 모드(shut-down mode): 전체 IC가 셧다운 상태가 된다. 셧다운 상태에서 깨어나는 데에 약 1ms가 소요된다.

ADT7420 온도 센서의 내부 레지스터 종류와 주소는 〈표 10-5〉와 같다.

〈표 10-5〉 ADT7420 온도 센서 내부 레지스터의 종류와 주소

주소	내용	디폴트 값 (power-on)
0x00	측정 온도 값 (MSB)	0x00
0x01	측정 온도 값 (LSB)	0x00
0x02	상태 레지스터	0x00
0x03	설정 레지스터	0x00
0x04	T_{HIGH}온도 값 (MSB)	0x20(T_{HIGH}=64℃)
0x05	T_{HIGH}온도 값 (LSB)	0x00
0x06	T_{LOW}온도 값 (MSB)	0x05(T_{LOW}=10℃)
0x07	T_{LOW}온도 값 (LSB)	0x00
0x08	T_{CRIT}온도 값 (MSB)	0x49(T_{CRIT}=147℃)
0x09	T_{CRIT}온도 값 (LSB)	0x80
0x0A	T_{HYST}온도 값	0x05(T_{HYSR}=5℃)
0x0B	ID	0xCB
0x2F	소프트웨어 리셋	0xXX

어떤 레지스터의 값을 읽거나 레지스터로 값을 쓰려고 하면 먼저 주소 포인터 레지스터(address pointer register)에 해당 레지스터의 주소 값을 쓴 다음, 온도 센서에 읽기/쓰기를 요청하면 된다. 주소 포인터 레지스터를 지정한 다음, 여러 바이트를 읽거나 혹은 쓰면 자동적으로 주소 포인터 레지스터 값이 증가하게 된다. 예를 들어서 측정 온도값을 읽으려면 0x00 레지스터와 0x01 레지스터 값을 읽어야 한다. 이렇게 하려면 먼저 해당 슬레이브 IC의 주소 지정 레지스터에 0x00 값을 쓴 다음, 2바이트를 읽으면 된다. 따라서 I^2C에서 {슬레이브 주소 | 0x01} + {0x00 (address pointer value)} + {read 2 bytes} 의 형태로 통신이 되도록 하면 된다.

상태 레지스터는 [3:0] 비트는 사용되지 않고, [7:4] 비트만 사용되고 있으며, 읽기만이 허용된다. 그 내용은 〈표 10-6〉과 같다.

〈표 10-6〉 상태 레지스터 내용

비트	명칭	설명
4	T_{LOW}	온도가 T_{LOW}미만이 되면 '1'로 된다. 온도가 $T_{LOW}+T_{HYST}$이상이 되면 다시 '0'으로 된다.
5	T_{HIGH}	온도가 T_{HIGH}이상이 되면 '1'로 된다. 온도가 $T_{HIGH}-T_{HYST}$이하가 되면 다시 '0'으로 된다.
6	T_{CRIT}	온도가 T_{CRIT}이상이 되면 '1'로 된다. 온도가 $T_{CRIT}-T_{HYST}$이하가 되면 다시 '0'으로 된다.
7	RDY	온도 측정이 완료되어 온도 값이 레지스터로 쓰여지면 '0'으로 된다. 온도 값을 읽으면 자동적으로 '1'이 된다.

설정 레지스터는 읽거나 쓰기가 가능하며, 파워를 켰을 때의 디폴트 상태는 0x00이며, 그 내용은 〈표 10-7〉과 같다.

〈표 10-7〉 설정 레지스터의 내용

비트	명칭	내용
[1:0]	폴트 큐	INT/CT 핀의 값이 액티브 값으로 되기 위하여 요구되는 폴트의 수 (0: 1회 (디폴트), 1: 2회, 2: 3회, 3: 4회) (여기서 폴트라 함은 온도가 T_{LOW}, T_{HIGH}, T_{CRIT}로 설정된 정상 범위 밖에 있을 때를 의미한다.)
2	CT 핀 극성	CT 핀 신호의 극성. 0: active low, 1: active high (온도가 T_{CRIT}로 설정된 정상 범위 밖에 있을 경우에 동작한다.)
3	INT 핀 극성	INT 핀 신호의 극성. 0: active low, 1: active high (온도가 T_{LOW}, T_{HIGH}로 설정된 정상 범위 밖에 있을 경우에 동작한다.)
4	INT/CT 모드	INT와 CT 핀 동작 모드이다. 0:인터럽트 모드, 1:비교기 모드
[6:5]	동작 모드	온도 센서의 동작 모드 설정 0: 연속측정모드, 1: 원샷모드, 2: 1 SPS 모드, 3: 셧다운모드
7	해상도	0: 13 비트 해상도 (디폴트), 1: 16 비트 해상도

AD7420 IC를 초기화시키려면 단지 주소 포인터 레지스터에 0x2F 값을 쓰기만 하면 된다. IC가 초기화 되는데 소요되는 시간은 약 200ms이다.

온도 측정 값은 2의 보수(2's complement) 형태로 표현된다. 13비트 해상도로 측정할 경우에는 읽은 온도 값 중에서 [15:3] 비트 만이 유효하다. 정수 값은 [15:7] 부분이고 [6:3]의 4비트는 소수점 이하 값을 나타낸다. 16비트 해상도로 측정할 경우 정수 값은 [15:7] 부분이고, [6:0]의 7비트는 소수점 이하 값을 나타낸다. 따라서 측정된 온도 값을 10진수로 표현하려면 〈표 10-8〉과 같이 변환시키면 된다. 식에서 $TEMP_{dec}$ 값은 13비트 혹은 16비트 온도 값을 unsigned int 형태로 간주하여 10진수로 변환한 값을 의미한다.

〈표 10-8〉 해상도에 따른 온도 변환 수식

	측정 온도 (영상일 때)	측정온도 (영하일 때)
13비트 해상도	$TEMP_{dec}/16$	$(TEMP_{dec}-2^{13})/16$
16비트 해상도	$TEMP_{dec}/128$	$(TEMP_{dec}-2^{16})/128$

10.2.3.2 EVAL-ADT7420-PMDZ 모듈 이용한 온도 측정 예

VAL-ADT7420-PMDZ 모듈을 이용한 온도 측정 예제는 다음과 같다. Nucleo-F411RE 보드에서는 앞에서 설명한 바와 같이 I2C1 혹은 I2C3 주변 장치를 이용할 수 있다. 여기 예제에서는 I2C1 주변 장치를 이용하고, I2C 관련 핀은 PB_9 (D14)와 PB_8(D15) 핀을 사용한다. 회로 구성 시에 두 핀은 반드시 풀업 저항을 사용하여 회로를 구성하여야 한다. (풀업 저항은 4.7k ~ 10k 정도로 하면 된다.)

그리고 온도 센서의 해상도는 13비트로 하고, 동작 모드는 '1 SPS 모드'로 하여, 1초에 한번 씩 온도를 측정하고 측정한 온도를 터미널에 표시하도록 한 예제 프로그램은 다음과 같다.

```
#include    "mbed.h"

#define    ADT7420_TEMP_REG       (0x00)  // Temperature Register
#define    ADT7420_CONF_REG       (0x03)  // Configuration Register
#define EVAL_ADT7420_ADDR       (0x48)    // slave address

I2C i2c(I2C_SDA,    I2C_SCL);
Serial pc(SERIAL_TX, SERIAL_RX, 115200);
```

```
int main()
{
    int status;
    float temp;
    char data_write[2];
    char data_read[2];

pc.printf("I2C Test program: Read  ADT7420 temp. sensor₩r₩n");

    i2c.frequency(100000);  // 100 k
    // 13-bit resolution and 1 SPS mode
    data_write[0] = ADT7420_CONF_REG;
    data_write[1] = 0x40;
    status = i2c.write((EVAL_ADT7420_ADDR << 1), data_write, 2);
    if (status != 0) { // error
        pc.printf("I2C configuration  error!!₩r₩n");
        while(1) {
        }
    }

    while (1) {
        // Read temperature register
        data_write[0] = ADT7420_TEMP_REG;
        i2c.write((EVAL_ADT7420_ADDR << 1), data_write, 1, 0);
        i2c.read(((EVAL_ADT7420_ADDR << 1) | 0x01), data_read, 2, 0);

        // Calculate temperature value in  Celcius, in 13 bit resolution
        int tempval = ((int)data_read[0]  << 8) | data_read[1];
        tempval >>= 3;
        if ((tempval & 0x1000) > 0) {  //negative value
            temp = (tempval - 8192)/16.0;
        } else {
            temp = tempval/16.0;
        }

        // Display result
        pc.printf("temperature =  %.4f₩r₩n", temp);
        wait(1.0);
    }
}
```

위의 예에서 사용한 i2c.read()와 i2c.write() 함수는 블러킹 함수이다. 즉 I^2C 버스를 이용하여 데이터를 읽고 혹은 쓰기가 완료될 때까지 프로그램이 진행이 되지 않는다는 의미이다. 수행하여야 할 다른 일이 없으면 이러한 방식의 구현이 문제가 되지 않지만, 여러 가지 일을 동시에 수행하여야 하는 경우에는 이러한 동작 방식은 문제를 야기시킬 수 있다. 다음 예에서는 넌블러킹 함수(혹은 비동기식 방식)을 이용하여 I^2C 통신을 수행하는 방법을 기술한다.

비동기식 방식에서 사용되는 함수도 drivers/I2C.h 파일에 다음과 같이 정의되어 있다.

int	transfer (int address, const char *tx_buffer, int tx_length, char *rx_buffer, int rx_length, const event_callback_t &callback, int event=I2C_EVENT_TRANSFER_COMPLETE, bool repeated=false);
동작 인자	비동기식 방식으로 데이터를 전송하거나/읽는다. address[7:1] = 슬레이브 7비트 주소, address[0] = 0, tx_buffer: 전송할 데이터를 저장한 버퍼 포인터. tx_length: 전송할 데이터 바이트 수. rx_buffer: 읽은 데이터 저장할 버퍼 포인터, rx_length: 읽을 데이터 바이트 수 callback: 이벤트가 발생하였을 때, 불리는 콜백 함수이다. 참고로 event_callback_t는 "#typedef Callback〈void(int)〉 evnet_type_t"로 정의되어 있다. event: 콜백 함수를 부르는 이벤트의 종류. (I2C_EVENET_ERROR, I2C_EVENT_ERROR_NO_LAVE, I2C_TRANSFER_COMPLETE, I2C_EVENT_TRANSFER_EARLY_NACK, I2C_EVENT_ALL) repeated: true 이면 "repeated start"로 동작함. 즉 모두 읽은 후 프레임을 끝내지 않고, 다시 시작한다. 즉 스톱 심볼 생성하지 않고 스타트 심볼 다시 생성한다.
반환 값	'0'이면 성공, I2C 주변기기가 다른 일을 하고 있으면 -1.
void	abort_transfer ( );
동작	실행 중인 I^2C 동작을 중단 시킴.

앞에서 블러킹 함수를 이용하여 온도 센서로부터 온도값을 1초 간격으로 읽는 것과 동일한 동작을 하는 비동기식 프로그램 예는 다음과 같다. I^2C 디바이스에 발생하는 모든 이벤트에 대해서 cbdone() 함수가 실행되며, cbdone() 함수에서는 단지 i2c.transfer()가 완료되었다는 플랙만 세트시키고, 발생한 이벤트 값을 why 변수로 넘겨주는 작업만 수행한다.

```
#include "mbed.h"

#define ADT7420_TEMP_REG (0x00) // Temperature Register
#define ADT7420_CONF_REG (0x03) // Configuration Register
#define EVAL_ADT7420_ADDR      (0x48) // ATD7420 address

I2C i2c(I2C_SDA, I2C_SCL);
Serial pc(SERIAL_TX, SERIAL_RX, 115200);

volatile int why;
volatile bool complete = false;

void cbdone(int event) {
    complete = true;
    why = event;
}

int main()
{
    int status;
    float temp;
    char data_write[2];
    char data_read[2];

    pc.printf("I2C Test program in Aync mode: ADT7420 temp. sensor₩r₩n");

    i2c.frequency(100000);  // 100 k
    // First transfer: Tx for configuration, 13-bit resolution and 1 SPS mode
    data_write[0] = ADT7420_CONF_REG;
    data_write[1] = 0x40;
    status = i2c.transfer((EVAL_ADT7420_ADDR<<1), data_write, 2, 0, 0,
                          &cbdone, I2C_EVENT_ALL, false);
```

```
if (status != 0) {  // I2C busy
    pc.printf("I2C Error!!\r\n");
    while(true) { }
}
while (!complete) {
    sleep();
}

if (why != I2C_EVENT_TRANSFER_COMPLETE) {
    pc.printf("I2C Transfer Error!! (%d)\r\n", why);
    while(true) { }
}

why = 0;
complete = false;
pc.printf("Success on configuration\r\n");

while (1) {
    // Read temperature register
    data_write[0] = ADT7420_TEMP_REG;
    status = i2c.transfer((EVAL_ADT7420_ADDR << 1), data_write, 1,
             data_read, 2, callback(cbdone), I2C_EVENT_ALL, false);
    if (status != 0) {  // I2C busy
        pc.printf("I2C Error!!\r\n");
        while(true) { }
    }
    while (!complete) {
        sleep();
    }

    if (why != I2C_EVENT_TRANSFER_COMPLETE) {
        pc.printf("I2C TX/RX Error!! (%d)\r\n", why);
        while(true) { }
    }

    why = 0;
    complete = false;

    // Calculate temperature value in Celcius
    int tempval = ((int)data_read[0] << 8) | data_read[1];
```

```
        tempval >>= 3;
        if ((tempval & 0x1000) > 0) { //negative value
            temp = (tempval - 8192)/16.0;
        } else {
            temp = tempval/16.0;
        }

        // Display result
        pc.printf("temperature = %.4f\r\n", temp);
        wait(1.0);
    }
}
```

10.3 SPI(Serial Peripheral Interface)

STM32F411RE MCU는 5개의 SPI 주변장치를 지니고 있다. 그 중에서 SPI1, SPI4, SPI5는 최대 50Mbps의 전송 속도를 지원하며, SPI2와 SPI3는 최대 25Mbps 전송 속도를 지원한다. 또한 이들 SPI 장치는 음성 신호를 전송하는 데에 사용되는 I^2S 프로토콜도 지원한다. I^2S 장치로 동작할 때 단지 I2S2와 I2S3만이 전 이중방식 통신(full-duplex)을 지원하고 나머지는 반 이중방식(half-duplex) 통신을 지원한다. 본 장에서는 SPI 시리얼 통신 프로토콜과 Mbed-OS에서의 SPI 관련 API를 살펴보고, SPI 접속 규격을 지닌 IC를 이용하는 실습을 수행한다.

10.3.1 SPI 시리얼 통신의 동작

SPI는 Freescale(Motorola) 사가 제안된 동기식 시리얼 통신 방식으로, 매스터와 슬레이브 사이에서 전 이중방식(full duplex) 통신이 가능하도록 구성되어 있다. SPI에서는 송신 데이터 라인과 수신 데이터 라인이 분리되어 있기 때문에 하나의 데이터 라인을 이용하는 I^2C보다 빠른 속도의 데이터 전송이 가능하다. 기본적으로 매스터와 슬레이브 사이에서 통신은 (그림 10-17)에서 보는 바와 같이 4개의 신호선을 사용한다.

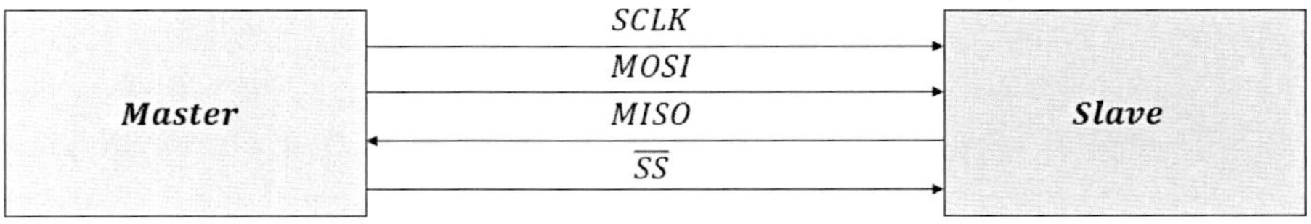

(그림 10-17) SPI 통신 관련 기본적인 신호선

SCLK는 매스터에 의해서 제공되는 클럭 신호이고, /SS(Slave Select) 통신의 대상이 되는 슬레이브를 선택하는 신호선이다. MOSI(Master data Output, Slave data Input)은 매스터에서 슬레이브로 전송에 사용되는 데이터 라인이고, MISO(Master data Input, Slave data Output)은 슬레이브에서 매스터로 전송에 사용되는 데이터 라인이다.

데이터를 교환할 때, 휴지(idle) 상태일 때 클럭 신호의 상태와 데이터를 읽을 순간의 클럭에 따라 다음과 같은 4가지 전송 방법이 존재한다. 매스터와 슬레이브 사이에 데이터 교환을 하기 전에 전송 방식을 미리 결정하여야 한다. 일반적으로 0/1/2/3 모드로 SPI의 전송 포맷을 정의하며, 각 모드에 따른 CPOL과 CPHA 값은 〈표 10-9〉와 같다.

〈표 10-9〉 모드에 따른 CPOL과 CPHA 값

모드	CPOL	CPHA
0	0	0
1	0	1
2	1	0
3	1	1

(그림 10-18)에서 보는 바와 같이 SPI 통신에서는 MSB가 먼저 전송된다. CPOL(clock polarity)=0, CPHA(clock phase)=0일 경우, 휴지 상태일 때 클럭은 '0' 상태에 있게 되고, 수신 측에서 데이터는 클럭이 상승 에지(rising edge)일 때 데이터를 읽는 방식이다. 따라서 송신 측에서는 클럭이 하강 에지(falling edge) 때 데이터를 전송하여야 한다. CPOL=1, CPHA=0인 경우, 휴지 상태일 때 클럭은 '1' 상태에 있게 되고, 수신 측에서 데이터는 클럭이 하강 에지일 때, 데이터를 읽는 방식이다. 따라서 이 경우에는 송신 측에서 클럭이 상승 에지 때에 데이터를 전송하여야 한다.

일반적으로 기술하면 CPOL은 휴지 상태에서의 클럭 상태를 정의하고, CPHA는 데이터를 읽는 클럭의 위상을 나타낸다. 즉 CPOL=0이면 휴지 상태 때의 클럭이 '0'이라는 의미이고, 반면에 CPOL=1이면 휴지 상태에서 클럭이 '1'의 상태에 있다는 의미이다. CPHA=0이면 클럭에서 처음 변화가 있을 때 데이터를 읽는다는 의미이고, CPHA=1이면 클럭에서 두번째 변화가 있을 때에 데이터를 읽는다는 의미이다. 따라서 모드 0과 모드 3에서는 클럭이 상승 에지 때에 데이터를 읽고, 모드 1과 모드 2에서는 클럭이 하강 에지 때에 데이터를 읽게 된다.

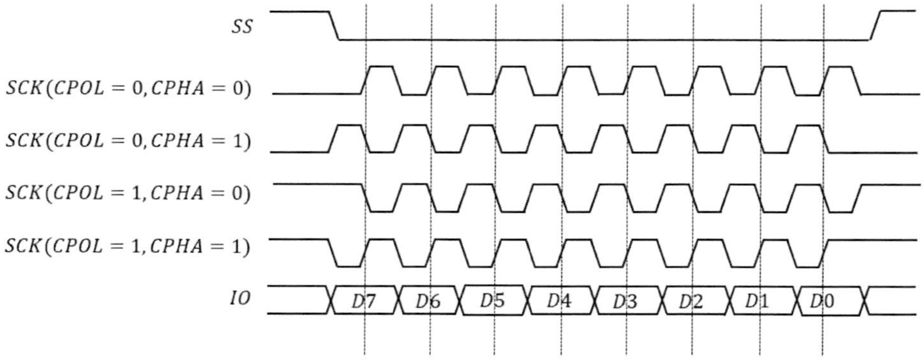

(그림 10-18) SPI 동작 모드에 따른 전송 포맷

보통 주변 기기들은 모드 0과 3을 같이 지원하거나 혹은 모드 2와 3을 함께 지원하는 경우가 많다.

SPI에서는 (그림 10-19)와 같이 하나의 매스터와 다수의 슬레이브 사이의 통신이 가능하도록 구성할 수 있다. SCK, MOSI, MISO 신호선은 공통으로 사용할 수 있지만, /SS 신호선은 슬레이브마다 구별되어 사용하여야 한다. 즉 /SS0, /SS1, /SS2 등의 슬레이브를 선택하는 신호선을 이용하여 특정 하나의 슬레이브를 선택하여 해당 슬레이브와 통신을 한다. 당연히 어느 한 순간에는 하나의 슬레이브만이 선택되어야 한다.

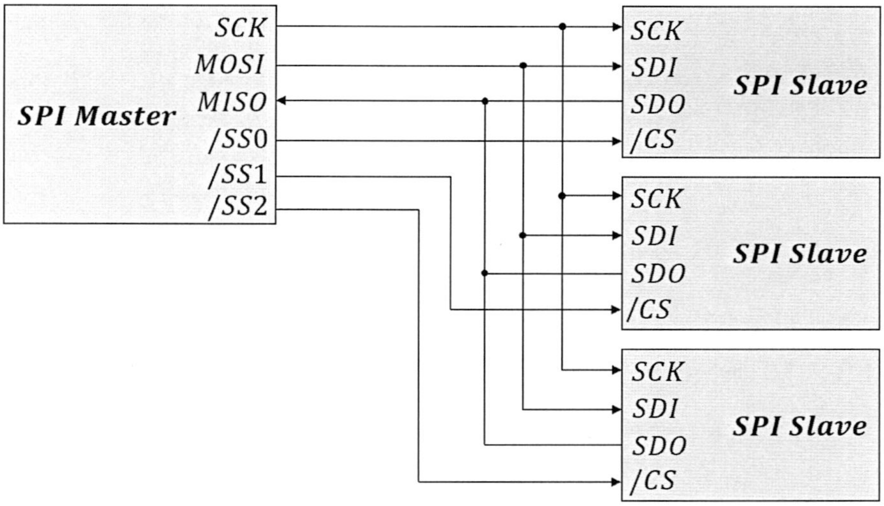

(그림 10-19) 다수의 슬레이브 디바이스와 통신 시 SPI 구성도

SPI 통신에서는 (그림 10-20)과 같이 3개의 신호선을 이용하는 방식도 있다. 이와 같은 경우에는 데이터 라인이 하나만 존재하기 때문에 전 이중방식의 통신은 불가능하고, 정한 프로토콜에 따라서 데이터를 누가 전송할 것인가를 결정하여 통신을 하게 된다. (이 부분은 SPI 통신 규격에서 규정하는 부분이 아니고 주변기기의 프로토콜에 따른다.)

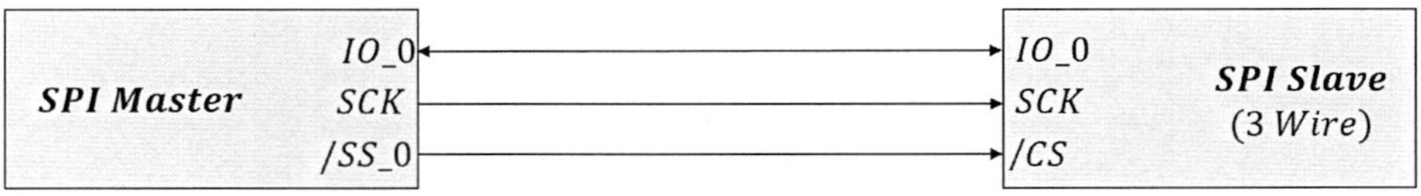

(그림 10-20) 3개의 신호선으로 구성된 SPI

SPI에서 전송 속도를 더 높이기 위하여 다수의 데이터 라인을 사용할 수도 있다. (그림 10-21)에서는 데이터 전송에 4라인을 이용하는 예가 나타나 있다. (이러한 경우 QSSI라고도 한다.) 한번에 다수의 비트를 전송할 수 있기 때문에 데이터 전송률이 높아질 것이다. 이러한 경우에도 전 이중방식의 통신은 지원되지 않는다.

(그림 10-21) 4개의 데이터 라인으로 구성된 SPI

10.3.2 Mbed-OS에서 SPI 관련 API

Nucleo-F411RE 보드에서는 5개의 SPI를 지원하고 있으며, 관련 입출력 핀을 선택할 수 있는 옵션이 많이 있지만, 현재 Mbed-OS에서 각 SPI에서 사용하는 입출력 핀은 〈표 10-10〉과 같이 정의되어 있다. Mbed-OS에서 SPI 객체를 생성 시에 SPI 핀이 정확하게 설정되어 있는 가를 확인하기 때문에 다른 핀을 사용하고자 하면 에러가 발생한다. (targets/TARGET_STM/TARGET_STM32F4/TARGET_STM32F411xE/TARGET_NUCLEO_F411RE/PeripheralPins.c 를 참조하면 된다) 단, SPI의 NSS(혹은 SS) 핀은 소프트웨어로 제어할 경우에는 일반적인 GPIO 핀을 선택하여 사용하여도 무관하다. (현재 구현된 SPI에서는 NSS 핀은 별도로 제어하여야 하도록 되어 있다.) 외부확장 커넥터에서 CNx-x 로 표시된 부분은 Morpho 커넥터에 위치한 포트이다.

〈표 10-10〉 Mbed-OS에 정의된 SPI 장치 별 신호핀

SPI 신호	핀 번호	외부 확장 커넥터	SPI 신호	핀 번호	외부 확장 커넥터
SPI1_SCK	PA_5 PB_3	D13 D3 (SW0)	SPI1_NSS	PA_4, PA_15	A2, CN7-17
SPI1_MOSI	PA_7 PB_5	D11, D4	SPI1_MISO	PA_6 PB_4	D12, D5
SPI2_SCK	PB_10 PB_13 PC_7	D6 CN10-30 D9	SPI2_NSS	PB_9 PB_12	D14 CN10-16
SPI2_MOSI	PB_15 PC_3	CN10-26 CN7-37	SPI2_MISO	PB_14 PC_2	CN10-28 CN7-35

〈표 10-10〉 Mbed-OS에 정의된 SPI 장치 별 신호핀(계속)

SPI 신호	핀 번호	외부 확장 커넥터	SPI 신호	핀 번호	외부 확장 커넥터
SPI3_SCK	PB_3_ALT0 PC_10 PB_12	D3 (SW0) CN7-1 CN10-16	SPI3_NSS	PA_4_ALT0, PA_15_ALT0	A2, CN7-17
SPI3_MOSI	PB_5_ALT0 PC_12	D4 CN7-3	SPI3_MISO	PB_4_ALT0 PC_11	D5 CN7-2
SPI4_SCK	PB_13_ALT0	CN10-30	SPI4_NSS	PA_12_ALT0	CN10-12
SPI4_MOSI	PA_1	A1	SPI4_MISO	PA_11	CN10-14
SPI5_SCK	PB_0	A3	SPI5_NSS	PB_1	CN10-24
SPI5_MOSI	PA_10 PB_8	D2 D15	SPI5_MISO	PA_12	CN10-12

Mbed-OS에서는 SPI 매스터 장치를 다루기 위하여 SPI 클래스를 사용한다. SPI 클래스는 drivers/SPI.h 파일에 정의되어 있으며, SPI 클래스에서 생성자와 주요 함수는 다음과 같다.

SPI에서는 read()와 같은 함수가 정의되어 있지 않다. 그러한 이유는 SPI에서 통신을 하려면 SCLK이 공급되어야 하는데, 이 클럭은 데이터를 전송할 때에만 생성되도록 SPI가 구현되어 있기 때문이다. 따라서 단지 데이터를 슬레이브로부터 읽어야 하는 경우에도 무의미한 데이터를 전송하면서, 동시에 데이터를 읽어야 한다.

생성자	SPI (PinName mosi, PinName miso, PinName sclk, PinName ssel=NC)
동작	SPI 통신으로 사용할 MOSI, MISO, SCLK 핀을 주어야 한다. 만약 단방향 통신만이 사용될 경우, mosi 혹은 miso를 NC로 설정할 수 있다. ssel 인자는 SPI_NSS 핀으로 사용되는 핀을 정의하는 것이며, 해당 핀에 대한 값을 정해주지 않으면 /SS 핀을 별도로 제어한다는 의미이다. (하지만 SPI API 함수 내에서 직접 /SS 핀을 제어하지 않기 때문에 별도로 프로그램에 의해서 제어되어야 한다.) 해당 SPI는 모드 0, 8비트 포맷, 전송 속도는 1Mbps로 설정된다. 그리고 디폴트 전송 데이터 값은 0xFF 이다.

함수	void format (int bits, int mode = 0)
동작	시리얼 통신의 포맷을 설정한다. 인자: bits = SPI 프레임 당 비트 수를 결정한다. 허용 값은 8 혹은 16이다. mode = SPI의 동작 모드를 결정한다. 가능한 값은 0/1/2/3이며, 디폴트 모드는 0이다.
함수	void frequency (int hz = 1000000)
동작	시리얼 통신에 사용할 SCLK 클럭의 속도를 hz 파라미터로 설정한다. 디폴트 속도는 1 Mbps이다.
함수	void set_default_write_value (char data)
동작	슬레이브로부터 데이터를 읽을 경우, 특별히 전송할 값을 주지 않은 경우에 전송에 사용되는 데이터 값이다.
함수	int write (int value)
동작	슬레이브로 설정된 포맷에 따라 value 값을 전송한다. 반환 인자: 슬레이브로부터의 데이터이다.
함수	int write (const char *tx_buffer, int tx_length, char *rx_buffer, int rx_length)
동작	주어진 슬레이브로 데이터를 전송하고, 동시에 데이터를 수신하여 저장한다. 전송하는 데이터 수는 max(tx_length, rxlength)가 된다. 만약 tx_length < rx_length이면 전송되는 데이터는 디폴트 전송 값이 된다. (이 값은 set_ default_wrrite_value() 에 의해서 결정된다.) 인자: tx_buffer = 전송할 데이터가 저장된 버퍼 포인터, tx_length = 전송할 데이터 개수, rx_buffer = 슬레이브로부터 수신한 데이터 저장할 버퍼 포인터, rx_length = 수신할 데이터 개수. 반환 인자: 슬레이브에 전송한 데이터 수.

10.3.3 SPI 실습: (디지털 가변 저항 MCP41010)

이 절에서는 SPI 인터페이스를 지닌 MCP41010 디지털 가변저항의 동작을 살펴본 후, 디지털 가변저항을 이용하여 입력 신호의 크기를 조정하고, 그 입력 신호를 ADC를 통하여 읽음으로써, SPI를 통하여 정상적으로 MCP41010을 제어하고 있는 가를 확인하는 실습을 수행한다.

10.3.3.1 MCP41010

MCP41010 IC는 10kΩ 디지털 가변 저항으로 다음 그림과 같은 핀 구성을 지니고 있으며, 각 핀의 기능은 다음과 같다.

핀 이름	기능	핀 이름	기능
CS	SPI의 /SS	VDD	전원 (2.7V ~ 5.5V)
SCK	SPI의 SCLK	PB0	가변저항의 양단 터미널
SI	SPI의 MOSI	PW0	가변저항의 중간 터미널
VSS	GND	PA0	가변저항의 양단 터미널

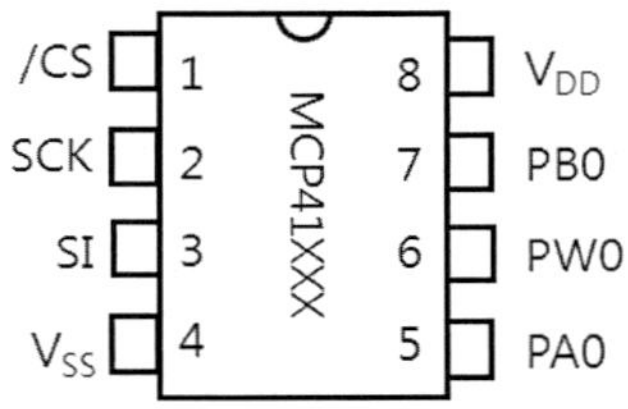

MCP41010은 SPI 인터페이스를 제공하고 있으며, 지원하는 SPI 모드는 0 혹은 3이다. 즉 클럭의 상승 에지 때에 데이터를 읽는다. 그리고 SPI의 전송 속도는 최대 5.8Mbps이다.

위에서 보는 바와 같이 MISO 핀이 없기 때문에 MCP41010에서 SPI 매스터로 데이터를 전송할 수는 없고, 단지 SPI 매스터로부터 데이터 받아서 가변 저항 값을 변화시키는 기능만을 제공한다.

MCP 41010에서 요구하는 전송 포맷은 다음과 같다. (그림 10-22)에서는 SPI 모드 0의 전송 포맷을 나타내고 있다.

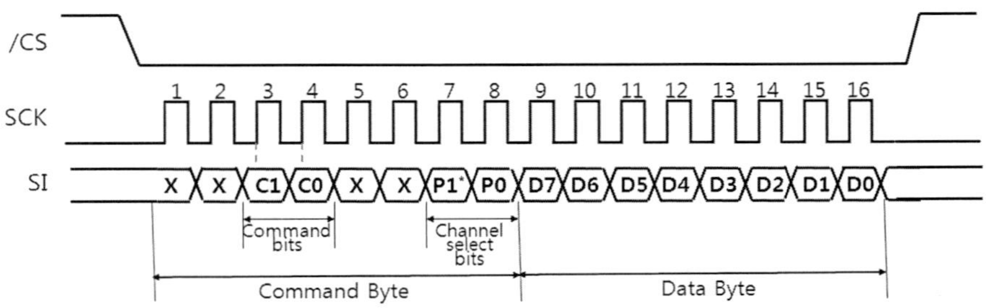

(그림 10-22) MCP41010에서의 SPI 전송 포맷

전송되는 첫번째 바이트는 명령어를 나타내며, 두번째 바이트는 가변저항 값 조정과 관련된 정보이다. 명령어는 4비트 즉 C1, C0와 P1, P0 비트들만 의미가 있으며, 의미는 〈표 10-11〉과 같다. P1=1 이면 가변저항 1에 대해서 주어진 명령이 실행된다는 의미이고, P0=1 이면 가변저항 0에 대해서 주어진 명령이 실행된다는 의미이다. 하지만 MCP41010 IC에는 내부에 가변 저항이 하나만 존재하기 때문에 P1으로 주어진 값은 무의미하다. 만약 MCP41010의 가변 저항 값을 제어하려면 명령어는 0x11 값이 되어야 한다. 즉 C1, C0 = '01', P0=1 인 값이 주어져야 한다.

〈표 10-11〉 MCP41010에서의 명령어에 따른 동작

C1 C0	동작	P1 P0	동작
0 0	No command	0 0	어떤 가변저항도 선택되지 않음.
0 1	가변저항 제어 데이터 전송	0 1	가변 저항 0 선택
1 0	셧다운	1 0	가변 저항 1 선택
1 1	No command	1 1	가변 저항 1 & 2 선택

두번째 전송된 값에 따라 가변저항은 다음과 같이 동작한다. 여기서는 전송된 값이 Val이라고 가정한다. Val은 8비트 데이터이므로 지닐 수 있는 값의 범위는 0 ~ 255 이다.

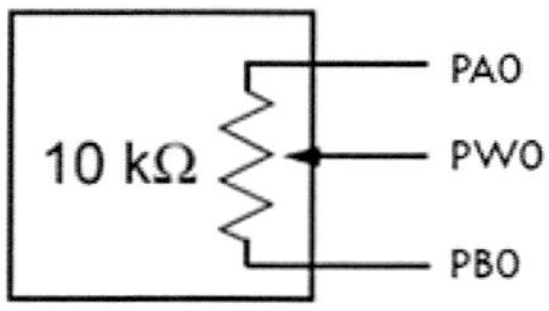

터미널 PW0와 PA0 간의 저항 값은 다음 수식에 의해서 결정된다. 여기서 R_{AB}는 터미널 PA0와 PB0 간의 저항으로 MCP41010에서는 10kΩ이며, R_W는 가변저항에서 중간 탭의 접촉 저항으로 MCP41010에서는 52Ω 정도이다.

$$R_{WA} = \frac{R_{AB} \times (256 - Val)}{256} + R_W$$

유사하게 터미널 PW0와 PB0 간의 저항 값 은 다음 수식으로 표현된다.

$$R_{WB} = \frac{R_{AB} \times Val}{256} + R_W$$

10.3.3.2 MCP41010 IC를 이용한 전압 값 제어 예

이 절에서는 (그림 10-23)과 같은 회로에서 SPI의 동작을 실습을 한다. 회로의 동작에 따라 MC41040의 PW0 터미널의 전압 V_W는 $V_{CC} \cdot R_{WB}/10k$가 될 것이다.

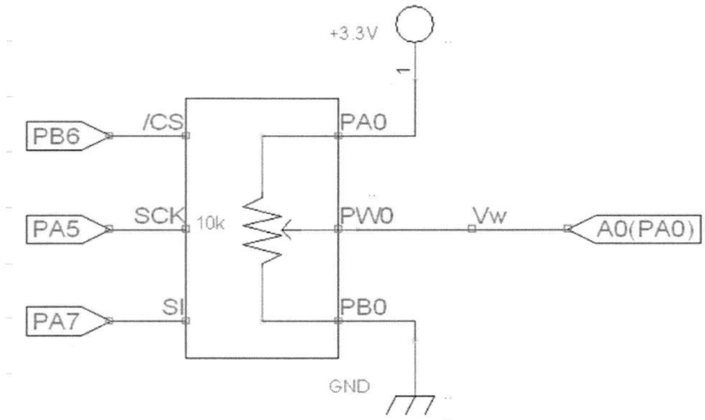

(그림 10-23) SPI 실습: MCP41010 관련 회로도

실습에서는 터미널을 통하여 사용자가 입력한 값에 따라 MCP41010의 가변저항 값을 SPI 인터페이스를 통하여 변경시키고, 이에 따라 변하는 터미널 PW0의 전압을 ADC A0를 통하여 읽는다. 측정된 전압 값을 터미널에 출력시킴으로써 SPI를 통한 제어가 정상적으로 되었는 가를 확인 한다. 이의 동작을 구현한 예제 프로그램은 다음과 같다. 이 예제에서는 SPI_NSS (/CS) 값을 소프트웨어에 의해서 제어한다. 즉 SPI_NSS(프로그램에서는 SPI_CS)로 사용 중인 SPI1의 SPI_NSS 핀을 사용하지 않고 다른 핀인 PB_6 핀을 사용하고 있으며, 이 핀은 디지털 출력 핀으로 동작하도록 프로그램되어 있다. 그리고 set_MCP41010() 함수를 보면 소프트웨어에 의해서 SPI_NSS 값을 제어하고 있음을 알 수 있다.

```
#include    "mbed.h"

SPI spi(SPI_MOSI,    SPI_MISO, SPI_SCK);  //SPI_MOSI=PA_7,    SPI_MISO=PA_6,
                                          //SPI_SCK=PA_5
DigitalOut    cs(SPI_CS);                  // SPI_CS=PB_6
```

```
Serial    pc(SERIAL_TX, SERIAL_RX, 115200);
AnalogIn ain0(A0);

char    rx_buffer[10];
int index = 0;
volatile int flag    = 0;

void    set_MCP41010(void)
{
    int num;
    char tx_buff[2];

    num = atoi((const char *)rx_buffer);
    pc.printf("Potentiometer = %d (%.0f    [mV])₩r₩n", num, 3300.0*num/255.0);

    tx_buff[0]    = 0x11;
    tx_buff[1] = (char)num;
    cs = 0;                    // SPI_NSS = 0
    spi.write(tx_buff, 2, 0, 0);
    cs = 1;                    // SPI_NSS = 1
}

void rx_cb(void)
{
    char ch;
    ch = pc.getc();
    pc.putc(ch);
    rx_buffer[index++] = ch;
    if (ch == 0x0D) { //CR
        pc.putc(0x0A); //LF
        rx_buffer[--index] = '₩0';    //change LF to 0
        index = 0;
        flag = 1;
    }
}

int main() {
    float meas;

    cs =1 ;
    spi.format(8, 0);
```

```
    spi.frequency(1000000);      //SPI speed: 1Mbps

    pc.printf("₩r₩n Test SPI Program   ₩r₩n");
    pc.attach(callback(rx_cb));

    while(1) {
        flag = 0;
        pc.printf("Enter the value for   the potentiometer [0, 255]: ");
        while(flag != 1) {  //wait for completing input
        }
        set_MCP41010();
        wait(0.5);
        meas = ain0.read() * 3300;         //[0.0,   1.0] -> [0, 3300 mV]
        pc.printf("ADC value = %.0f   [mV]₩r₩n", meas);
    }
}
```

위의 프로그램을 실행한 결과 예가 다음에 나타나 있다. 예상되는 전압 값과 ADC를 통하여 읽은 전압 값이 유사함을 알 수 있다.

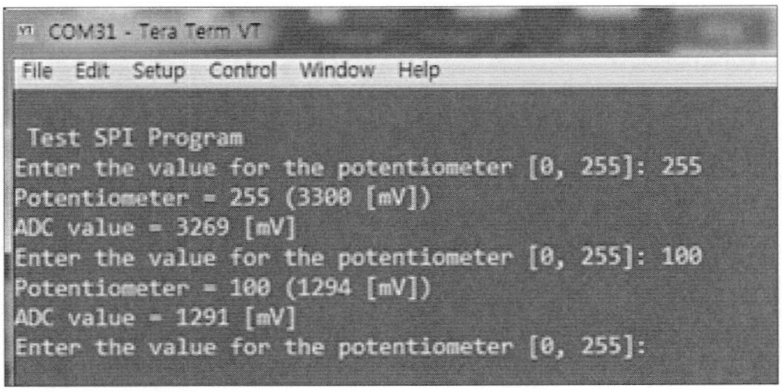

위의 예에서 사용한 spi.write() 함수는 블러킹 함수이다. 즉 SPI 버스를 이용하여 데이터를 쓰고 읽기가 완료될 때까지 프로그램이 진행이 되지 않는다는 의미이다. 다음 예에서는 넌블러킹 함수(혹은 비동기식 방식)을 이용하여 SPI 통신을 수행하는 방법을 기술한다.

비동기식 방식에서 사용되는 함수도 drivers/SPI.h 파일에 다음과 같이 정의되어 있다.

int	transfer (const Type *tx_buff, int tx_length, Type *rx_buff, int rx_length, const event_callback_t &callback, int event = SPI_EVENT_ COMPLETE);
동작	비동기식 방식으로 데이터를 전송하고 읽는다. tx_buff: 전송할 데이터를 저장한 버퍼 포인터. tx_length: 전송할 데이터 바이트 수. rx_buff: 읽은 데이터 저장할 버퍼 포인터, rx_length: 읽을 데이터 바이트 수 callback: 이벤트가 발생하였을 때, 불리는 콜백 함수이다. event: 콜백 함수를 부르는 이벤트의 종류이다. (SPI_EVENT_ERROR, SPI_EVENT_COMPLETE, SPI_EVENT_RX_OVERFLOW, SPI_EVENT_ALL) 반환값은 '0'이면 성공, I2C 주변기기가 다른 일을 하고 있으면 -1이다.
void	abort_transfer ( );
동작	실행 중인 SPI 동작을 중단시킨다. 하지만 큐에 데이터 있으면 전송을 계속한 다음 SPI 동작을 중단시킨다.
void	clear_transfer_buffer()
동작	버퍼를 클리어시킨다.
void	abort_all_transfer ( );
동작	버퍼를 클리어시키고, 현재 진행 중인 SPI 동작을 중단시킨다.

앞의 블러킹 함수를 이용하는 SPI 실습과 동일한 기능을 수행하는 비동기식 프로그램 예는 다음과 같다. SPI 디바이스에 발생하는 모든 이벤트에 대해서 cbdone() 함수가 실행되며, cbdone() 함수에서는 단지 spi.transfer()가 완료되었다는 플랙만 세트시키고, 발생한 이벤트 값을 why 변수 넘겨주는 작업만 수행한다.

```
#include    "mbed.h"

SPI spi(SPI_MOSI,    SPI_MISO, SPI_SCK);
DigitalOut    cs(SPI_CS);                        // SPI_CS=PB_6
Serial    pc(SERIAL_TX, SERIAL_RX, 115200);
AnalogIn ain0(A0);

char    rx_buffer[10];
```

```
int index = 0;
volatile int flag    = 0;

volatile int why;
volatile bool    complete = false;

void cbdone(int    event) {
    cs =1 ;
    complete = true;
    why = event;
}

void rx_cb(void)
{
    char ch;
    ch = pc.getc();
    pc.putc(ch);
    rx_buffer[index++] = ch;
    if (ch == 0x0D) { //LF
        pc.putc(0x0A); //CR
        rx_buffer[--index] = '₩0';    //change LF to 0
        index = 0;
        flag = 1;
    }
}

int main() {
    float meas;
    int num;
    char tx_buff[2];
    int status;

    cs =1 ;

    spi.format(8, 0);
    spi.frequency(1000000);

    pc.printf("₩r₩n Test SPI Program    (Async) ₩r₩n");
    pc.attach(callback(rx_cb));
```

```
    while(1) {
        flag = 0;
        pc.printf("Enter the value for   the potentiometer [0, 255]: ");
        while(flag != 1) {  //wait for completing input
        }
        num = atoi((const char *)rx_buffer);
        pc.printf("Potentiometer = %d    (%.0f [mV])₩r₩n",
                  num, 3300.0 * num / 255.0);

        tx_buff[0] = 0x11;
        tx_buff[1] = (char)num;
        cs = 0;

        status = spi.transfer((const char   *)tx_buff, 2, (char *)NULL, 0,
                              &cbdone, SPI_EVENT_ALL);
        if (status != 0) {  // SPI busy
            pc.printf("SPI   Error!!₩r₩n");
            while(true) {
            }
        }
        while (!complete) {
            sleep();
        }
        if (why != SPI_EVENT_COMPLETE) {
            pc.printf("SPI Transfer   Error!! (%d)₩r₩n", why);
            while(true) {
            }
        }

        why = 0;
        complete = false;

        meas = ain0.read() * 3300;  //[0.0 [1.0] -> 0 ~ 3300 mV
        pc.printf("ADC value = %.0f [mV]₩r₩n",   meas);
        wait(1.0);
    }
}
```

제11장

WiFi 통신

11.1 WiFi 통신

요즘 사물인터넷에 대한 관심이 높아지고 있으며, 실질적으로 주변에 사물인터넷 관련 시스템을 어렵지 않게 만날 수 있다. 사물인터넷의 응용 분야는 다양하지만 시스템의 기본 구성은 (그림 11-1)에서 보는 바와 같이 사물에 연결된 디바이스들과 이들 디바이스와 통신을 수행하는 허브 혹은 게이트웨이, 디바이스로부터의 정보를 저장하고 처리하기 위한 클라우드로 구성되어 있는 경우가 많다.

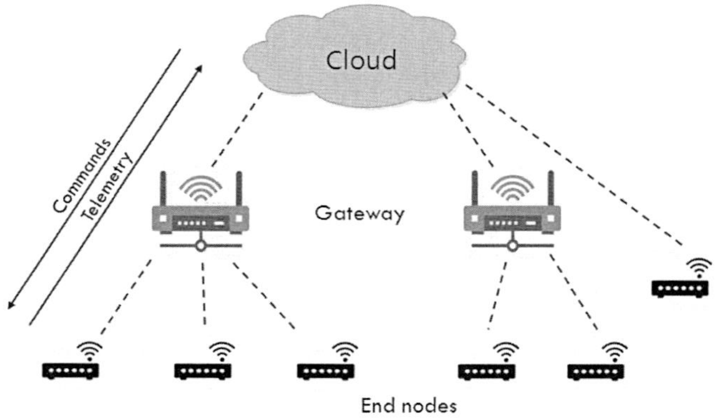

(그림 11-1) 사물인터넷 시스템의 기본 구성도

디바이스는 센서 혹은 액추에이터(actuator)를 지니고 있어, 센서들을 통하여 주변 환경 정보들을 수집하고, 수집한 정보를 주로 무선 통신 방식을 이용하여 게이트웨이에 전달한다. 게이트웨이에서는 이들 정보를 인터넷을 통하여 클라우드에 전달하며, 클라우드에서 이 정보들을 저장하고 분석한다. 정보 처리 결과에 따라 필요시에 자동 혹은 수동으로 디바이스를 제어할 수 있는 명령을 게이트웨이를 통하여 디바이스에 전달하기도 한다.

사물인터넷을 구축하기 위하여 필요한 여러 가지 요소 기술들이 존재하지만, 그 중 기본적인 하나는 수집한 정보들을 전달하거나 명령을 전달하기 위한 통신과 관련된 기술이다. 게이트웨이와 클라우드 간의 통신은 일반적으로 인터넷을 활용하지만, 게이트웨이와 디바이스 간의 통신은 환경에 따라 다양한 기술이 사용되고 있다. 특히 설치의 간편성을 위하여 게이트웨이와 디바이스 간에는 무선 통신 방식을 사용하는 경우가 많으며, WiFi, Zigbee, 블루투스/BLE, LoRaWAN 등 대단히 많은 무선 통신 프로토콜이 사용되고 있다.

본 장에서는 Nucleo-F411 보드에서 WiFi를 이용하여 통신하는 방법에 대하여 기술한다. Nucleo-F411 보드에서는 WiFi 통신을 위한 하드웨어가 포함되어 있지 않기 때문에 추가적인 WiFi 통신용 모듈이 필요하다.

WiFI 통신을 위하여 많이 사용되는 WiFi 모듈로는 ESP8266 칩 기반의 모듈들이 있으며, 저렴한 비용으로 이용 가능하다. Nucleo-F411 보드와 용이하게 연결하여 사용할 수 있는 제품으로는 다음 그림과 같은 ESP-01 제품이 존재한다.

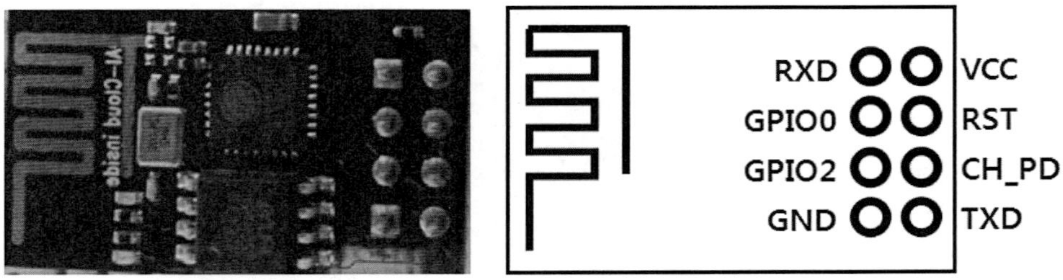

(a) ESP-01 WIFI 모듈의 외형 (b) ESP-01 WiFi 모듈의 연결 신호선

(그림 11-2) ESP8266 기반의 ESP-01 WiFi 모듈

2.5mm 간격의 커넥터로 구성되어 있어서 일반적인 점퍼 선을 이용하여 Nucleo-F411 보드와 연결할 수 있으며, 동작 전원이 3.3V이므로 전기 신호 레벨의 변환 없이 직접 연결할 수 있다. (그림 11-2)에 나타난 바와 같이 PCB 안테나(3 dBi)를 포함하고 있으며, Nucelo-F411 보드와는 UART 통신을 이용하게 되어 있다. Mbed-OS에서 ESP-01을 사용하려면 ESP-01의 펌웨어는 Espressif 사에서 제공하는 펌웨어를 사용하여야 한다. (참고로 대부분의 경우 ESP-01 모듈은 Espressif 사 혹은 AT Thinker 사의 펌웨어를 사용하고 있다.) 따라서 만약 보유하고 있는 ESP-01 펌웨어가 AT Thinker 사의 펌웨어인 경우에는 펌웨어를 교체하여야 한다.

Nucelo-F411 보드와 손쉽게 연결하여 사용할 수 있도록 X-Nucelo 확장 보드들이 출시되어 있으며, http://www.st.com/en/evaluation-tools/stm32-nucleo-expansion-boards.html?querycriteria=productId=SC1971 URL을 이용하여 확장 보드들의 종류들을 확인할 수 있다. 확장 보드 중에서 WiFi를 지원하는 보드로는 X-NUCLEO-IDW01M1 보드가 있다. (최근에 X-NUCLEO-IDW04A1 보드도 출시되었다. 하지만 미국 정부 규제에 의하여 현재 국내 반입이 금지된 상태이다.) X-NUCLEO-IDW01M1 보드는 ST Morpho 커넥터를 이용하여 손쉽게 Nucleo-

F411 보드와 연결하여 사용할 수 있다. 본 장에서 통신과 관련된 실습에 대한 내용은 X-NUCLEO-IDW01M1 보드를 사용을 기준으로 하여 설명한다. 하지만 관련 프로그램에서 설정 변경만으로 ESP-01을 사용하도록 할 수 있다.

11.1.1 X-NUCLEO-IDW01M1 WiFi 모듈.

X-NUCLEO-IDW01M1 확장 보드는 (그림 11-3)에서 보는 바와 같이 SPWF01SA 모듈과 커넥터/버튼스위치/LED 등으로 구성되어 있다.

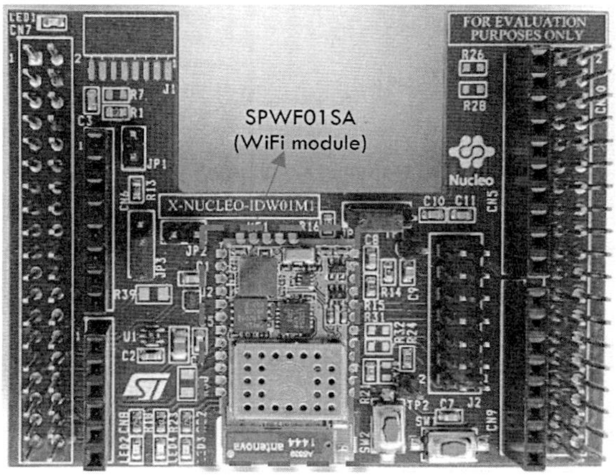

(그림 11-3) X-NUCLEO-IDW01M1 WiFi 확장 보드(출처: www.st.com)

SPWF01SA 모듈이 WiFi 기능을 수행하는 부분이며, 이의 HW 구성은 (그림 11-4)와 같다. 이 모듈의 동작 전압은 3.3V이며, CW1100 b/g/n WiFi용 모듈, STM32F103 MCU, SMD 안테나 등을 포함하고 있다.

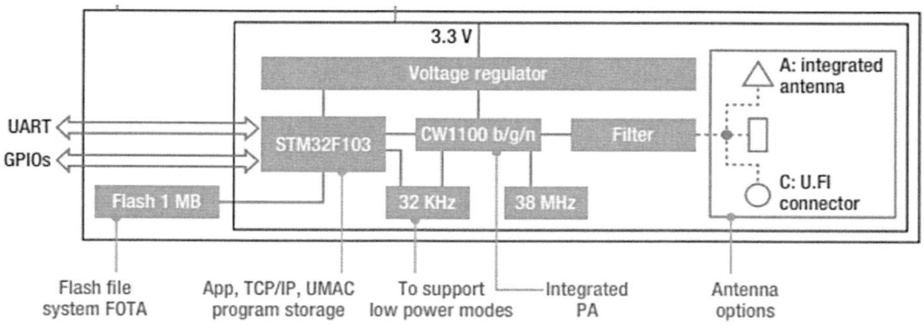

(그림 11-4) SPWF01SA 모듈 HW 구성도(출처: www.st.com)

SPWF01SA 모듈은 UART를 이용하여 호스트와 통신을 하도록 구현되어 있으며, 내부에 존재하는 STMF103 MCU는 CW1100 WiFi 모듈에 대한 제어 및 TCP/IP 관련 프로토콜을 다루고 있다.

SPWF01SA 모듈의 내부 소프트웨어 구성은 (그림 11-5)와 같다. 특히 호스트와는 다양한 AT 명령어들을 이용하여 통신이 이루어지도록 구성되어 있다. (대부분의 ESP-01을 포함한 다른 WiFi 모듈들도 AT 명령어 형식을 이용하여 호스트 컴퓨터와 통신을 하도록 구현되어 있다. 하지만 모든 WiFi 모듈들이 동일한 형태의 AT 명령어 형태를 지니는 것이 아니고, 제조사에 따라서 그리고 기능에 따라서 서로 다른 형태의 AT 명령어들로 구성되어 있기 때문에 관련 매뉴얼을 참조하여 사용하여야 한다.)

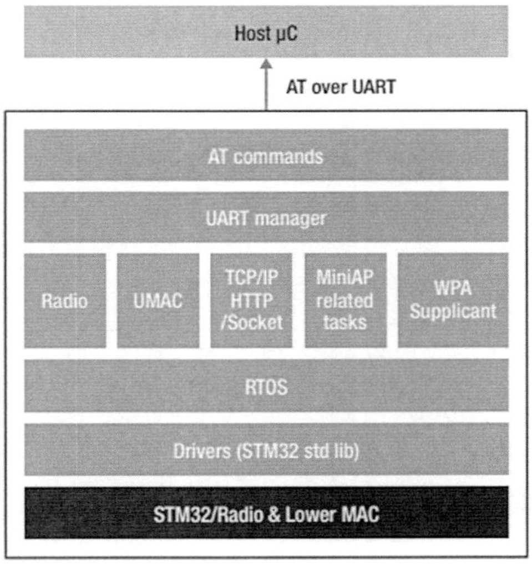

(그림 11-5) SPWF01SA 모듈 SW 구성도(출처: www.st.com)

X-NUCLEO-IDW01M1 확장 보드는 WiFi 표준 중에서 IEEE 802.11 b/g/n 프로토콜을 지원하고 있으며, WiFi 모듈을 일반적인 스테이션이나 간단한 AP 혹은 IBSS 모드로 동작시킬 수 있다. IBSS 모드란 AP 없이 WiFi 모듈 간에 직접 연결하여 통신할 수 있는 형태를 의미한다. WiFi 보안과 관련하여 WEP/WPA/WPA2 프로토콜을 지원하고 있으며, TCP/IP, TLS 및 HTTP 관련 REST API들을 제공하고 있다.

X-NUCLEO-IDW01M1 확장 보드 상에는 2개의 푸시 버튼과 4개의 LED가 있으며, 그 용도는 〈표 11-1〉과 같다.

〈표 11-1〉 X-NUCLEO-IDW01M1 확장 보드의 푸시 버튼 및 LED 기능

푸시 버튼/LED	용도
SW1	SPWF01SA 리셋용
SW2	SPWF01SA GPIO7에 연결되어 있다. 용도: 펌웨어에 의존적이다.
LED1 (Green)	3.3V 전원 확인용이다.
LED2 (Blue)	SPWF01SA GPIO10에 연결되어 있다. 용도: 펌웨어에 의존적이다.
LED3 (Red)	SPWF01SA GPIO14에 연결되어 있다. 용도: 펌웨어에 의존적이다.
LED4 (Yellow)	SPWF01SA GPIO13에 연결되어 있다. 용도: 펌웨어에 의존적이다.

X-NUCLEO-IDW01M1 확장 보드를 Nucleo-F411RE 보드에 장착하였을 때, 두 보드 간의 신호선 연결은 〈표 11-2〉와 같다. 즉 기본적으로 STM32F411RE MCU의 UART1을 이용해서 통신하도록 구성되어 있다.

〈표 11-2〉 X-NUCLEO-IDW01M1 확장 보드와 Nucleo-F411RE 보드와의 연결 신호선

Nucleo-F411RE 보드	사용 커넥터	X-Nucleo-IDW01M1 보드
PA_9 (UART1_TX)	D8 (CN5-1)	RXD1 of SPWF01SA
PA_10 (UART1_RX)	D2 (CN9-3)	TXD1 of SPWF01SA
PA_12 (UART1_RTS)	CN10-12	CTS1 of SPWF01SA
PA_11 (UART1_CTS)	CN10-15	RTS1 of SPWF01SA
PC_12	CN7-3	WiFi_RST of SPWF01SA
PD_2	CN7-4	LED2 (Blue)
PC_8	CN10-2	WAKE_UP of SPWF01SA
PA_14	CN7-15	GPIO13 of SPWF01SA

11.2 AT 명령어를 활용한 WiFi 통신 실습

이 절에서는 AT 명령어를 이용하여 WiFi 통신에 대한 몇 가지 간단한 실습을 수행한다. 사용자로부터 주어진 AT 명령어에 따라 WiFi 모듈을 제어하려면 TeraTerm과 같은 터미널 에뮬레이터로부터 입력받은 키 값을 터미널 에뮬레이터 화면에 표시할 뿐만 아니라 X-NUCLEO-IDW01M1 확장 보드로 전달하여야 하고, X-NUCLEO-IDW01M1 확장 보드에서 전송된 데이터를 터미널 에뮬레이터 화면에 표시하는 프로그램을 Nucleo-F41RE 보드에서 실행하여야 한다.

이와 같은 기능을 수행하는 코드 예는 다음과 같다. Nucleo-F411RE 보드와 X-NUCLEO-IDW01M1 확장 보드 간의 통신은 전송 속도가 115,200bps인 UART1 을 이용하고 있으며, 앞에서 언급한 바와 같이 TX로는 D2(PA_9), RX로는 D8(PA_10)을 이용하고 있다. (RTS와 CTS 신호선은 SPWF01SA가 디폴트 상태에서 하드웨어 흐름제어를 사용하지 않기 때문에 프로그램에서 RTS/CTS 제어는 하지 않고 있다.) 그리고 PC와 Nucelo-F411RE 보드 간의 UART 전송 속도는 230,400bps로 한다. 이렇게 하는 이유는 현재 흐름제어를 사용하지 않고, SPWF01SA 모듈에서 상태 정보 전송 시에 많은 양의 데이터를 보내기 때문에 버퍼 오버플로우를 막기 위해서이다.

프로그램의 기본적인 동작은 단순하다. 터미널 에뮬레이터와 X-NUCLEO-IDW01M 확장 보드로부터 데이터 수신을 위하여 인터럽트를 사용하고 있으며, PC로부터 수신한 문자는 다시 PC로 전송하고 또한 WiFi 확장 보드로 전송하며, WiFi 확장 보드로부터 수신한 문자는 PC로 전송하도록 작성되어 있다. 다만 PC로부터 '0x03' 즉 Crtl+C의 문자를 수신한 경우에는 "at+s."이라는 문자열을 X-NUCLEO-IDW01M 모듈로 전송하도록 되어 있다. "at+s." 명령어는 SPWF01SA 모듈이 "데이터 모드"에서 "명령어 모드"로 변화시키는 명령어이다. 즉 SPWF01SA 모듈이 서버로 동작하고 있을 때, 클라이언트와 커넥션이 이루어지면 "데이터 모드"로 변경되어, 데이터 송수신을 할 수 있게 된다. 하지만 "데이터 모드"에서는 AT 명령어를 실행시킬 수 없기 때문에, "명령어 모드"로 동작 모드를 변경시키기 위해서는 전송 문자 간의 시간 간격을 거의 없이 한 상태에서 (이를 SPWF01SA에서는 패킷 모드라고 한다. 자료에는 문자 간 최대 시간 간격이 기술되어 있지 않다.) "at+s." 이란 문자열(명령어)을 SPWF01SA 모듈로 전송하여야 하기 때문이다. 즉 "데이터 모드"에서 동작할 때에 "명령어 모드"로 동작 모드를 변경하기 위해서는 터미널에서 Ctrl+C 키를 입력하면 된다.

```
#include "mbed.h"

Serial pc(PA_2, PA_3, 230400);
Serial wifi(D8, D2, 115200);

void pc_rx_cb(void) {
    while(pc.readable()) {
        int ch = pc.getc();
        if (ch == 0x03) {  //ctrl+c for a packet mode command of "at+s."
                           // Back to a command mode (from a data mode)
            wifi.putc('a'); wifi.putc('t'); wifi.putc('+');
            wifi.putc('s'); wifi.putc('.');
        } else {
            pc.putc(ch);
            wifi.putc(ch);
            if (ch == 0x0D) {
                pc.putc(0x0A);
                wifi.putc(0x0A);
            }
        }
    }
}

void wifi_rx_cb(void) {
    while(wifi.readable()) {
        int ch = wifi.getc();
        pc.putc(ch);
    }
}

int main() {
    pc.attach(&pc_rx_cb);
    wifi.attach(&wifi_rx_cb);

    pc.printf("₩r₩n ***** key input 〈---〉 X-Nucelo-IDW01M1 *****₩r₩n");

    while (true) {
    }
}
```

터미널 에뮬레이터에서 'AT' 입력 후에 Enter 키를 입력할 때, 다음과 같이 터미널에 'OK'로 표시가 나타나면 프로그램이 정상적으로 동작하는 것이다.

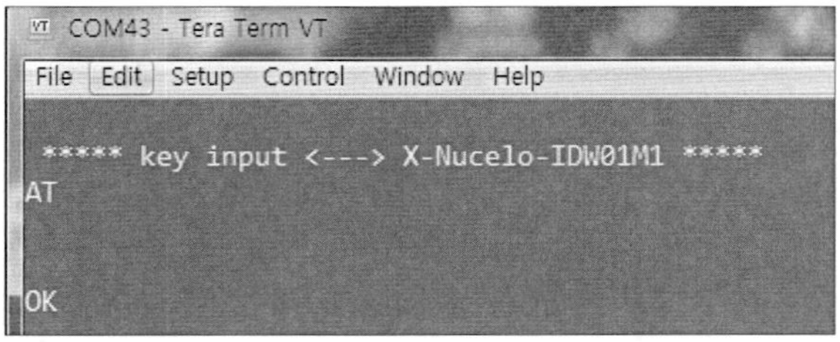

이 실습을 위해서 먼저 X-NUCLEO-IDW01M 확장 보드에 있는 SPWF01SA WiFi 모듈을 무선 AP에 접속을 시킨 후, SPWF01SA WiFi 모듈의 펌웨어를 인터넷을 이용하여 업데이트하여야 한다.

11.2.1 WiFi 네트워크 설정

먼저 무선 공유기에 접속시키기 위하여 다음과 같은 AT 명령어들을 사용하여야 한다.

- 주변의 무선 공유기를 스캔한다.

```
AT+S.SCAN
```

다음은 스캔 명령을 실행하였을 경우, 결과 예가 나타나 있다.

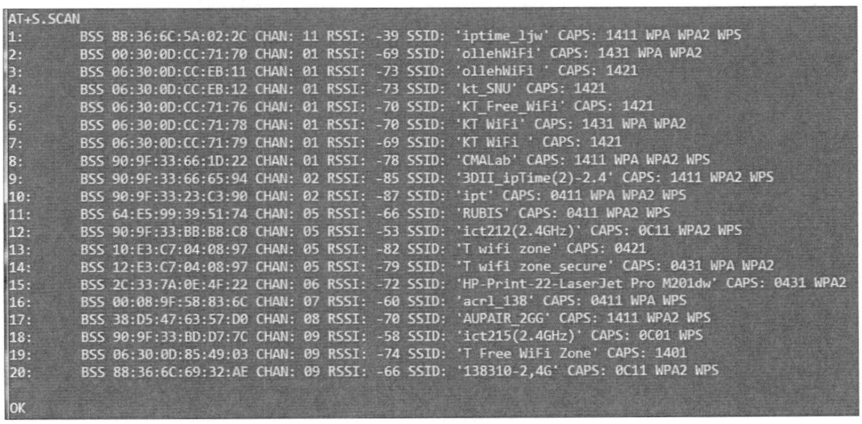

주변에 위치한 모든 무선 공유기를 나타내며, 네트워크 타입, MAC 주소, 사용 WiFi 채널, 수신 신호의 RSSI, 네트워크 SSID와 WiFi 네트워크의 제공 기능(capability)을 나타낸다.

- WiFi 모듈이 접속할 무선 공유기의 SSID를 설정한다. 예에서는 접속할 무선공유기의 SSID가 'lab1'인 경우이다.

```
AT+S.SSIDTXT=lab1
```

- 접속할 무선공유기의 비밀번호를 입력한다. 다음은 비밀번호가 'antjsrhddbrl0'인 경우이다.

```
AT+S.SCFG=wifi_wpa_psk_text,antjsrhddbrl0
```

- 무선공유기에서 사용할 비밀번호 모드를 설정한다. 참고로 '0'의 값은 비밀번호를 사용하지 않는 경우이며, '1'은 WEP 모드, '2'는 WPA-Personal(TKIP/AES) 혹은 WPA2-Personal(TKIP/AES) 모드를 의미한다. 예에서는 WPA/WPA2를 사용하는 경우이다.

```
AT+S.SCFG=wifi_priv_mode,2
```

- WiFi 모듈 동작 모드를 'STA'(STATION)로 설정한다. 참고로 wifi_mode의 값이 '1'이면 'STA' 모드, '2'이면 'IBSS' 모드이며, '3'이면 miniAP 모드이다.

```
AT+S.SCFG=wifi_mode,1
```

- 설정한 값을 플래시 메모리에 저장하고, SPWF01SA 모듈을 리셋시킨다.

```
AT&W
AT+CFUN=1
```

AT+CFUN 명령어는 디바이스를 리셋시키라는 명령어이고, 해당 명령어에 주어진 값에 따라 디바이스의 상태를 바꾸라는 의미를 지니고 있다. 주어진 값이 '0'이면 액티브 상태로, '1'이면 현재 상태를 유지, '2'이면 파워 세이브 상태, '3'이면 슬립 상태, 그리고 '4'이면 대기(standby) 상태로 하라는 의미이다.

- 디바이스가 리부팅이 되면서 자동적으로 주어진 무선공유기에 접속된다. 정상적으로 접속이 되었는 가를 확인하기 위해서 현재 WiFi 모듈의 상태를 파악하면 된다.

```
AT+S.STS
```

위의 명령에 의해서 여러 가지 WiFi 모듈의 상태를 표시하겠지만, 확인해야 할 부분은 IP 주소, 서브넷 마스크, 게이트웨이, DNS 서버 주소이며, 무선공유기에 정상적으로 접속이 된 경우에는 이들 주소 값들이 표시된다. 다음에 해당 부분의 예가 나타나 있다.

```
#  ip_ipaddr = 192.168.0.4
#  ip_netmask = 255.255.255.0
#  ip_gw = 192.168.0.1
#  ip_dns = 147.46.80.1
```

- 그리고 'ping' 명령을 이용하여 WiFi 모듈이 인터넷에 정상적으로 접속되었는 가를 확인할 수 있다. 다음은 example.com 이라는 사이트에 'ping' 패킷을 보내고, 이에 대한 응답이 있는 가를 확인하는 예이다.

```
AT+S.PING=example.com
```

WiFi 모듈이 정상적으로 인터넷에 연결되어 있다면 다음과 같은 결과가 표시될 것이다. example.com 의 이름의 서버의 IP 주소는 93.184.216.34 이다.

```
AT+S.PING=example.com
#PING: sendto 93.184.216.34

OK
```

11.2.2 펌웨어 업데이트

현재 SPWF01SA 모듈에 설치된 펌웨어의 버전을 확인하기 위해서는 'AT+S.STS' 명령어를 사용하면 된다. 이 명령어의 실행 결과 중에서 'version' 부분이 현재 SPWF01SA 모듈의 펌웨어 버전이다. 현재 (2018.3.20) 가장 최신의 펌웨어 버전은 170111-665d284-SPWF01S(version 3.5.3)이며, 해당 펌웨어는 http://www.st.com/content/st_com/en/products/embedded-software/wireless-connectivity-software/stsw-wifi001.html에서 구할 수 있다. (2018.10.16. 일 현재 버전 3.6 펌웨어가 출시되었으나, 버전 3.6에서는 SSID 이름에 '_'가 포함되어 있으면 SSID로 설정을 할 수 없는 오류가 있으니 참고하기 바란다. '_' 문자를 특별한 문자로 인식을 하여 해당 문자 이전까지를 SSID 명칭으로 간주하는 오류가 있다.) SPWF01SA 모듈의 펌웨어 버전이 최신 버전보다 낮으면 업데이트를 할 필요가 있다. 업데이트 과정은 다음과 같다.

먼저 사용하는 PC에 아파치 웹서버를 설치하여 한다. 윈도우용 아파치 웹서버는 http://archive.apache.org/dist/httpd/binaries/win32/httpd-2.2.25-win32-x86-openssl-0.9.8y.msi 를 이용하여 설치한다. 아파치 웹서버를 설치하는 도중에 네트워크 도메인 이름과 서버 이름에 대한 부분을 요구하는 부분에서 자신의 PC가 해당 정보가 없으면 아래에서 보는 바와 같이 'localhost'로 주면 된다.

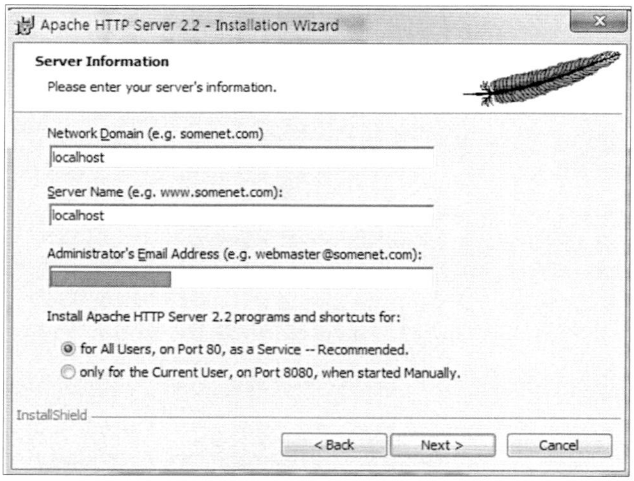

아파치 웹서버를 설치하고, 아파치 웹 서버가 설치된 디렉토리(Program Files (X86)₩Apache Software Foundation ₩Apache2.2) 아래의 hdocs 디렉토리에

업데이트할 펌웨어(SPWF01S-170111-665d284-RELEASE-main.dta)를 복사한다.

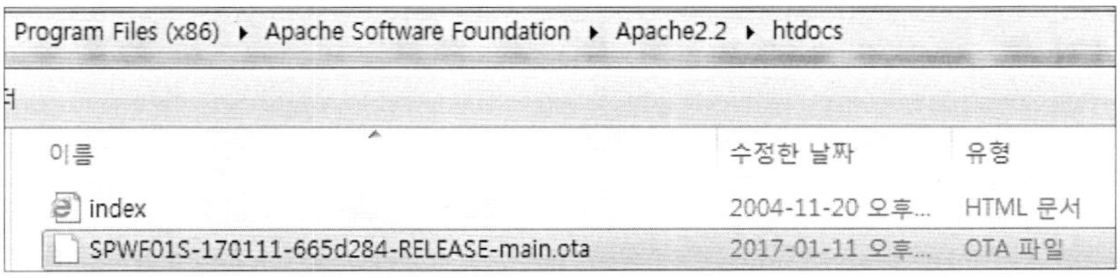

현재 일반적으로 개인용 윈도우 PC에서는 방화벽이 동작하고 있다. 현재 80 포트에 아파치 http 서버가 동작하고 있기 때문에, TCP 80 포트에 대한 인바운드 패킷은 방화벽을 통과하도록 설정하여야 한다. 이를 위해서는 "방화벽 및 네트워크 보호 선택"에서 "고급설정" -> "인바운드 규칙" 옵션을 선택한 다음, TCP, 80 포트를 허용하도록 하면 된다. 참고로 설정하는 단계별 과정이 아래에 나타나 있다.

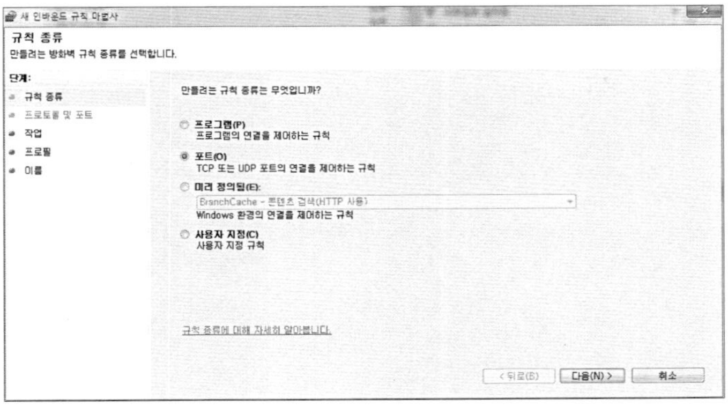

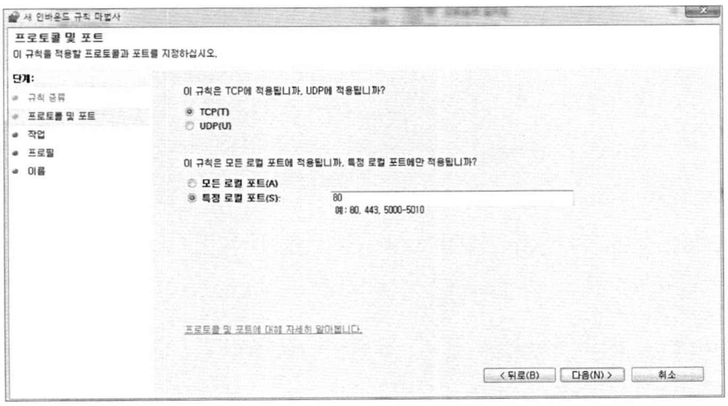

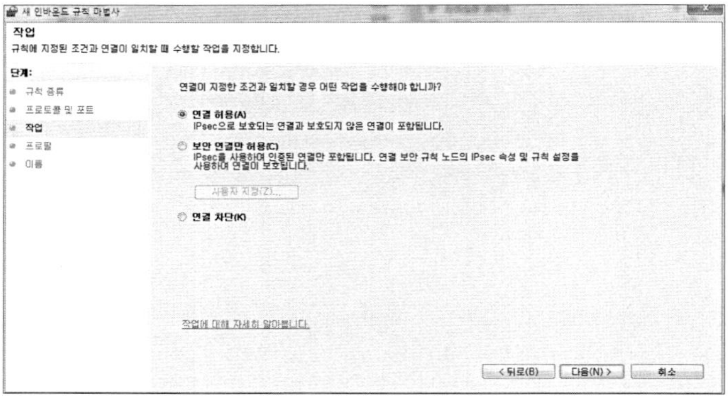

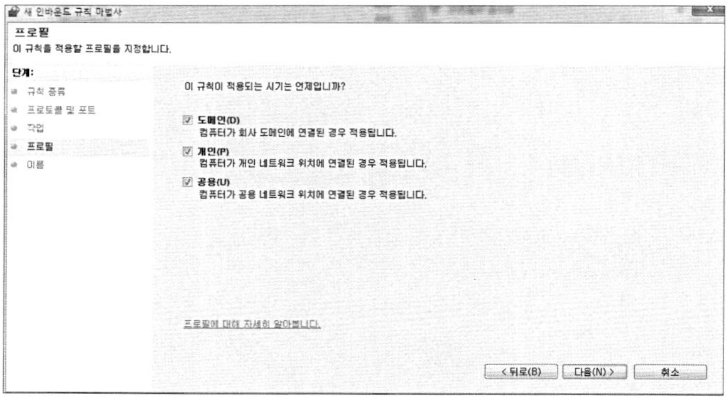

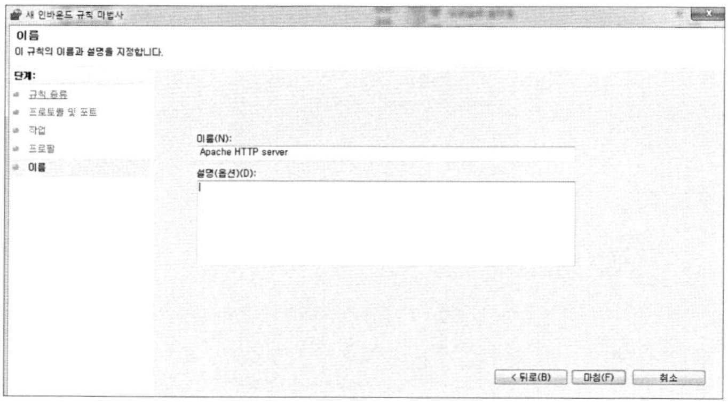

자신의 PC의 아파치 HTTP 서버와 연결이 가능한 가를 확인하기 위해서 다음 명령을 이용한다. 이는 HTTP GET 명령을 이용하여 HTTP 서버의 루트 디렉토리에 있는 index.html 파일을 읽어 오라는 명령이다. 주어진 예에서는 아파치 HTTP 서버의 IP 주소는 192.168.0.2인 경우이다. 본인의 PC의 주소를 확인하여 사용하여야 한다.

```
AT+S.HTTPGET=192.168.0.2,/index.html
```

위의 명령을 실행시키면 다음과 같은 내용이 터미널 에뮬레이터 화면에 나타날 것이다.

```
AT+S.HTTPGET=192.168.0.2,/index.html
HTTP/1.1 200 OK
Date: Tue, 20 Mar 2018 11:24:25 GMT
Server: Apache/2.2.25 (Win32)
Last-Modified: Sat, 20 Nov 2004 06:16:24 GMT
ETag: "500000011231e-2c-3e94a9010be00"
Accept-Ranges: bytes
Content-Length: 44
Connection: close
Content-Type: text/html
X-Pad: avoid browser bug

<html><body><h1>It works!</h1></body></html>


OK
```

만약 에러가 발생하면 문제가 통신 부분에 있는지 혹은 아파치 서버가 정상적으로 실행되고 있는지 확인하여야 한다. 아파치 서버가 정상적으로 동작하고 있는 가를 확인하는 방법은 아파치 서버가 설치되어 있는 PC에서 웹 브라우저를 이용하여 자신의 아파치 서버에 접속을 하면 된다. 즉 다음과 같이 웹 브라우저에서 "http://localhost/index.html"에 접속하여 해당 파일이 표시가 되는지 확인하면 된다.

이 부분이 정상적으로 동작하면 통신에 문제가 있는 경우이기 때문에, 아파치 서버의 IP 주소를 확인하고 또한 TCP 80 포트에 대한 방화벽이 해제되어 있는 가를 확인하여야 한다.

다음과 같이 펌웨어 업데이트 명령어를 실행시킨다. 앞에서 언급한 바와 같이 192.168.0.2는 아파치 HTTP 서버가 동작하고 있는 IP 주소를 의미하며, "/SOWF01S-170111-665d284-RELEASE-main.ota"는 다운로드할 아파치 HTTP

서버에 위치한 새로운 펌웨어 파일을 의미한다. 이 명령어는 “HTTP GET” 명령어를 이용하여 해당 파일을 다운로드하고, 다운로드한 펌웨어가 정상적인지를 확인한 다음, SPWF01SA 모듈내의 1MB 외장(MCU 내부가 아니라는 의미) 플래시 메모리에 저장한다.

```
AT+S.FWUPDATE=192.168.0.2,/SPWF01S-170111-665d284-RELEASE-main.ota
```

이 명령을 실행시키면 다음과 같은 메시지가 터미널 화면에 나타날 것이다.

```
AT+S.FWUPDATE=192.168.0.2,/SPWF01S-170111-665d284-RELEASE-main.ota
 Staging F/W update for 'SPWF01Sx1' version '170111-665d284'
 F/W length 472848 @ 0x00002800 (offset 0x00001000, block len 4096)
 Write len 4096 -> 0x1000
 Write len 4096 -> 0x2000
 Write len 4096 -> 0x3000
 Write len 4096 -> 0x4000
```

성공적으로 완료가 되면 다음과 같은 메시지가 나타날 것이다.

```
 Write len 4096 -> 0x72000
 Write len 4096 -> 0x73000
 Write len 1892 -> 0x74000 (final)
 Wrote 472932 bytes
 Complete! Please reboot. (at+cfun=1)

OK
```

다운로드한 펌웨어를 SPWS01SA 모듈로 업데이트 하려면, SPWS01SA 모듈을 다음 명령을 이용하여 리부팅 시켜야 한다.

```
At+CFUN=1
```

펌웨어가 업데이트 되는 과정에 다음과 같은 메시지가 나타날 것이다.

```
AT+CFUN=1
+WIND:2:Reset
+WIND:17:Validating F/W update
+WIND:17:Performing F/W update
+WIND:17:F/W update complete!
+WIND:1:Poweron (170111-665d284-SPWF01S)
+WIND:13:STM SPWF01SA11 IWM: Copyright (c) 2012-2016 STMicroelectronics, Inc.  All rights Reserved.
+WIND:73:System Configuration Updated. (Run AT&W to Save it)
+WIND:3:Watchdog Running
+WIND:0:Console active
+WIND:32:WiFi Hardware Started
+WIND:21:WiFi Scanning
+WIND:35:WiFi Scan Complete (0x0)
```

그 후에는 반드시 다음 명령어를 이용하여 초기화시켜야 한다.

```
AT&F
```

펌웨어를 새로 업데이트하였기 때문에 이전의 WiFi 네트워크에 대한 설정 부분은 사라진 상태이다. 따라서 11.2.1에서 설명한 WiFi 네트워크 설정 부분을 다시 실행하여야 한다.

펌웨어를 업데이트 한 다음, AT+S.STS 명령을 실행하여 현재 펌웨어 버전을 확인하면 된다.

```
AT+S.STS
# Status & Statistics:
#   version = 170111-665d284-SPWF01S
```

11.2.3 AT 명령어를 이용한 TCP/UDP 통신 실습 (Client)

이 절에서는 AT 명령어를 이용하여 TCP와 UDP의 클라이언트 프로그램을 동작시키는 실습을 수행한다. SPWF01SA 모듈은 동시에 8개까지의 TCP 혹은 UDP 소켓을 생성할 수 있으며, 각 소켓에 대해서 최대 4개의 수신 메시지를 저장할 수 있다. 그리고 각 메시지의 최대 크기는 730바이트이다. 4개까지 메시지는 저장 가능하기 때문에, 그 이상의 메시지가 도착하기 전에 수신된 메시지를 읽어야 한다. 만약 수신된 메시지를 읽지 않으면 TCP인 경우에는 소켓 에러가 발생하여 커넥션이 끊어진다. 또한 한 메시지의 크기가 730B이기 때문에 TCP에서 MSS(maximum segment size)는 730B 이하여야 하고 (이 부분은 TCP 커넥션 과정 중에 조절이 되므로 사용자가 걱정할 필요는 없다.), UDP에서도 한 메시지의 크기가 730B 이하여야 한다.

실습과 관련된 명령어와 동작은 다음과 같다.

- **TCP 혹은 UDP 서버에 접속하는 AT 명령어**

```
AT+S.SOCKON=〈hostname〉,〈port〉,〈protocol〉,[ind]
```

이 명령을 실행시키면 해당 소켓에 대한 ID 값이 반환된다. 인자들의 의미는 다음과 같다.

- 〈hostname〉: 서버의 IP 주소
- 〈port〉: 접속할 서버의 포트 번호
- 〈protocol〉: TCP를 사용하는 경우는 ‘t’, UDP를 사용하는 경우는 ‘u’, 그리고 TLS/TCP를 사용하는 경우 ‘s’를 사용한다.
- [ind]: 이 인자는 옵션이며, 데이터가 수신되었으면 이를 알려주도록 하는 옵션이다. 즉 마지막 인자로 ‘ind’를 주면 메시지가 도착할 때마다 현재 버퍼에 있는 수신 데이터 크기를 표시한다. 다음의 예는 ID=0인 소켓의 수신 버퍼에 25B 데이터가 저장되어 있다는 의미이다.

```
+WIND:55:Pending Data:0:25
```

- **접속한 서버에 데이터를 전송하는 AT 명령어**

```
AT+S.SOCKW=〈ID〉,〈len〉
```

이 명령이 주어지면 터미널로부터 입력되는 데이터를 기다리게 되며, (len−1) 길이의 데이터가 입력되면 이를 전송한다. (len−1)보다 큰 나머지 입력 데이터는 무시된다. 인자들의 의미는 다음과 같다.

- 〈ID〉: 메시지를 전송할 소켓 ID
- 〈len〉: 전송할 메시지의 길이

• 접속한 서버로부터 데이터를 수신하는 AT 명령어

```
AT+S.SOCKR=〈ID〉,〈len〉
```

이 명령은 해당 소켓으로부터 len 길이만큼의 데이터를 읽는다. 인자들의 의미는 다음과 같다.

- 〈ID〉: 메시지를 수신한 소켓 ID
- 〈len〉: 읽을 메시지의 길이

• 현재 수신된 데이터의 길이를 문의하는 명령어.

AT+S.SOCKON 명령어를 사용시에 옵션 인자 ind를 주지 않았을 경우에는 현재 수신된 데이터의 길이를 알 수 없다. 이와 같은 경우 다음 명령어를 사용하여 수신 버퍼에 있는 데이터를 확인할 수 있다.

```
AT+S.SOCKQ=〈ID〉
```

해당 소켓의 수신 버퍼에 있는 데이터의 길이를 반환한다.

```
at+s.sockq=0

 DATALEN: 0
```

• 생성된 소켓을 닫는 AT 명령어

```
AT+S.SOCKC=〈ID〉
```

주어진 〈ID〉에 해당하는 소켓을 닫는다.

이 실습을 수행하기 위해서는 TCP와 UDP 서버가 필요하다. TCP 혹은 UDP 프로그램을 테스트할 수 있도록 만들어진 SocketTest 프로그램이 공개되어 있으므로 이를 이용하여 본 실습을 수행한다. (SocketTest 프로그램은 https://sourceforge.net/projects/sockettest/ 에서 구할 수 있다.)

TCP 실습에서는 TCP 서버에 "Hello, SocketTest TCP Server!" 라는 메시지를 보내고, TCP 서버에서는 "Welcome to a TCP Client!" 라는 메시지를 클라이언트에게 보내고, TCP 클라이언트에서 이를 수신한 다음 TCP 커넥션을 종료시키도록 한다.

- 먼저 SocketTest 프로그램을 실행시키고, 다음과 같이 IP 주소는 '0.0.0.0', 포트 번호는 '50000'로 한 다음에 'Start Listening' 버튼을 클릭한다. 여기서 IP 주소를 ''0.0.0.0'으로 주는 이유는 해당 PC가 다수의 NIC를 가질 경우에 다수의 IP 주소를 가질 수 있기 때문에, 이들 중 임의의 주소를 통해서 클라이언트가 접속을 요구하더라도 이를 처리하라는 의미이다. 서버에서는 IP 주소를 이런 방식으로 주는 것이 일반적이다.

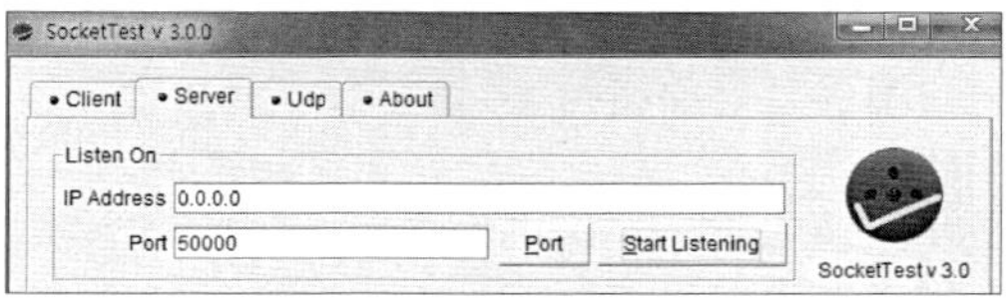

그러면 다음과 같은 상태가 되면서 클라이언트로부터의 커넥션 요구를 기다리게 된다.

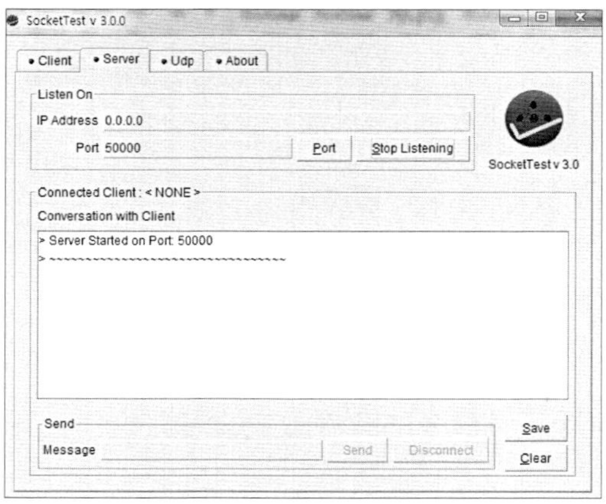

• Nucleo-411 보드에서 SocketTest TCP 서버에 접속을 하려면 다음과 같은 AT 명령어를 실행하여야 한다. 여기서 SocketTest 프로그램이 실행되고 있는 PC의 IP 주소는 192.169.0.2인 경우이다.

```
AT+S.SOCKON=192.168.0.2,50000,t,ind
```

SocketTest 프로그램에서 클라이언트와 커넥션이 되었다는 메시지를 확인하여라.

• 서버에 메시지를 전송하려면, 다음과 같은 AT 명령어를 실행하여야 한다.

```
AT+S.SOCKW=0,32
Hello, SocketTest TCP Server!
```

SocketTest 프로그램에서 수신된 클라이언트로부터의 메시지가 표시됨을 확인하여라.

• SocketTest 프로그램에서 메시지를 클라이언트에게 전송한다. 다음과 같이 메시지를 입력하고 'Send' 버튼을 클릭한다.

• 서버로부터의 메시지를 읽으려면 다음과 같은 AT 명령어를 실행하여야 한다.

```
AT+S.SOCKR=0,22
```

SocketTest 프로그램에서 전송한 메시지가 정상적으로 표시됨을 확인하여라.

• 서버와 TCP 소켓을 닫으려면 다음과 같은 AT 명령어를 실행하여야 한다.

```
AT+S.SOCKC=0
```

SocketTest 프로그램에서 클라이언트와 커넥션이 종료되었다는 메시지를 확인하여라.

다음에 터미널로부터 주어진 AT 명령어들과 그 결과와 SocketTest 프로그램 실행결과가 나타나 있다.

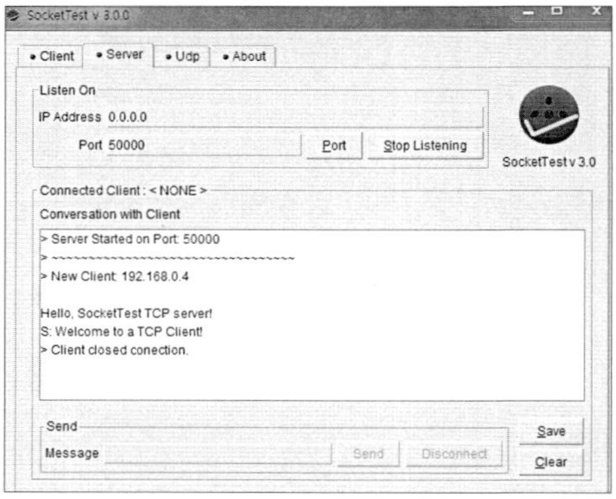

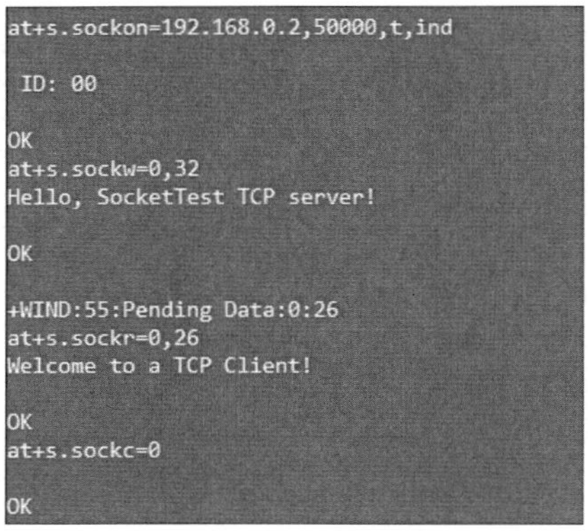

UDP 실습에서는 UDP 서버에 “Hello, TCP/IP Builder UDP Server!” 라는 메시지를 보내고, UDP 서버에서는 “Welcome to a UDP Client!” 라는 메시지를 클라이언트에게 보낸다. 이 메시지를 클라이언트에서 수신한 후, UDP 클라이언트를 종료시키도록 한다. 이 실험을 AT 명령어를 이용하여 수행하는 과정은 At+S.SOCKON 명령어에서 TCP 대신에 UDP를 사용한다고 명시하는 것 외에는 큰 차이가 없다.

하지만 TCP 프로토콜과 UDP 프로토콜에 대한 지식을 가진 사람에게는 이 과정이 조금 이상하게 느껴질 수 있다. 즉 TCP는 연결지향성(connection-oriented) 프로토콜인 반면에 UDP는 비연결지향성(connectionless) 프로토콜이기 때문에 UDP를 사용할 경우 커넥션 요청 과정과 해지 과정이 필요하지 않기 때문이다. 하지만 SPWF01SA 모듈에서는 모듈 내에서 소켓을 관리하기 위하여 AT+S.SOCON 명령어와 AT+S.SOCKC 명령어를 UDP 연결에 대해서도 사용하고 있는 것으로 추측된다.

UDP 실습에서 주의가 필요한 부분은 SPWF01SA 모듈이 UDP 클라이언트로 동작 시에 자신의 IP 주소와 포트 번호로 전달되는 UDP 패킷을 모두 수신하지 않고, AT+S.SOCKON 명령 시에 포함된 UDP 서버의 IP 주소와 포트에서 전송한

패킷 만을 수신한다는 점이다. 이러한 점은 비연결지향성 서비스를 제공하는 일반적인 UDP 통신과는 좀 차이가 있다. SPWF01SA 모듈 내의 펌웨어에서 수신되는 UDP 패킷 내용을 분석하여 이런 방식으로 동작하도록 한 것으로 추측된다. 따라서 UDP 클라이언트 프로그램 실습을 위하여 사용하는 테스트 프로그램을 잘 선택하여야 한다. TCP 프로그램 실습에서 사용하였던 SocketTest 프로그램은 이러한 점에서 문제가 있어서 본 실습에서는 사용하기가 어렵다. 대신에 언급한 내용을 지원하는 "TCP/IP Builder"라는 공개 툴을 이용하여 실습을 수행한다. (이 툴은 http:// www.drk.com.ar/builder.php 에서 구할 수 있다. 물론 "TCP/IP Builder" 프로그램을 이용하여 TCP 클라이언트 프로그램 테스트를 할 수 있다.)

다음에 터미널로부터 주어진 AT 명령어들과 그 결과와 TCP/IP Builder 프로그램의 결과가 나타나 있다.

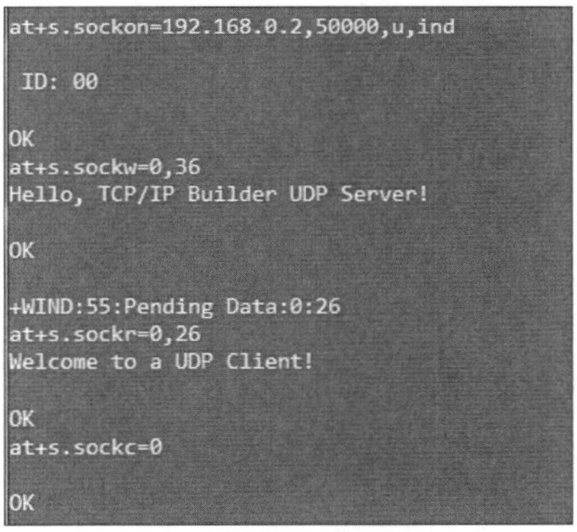

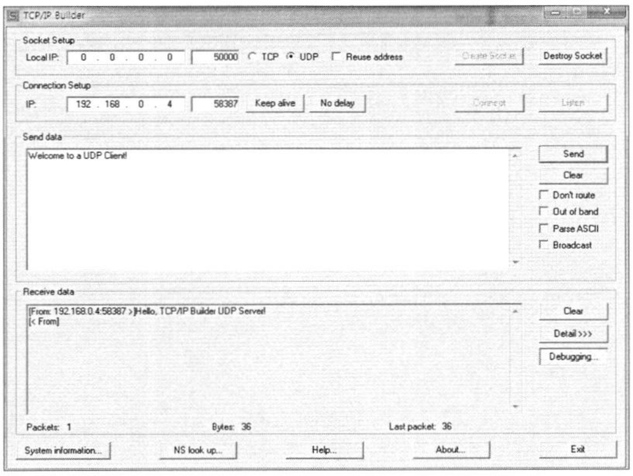

이 실험을 실행할 때, TCP/IP Builder 사용 시에 주의할 점은 다음과 같다. 처음 UDP 서버를 동작시킬 시에 다음과 같이 설정한 다음에 'Create Socket' 버튼을 클릭하여야 한다. 즉 IP 주소를 "0.0.0.0"으로 하고, 자신이 사용할 포트 번호를 주어야 한다.(이 예에서는 50000으로 하고 있다.) 그리고 추가로 "Received data" 영역의 Debugging 버튼을 클릭하여야 한다. 그 이유는 UDP 클라이언트가 사용하는 포트 번호를 파악하기 위함이다. 앞에서 언급한 바와 같이 UDP 프로토콜은 비연결지향성 서비스를 제공하기 때문에 소켓이 생성될 때, 상대방의 IP 주소와 포트 번호가 사용 소켓과 바인드 되지 않기 때문이다.(TCP에서는 이러한 과정이 필요하지 않았음을 기억하면 좋을 것 같다.)

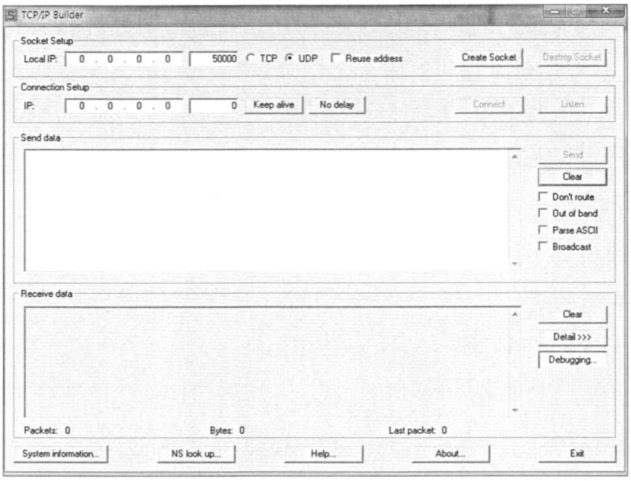

UDP 메시지가 수신되었을 때, Debugging 옵션이 활성화되어 있으면 다음과 같이 수신 메시지에 메시지 내용과 함께 송신 측의 IP 주소와 포트 번호가 표시됨을 알 수 있다.

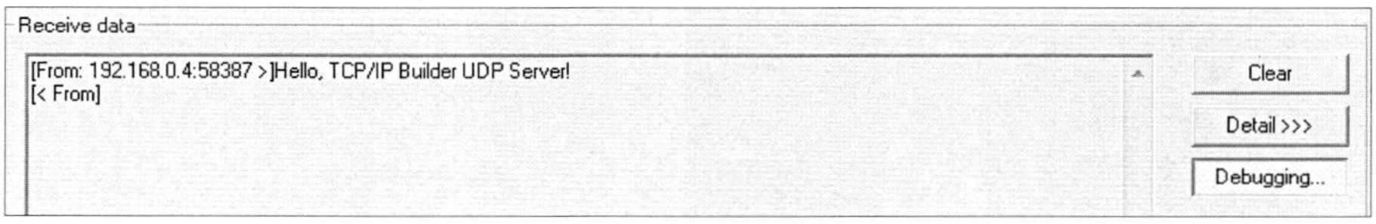

그 후에 서버에서 메시지를 보내기 전에 수신할 클라이언트의 IP 주소와 포트 번호를 다음과 같이 설정하여야 한다.

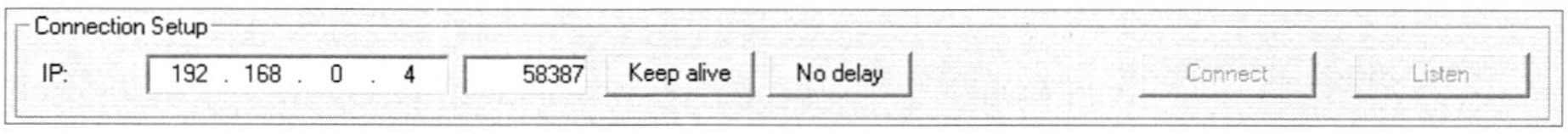

11.2.4 AT 명령어를 이용한 TCP/UDP 통신 실습 (server)

이 절에서는 AT 명령어를 이용하여 TCP와 UDP의 서버 프로그램을 동작시키는 실습을 수행한다. 서버의 동작 시에 사용하는 AT 명령어들은 클라이언트로 동작할 시에 사용하는 명령어와 차이가 있다.

서버 모드에서 사용되는 AT 명령어는 다음과 같다.

- **TCP 혹은 UDP 서버를 활성화 혹은 비활성화시키는 AT 명령어.**

```
AT+S.SOCKD=〈port〉,[protocol]
```

인자들의 의미는 다음과 같다.

- 〈port〉: port로 주어진 값이 1~65634 영역에 있으며, 해당 포트에서 동작하는 서버를 활성화시키며, Port 값으로 0이 주어지면 해당 서버를 종료(비활성화) 시킨다.
- [protocol]: 옵션 부분으로, 't' 혹은 아무런 값이 주어지지 않으면 TCP 서버를 의미하며, 'u' 값이 주어지면 UDP 서버를 의미한다.

- **서버의 사용 포트를 확인하는 AT 명령어**

```
AT+S.STS=ip_sockd_port
```

현재 서버가 사용하고 있는 포트 값을 반환한다.

- **데이터모드에서 명령어모드로 변경하는 AT 명령어**

```
at+s.
```

명령어는 반드시 소문자여야 하며, 명령어 문자 간의 시간 간격이 거의 없어야 한다.

- **명령어모드에서 데이터모드로 변경하는 AT 명령어**

```
AT+S.
```

명령어는 반드시 대문자여야 한다.

TCP 서버로 동작할 경우, 기본적인 동작 흐름은 (그림 11-6)과 같다.

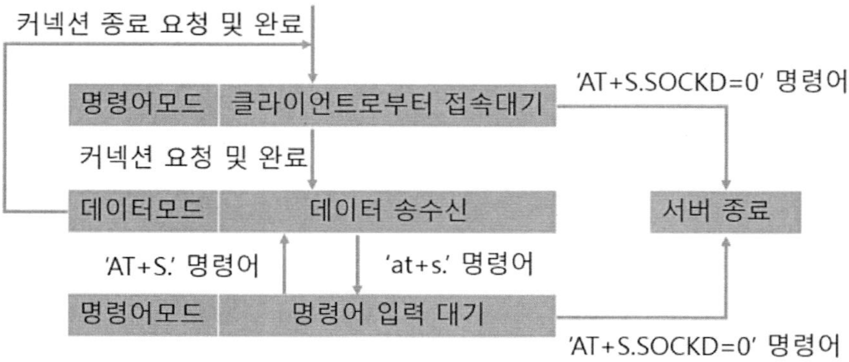

(그림 11-6) SPWF01SA 모듈에서 TCP 서버로 동작 시 동작 모드 천이도

AT+S.SOCKD=〈port〉 라는 명령어를 실행시키면, 클라이언트로부터 주어진 port로 커넥션 요청을 대기하는 상태가 되며, 동작 모드는 여전히 명령어모드 상태에 있게 된다. 어떤 클라이언트로부터 커넥션 접속 요청이 수신되면, 내부에서 TCP에 대한 커넥션 처리가 이루어지고, 성공적으로 완료되면 자동으로 데이터모드로 변경된다. 데이터모드에서는 별도의 명령어를 주지 않아도 수신된 데이터는 화면에 표시되고, 터미널로부터 입력한 문자는 클라이언트에게 전송된다. 클라이언트에서 커넥션 종료 요청이 들어오게 되면, 내부에서 이를 처리하고, 자동으로 명령어모드로 변경된다. 그리고 클라이언트로부터 다시 커넥션 요청을 대기하는 상태에 있게 된다.

TCP 서버는 커넥션 요청을 대기하는 도중에 AT+S.SOCKD=0 의 명령어가 주어지면 서버를 종료한다. 혹은 데이터 모드에 있을 때에, 'at+s.' (이 명령어는 반드시 소문자이어야 한다.) 명령어를 주게 되면, 명령어보드로 변경되게 된다. 하지만 여전히 클라이언트와 커넥션은 유지한 상태이다. 이와 같은 명령어모드에서는 AT 명령어를 실행할 수 있으며, 클라이언트로부터 데이터가 수신되면 데이터가 수신되었다는 메시지가 터미널 화면에 표시되게 된다. 명령어모드에서 'AT+S.' (이 명령어는 반드시 대문자여야 한다.) 명령어를 주게 되면 다시 데이터모드로 변경되게 되고, 그때까지 수신한 데이터가 있으면 자동으로 화면에 표시되게 된다.

다음 캡쳐된 자료에 'at+s.' 명령어(이 명령어는 화면에 나타나 있지 않는다.)에 의해서 명령어모드(Command Mode)로 동작 모드가 변경이 되고, 이 때 2개의 메시지가 클라이언트로부터 도착하였다는 알림 메시지가 나타나 있다. 이때 "AT+S." 명령어에 의하여 다시 데이터모드(Data Mode)로 변경이 되면 자동적으로 수신된 메시지가 화면에 표시되는 상황이 나타나 있다. 메시지가 도착하였다는 알림 메시지 뒷부분에 있는 x:y:z 형태의 숫자는 x는 수신된 메시지의 수, y는 마지막 수신된 메시지의 길이이며, z는 총 수신한 데이터의 길이를 나타낸다. 이전에 언급한 바와 같이 버퍼링 가능한 메시지는 최대 4개이며, 각 메시지의 최대 길이는 730B이다. 이것을 초과하게 되면 데이터 손실이 발생한다.

```
+WIND:59:Back to Command Mode

+WIND:64:Sockd Pending Data:1:16:16

+WIND:64:Sockd Pending Data:2:16:32
AT+S.

+WIND:60:Now in Data Mode
test message 1
test message 2
```

다음에 SocketTest 툴을 이용하여 TCP 서버에 접속을 한 다음, 클라이언트가 "request message 1"과 "request message 2"란 메시지를 전송하고, 서버는 "response message 1"과 "response message 2" 란 메시지를 클라이언트로 전송한 다음, 클라이언트에서 커넥션을 종료시킨 후에 TCP 서버를 종료시키는 과정들이 표시된 결과가 나타나 있다.

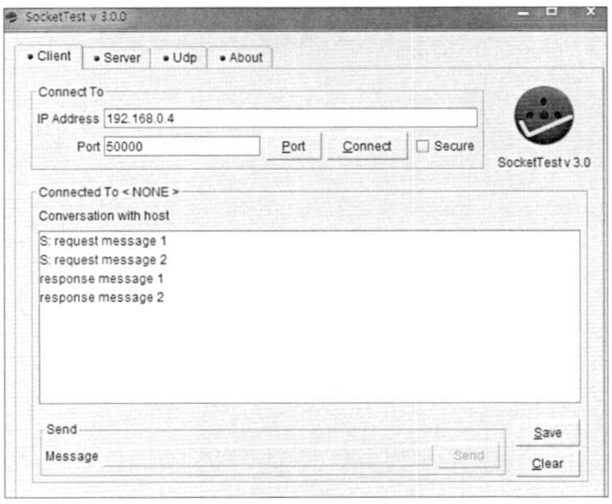


```
at+s.sockd=50000

OK

+WIND:61:Incoming Socket Client:192.168.0.2

+WIND:60:Now in Data Mode
request message 1
request message 2
response message 1
response message 2

+WIND:59:Back to Command Mode

+WIND:62:Socket Client Gone:192.168.0.2
at+s.sockd=0

OK
```

SocketTest 툴에서 TCP 클라이언트가 서버에 접속하는 방법은 다음과 같이 접속할 TCP 서버의 IP 주소와 포트 번호를 입력한 다음, ‘Connect’ 버튼을 클릭하면 된다.

서버와 커넥션이 완료되면 ‘Connect’ 버튼이 ‘Disconnect’ 버튼으로 변경되게 된다. 메시지 교환이 끝나고, 커넥션을 종료시키려면 ‘Disconnect’ 버튼을 클릭하면 된다.

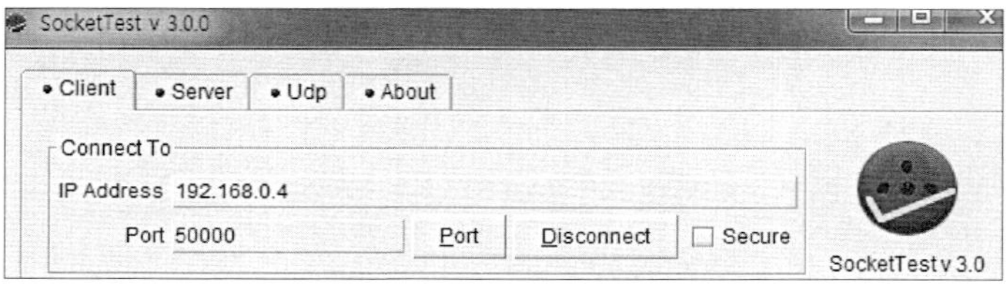

UDP 서버에 대한 실습에서는 클라이언트가 “request message 1”이”란 메시지를 전송하고, 서버로부터 “response message 1”이란 메시지를 전송한 다음, UDP 서버를 종료시키는 과정을 실습한다. 이 실습에서도 SocketTest 툴을 사용하여 실습을 수행한다. TCP 서버와 차이점은 UDP 프로토콜은 비연결지향성 서비스를 제공하기 때문에 클라이언트에서 서버로 커넥션 연결 요청 없이 직접 메시지를 전송할 수 있다는 점이다. 물론 커넥션 종료과정도 존재하지 않는다. 따라서 SPWF01SA WiFi 모듈에서는 AT+S.SOCKD 명령어를 이용하여 특정 포트에 대한 UDP 서버를 활성화시켰을 때, 어떤 클라이언트로부터 데이터가 수신되면 명령어 모드에서 데이터모드로 변환되어 메시지 송수신이 이루어진다. 클라이언트로부터 커넥션 종료 과정이 없기 때문에 UDP 서버를 종료시키려면, ‘at+s.’ 명령어를 이용하여 명령어모드로 빠져 나온 다음, AT+S.SOCKD=0 명령어를 이용하여 UDP 서버를 종료시켜야 한다. 이 과정은 (그림 11-7)에 나타나 있다.

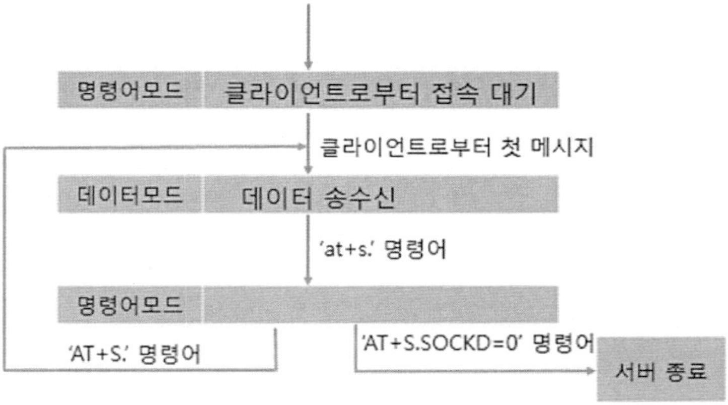

(그림 11-7) SPWF01SA 모듈에서 UDP 서버로 동작 시 동작 모드 천이도

또한 서버로부터 메시지를 전송을 할 때, 입력되는 메시지의 문자 간의 시간 간격이 있게 되면 하나의 메시지가 완료된 것으로 간주되어 메시지가 전송되는 현상을 볼 수 있을 것이다. 이러한 TCP와 UDP의 동작을 이해하려면 TCP와 UDP 프로토콜에 대한 이해가 필요하다. 여기에서는 자세한 설명은 생략한다.

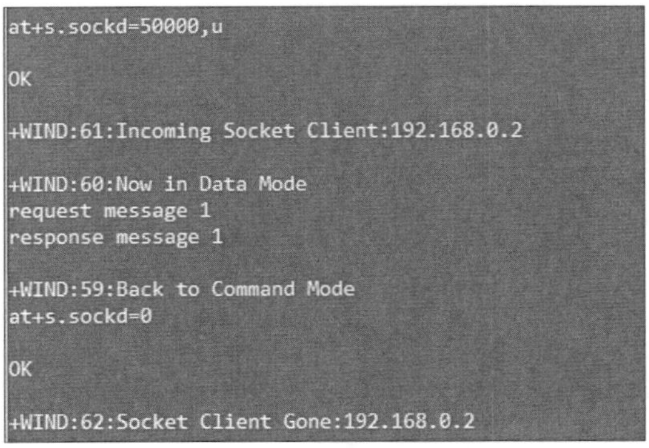

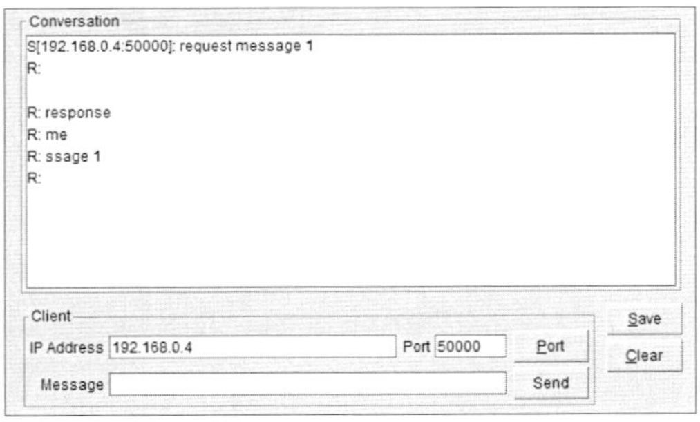

11.3 Mbed-OS를 이용한 WiFi 통신 실습

WiFi 통신을 이용하는 실제 응용에서 직접 AT 명령어를 입력하여 동작시키는 것은 비현실적이다. 물론 프로그램 상에서 AT 명령어를 WiFi 모듈에 보내어 동작시킬 수도 있지만, Mbed-OS에서는 WiFi 모듈을 이용할 수 있는 라이브러리를 제공하고 있으므로, 이를 이용하는 WiFi 통신 실습을 본 장에서 수행한다. (현재 Mbed-OS의 WiFi 모듈에 대한 라이브러리는 클라이언트로 동작할 때 사용할 수 있는 API 만이 구현되어 있다.)

SPWF01SA 모듈에 대하여 정의된 API는 https://github.com/ARMmbed/wifi-x-nucleo-idw01m1/blob/master/SpwfSAInterface.h에 나타나 있다. Mbed-OS 다큐먼트에 나타난 WiFi API에 대한 설명은 ESP8266 WiFi 모듈 중심으로 기술되어 있으며, "https://os.mbed.com/docs/v5.9/mbed-os-api-doxy/ class_wi_fi_interface. html"에서 참조할 수 있다. API 형태에서 큰 차이가 없으므로 참고 자료로 활용할 수 있을 것이다.

SpwfSAInterface 클래스에서 생성자와 주요 함수는 다음과 같다.

생성자	SpwfSAInterface(PinName tx, PinName rx, PinName rts = SPWFSAXX_RTS_PIN, PinName cts = SPWFSAXX_CTS_PIN, bool debug = false, PinName wakeup = SPWFSAXX_WAKEUP_PIN, PinName reset = SPWFSAXX_RESET_PIN);
동작	SPWF01SA WiFi 모듈을 다루기 위한 객체를 생성한다. 인자: tx, rx, rts, cts는 WiFi 모듈과 UART 통신을 할 때 사용되는 하드웨어 핀에 대한 설정이다. rts와 cts에서 사용되는 핀은 디폴트로 각각 SPWFSAXX_RTS_PIN와 SPWFSAXX_CTS_PIN으로 주어져 있으며, 이 심볼이 정의되어 있지 않으면, NC 값이 할당되고, 그 경우에는 하드웨어 흐름제어를 사용하지 않는다는 의미이다 debug의 디폴트 값은 false이며, true로 설정하면 디버깅 모드로 동작한다. Wakeup은 WiFi 모듈을 wakeup 할 때 사용하는 핀으로 디폴트 값은 PC_8이다. Reset은 WiFi 모듈을 리셋시킬 때 사용하는 핀으로 디폴트 값은 PC_12이다.

함수	nsapi_error_t connect(const char *ssid, const char *pass, nsapi_security_t security = NSAPI_SECURITY_NONE, uint8_t channel = 0);
동작	주어진 SSID 이름을 지닌 AP에 접속을 시도한다. 인자: ssid - 접속할 AP의 SSID 포인터. pass - 접속할 AP의 패스워드. security - AP에서 사용하는 암호화 방법. 종류로는 NSAPI_SECURITY_WEP과 NSAPI_SECURITY_WPA, NSAPI_SECURITY_WPA2가 있다. channel - 사용되지 않는다. 반드시 0이어야 한다. 반환값: 성공작으로 접속이 되면 0, 실패 시에는 음수 값을 반환한다.
함수	nsapi_error_t disconnect();
동작	접속된 AP와의 연결을 종료시킨다. 반환값: 성공이면 NSAPI_ERROR_OK, 실패면 음수값을 반환한다.
함수	const char *get_ip_address();
동작	인터페이스의 IP 주소를 반환하고, 없을 경우 NULL 값을 반환한다.
함수	const char *get_mac_address();
동작	WiFi 인터페이스의 MAC 주소를 반환한다.
함수	const char *get_gateway();
동작	게이트웨이의 IP 주소를 반환하고, 없을 경우 NULL 값을 반환한다.
함수	const char *get_netmask()
동작	서브넷 마스크 값을 반환하고, 없을 경우 NULL 값을 반환한다.
함수	int8_t get_rssi();
동작	수신 신호의 세기를 나타낸다. 단위는 dBm이다.
함수	nsapi_size_or_error_t scan(WiFiAccessPoint *res, unsigned count);
동작	사용 가능한 AP들을 찾는다. 인자: res - 찾은 AP에 대한 정보를 저장할 버퍼 포인터. count - 찾을 AP의 최대 수. 0이 주어지면 찾은 AP의 수를 반환한다. 반환값 - 저장된 AP의 개수를 반환하고, 에러 발생 시는 음수값을 반환한다.

11.3.1 Mbed-OS를 이용한 WIFI TCP 통신 실습(client)

이 절에서는 Mbed-OS의 TCPSocket 클래스에 대해서 살펴보고, 간단한 TCP 클라이언트 프로그램을 작성한 다음, TCP 서버와 데이터를 주고 받는 실습을 수행한다. Mbed-OS의 TCPSocket 클래스는 features/netsocket/TCPSocket.h 파일에 정의되어 있다.

TCPSocket 클래스의 생성자는 다음과 같다.

	template〈typename S〉 TCPSocket (S * stack)
동작	TCP 소켓을 생성하고, 주어진 네트워크 인터페이스의 네트워크 스택 *stack에서 소켓을 오픈한다.
	TCPSocket ( )
동작	초기화되지 않은 TCP 소켓을 생성한다. 추후에 반드시 open() 함수를 이용하여 사용할 네트워크 인터페이스의 네트워크 스택을 지정하여야 한다.

TCPSocket 클래스의 주요 함수는 다음과 같다. TCPSocket 클래스는 Socket 클래스를 상속하고 있으며, 아래의 함수 중에서 open(), close(), set_blocking(), set_timeout(), bind() 함수는 Socket 클래스에 정의되어 있다. 참고로 Socket 클래스는 features/netsocket/Socket.h 파일에 정의되어 있다.

함수	nsapi_error_t connect (const char *host, uint16_t port);
동작	주어진 host의 port의 TCP 서버에 커넥션을 요청한다. host: 접속하고자 하는 TCP 서버의 이름 혹은 IP 주소 port: 접속하고자 하는 TCP 서버의 포트 번호. 성공이면 0, 실패일 경우 음수값을 반환한다.
함수	nsapi_size_or_error_t send (const void *data, nsapi_size_t size);
동작	TCP 소켓으로 데이터를 전송한다. 소켓이 블러킹 모드에 있을 경우, 모든 데이터가 TX 버퍼로 넘겨질 때까지 블럭된다. 만약 넌블러킹 소켓이거나 타임아웃이 설정되어 있으면, 일부 데이터만 TX 버퍼로 넘겨질 수 있다. data: 전송할 데이터가 저장된 버퍼 포인터. size: 전송할 데이터 크기. (단위: 바이트) 성공시 TX 버퍼로 넘겨진 데이터 크기가 반환되며, 실패시 음수값이 반환된다. 넌블러킹 소켓이거나 타임아웃이 설정되어 있을 경우 아무런 데이터도 넘겨지지 않게 되면 NSAPI_ERROR_WOULD_BLOCK 값이 반환된다.

함수	nsapi_size_or_error_t recv (void *data, nsapi_size_t size);
동작	TCP 소켓으로 전송된 데이터를 수신한다. 디폴트 상태인 블러킹 소켓에서는 데이터를 수신할 때까지 블럭된다. data: 수신할 데이터를 저장할 버퍼 포인터. size: 버퍼의 최대 크기. 수신한 데이터의 크기가 반환되고 단위는 바이트이다. 에러시 음수 값이 반환된다. 넌블러킹 소켓이거나 타임아웃이 설정되어 있을 경우, 수신한 데이터가 없으면 NSAPI_ERROR_WOULD_BLOCK(-3001) 값이 반환된다.
함수	nsapi_error_t close ();
동작	커넥션을 닫고, 생성된 소켓을 제거한다. 성공 시에 0, 실패 시에 음수 값이 반환된다.
함수	void set_blocking (bool blocking);
동작	소켓을 블러킹 혹은 넌블러킹 소켓으로 설정한다. 디폴트 상태는 블러킹 소켓이다. true 면 블러킹 모드로, false 면 넌블러킹 모드로 설정한다.
함수	void set_timeout (int timeout);
동작	소켓에 타임아웃 값을 설정한다. 디폴트 타임아웃 값은 무한대이다. 즉 set_timeout(-1)이다. set_timeout(0) 은 set_blocking(false) 즉 넌블러킹 소켓인 경우와 동일하다. set_timeout(-1)은 set_blocking(true) 즉 블러킹 소켓과 동일하다. timeout: 타임아웃 값. (단위 밀리초이다.)
함수	nsapi_error_t open (NetworkStack * stack);
동작	초기화되지 않은 소켓에 주어진 네트워크 인터페이스의 네트워크 스택 *stack에서 소켓을 오픈한다.
함수	nsapi_error_t bind (uint16_t port);
동작	소켓에 주어진 포트 번호를 바인드한다. 성공 시에 0, 실패 시에 음수 값을 반환한다.
함수	nsapi_error_t bind (const char *address, uint16_t port);
동작	소켓에 주어진 IP 주소와 포트 번호를 바인드한다. 주로 서버로 동작할 때에 사용된다. 성공 시에 0, 실패 시에 음수 값을 반환한다.

이 실습에서는 TCP 서버에 접속을 하여, TCP 서버로부터 수신한 데이터는 터미널 화면에 표시를 하고, 터미널로부터 입력된 데이터는 TCP 서버로 전송하는 실습을 수행한다. 다음은 작성한 TCP 클라이언트의 코드 예이다.

해당 프로젝트는 Mbed-OS 5와 WiFi 라이브러리를 사용하는 mbed-os-example-wifi 프로그램을 임포트한 다음, 관련 프로그램을 수정하여 작성한다.

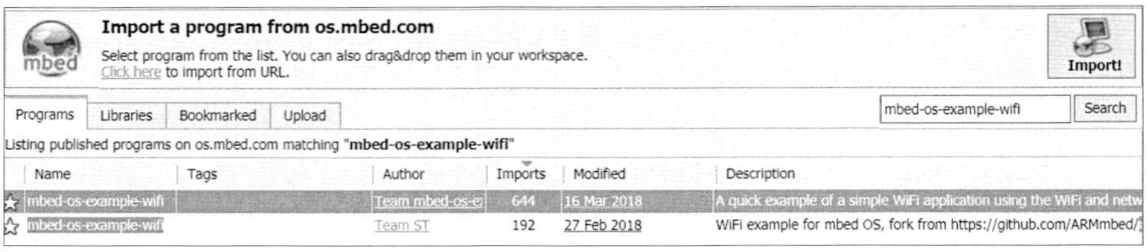

먼저 사용하는 WiFi 모듈에 대한 설정을 하는 mbed_app.json 파일을 다음과 같이 수정한다. X-NUCLEO-IDW01M을 사용하는 경우 wifi-ssid와 wifi-password 부분은 자신이 접속할 AP에 해당하는 값으로 설정하여야 하고 나머지는 아래와 동일하게 설정하면 된다.

File: mbed_app.jon

```
{
    "config": {
                        "wifi-shield": {
            "help": "Options  are internal, WIFI_ESP8266, WIFI_IDW0XX1",
            "value": "WIFI_IDW0XX1"
                        },
        "wifi-ssid": {
            "help": "WiFi  SSID",
            "value": "₩"lab1₩""
        },
        "wifi-password": {
            "help": "WiFi  Password",
            "value": "₩"passwordOfAP₩""
        },
        "wifi-tx": {
            "help": "TX pin  for serial connection to external device",
            "value": "D8"
        },
        "wifi-rx": {
            "help": "RX pin  for serial connection to external device",
            "value": "D2"
        }
    },
```

```
    "target_overrides": {
        "*": {
            "platform.stdio-convert-newlines": true,
            "idw0xx1.expansion-board": "IDW01M1",
            "drivers.uart-serial-txbuf-size": 730,
            "drivers.uart-serial-rxbuf-size": 730
        }
    }
}
```

메인 함수의 동작은 다음과 같다. 인터럽트를 이용하여 터미널부터 입력 데이터를 수신하고 있으며, 해당 ISR은 rx_cb() 이다. TCP 소켓으로부터 데이터 수신은 쓰레드가 처리하고 있으며, 해당 쓰레드는 rx_thread() 이다. 메인 쓰레드에서는 터미널로부터 데이터가 입력되면 해당 데이터를 TCP 서버에게 전송하며, 다시 사용자가 터미널로부터 데이터를 입력하기를 기다린다. 만약 입력된 데이터가 "q" 혹은 "Q" 이면 TCP 소켓을 종료한다.

File: main.cpp

```
#include    "mbed.h"
#include    "TCPSocket.h"

#include    "SpwfSAInterface.h"

#define SERVER_IP    "192.168.0.2"
#define    SERVER_PORT 50000

Serial pc(USBTX,    USBRX, 115200);
SpwfSAInterface wifi(MBED_CONF_APP_WIFI_TX,    MBED_CONF_APP_WIFI_RX);

TCPSocket socket;
Thread    sock_thread;

char    rx_buf_pc[100];
int index = 0;
volatile int flag    ;

void rx_cb(void)
```

```
{
    char ch;
    ch = pc.getc();
    pc.putc(ch);
    rx_buf_pc[index++] = ch;
    if (ch == 0x0D) { //LF
        pc.putc(0x0A); //CR
        rx_buf_pc[--index] = '₩0';    //end of string
        index = 0;
        flag = 1;
    }
}

// rx_thread: a   thread to receive data from the server
void rx_thread() {
    // Allocate 1K buffer for RX data
    char* buf = (char*)malloc(1024);

    while (true) {
        // recv data
        nsapi_size_or_error_t size = socket.recv(buf,   1024);
        if (size <= 0) {
            // no data for the case of Non-blocking mode
            if (size ==   NSAPI_ERROR_WOULD_BLOCK) continue;

            pc.printf("Close or Error while   receiving data (%d)₩r₩n", size);
            return;    // end of thread
        }

        // turn into valid C string
        buf[size] = '₩0';
        pc.printf("₩r₩nRX data: (%d) %s   ₩r₩n", size, buf);
    }
}

int main()
{
    pc.printf("₩r₩nWiFi TCP Client   example₩r₩n");
    pc.attach(callback(rx_cb));

    pc.printf("Connecting to   %s...₩r₩n", MBED_CONF_APP_WIFI_SSID);
```

```
int ret = wifi.connect(MBED_CONF_APP_WIFI_SSID,
            MBED_CONF_APP_WIFI_PASSWORD,
            NSAPI_SECURITY_WPA_WPA2);
if (ret != 0) {
    pc.printf("Connection error!!₩r₩n");
    return -1;
}

pc.printf("Success!!₩r₩n");
pc.printf("RSSI: %d₩r₩n", wifi.get_rssi());
pc.printf("MAC: %s₩r₩n", wifi.get_mac_address());
pc.printf("IP: %s, Netmask: %s, Gateway: %s₩r₩n", wifi.get_ip_address(),
        wifi.get_netmask(), wifi.get_gateway());

// Open a TCP socket on the network interface, and
// create a TCP connection to a Server
socket.open(&wifi);
int response = socket.connect(SERVER_IP, SERVER_PORT);
if(0 != response) {
    pc.printf("Error connecting: %d₩r₩n", response);
    socket.close();
    return -1;
}

sock_thread.start(&rx_thread);

while (true) {
   flag = 0;
   pc.printf("Enter characters to send to a server: ");
   while (flag != 1) {
   }

   if (!strcmp(rx_buf_pc, "q") || !strcmp(rx_buf_pc, "Q")) {
       break;
   } else {
       int len = strlen(rx_buf_pc);
       pc.printf("Sent: %s (%d)₩r₩n", rx_buf_pc, len);
       // for printing of SocketTest
       rx_buf_pc[len++] = 0x0D;
       rx_buf_pc[len++] = 0x0A;
       socket.send((const char *)rx_buf_pc, len);
```

```
            wait(0.5);  // 0.5 sec
        }
    }

    socket.close();
    wifi.disconnect();

    sock_thread.join();
    pc.printf("RX sock_thread   joined!!₩r₩n");

    pc.printf("₩nDone₩r₩n");
    Thread::wait(osWaitForever);
}
```

다음은 TCP 클라이언트에서 "TCP client message 1"과 "TCP client message 2"를 전송하고, SocketTest 툴의 TCP 서버에서 "TCP server message 1"과 'TCP server message 2"를 전송한 다음, "q'를 입력하여 클라이언트 프로그램을 종료하였을 때의 터미널 화면과 SocketTest 툴에 나타난 결과이다.

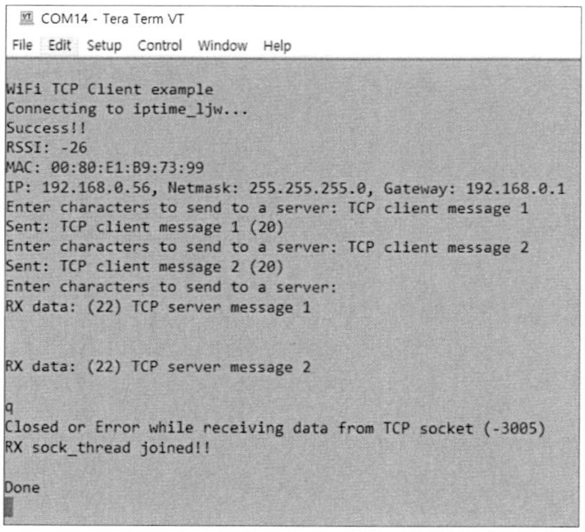

11.3.2 Mbed-OS를 이용한 WiFi UDP 통신 실습 (Client)

이 절에서는 Mbed-OS의 UDPSocket 클래스에 대해서 살펴보고, UDP 서버와 데이터를 주고 받는 간단한 UDP 클라이언트 프로그램을 작성하는 실습을 수행한다. Mbed-OS에서 UDPSocket 클래스는 features/netsocket/UDPSocket.h 파일에 정의되어 있다.

UDPSocket 클래스의 생성자는 다음과 같다.

	template<typename S> UDPSocket (S * stack)
동작	UDP 소켓을 생성하고, 주어진 네트워크 인터페이스의 네트워크 스택 *stack에서 소켓을 오픈한다.
	UDPSocket ( )
동작	초기화되지 않은 UDP 소켓을 생성한다. 추후에 반드시 open() 함수를 이용하여 사용할 네트워크 인터페이스의 네트워크 스택을 지정하여야 한다.

UDPSocket 클래스의 주요 함수는 다음과 같다. UDPSocket 클래스는 Socket 클래스를 상속하고 있으며, open(), close(), set_blocking(), set_timeout(), bind() 함수는 Socket 클래스에 정의 되어 있다. 따라서 이 함수들에 대한 설명은 이전 절의 TCPSocket 클래스 주요 함수 부분을 참고하길 바란다.

함수	nsapi_size_or_error_t **sendto** (const char *host, uint16_t port, const void *data, nsapi_size_t size); nsapi_size_or_error_t **sendto** (const SocketAddress &address, const void *data, nsapi_size_t size)
동작	UDP 소켓으로 데이터를 전송한다. 소켓이 블러킹 모드에 있을 경우, 모든 데이터가 TX 버퍼로 넘겨질 때까지 블럭된다. 만약 넌블러킹 소켓이거나 타임아웃이 설정되어 있으면, 일부 데이터만 TX 버퍼로 넘겨질 수도 있다. host: 데이터가 전송될 호스트 이름 혹은 IP 주소. port: 데이터가 전송될 호스트의 포트 번호. data: 전송할 데이터가 저장된 버퍼 포인터. size: 전송할 데이터 크기. (단위: 바이트) address: 데이터가 전송될 호스트의 이름 혹은 IP 주소와 포트 번호를 포함한 SocketAddress 객체 포인터. 성공시 TX 버퍼로 넘겨진 데이터 크기가 반환되고, 실패시 음수 값이 반환된다. 넌블러킹 소켓이거나 타임아웃이 설정되어 있을 경우, 아무런 데이터도 넘겨지지 않게 되면 NSAPI_ERROR_WOULD_BLOCK(-3001) 값이 반환된다.

함수	nsapi_size_or_error_t **recvfrom** (SocketAddress *address, void *data, nsapi_size_t size);
동작	UDP 소켓으로 전송된 데이터를 수신한다. 디폴트 상태인 블러킹 소켓에서는 데이터를 수신할 때까지 블럭된다. address: 데이터를 전송한 원격 호스트의 IP 주소와 포트를 저장할 SocketAddress 객체의 포인터. data: 수신할 데이터를 저장할 버퍼 포인터. size: 버퍼의 최대 크기. 수신한 데이터의 크기가 반환되고(단위는 바이트.), 실패 시 음수 값이 반환된다. 넌블러킹 소켓이거나 타임아웃이 설정되어 있을 경우, 수신한 데이터가 없으면 NSAPI_ERROR_WOULD_BLOCK 값이 반환된다.

참고로 SocketAddress 클래스에 대한 설명은 "https://os.mbed.com/docs/v5.9/mbed-os-api-doxy/class_socket_address.html"에 있으니 참고하면 된다.

이 실습에서는 UDP 서버로부터 수신한 데이터는 터미널 화면에 표시를 하고, 터미널로부터 입력된 데이터는 UDP 서버로 전송하는 실습을 수행한다. 다음은 작성한 프로그램 예이다.

해당 프로젝트는 TCP 실습과 동일하게 Mbed-OS 5와 WiFi 라이브러리를 사용하는 mbed-os-example-wifi 프로그램을 임포트한 다음, 관련 프로그램을 수정하여 작성한다. 먼저 사용하는 WiFi 모듈에 대한 설정을 하는 mbed_app.json 파일에 대한 수정 부분은 TCP 실습의 경우와 동일하다.

메인 함수의 전체 구조는 TCP의 경우와 대동소이하다. 즉 인터럽트를 이용하여 터미널부터 입력 데이터를 수신하고 있으며. UDP 소켓으로부터 데이터 수신은 쓰레드가 처리하고 있다. 메인 쓰레드에서는 터미널로부터 데이터가 입력되면 해당 데이터를 UDP 서버에게 전송을 하며, 다시 사용자가 터미널로부터 데이터를 입력하기를 기다린다. 만약 입력된 데이터가 "q" 혹은 "Q" 이면 UDP 소켓을 종료한다.

TCP의 경우와 차이가 있는 점은 UDP는 비연결지향성 서비스를 제공하기 때문에 socket.connect()를 사용되지 않는다는 점이다. SPWF01SA 모듈에서는 SPWF01SA 모듈 내부에서 UDP 소켓에 대해서도 송수신 IP 주소와 포트를 확인하는 과정을 수행하기 때문에, UDP 소켓에 대한 recvfrom() 함수를 부르기 전에 수신할 호스트 주소와 포트를 번호를 알려주어야 한다. 따라서 이를 위하여 데이터가 없는 UDP 패킷을 먼저 전송하는 방법을 사용한다.(socket.sendto(SERVER_IP, SERVER_PORT, rx_buf_pc, 0);) 이 부분은 일반적인 UDP 프로토콜의 동작과는 거리가 있다. SPWF01SA 펌웨어에서의 문제점이다.

File: main.cpp

```
#include    "mbed.h"
#include    "UDPSocket.h"

#include    "SpwfSAInterface.h"

#define SERVER_IP    "192.168.0.2"
#define    SERVER_PORT 50000

Serial pc(USBTX,    USBRX, 115200);
SpwfSAInterface wifi(MBED_CONF_APP_WIFI_TX,    MBED_CONF_APP_WIFI_RX);

UDPSocket socket;
Thread    sock_thread;

char    rx_buf_pc[100];
int index = 0;
volatile int flag    ;

void rx_cb(void)
{
    char ch;
    ch = pc.getc();
    pc.putc(ch);
    rx_buf_pc[index++] = ch;
    if (ch == 0x0D) { //LF
        pc.putc(0x0A); //CR
        rx_buf_pc[--index] = '₩0';    //end of string
        index = 0;
        flag = 1;
    }
}

// rx_thread: a    thread to receive data from the server
void rx_thread() {
    // Allocate 1K buffer for RX data
    char* buf = (char*)malloc(1024);
```

```
    SocketAddress serverAddress;

    while (true) {
        // recv data
        nsapi_size_or_error_t size = socket.recvfrom(&serverAddress,  buf, 1024);
        if (size <= 0) {
            // no data for the case of Non-blocking  mode
            if (size ==  NSAPI_ERROR_WOULD_BLOCK) continue;
            pc.printf("Closed or Error from UDP  socket (%d)₩r₩n", size);
            return;
        }

        buf[size] = '₩0'; // turn into valid C string

        pc.printf("₩r₩nRX data: (%d) %s  ₩r₩n", size, buf);
        pc.printf("From: %s (port:  %d)₩r₩n",
                serverAddress.get_ip_address(), serverAddress.get_port());
    }
}

int main()
{

    pc.printf("₩r₩nWiFi UDP Client  example₩r₩n");
    pc.attach(callback(rx_cb));

    pc.printf("Connecting to  %s...₩r₩n", MBED_CONF_APP_WIFI_SSID);
    int ret = wifi.connect(MBED_CONF_APP_WIFI_SSID,
            MBED_CONF_APP_WIFI_PASSWORD,  NSAPI_SECURITY_WPA_WPA2);
    if (ret != 0) {
        pc.printf("Connection  error!!₩r₩n");
        whie(1);
    }

    pc.printf("Success!!₩r₩n");
    pc.printf("RSSI: %d₩r₩n",  wifi.get_rssi());
    pc.printf("MAC: %s₩r₩n",  wifi.get_mac_address());
    pc.printf("IP: %s, Netmask: %s,  Gateway: %s₩r₩n",
            wifi.get_ip_address(), wifi.get_netmask(), wifi.get_gateway());

    // Open a UDP socket
```

```
    nsapi_error_t rt = socket.open(&wifi);
    if (rt != NSAPI_ERROR_OK) {
        printf("Could not open UDP  Socket (%d)₩n", rt);
        while(1);
    }

    // dummy data for SPWF01SA module,
    socket.sendto(SERVER_IP,  SERVER_PORT, rx_buf_pc, 0);

    sock_thread.start(&rx_thread);

    while (true) {
       flag = 0;
       pc.printf("Enter characters to  send to a server: ");
       while (flag != 1) {
       }

       if (!strcmp(rx_buf_pc, "q")  || !strcmp(rx_buf_pc, "Q")) {
           break;
       } else {
           int len = strlen(rx_buf_pc);
           pc.printf("Sent: %s (%d)₩r₩n",  rx_buf_pc, len);
           rx_buf_pc[len++] = 0x0D;
           rx_buf_pc[len++] = 0x0A;
           socket.sendto(SERVER_IP, SERVER_PORT, rx_buf_pc, len);
           wait(1.0);  // 1sec
       }
    }

    socket.close();
    wifi.disconnect();

    sock_thread.join();
    pc.printf("RX sock_thread  joined!!₩r₩n");

    pc.printf("₩nDone₩r₩n");
    Thread::wait(osWaitForever);
}
```

UDP 클라이언트에서 “UDP client message 1”과 “UDP client message 2”를 전송하고, SocketTest 툴의 UDP 서버에서 “UDP server message 1”과 ‘UDP server message 2"를 전송한 다음, "q"를 입력하여 클라이언트 프로그램을 종료하였을 때의 터미널 화면과 TCP/IP Builder 툴에 나타난 결과는 다음과 같다. TCP/IP Builder에서 클라이언트의 IP 주소와 포트 번호를 확인하기 위해서는 "Debugging" 버튼을 선택한 상태에서 동작을 시켜야 한다.

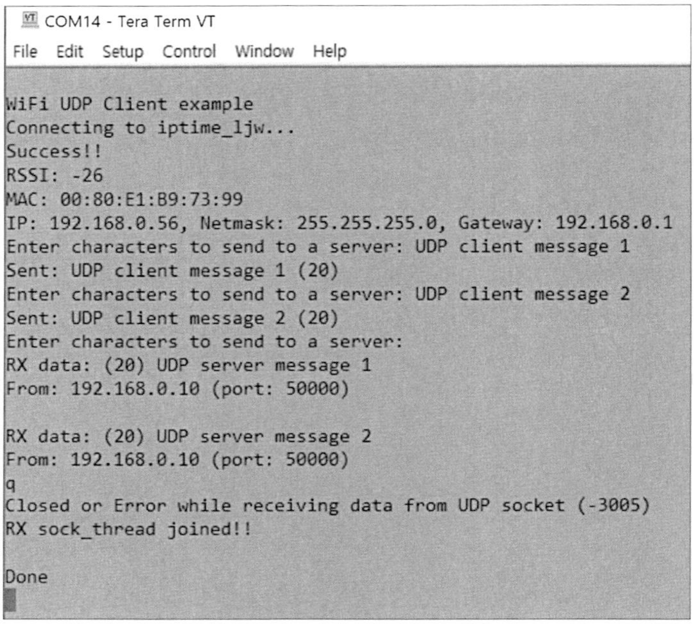

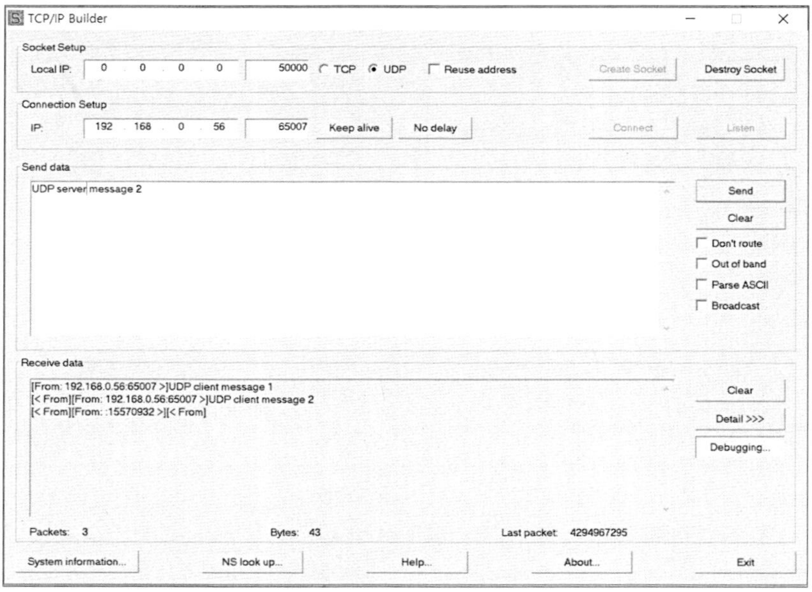

제12장

Mbed RTOS 기능

12.1 Mbed RTOS 개요

현재 Mbed-OS 5에는 RTOS 부분이 포함되어 있다. 따라서 쓰레드를 사용하는 프로그램을 작성하려고 할 때, 예전과 달리 별도로 mbed-rtos 라이브러리를 추가할 필요가 없다. Mbed-OS 5에는 mbed-rtos 뿐만이 아니라 통신과 관련된 라이브러리도 포함되어 있다.

mbed-rtos는 일반적인 RTOS의 기능과 유사하게 쓰레드(thread) 관리 기능과 공유된 자원에 대한 접근 관리를 위한 뮤텍스(mutex), 세마포(semaphore) 기능 및 쓰레드 간 정보 교환을 위한 시그널(signal), 큐(queue), 메일(mail) 기능 등을 제공한다.

멀티 쓰레드 환경에서 프로그램의 실행 시 동기화와 관련된 여러 가지 문제가 발생할 수 있다. Mbed-OS에서 제공하는 API는 다음과 같은 동기화 레벨(synchronization level)을 지니고 있으므로, 멀티 쓰레드 환경 혹은 인터럽트 사용 환경에서 주의하여 사용하여야 한다.

- 인터럽트 세이프(Interrupt safe): 멀티 쓰레드 환경과 인터럽트 환경에서도 사용하여도 안전하다. 즉 동작이 atomic 하거나 혹은 크리티컬 섹션(critical section)에서 동작한다.
- 쓰레드 세이프: 멀티 쓰레드 환경에서 사용하여도 안전하나, 인터럽트와 함께 사용 시에 문제를 야기시킬 수 있다.
- Not protected: 별도의 동기화 기능을 이용하지 않는 API이기 때문에 멀티 쓰레드 환경에서 문제가 발생할 수 있다.

참고로 DigitalOut, DigitalIn, InterruptIn, PwmOut, Ticker, Timeout, Timer와 같은 디바이스 드라이버는 인터럽트 세이프 하지만, SPISlave와 I2CSlave는 'Not protected' 디바이스 드라이버이므로 사용 시에 주의하여야 한다. 그리고 네트워크 소켓 관련 API들은 쓰레드 세이프하지만 mbed-tls 관련 API는 'Not protected' 이기 때문에 멀티 쓰레드 환경에서 사용하려면 별도의 조치가 필요하다.

12.2 쓰레드(Thread)

쓰레드에 대한 생성 및 제어를 위하여 쓰레드 클래스가 정의되어 있다. 그리고 쓰레드는 다음과 같은 상태를 지닐 수 있다.

- RUNNING: 실행 중인 상태로 어떤 순간에 단 하나의 쓰레드 만이 running 상태에 있을 수 있다.
- READY: 실행할 준비가 된 상태로 현재 실행 중인 쓰레드가 WAITING이나 INACTIVE 상태가 되면, READY 상태에 있는 쓰레드 중에서 가장 높은 우선순위를 지닌 쓰레드가 RUNNING 상태가 되게 된다.
- WAITING: 이벤트 발생을 기다리는 상태이다.
- INACTIVE: 쓰레드가 아직 생성되지 않은 상태이거나 종료된(terminated) 상태로, 이 상태에서는 일반적으로 쓰레드는 시스템의 자원을 사용하지 않는다.

(그림 12-1)에 쓰레드의 상태 천이도가 나타나 있다.

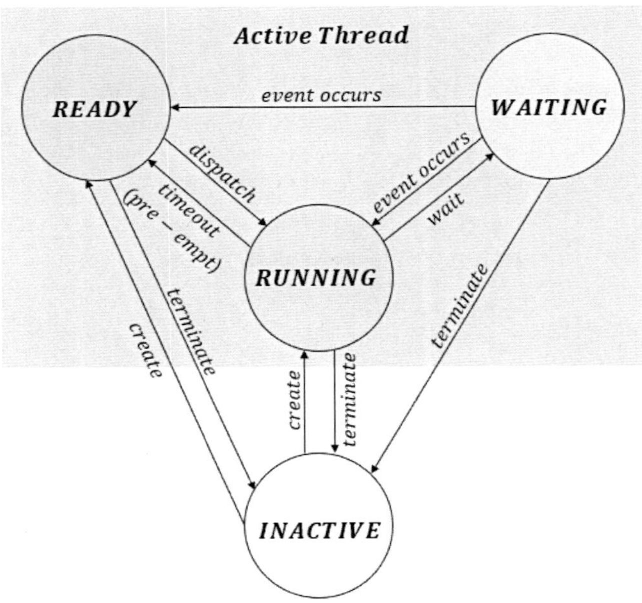

(그림 12-1) 쓰레드의 상태 천이도

현재 Mbed-OS에서 쓰레드 간 컨텍스트 스위칭(context switching)은 1ms 시간 간격으로 동작하도록 설정되어 있다. (#define OS_TICK_FREQ 1000)

쓰레드 클래스는 rtos/Thread.h 에 정의되어 있으며, 생성자는 다음과 같다.

생성자	Thread (osPriority priority=osPriorityNormal, uint32_t stack_size=OS_STACK_SIZE, unsigned char *stack_mem=NULL, const char *name=NULL)
인자	priority: 쓰레드의 우선순위. osPriorityLow, osPriorityLow1 ~ osPriorityLow7, osPriorityBelowNormal, osPriorityBelowNormal1 ~ osPriorityBelowNormal7, osPriorityNormal, osPriorityNormal1 ~ osPriorityNormal7, osPriorityAboveNormal, osPriorityAboveNormal1 ~ osPriorityAboveNormal7, osPriorityHigh, osPriorityHigh1 ~ osPriorityHigh7, osPriorityRealtime, osPriorityRealtime1 ~ osPriorityRealtime7 의 값을 지닐 수 있으며, osPriorityNormal1 보다는 osPriorityNormal2의 우선순위가 높다. stack_size: 쓰레드가 사용할 수 있는 최대 스택 크기이며, 'OS_STACK_SIZE=4096'으로 정의되어 있다. (rtos/TARGET_CORTEX/rtx5/RTX/Config/RTX_Config.h에 정의되어 있다.) stack_mem: 쓰레드에서 사용하는 스택 영역의 포인터 name: 쓰레드에 대한 이름

쓰레드 클래스에 정의된 주요 함수는 다음과 같다.

osStatus	start (mbed::Callback〈void()〉 task)
동작	task 함수를 실행시키면서 쓰레드를 시작한다. 정상적으로 실행되었다면 osOK(=0)이 반환된다.
osStatus osStatus	template〈typename T, typename M〉 start (T *obj, M method) start (callback((void(*)(void *))task, argument))
동작	인자를 가진 함수를 실행한다.
osStatus	terminate (void)
동작	쓰레드의 실행을 종료시킨다. 즉 INACTIVE 상태가 되게 한다.

osStatus	join()
동작	쓰레드가 종료될 때까지 기다린다.
int32_t	signal_set (int32_t signals)
동작	해당 쓰레드에 대한 시그널(signals)을 발생시킨다. 성공 시에는 세트된 시그널 플래그 값을 반환하고, 에러 시 osFlagsError (=0x8000000U) 값을 반환한다.
osStatus	set_priority (osPriority priority)
동작	쓰레드의 우선순위를 설정한다.
osPriority	get_priority ()
동작	쓰레드의 우선순위 값을 확인한다.
Thread::State	get_state ()
동작	쓰레드의 현재 상태를 확인한다.
uint32_t	maxstack ()
동작	쓰레드에서 현재까지 최대 스택 사용량을 확인한다.

쓰레드 클래스에 정의된 정적(static) 함수는 다음과 같다.

static osEvent	signal_wait (int32_t signals, uint32_t millisec=osWaitForever)
동작	주어진 시간 동안 주어진 시그널 중 하나 이상의 시그널이 발생하길 기다린다. millisec 값이 주어지지 않거나 '0'의 값이 주어지면 해당 시그널이 발생할 때까지 기다린다. osEvent라는 구조체가 반환된다. 만약 타임아웃이 발생하면 osEvent.status = osEventTimeout(=0x40) 값이 반환되며, 시그널이 발생하였을 경우에는 osEvent.status=osEventSignal(=0x08)이 되며 osEvent.value.signals에 발생한 시그널 플래이 표시된다.
static osStatus	wait (uint32_t millisec)
동작	주어진 millisec 동안 기다린다.
static osStatus	yield ()
동작	현재 실행 중인 쓰레드를 READY 상태로 만들고, 권한을 스케쥴러에게 넘긴다.
static osThreadId	getid()
동작	현재 실행 중인 쓰레드의 ID를 확인한다.

static void	attach_idle_hook (void(*fptr)(void))
동작	RTOS가 IDLE 상태일 때 실행되는 함수를 등록한다.
static void	attach_terminate_hook (void(*fptr)(osThreadId id))
동작	어떤 태스크가 종료되었을 때 실행되는 함수를 등록한다.

메인 쓰레드에서는 2초마다 '*' 글자를 모니터에 출력하고, thread1에서는 500ms 시간 간격으로, thread2에서는 1초 간격으로 LED를 깜박이는 쓰레드 기반 프로그램 예는 다음과 같다. (NUCLEO-F411RE 보드에는 장착된 LED가 하나만 있기 때문에 D4 포트에 LED를 연결하는 회로 구성하여야 한다.)

간단한 코드이기 때문에 설명은 생략한다.

```
#include "mbed.h"

Serial pc(USBTX, USBRX, 115200);

DigitalOut led1(D4);
DigitalOut led2(LED2);

Thread thread1, thread2;

void print_char(char c = '*')
{
    pc.printf("%c", c);
}

void led1_thread() {
    while (true) {
        led1 = !led1;
        wait(0.5);
    }
}
void led2_thread() {
    while (true) {
        led2 = !led2;
        wait(1.0);
    }
```

```
}

int main()
{
    pc.printf("₩r₩n*** RTOS basic example ***₩r₩n");

    thread1.start(led1_thread);
    thread2.start(led2_thread);

    while (true) {
        print_char();
        wait(2.0);
    }
}
```

쓰레드 함수로 인자(argument)를 전달하는 프로그램 예가 다음에 나타나 있다.

이전 예와는 달리 쓰레드 1과 쓰레드 2는 동일한 led_threadv() 함수를 이용하지만 다른 인자 값을 가지고 동작함으로써 각각 led1과 led2를 제어하는 형태로 구성되어 있다. 쓰레드 3은 10초 동안 동작하고, 그다음부터 쓰레드 4가 동작하도록 프로그램이 작성되어 있다.

```
#include "mbed.h"

Serial pc(USBTX, USBRX, 115200);

DigitalOut led1(D4);
DigitalOut led2(LED2);

Thread thread1, thread2, thread3, thread4;

volatile bool running = true;

typedef struct{
    DigitalOut *port;
    uint32_t delay;
} argStruct;
```

```
argStruct init1, init2;

char ch;

void print_char_thread(char *c) {
    while(running) {
        pc.printf("%c", *c);
        wait(1.0);
    }
    pc.printf("₩r₩n End of a thread! ₩r₩n");
}

void led_threadv(void *args) {

    argStruct *ledStruct = (argStruct *)args;
    while (true) {
        *(ledStruct->port) = !(*(ledStruct->port));
        wait_ms(ledStruct->delay);
    }
}

int main()
{

    pc.printf("₩r₩n*** RTOS basic example ***₩r₩n");
    ch = '*';
    thread3.start(&ch, print_char_thread);

    init1.port = &led1;
    init1.delay = 500;
    thread1.start(callback(led_threadv, &init1));

    init2.port = &led2;
    init2.delay = 1000;
    thread2.start(callback(led_threadv, &init2));

    wait(10.0);

    running = false;
    thread3.join();
```

```
    pc.printf("₩r₩n thread3 Joined!! ₩r₩n");

    running = true;
    ch = '+';
    thread4.start(&ch, print_char_thread);

    Thread::wait( osWaitForever );
}
```

thread3.join() 함수는 thread3가 종료(terminated)될 때까지 기다라는 함수이다. 따라서 10초 동안은 '*' 문자가 터미널에 출력되고, 다음부터는 thread4에 의해서 '+' 문자가 터미널에 출력되게 된다. 터미널에 나타난 실행 예는 다음과 같다.

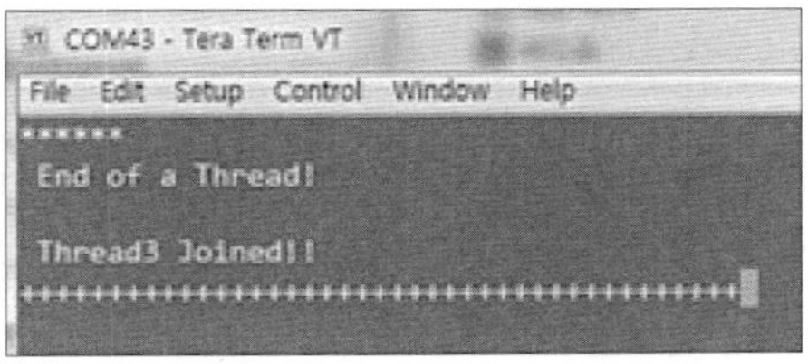

Mbed-OS에서 동기화를 위한 뮤텍스와 같은 함수를 제공하고 있지만, 크리티컬 섹션(critical setion) 메카니즘을 직접 이용하여 인터럽트 세이프한 형태의 프로그램을 작성할 수 있다. 이와 관련하여 platform/CriticalSectionLock.h에 CriticalSectionLock 클래스가 정의되어 있다. CriticalSectionLock 클래스에서 생성자와 소멸자의 동작은 다음과 같다.

생성자	CriticalsSectionLock()
동작	core_util_critical_section_enter() 함수를 실행한다.
소멸자	~CriticalSectionLock()
동작	core_util_critical_section_exit() 함수를 실행한다

그리고 CriticalSectionLock 클래스에서의 함수의 동작은 다음과 같다.

static void	enable()
동작	core_util_critical_section_enter() 함수를 실행한다.
static void	disable()
동작	core_util_critical_section_exit() 함수를 실행한다

CriticalSectionLock을 사용한 코드 예는 다음과 같다. 16개의 쓰레드를 만들고, 그 중에서 8개의 쓰레드는 count 변숫값을 '1'씩 증가시키는 동작을 각각 100,000회 실행하고, 나머지 8개 쓰레드에서는 count 변숫값을 '1'씩 감소시키는 동작을 각각 100,000회 실행하게 된다. 그리고 CriticalSectionLock 메커니즘을 사용하는 경우에는 count 값을 증가 혹은 감소시키기 전에 CriticalSectionLock::enable() 함수를 실행하고, count 값을 증가 혹은 감소시킨 후에는 CriticalSectionLock::disable() 함수를 실행하는 형태로 동작을 한다.

```
#include "mbed.h"
#include "platform/CriticalSectionLock.h"

#define USE_CRITICAL_SECTION_LOCK      1   // Set 0 to see race condition

#define THREAD_CNT 8

Serial pc(USBTX, USBRX, 115200);

int32_t value = 100000;
volatile int32_t count = 0;

void increment(void) {
    for (int i = 0; i < value; i++) {
#if (USE_CRITICAL_SECTION_LOCK == 1)
        CriticalSectionLock::enable();
#endif
        count += 1;
#if (USE_CRITICAL_SECTION_LOCK == 1)
        CriticalSectionLock::disable();
#endif
    }
}
```

```
void decrement(void) {
    for (int i = 0; i < value; i++) {
#if (USE_CRITICAL_SECTION_LOCK == 1)
        CriticalSectionLock::enable();
#endif
        count -= 1;
#if (USE_CRITICAL_SECTION_LOCK == 1)
        CriticalSectionLock::disable();
#endif
    }
}

int get_count(void) {
    if (count == 0) {
        printf("No Race condition₩r₩n");
    } else {
        printf("Race condition₩r₩n");
    }
    return count;
}

int main()
{
    Thread counter_thread[2*THREAD_CNT];

#if (USE_CRITICAL_SECTION_LOCK == 1)
    pc.printf("Critical Section Lock mechanism is used!!₩r₩n");
#else
    pc.printf("Critical Section Lock mechanism is not used!!₩r₩n");
#endif

    for (int i = 0; i < THREAD_CNT; i++) {
        counter_thread[i].start(increment);
        counter_thread[THREAD_CNT + i].start(decrement);
    }

    // Wait for the threads to finish
    for (int i = 0; i < 2*THREAD_CNT; i++) {
        counter_thread[i].join();
```

```
    }
    pc.printf ("Counter = %d₩r₩n", get_count());
}
```

크리티컬 섹션 메커니즘을 사용한 경우와 사용하지 않은 경우에 각각 실행 결과는 다음과 같다. 사용하지 않았을 경우에는 결과 값이 '0'이 되지 않음을 볼 수 있다.

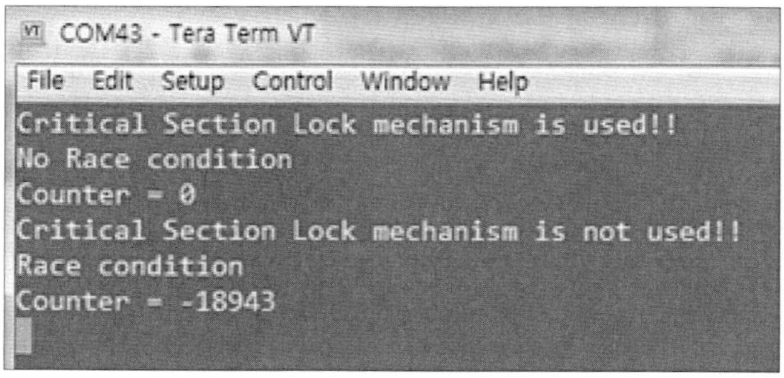

직접 core_util_critical_section_enter()와 core_util_critical_section_exit() 함수를 직접 사용하려면 프로그램에 '#include "platform/mbed_critical.h"'를 포함시켜야 한다.

12.3 시그널(Signals)

쓰레드들이 실행되고 있는 동안 쓰레드 간 동기를 맞출 필요성이 있을 경우 사용할 수 있는 것이 시그널이다. 각 쓰레드는 다른 쓰레드에 대한 시그널을 발생시킬 수 있으며, 또한 자신에 대한 시그널을 기다릴 수 있다.

시그널과 관련된 API는 rtos/Thread.h 에 정의되어 있으며, 관련된 주요 함수는 다음과 같다.

static osEvent	signal_wait (int32_t signals, uint32_t millisec=osWaitForever)
동작	주어진 시간 동안 주어진 시그널 중 하나 이상의 시그널이 발생하길 기다린다. millisec 값이 주어지지 않거나 '0'의 값이 주어지면 해당 시그널이 발생할 때까지 기다린다. osEvent라는 구조체가 반환된다. 만약 타임 아웃이 발생하면 osEvent.status = osEventTimeout(=0x40) 값이 반환되며, 시그널이 발생하였을 경우에는 osEvent.status=osEventSignal(=0x08)이 되며 osEvent.value.signals에 발생한 시그널 플랙이 표시된다.
int32_t	signal_set (int32_t signals)
동작	해당 쓰레드에 대한 시그널(signals)을 발생시킨다. 성공 시에는 세트된 시그널 플랙 값이 반환되고, 에러 시에는 osFlagsError(=0x8000000U) 반환된다.

참고로 osEvent 구조체는 다음과 같이 정의되어 있다.

```
typedef struct {
    osStatus      status;            //< status code: event or error information
    union {
        uint32_t     v;              //< message as 32-bit value
        void        *p;              //< message or mail as void pointer
        int32_t      signals;        //< signal flags
    } value;                         //< event value
    union {
        osMailQId        mail_id;       //< mail id obtained by osMailCreate
        osMessageQId message_id;   //< message id obtained by osMessageCreate
    } def;                           //< event definition
} osEvent;
```

시그널을 이용한 프로그램 예는 다음과 같다.

쓰레드 1에서는 시그널을 기다리고 있다가, 시그널이 보내지면 보내진 시그널 종류에 따라서 해당 LED를 토글시키는 프로그램이다. 시그널의 종류는 signal_set() 함수의 인자의 각 비트 플랙에 의해서 구별될 수 있다. signal_wait() 함수에서 프로그램에서는 인자 값을 '0'으로 주게 되면 임의의 시그널을 기다리게 되고, '0'이 아닌 값을 주게 되면 해당 시그널(각 비트의 값이 '1'인 시그널)을 기다리게 된다.

```
#include   "mbed.h"

Serial pc(USBTX, USBRX,   115200);

DigitalOut led1(D4);
DigitalOut led2(LED2);

Thread thread1;

void led_thread() {
    osEvent osEvt;

    while (true) {
        // Signal flags that are reported as   event are automatically cleared.
        // wait an arbitrary signal
        osEvt = Thread::signal_wait(0);

        if (osEvt.value.signals & 0x01)  {
            led1 = !led1;
        }

        if (osEvt.value.signals & 0x02)  {
            led2 = !led2;
        }
    }
}

int main()
{

    pc.printf("\r\n*** RTOS basic signal   example ***\r\n");

    thread1.start(led_thread);

    while (true) {
        wait(0.5);
        thread1.signal_set(0x1);
        wait(0.5);
        thread1.signal_set(0x2);
    }
}
```

12.4 이벤트 플랙(Event Flags)

Mbed-OS에는 시그널과 유사한 기능을 지닌 이벤트 플랙이라는 기능이 있다. 차이는 시그널은 특정 쓰레드를 대상으로 발생시키는 반면, 이벤트 플랙은 쓰레드의 구별이 없다는 점이다. 또한 이벤트 플랙에서는 다수의 시그널(이벤트 플랙에서는 이벤트)이 모두 발생하기를 기다리는 기능도 제공한다.

EventFlags 클래스는 rtos/EventFlags.h 파일에 정의되어 있으며, 생성자와 주요 함수는 다음과 같다.

생성자	EventFlags() EventFlags (const char *name)
동작	이벤트 플랙 객체를 생성하고 초기화한다. 인자가 주어진 경우에는 해당 이벤트 플랙에 대한 이름이 주어진다.
함수	uint32_t wait_all (uint32_t flags=0, uint32_t timeout=osWaitForever, bool clear=true)
동작	주어진 시간 동안 주어진 모든 이벤트가 발생하기를 기다린다. timeout 값이 osWaitForever(=0)의 값으로 주어지면 해당 모든 이벤트가 발생할 때까지 기다리며, timeout 값의 단위는 ms이다. clear=true 이면 모든 이벤트가 발생한 후에 해당 이벤트 플랙들을 클리어시킨다. (참고로 flags=0이 주어지면 처음에는 임의의 이벤트 발생을 기다리고, 그 다음부터는 이전에 발생한 모든 이벤트가 발생하길 기다린다. 그리고 clear=true로 하였더라도 이벤트 플랙을 클리어시키지 않는다. flags=0 으로 하는 경우에는 주의가 필요하다.) 모든 이벤트가 발생한 경우에는 클리어하기 전의 이벤트 플랙 값을 반환한다. 에러인 경우에는 최상위 비트가 '1'이 된다. 타임아웃이 발생한 경우에는 osFlagsErrorTimeout(=0xFFFFFFFE) 값이 반환된다.

함수	uint32_t wait_any (uint32_t flags=0, uint32_t timeout=osWaitForever, bool clear=true)
동작	주어진 시간 동안 주어진 이벤트 중에서 임의의 이벤트가 발생하기를 기다린다. timeout 값으로 osWaitForever(=0)의 값이 주어지면 주어진 이벤트 중에서 임의의 이벤트가 발생하기를 계속하여 기다린다. clear=true이면 모든 이벤트가 발생한 후에 해당 이벤트 플랙을 클리어시킨다. (참고로 flags=0 으로 하면, 어떠한 이벤트가 발생하더라도 매칭되는 것이 없게 되어 계속 기다리게 된다.) 이벤트가 발생한 경우에는 클리어하기 전의 이벤트 플랙 값을 반환한다. 에러인 경우에는 최상위 비트가 '1'로 되며, 타임아웃이 발생한 경우에는 osFlagsErrorTimeout(=0xFFFFFFFE) 값이 반환된다.
함수	uint32_t set (int32_t flags)
동작	주어진 이벤트(이벤트 플랙)를 발생시킨다. 성공 시에는 세트된 이벤트 플랙 값이, 에러 시 최상위 비트가 '1'이 된다.
함수	uint32_t clear (int32_t flags=0x7fffffff)
동작	주어진 이벤트(이벤트 플랙)를 클리어시킨다. 디폴트로는(인자 값을 주지 않는 경우) 모든 이벤트 플랙을 클리어시킨다. 성공 시에는 클리어 되기 전의 이벤트 플랙 값이, 에러 시 최상위 비트가 '1'이 된다.
함수	uint32_t get()
동작	현재 이벤트 플랙 값을 반환한다.

이벤트 플랙을 이용한 예제 프로그램은 다음과 같다.

worker1 쓰레드에서는 0b0101 의 이벤트를 1초 시간 간격으로 기다리고, worker2 쓰레드는 0b1000 혹은 0b0010 이벤트를 1초 시간 간격 기다린다. 메인에서는 1초 간격으로 0b0001 -> 0b0010 -> 0b0100 -> 0b1000 -> 0b0001 -> … 이벤트를 총 8번 발생시킨다.

```
#include "mbed.h"

Thread worker1, worker2;
EventFlags event;
Serial pc(USBTX, USBRX, 115200);

void worker1_f()
```

```
{
    while (true) {
        uint32_t status = event.wait_all (0x01 | (0x01 << 2), 1000);

        if (status & 0x8000000U) {  //error
           pc.printf("Worker1: Error (%x)₩r₩n", status);
        } else {
           pc.printf("Worker1: Got signal! (%x)₩r₩n", status);
        }
    }
}

void worker2_f()
{
    while (true) {
        uint32_t status = event.wait_any ( (0x01 << 1) | (0x01 << 3), 1000);

        if (status & 0x8000000U) {  //error
           pc.printf("Worker2: Error (%x)₩r₩n", status);
        } else {
           pc.printf("Worker2: Got signal! (%x)₩r₩n", status);
        }
    }
}
int main()
{
    pc.printf("Basic Eventhfags Example in mbed-os₩r₩n");

    worker1.start(callback(worker1_f));
    worker2.start(callback(worker2_f));
    for (int i=0; i<12; i++) {
        wait(1.0);
        event.set(0x1 << (i%4));
    }
    Thread::wait(osWaitForever);
}
```

실행 결과 예는 다음과 같다. 타임아웃이 발생하였을 때 반환값이 0xffff_fffe 가 됨을 볼 수 있고, worker1 쓰레드에서는 0b0100과 0b0001 의 이벤트가 모두 발생하였을 때를 감지하고, worker2 쓰레드는 0b1000 혹은 0b0010 이벤트를 감지하는 것을 알 수 있다. worker2 쓰레드에서 이벤트의 값이 '3'이 프린트되는 경우는 발생한 이벤트가 0b0001과 0b0010이고, worker2 쓰레드는 기다리는 0b0010 이베트가 발생하였기 때문에 event.wait_any()에서 빠져나오게 되고, 발생한 이벤트 값은 '3'이 된다.

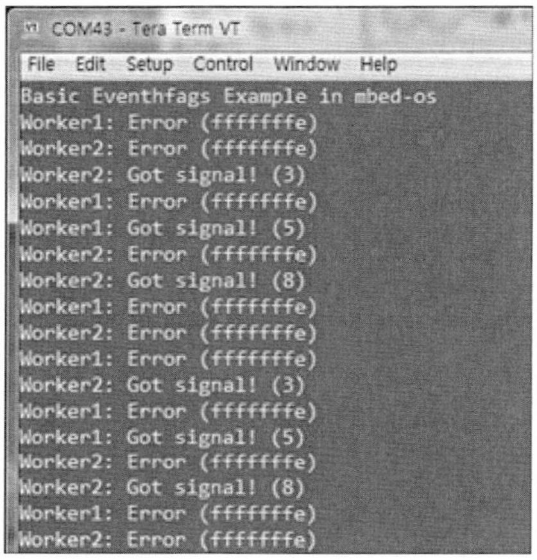

12.5 뮤텍스(Mutex)

뮤텍스는 쓰레드들이 공유 자원을 동시에 사용하는 것을 막기 위하여 사용된다. 즉 쓰레드 간의 실행을 동기화시키기 위하여 사용될 수 있다. (그림 12-2)에 나타난 바와 같이 한 쓰레드가 공유 자원을 사용하기 전에 lock을 걸어서 다른 쓰레드가 해당 공유 자원을 사용하지 못하도록 하고, 자신이 해당 자원의 사용이 끝났을 때에 unlock을 시켜서 다른 쓰레드가 해당 공유 자원을 사용할 수 있도록 한다. (현재 버전의 Mbed-OS에서 사용 시에 주의할 사항은 ISR에서 뮤텍스 메소드를 호출하면 비정상적으로 동작하기 때문에 ISR 내에서 뮤텍스 메소드를 호출하여서는 안 된다.)

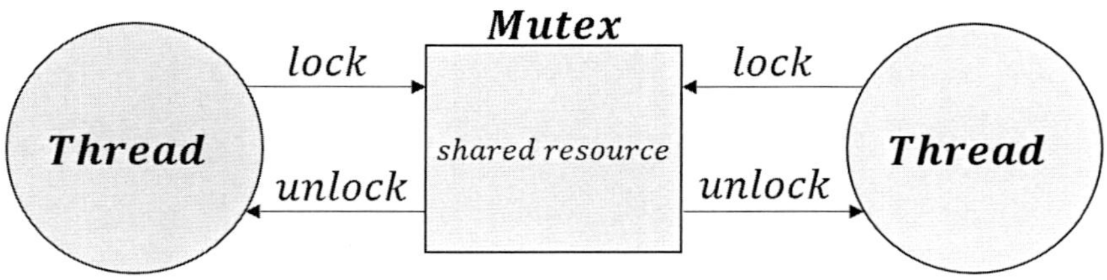

(그림 12-2) 뮤텍스의 동작 개념도

Mbed-OS에서 Mutex 클래스의 생성자와 멤버 함수는 다음과 같다.

생성자	Mutex () Mutex (const char *name)
동작	뮤텍스 객체를 생성하고 초기화한다. 인자에는 해당 뮤텍스에 대한 이름이 주어진다.
함수	osStatus lock (uint32_t millisec=osWaitForever)
동작	주어진 시간동안 뮤텍스가 이용 가능할 때까지 기다리다, 이용 가능하면 해당 뮤텍스를 잠그고, 다음 명령을 실행한다. 시간에 대한 인자를 주지 않거나 혹은 osWaitForever(=0)의 값을 주면 해당 뮤텍스를 이용 가능할 때까지 기다린다. 성공적으로 뮤텍스를 잠그면 osOK 값이 반환되며, 주어진 시간까지 뮤텍스를 이용하지 못하면 osErrorTimeout 값이 반환된다. ISR에서 뮤텍스 사용하려고 하면 osErrorISR 값이 반환된다. (앞에서 언급한 바와 같이 ISR 루틴 내에서는 뮤텍스를 사용할 수 없다.)
함수	bool trylock ()
동작	뮤텍스를 잠그려고 시도하고, 즉시 결과 값을 반환한다. 성공적으로 뮤텍스를 잠그면 true, 아니면 false 값을 반환한다.
함수	osStatus unlock ()
동작	동일 쓰레드에 의해서 잠겨진 뮤텍스를 잠금 해제(unlock) 시킨다. 성공적으로 잠금을 해제시키면 osOK 값을 반환하며, 뮤텍스가 잠겨 있지 않거나 자신의 쓰레드가 잠근 뮤텍스가 아니면 osErrorResource 값을 반환한다.

Mutex를 이용한 예제 프로그램은 다음과 같다. thread1은 counter 값을 '1'씩 증가시키고, thread2는 counter 값을 '1'씩 감소시키도록 동작시킨다. 이 프로그램에서는 count 변수를 두 쓰레드가 공유하는 자원으로 생각할 수 있다. producer()와 consumer() 쓰레드 함수 내에서 뮤텍스를 사용할 경우, 다른 쓰레드에 의해서 정상적인 동작에 영향을 받지 않는다는 점을 분명하게 보이기 위하여 counter 값을 임시 변수에 옮기고, 임의의 시간 동안 기다렸다가, 임시 변수 값을 증가시킨 다음

그 값을 다시 counter 값으로 옮기도록 하고 있다. 이러한 동작을 각 쓰레드는 100번 수행한다.

Mutex를 사용하였을 때는 모두 실행된 다음 결과값이 '0'이 되지만, 만약 producer()와 consumer()에서 counterMutex.lock()과 counterMutex.unlock() 함수를 사용하지 않고 실행하였을 경우에는 결과 값이 '0'이 될 가능성은 거의 없다.

```
#include "mbed.h"

Serial pc(USBTX, USBRX, 115200);

Mutex counterMutex;

Thread thread1, thread2;

char * id1 = "TH 1";
char * id2 = "TH 2";

volatile uint32_t counter = 0;

void producer(char * thread_id)
{
    volatile uint32_t tmp_count;

    for(int loop = 0; loop < 100; loop++) {
        counterMutex.lock();
        tmp_count = counter;
        wait_ms(rand()%100);
        tmp_count++;
        counter = tmp_count;
        pc.printf("%s: %d₩r₩n", thread_id, counter);
        counterMutex.unlock();
        wait(0.1);
    }
}

void consumer(char * thread_id)
{
    volatile uint32_t tmp_count;
```

부록 A

ARM MDK uVision에서 디버거 사용법

본 부록에서는 ST-Link/V2 디버거와 ARM Keil MDK IDE인 uVision을 이용하여 디버깅을 하는 방법에 대해서 설명한다. 이 자료는 Keil 사의 "Application Note 230: STMicroelectronics: Cortex-M4 Tutorial STM32F4-Discovery using ARM Keil MDK 5 toolkit" 내용을 참고하여 작성되었으며, 실습에서 사용하는 Nucelo-F411RE 보드에 적용할 수 있도록 기술되었다. ST-Link/V2는 SWV(Serial Wire Viewer)를 지원하며, SWV는 uVision에서 프로그램이 실행되는 동안 발생하는 익셉션(인터럽트), 메모리에 읽고 쓰여지는 데이터, 변수 값 등과 같은 내용을 볼 수 있도록 하기 때문에 디버깅에 유용하게 사용될 수 있다. 그리고 SWV는 4개까지의 변수 값을 그래픽 형태로 제공한다.

1. 디버거 사용 예

본 절에서는 한 가지 예제 프로그램을 이용하여 uVision IDE 툴과 ST-Link/V2 디버거에서 제공하는 다양한 디버깅 기능들을 살펴본다. 예제 프로그램은 보드에 있는 'USER 버튼'을 눌렀을 때, 보드 상의 LD2가 한번 깜박이는 동작이 반복되는 단순한 프로그램이다.

다음과 같은 과정을 통하여 프로젝트를 생성한다.

- 새로운 프로젝트를 만들기 위해서는 다음 그림 에 나타난 바와 같이 메뉴 바에서 Project -> 'New μ Vision Project...'를 선택한다.

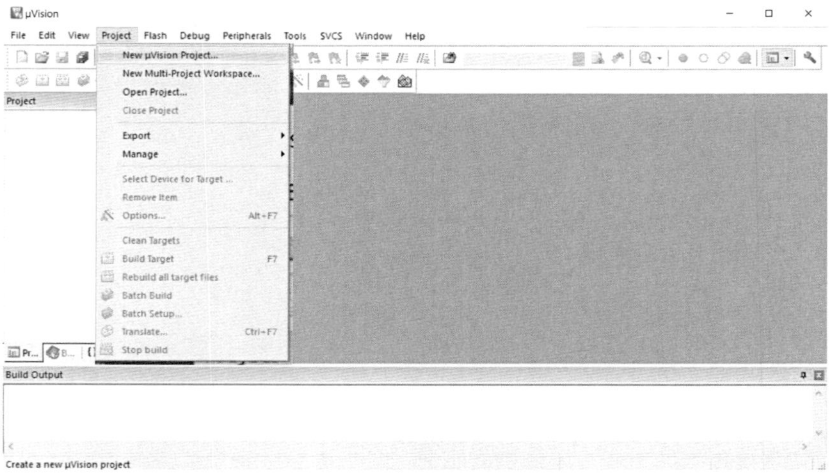

- 그림과 같은 팝업 창에서 프로젝트의 이름(그림 예에서는 blinky)을 기입한다. 그림에서는 해당 프로젝트가 디렉토리 D:₩Workspace_uVision5₩Blinky₩ 아래에 생성되도록 선택하고 있다.

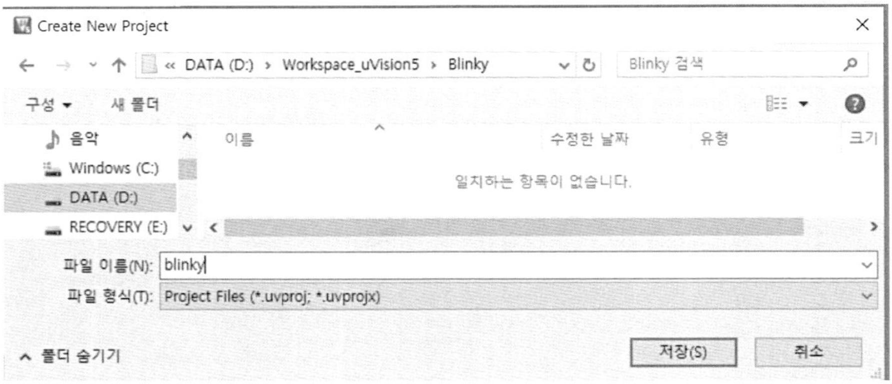

- 다음의 팝업 창에서 해당 프로젝트에서 사용할 디바이스를 선택한다. 다음 그림에서는 STM32F411RE 프로세서를 사용하도록 선택한 경우이다.

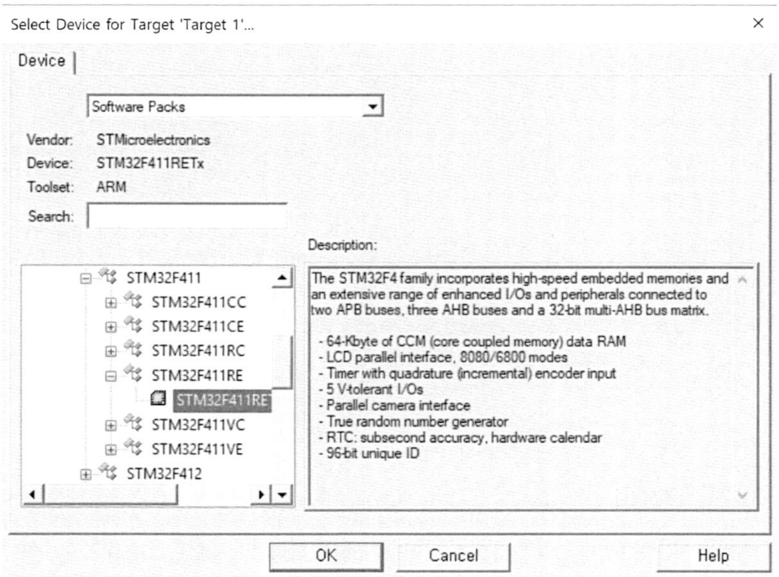

- 다음 팝-업 창에서 해당 프로젝트가 동작할 런-타임 환경과 관련된 소프트웨어를 설정한다. (혹은 추후에 Project -> Manage -> 'Run-Time Environment...'를 실행시켜 런-타임 환경과 관련된 소프트웨어를 설정할 수도 있다.) 프로젝트에서 필요한 것은 프로세서가 처음에 실행하여야 할 코드이며, 이 코드들이 프로젝트에 포함되게 하기 위해서는 다음 그림에 나타난 바와 같이 필요한 8가지 콤포넌트를 선택한 다음에 'OK' 버튼을 클릭한다. 그러면 관련된 CMSIS와 Device 관련 파일들이 CMSIS/ 와 Device/ 디렉토리에 포함되게 된다.

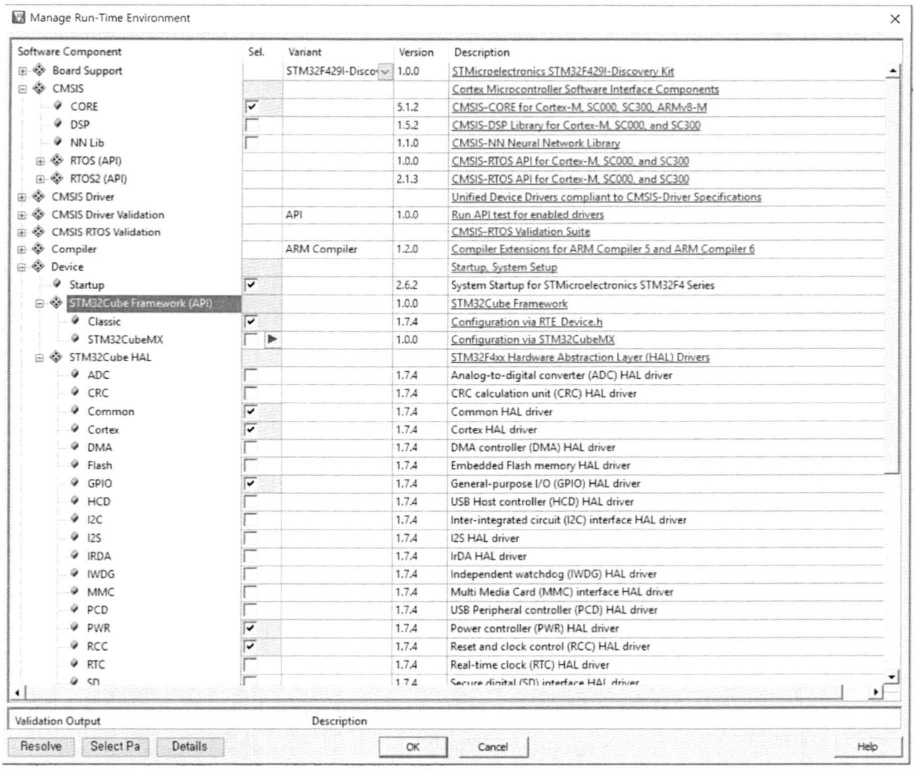

- 다음으로는 프로젝트에서 사용할 타겟 보드와 관련된 부분을 설정하여야 한다. 메뉴 바에서 Project -> "Options for Target 'Target 1'..."을 선택한다. 그런 다음 나타나는 그림과 같은 창에서 Xtal 값을 8.0으로 설정한다. 참고로 Nucelo-F411RE 보드에서는 프로세서에 8 MHz 크리스털 발진기가 연결되어 사용되고 있다.

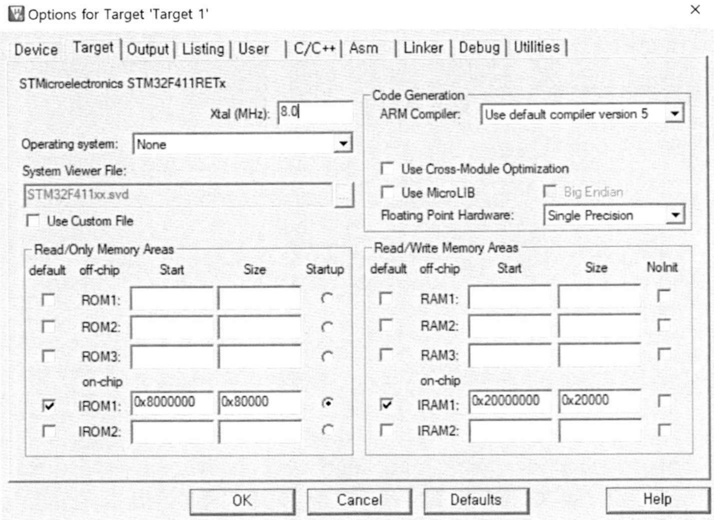

다음으로 디버그 환경을 설정하기 위하여 'Debug' 탭을 선택한다. 타켓 보드에서 동작하는 것을 디버깅하기 위해서는 다음과 같이 "ST-Link Debugger"를 사용하도록 선택하여야 한다.

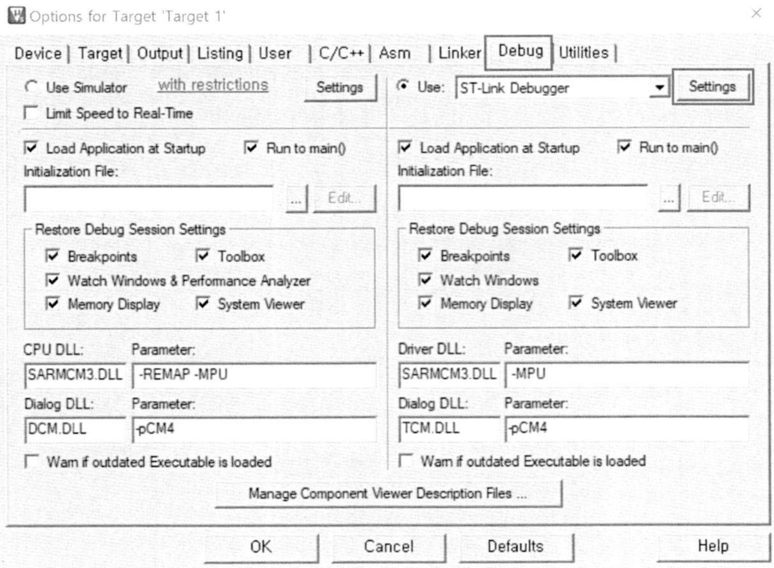

다음으로 선택한 "ST_Link Debugger" 선택 창 오른편에 위치한 'Setting' 버튼을 클릭하면, 새로운 "Target Driver Setup" 창이 나타나면 Trace 탭을 선택

한다. 다음과 같이 "Core Clock"을 84.00 MHz로 입력하고, "Trace Enable"을 선택한다. Core Clock은 예제 프로그램에서 프로세서의 동작 클럭을 84.00 MHz로 동작하도록 설정하였기 때문이다.

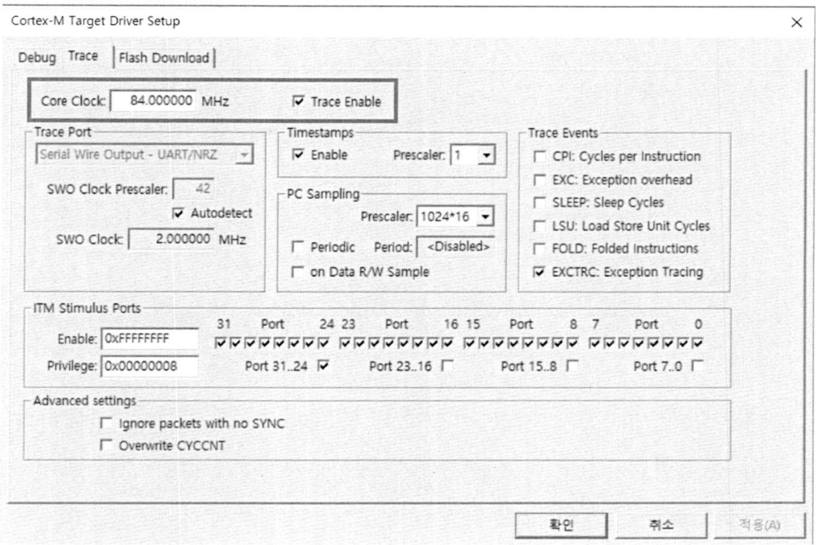

- 여기까지가 일반적인 설정 방법이고, 그 다음으로는 원하는 동작을 위한 코드를 작성하여야 한다. 마우스를 'Source Group 1'에 두고 우클릭을 하면 여러 가지 선택할 수 있는 옵션이 그림과 같이 나타나며, 그 중에서 'Add New Item to Group ...'을 선택한다.

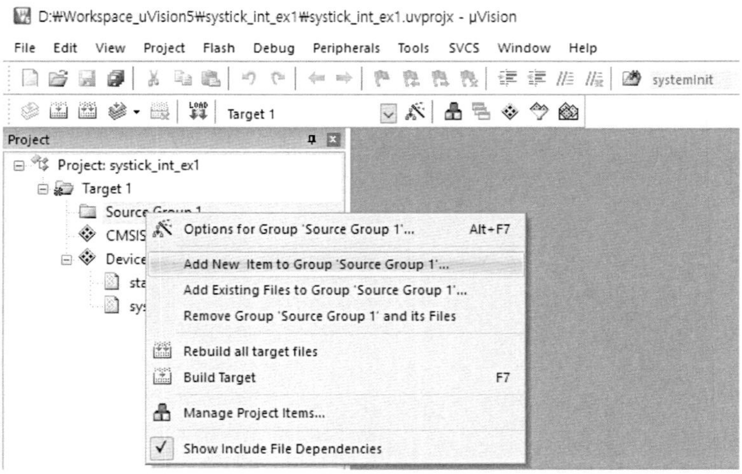

C 프로그램을 작성할 경우에는 "C File (.c)"를 선택하고, 헤더 프로그램을 작성할 경우에는 "Header File (.h)"을 선택하고 해당 파일 이름을 기입하면 된다.

이 프로젝트는 다음과 같은 C 파일들과 헤더 파일들로 구성되어 있다. (해당 파일을 구하기 위해서는 출판사에 연락을 하면 됩니다.)

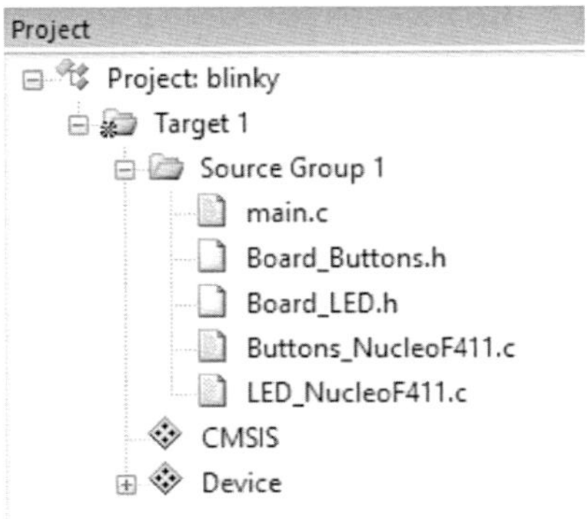

- 그 다음, Device/system_stm32f4xx.c 파일을 연 다음, HSE_VALUE 값을 8000000 으로 변경한 다음 저장한다. 이것은 Nucelo-F411RE 보드에서 CPU에 제공되는 외부 클럭이 8 MHz이기 때문이다.

```
#if !defined  (HSE_VALUE)
  #define HSE_VALUE    ((uint32_t)8000000)
#endif /* HSE_VALUE */
```

- Nucleo-F411RE 보드를 USB 케이블을 이용하여 PC에 연결한 다음, 'Rebuild' 아이콘을 클릭하여 컴파일을 한다. 에러가 발생하지 않았으면 'LOAD' 아이콘을 이용하여 생성된 실행 파일을 타켓 보드의 플래시 메모리에 쓴다.

- 디버거 모드로 동작시키기 위해서는 디버거 아이콘을 클릭한다.

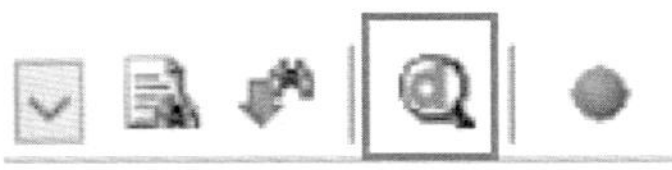

- main() 함수는 다음과 같이 구성되어 있다. 라인 122의 SystemClock_Config() 함수는 시스템의 동작 클럭을 84MHz로 설정하는 함수이고, 라인 123의 SystemCoreClockUpdate() 함수는 글로벌 변수인 SystemCoreClock 값을 변경된 클럭으로 업데이트하는 함수이다. 라인 125의 SysTick_Config(SystemCoreClock/100) 함수는 SysTick 타이머를 10ms 마다 인터럽트가 발생하도록 설정하는 함수이다. SysTick_Config() 함수는 CMSIS-Core 부분에 정의된 함수이다.[1] 라인 126과 127은 각각 LED LD2가 연결된 GPIO 포트 A 5번 핀을 출력 포트로 설정하고, USER 버튼이 연결된 GPIO포트 C의 13번 핀을 입력 핀으로 설정하는 함수이다. 라인 131~133은 USER 버튼이 눌러질 때까지 대기하도록 하는 부분이다. USER 버튼이 눌려지면 라인 135~138이 실행되어서 200ms 동안 LD2가 켜졌다가 다시 꺼지도록 동작한다. 라인 140~141은 디버거의 기능을 설명하기 위하여 추가된 부분이고, 라인 143~146은 보드에 LED가 여러 개가 있을 경우 순차적으로 LED를 선택하기 위한 부분이나 Nucleo-F411RE 보드에서는 보드 상에 LED가 하나만 존재하기 때문에 동작에 영향을 미치지 않는 부분이다.

```
114 int main (void) {
115
116   uint32_t led_cnt = LED_GetCount();
117   uint32_t led_num = 0;
118
119   HAL_Init();                               /* Initialize the HAL Library     */
120
121    /* Configure the system clock to 84 MHz */
122   SystemClock_Config();
123   SystemCoreClockUpdate();
124
125   SysTick_Config(SystemCoreClock/100);      /* Generate interrupt each 10 ms  */
126   LED_Initialize();                         /* Initialize LED  LD2 (GA-5)     */
127   Buttons_Initialize();                     /* Initialize User Button (GC-13) */
128
129   while (1) {
130
131     while (Buttons_GetState() == 1U){       /* Wait util USER button is pushed */
132         Delay(1);
133     }
134
135     LED_On(led_num);                      // Turn specified LED on
136     Delay(20);                            // 200 ms delay
137     LED_Off(led_num);                     // Turn specified LED off
138     Delay(20);
139
140     counter++;
141     if (counter > 15) counter = 0;
142
143     led_num++;                            // Change LED number
144     if (led_num >= led_cnt) {
145       led_num = 0;                        // Restart with first LED
146     }
147   }
148 }
```

1) SysTick_Config() 함수에 대한 정의: https://www.keil.com/pack/doc/CMSIS/Core/html/ group__SysTick__gr.html#gabe47de40e9b0ad465b752297a9d9f427

• 하드웨어 브레이크 포인트 기능

디버거 모드에서 main.c 파일의 라인 141에 브레이크 포인트를 설정한다. (브레이크 포인트를 설정하는 방법은 라인 번호가 나타난 왼편에 마우스를 클릭하면 된다. 설정된 브레이크 포인트를 다시 클릭하면 브레이크 포인트가 해제된다.)

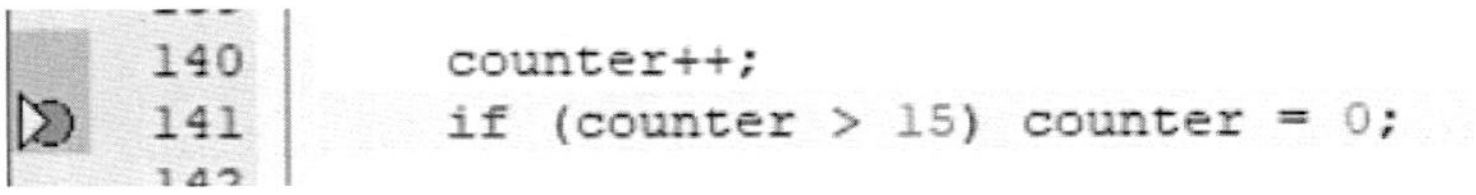

브레이크 포인트를 설정한 다음, 프로그램이 실행되도록 RUN 아이콘을 클릭한다.

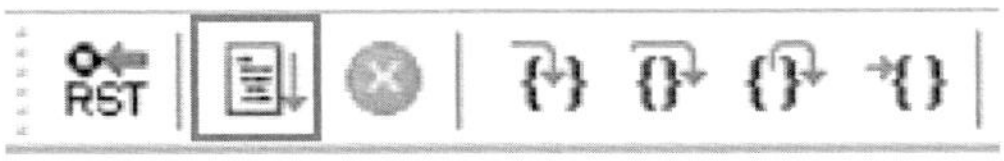

USER 버튼을 누르면 LD2가 깜박이고, 브레이크 포인트가 설정된 라인 141에서 프로그램 실행이 일단 중지하게 된다.

다시 RUN 아이콘을 누르면 프로그램이 다시 실행되게 되고, USER 버튼을 누를 때까지 반복해서 확인을 하다가, USER 버튼을 누르면 다시 LD2가 깜박인 다음, 브레이크 포인트가 설정된 라인 141에서 프로그램 실행이 일단 중지하게 된다.

• Call-stack과 로컬 변수 조회 기능

View -> "Call Stack Window"를 선택하면 "Call Stack + Local" 창이 뜨게 되고, 현재 'Call Stack'과 로컬 변수 값이 표시되게 된다. ("Call Stack + Local" 창에는 일단 프로그램 실행이 중단되었을 때 해당 내용이 표시된다.)

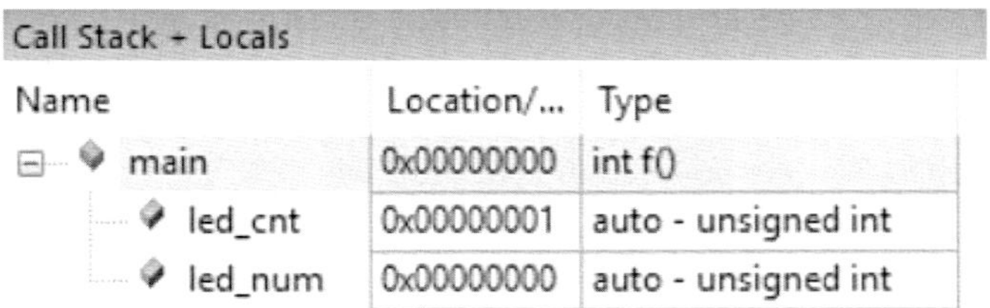

위에 표시된 내용은 'Call Stack'에 main() 함수가 들어가 있으며 (즉 main() 함수가 실행되고 있다는 의미이다.) main() 함수의 로컬 변수로는 led_cnt와 led_num이 존재하고 현재 변수 값이 각각 1과 0이라는 의미이다.

• **Watch 기능(글로벌 변수 값 조회)**

이 프로그램에서 사용하는 주요 글로벌 변수로는 시스템 클럭 값을 나타내는 SystemCoreClock, 10ms 마다 SysTick 인터럽트가 발생할 때마다 값이 '1'씩 증가하는 msTicks와 while 루프가 실행 될 때마다 값이 증가하는 counter 변수가 있다. counter 변수는 값이 15보다 커지면 다시 그 값이 '0'으로 초기화 된다. 글로벌 변수들의 현재 값을 보기 위해서는 View-> 'Watch Windows' -> 'Watch 1'을 선택한다. 그러면 'Watch 1' 창이 생성되게 되고, Name 필드에 관찰하고자 하는 변수 값을 다음과 같이 입력한다. 그러면 현재 변수 값이 나타날 것이다. 값들은 기본적으로 hexa-decimal 형태로 나타나는데, 해당 변수에서 마우스를 우클릭하여 'Hexadecimal Display'를 해지하면 그림과 같이 10진수로 값이 표시된다.

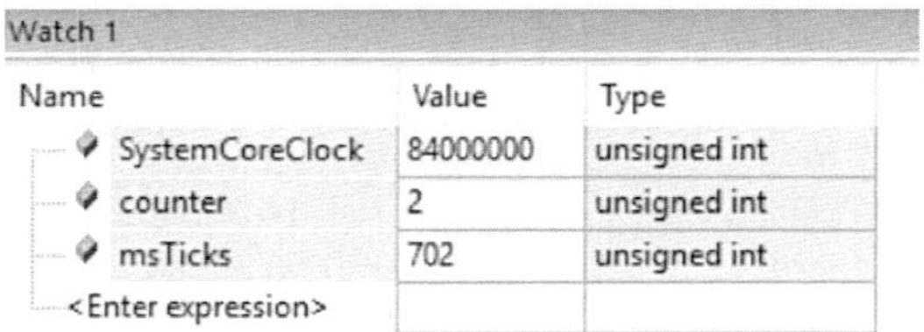

브레이크 포인트를 모두 해제시키고, 프로그램을 실행시키면, msTicks 값은 계속해서 증가하고, counter 변수 값은 USER 버튼을 누를 때마다 증가함을 관찰할 수 있을 것이다.

• **메모리 내용 관찰 기능**

글로벌 변수들은 메모리에 값이 저장되고 있기 때문에 해당 변수가 저장된 메모리 값을 읽어서 해당 변수 값을 관찰할 수도 있다. 메모리에 저장된 값을 보기 위해서는 View-> 'Memory Windows' -> 'Memory 1'을 선택한다. 그러면 'Memory 1' 창이 생성되게 되고, Address 필드에 관찰하고자 하는 변수의 주소 값을 입력하면 된다. 메모리 주소 값을 알면 직접 주소 값을 입력하면 되지만, 모르는 경우에는 다음과 같이 &counter 의 형태로 입력하여도 된다.

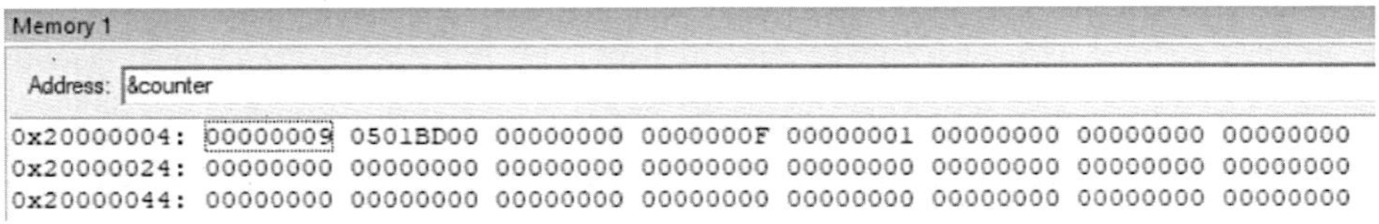

위에 'Memory 1'에 표시된 예는 마우스를 우클릭하여 'unsigned int' 형태로 메모리 값을 표시하도록 한 경우이다. counter 변수는 메모리 주소 0x20000004 번지에 값이 저장되어 있고, 현재 값은 9임을 나타내고 있다. 메모리 창에서도 프로그램을 실행한 상태에서 USER 버튼을 누를 때마다 변경된 메모리 값이 표시됨을 알 수 있다.

• System Viewer 기능

system viewer 기능은 DAP를 이용하여 시스템 코어 레지스터 및 주변기기 레지스터 내용을 볼 수 있는 기능이다. USER 버튼은 GPIO 포트 C의 13번 핀에 연결되어 있으므로 이 값이 어떻게 변하는 가를 살펴보자. 다음과 같이 Peripheral -> System Viewer -> GPIO -> GPIOC를 선택한다.

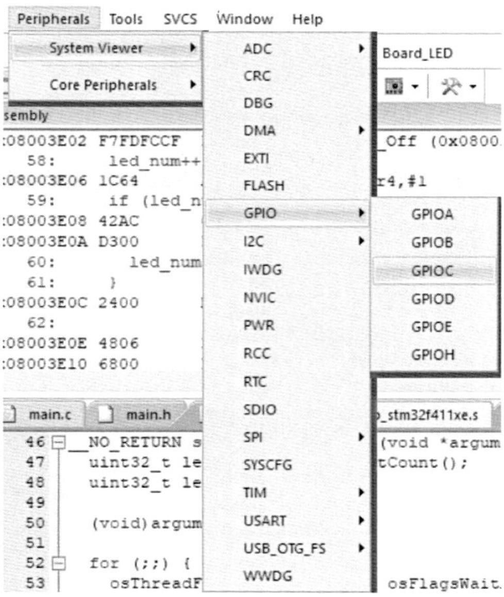

생성된 GPIOC 창에서 IDR을 선택한다. (USER 버튼은 GPIO에서 Input Data Register로 값을 읽기 때문이다.)

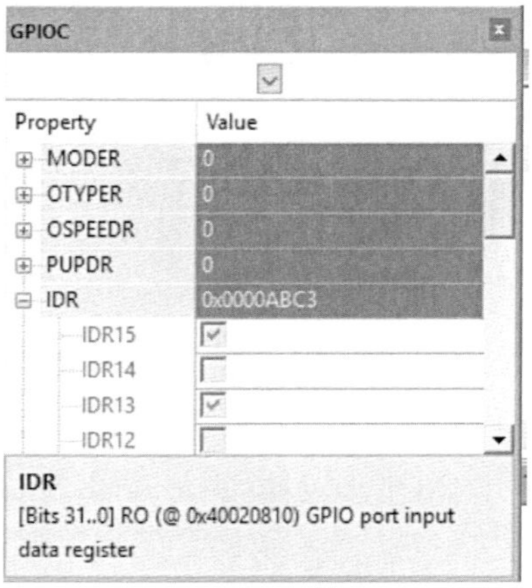

(브레이크 포인트를 모두 제거하고 프로그램을 실행시킨 상태에서) USER 버튼을 누른 상태에서는 IDR13 핀의 값이 '0'으로 나타나고, USER 버튼을 누르지 않은 상태에서는 IDR13 핀의 값이 '1'로 됨을 알 수 있다.

- data trace 기능

익셉션(인터럽트 포함), 메모리 읽기/쓰기, ITM 이벤트 등이 발생한 내역을 파악할 수 있는 기능이다. View -> Trace -> Records를 선택하면 Trace Records 창이 뜨게 된다. 프로그램을 실행시키면 발생한 이벤트가 Trace Records 창에 표시되게 된다.

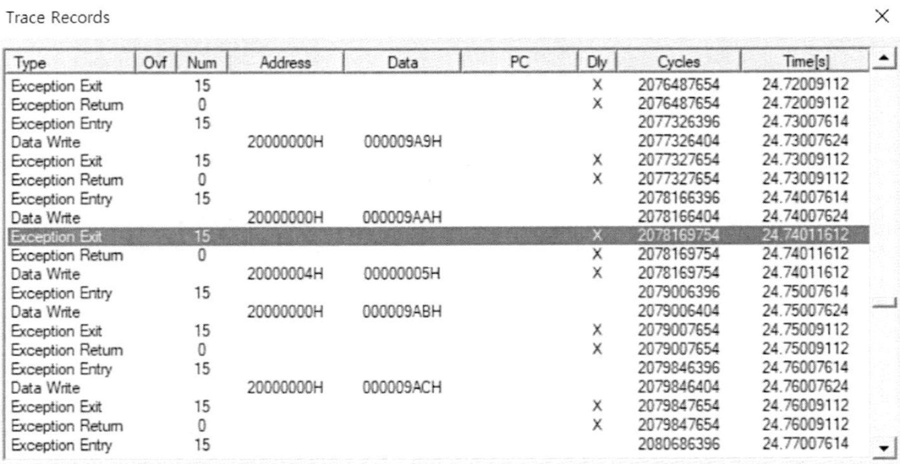

Trace Records

Type	Ovf	Num	Address	Data	PC	Dly	Cycles	Time[s]
Exception Exit		15				X	2076487654	24.72009112
Exception Return		0				X	2076487654	24.72009112
Exception Entry		15					2077326396	24.73007614
Data Write			20000000H	000009A9H			2077326404	24.73007624
Exception Exit		15				X	2077327654	24.73009112
Exception Return		0				X	2077327654	24.73009112
Exception Entry		15					2078166396	24.74007614
Data Write			20000000H	000009AAH			2078166404	24.74007624
Exception Exit		15				X	2078169754	24.74011612
Exception Return		0				X	2078169754	24.74011612
Data Write			20000004H	00000005H		X	2078169754	24.74011612
Exception Entry		15					2079006396	24.75007614
Data Write			20000000H	000009ABH			2079006404	24.75007624
Exception Exit		15				X	2079007654	24.75009112
Exception Return		0				X	2079007654	24.75009112
Exception Entry		15					2079846396	24.76007614
Data Write			20000000H	000009ACH			2079846404	24.76007624
Exception Exit		15				X	2079847654	24.76009112
Exception Return		0				X	2079847654	24.76009112
Exception Entry		15					2080686396	24.77007614

위의 창에서 Exception 15번은 SysTick 익셉션을 나타낸다. 0x20000000 번지는 msTicks 변수 값이 저장된 메모리 주소이다. 익셉션 15가 발생하여 ISR에 들어가서 메모리 쓰기가 이루어 짐을 알 수 있다. (참고로 Exception 11번은 SVC 익셉션을 나타내고, Ovf에 x가 표시되면 SWO 핀에서 오버플로우가 발생하였다는 의미이다. 즉 표시할 이벤트의 양이 처리하기에 너무 많다는 의미이다.) 익셉션(인터럽트)이 너무 자주 발생하기 때문에 Trace를 할 때 익셉션 표시를 제외시킬 수가 있다. Trace Records 창에서 마우스를 우클릭하면 표시할 이벤트를 선택할 수 있다.

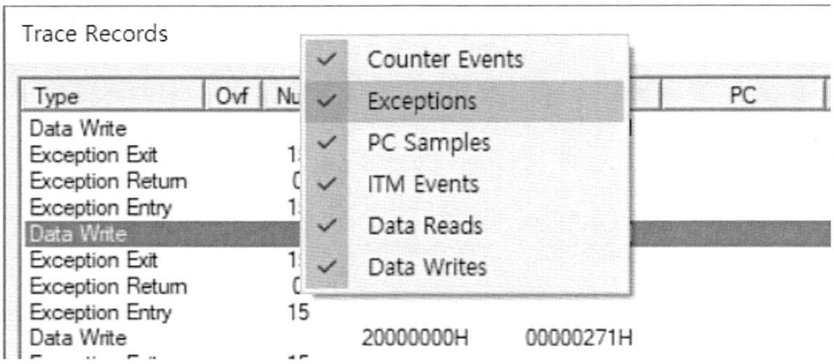

Exceptions을 제외하면 표시되는 이벤트는 Data Write만 남게 될 것이다. USER 버튼을 누르면 counter 변수 값이 메모리에 저장되기 때문에 해당 이벤트가 Trace Records 창에 표시될 것이다.

위의 트레이스 결과에는 해당 메모리 번지에 데이터를 쓰는 이벤트를 발생시킨 PC (program counter) 값이 나타나 있지 않다. 이를 나타나게 하기 위해서는 Debug -> "Debug Settings ..."를 선택하면 나타나는 창에서 Trace 탭을 선택한 다음, "on Data R/W Sample"을 선택하여야 한다.

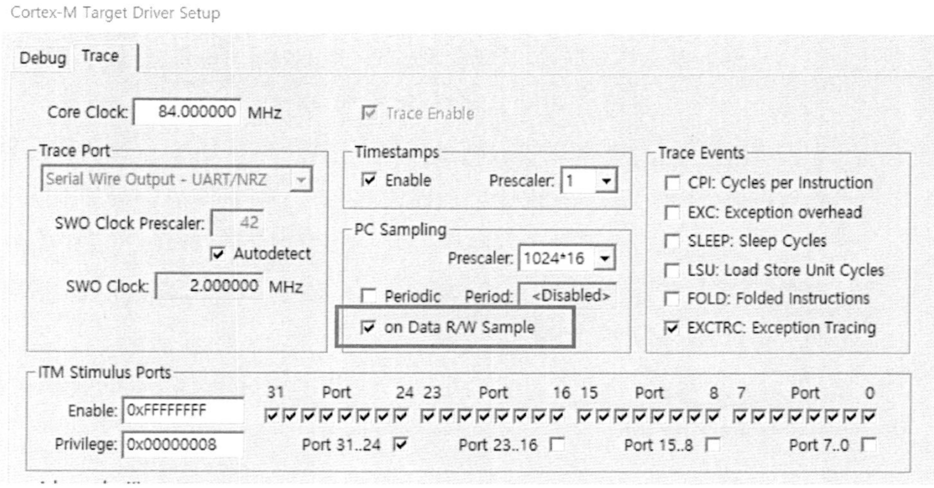

이를 수행한 다음에 표시된 트레이스 기록은 다음과 같다.

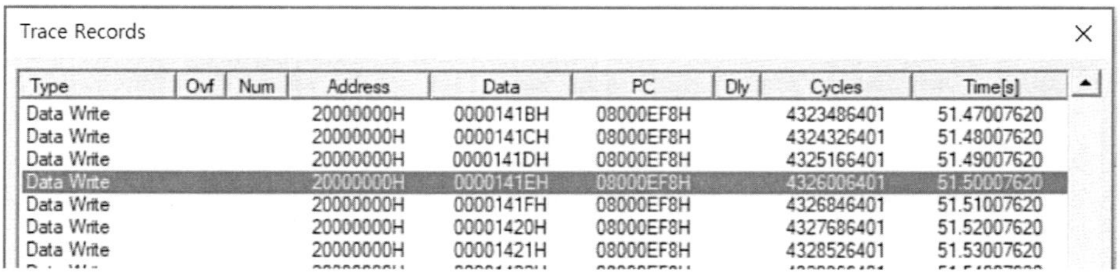
Trace Records

Type	Ovf	Num	Address	Data	PC	Dly	Cycles	Time[s]
Data Write			20000000H	0000141BH	08000EF8H		4323486401	51.47007620
Data Write			20000000H	0000141CH	08000EF8H		4324326401	51.48007620
Data Write			20000000H	0000141DH	08000EF8H		4325166401	51.49007620
Data Write			20000000H	0000141EH	08000EF8H		4326006401	51.50007620
Data Write			20000000H	0000141FH	08000EF8H		4326846401	51.51007620
Data Write			20000000H	00001420H	08000EF8H		4327686401	51.52007620
Data Write			20000000H	00001421H	08000EF8H		4328526401	51.53007620

즉 해당 메모리 번지에 데이터를 쓰는 동작은 PC=0x08000EF8에서 발생하였음을 알 수 있다. 해당 PC에서 실행되는 명령어를 파악하기 위해서는 Disassembly 창에서 마우스를 우클릭한 다음에 "Show Disassembly at Address..."를 선택한 다음, 해당 주소값을 Address 필드에 입력한다.

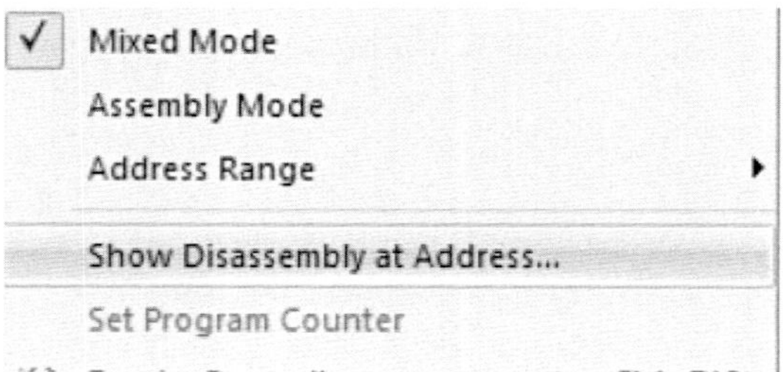

그러면 Disassembly 창에 해당 주소의 명령어가 나타나며, 이 예에서는 msTicks++ 코드에 의해서 메모리 쓰기가 발생하였다는 것을 파악할 수 있다.

Disassembly

```
    20:    msTicks++;                              /* increment counte
0x08000EF0 4802      LDR      r0,[pc,#8]  ; @0x08000EFC
0x08000EF2 6800      LDR      r0,[r0,#0x00]
0x08000EF4 1C40      ADDS     r0,r0,#1
0x08000EF6 4901      LDR      r1,[pc,#4]  ; @0x08000EFC
0x08000EF8 6008      STR      r0,[r1,#0x00]
    21: }
```

• exception trace 기능

현재 예제에서는 RTOS 기능으로 인하여 SysTick 인터럽트가 너무 자주 발생하여 표시할 데이터의 양이 과도하게 많아지는 문제점이 있었다. 이와 같은 경우에 발생한 익셉션의 발생 횟수, 처리 시간에 대한 정보 만을 관찰하는 기능이 exception trace 기능이다. View -> Trace -> Trace Exceptions 를 선택하면 Trace Eceptions 창이 뜨게 된다. 다음에 나타난 바와 같이 익셉션 발생과 관련된 주요 정보들을 파악할 수 있다.

Trace Exceptions

EXCTRC: Exception Tracing | Timestamps Enable

#	Name	Count	Total Time	Min Time In	Max Time In	Min Time Out	Max Time Out	First Time [s]	Last Time [s]
2	NonMaskable	0	0 s						
3	HardFault	0	0 s						
4	MemoryManage...	0	0 s						
5	BusFault	0	0 s						
6	UsageFault	0	0 s						
11	SVCall	0	0 s						
12	DebugMonitor	0	0 s						
14	PendSV	0	0 s						
15	SysTick	6394	57.656 ms	9.690 us	39.976 us	9.960 ms	25.470 s	0.01007632	64.12007607
17	PVD	0	0 s						
18	TAMP_STAMP	0	0 s						
19	RTC_WKUP	0	0 s						

Call Stack + Locals | Watch 1 | Trace Exceptions | Memory 1

- **Logic analyzer 기능**

글로벌 변수 값이 시간에 따른 변화를 그래프로 표시하는 기능이다. 즉 logic analyzer와 유사한 기능을 의미한다. main.c 프로그램에서 counter 변수에 마우스를 위치시킨 후에 우클릭을 한 다음, 'Add 'counter' to ...' -> 'Logic Analyzer'를 선택한다.

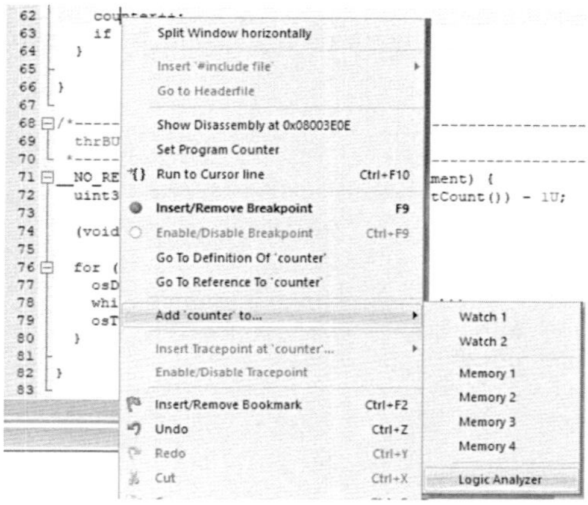

Logic Analyzer 창에서 'Setup..' 버튼을 클릭한 다음, Max 값을 15로 입력한다.

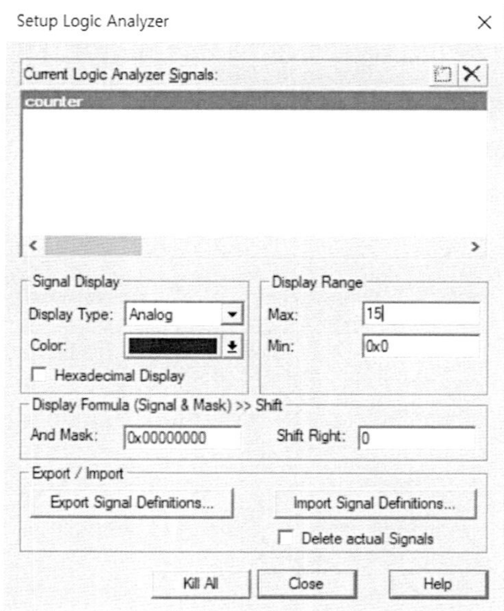

counter 값은 USER 버튼을 2번 누를 때마다 증가하므로 프로그램을 실행시킨 상태에서 USER 버튼을 누르면 다음과 같이 counter 값이 시간에 따른 변화가 나타난다.

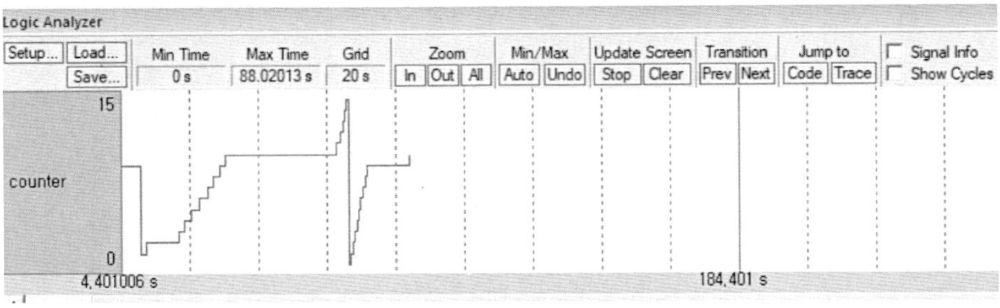

Logic Analyzer에서는 최대 4개의 신호까지 동시에 관찰을 할 수 있다.

- Watchpoint 기능

글로벌 변수 값이 특정 값이 되었을 때, 프로그램이 중단되도록 하는 기능이다. Debug -> Breakpoints... 를 선택한 후에 나타난 Breakpoints 창에서 (만약 counter 변수 값이 '5'가 되었을 때 프로그램이 중단되도록 한다고 가정할 경우) 다음과 같이 입력한 다음에 Define 버튼을 클릭한다. (Access의 Read/Write를 모두 선택하여야 한다.) Watchpoint의 설정은 반드시 프로그램이 중단된 상태에서 설정할 수 있다.

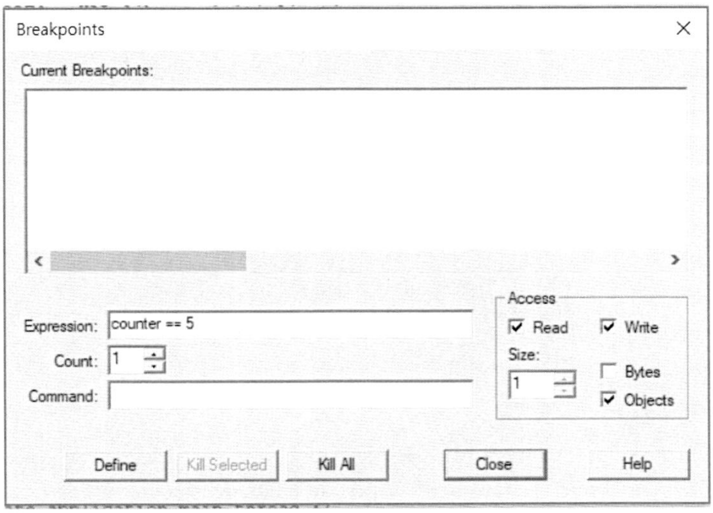

USER 버튼을 반복적으로 눌러 counter 변수 값이 '5'가 되었을 때 프로그램이 중단됨을 알 수 있다.

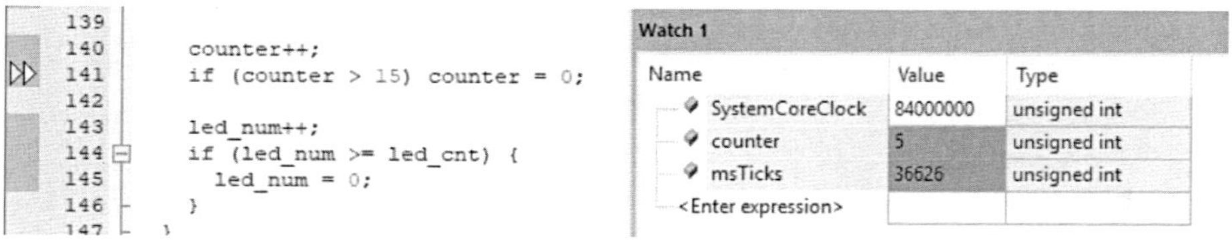

Nucelo-F411RE 보드에 포함되어 있는 ST-Link/V2 디버거는 앞에서 설명한 바와 같이 다양한 기능을 제공하지만 ETM에서 제공하는 기능은 제공하지 못한다. profiling 등의 기능이 필요한 경우에는 더 많은 기능을 지닌 디버거를 사용하여야 할 것이다.

- **Question**

uVision 디버거에서는 Disassembly 창도 제공하고 있어서, 작성된 C 언어가 어떻게 컴파일러에 의해서 어떻게 어셈블리 언어로 변환되었는 가를 파악할 수 있다. 다음은 main() 함수에서 라인 140 ~ 145까지 각 C 언어가 어셈블리 언어로 변환된 것을 나타내고 있다. 라인 140과 라인 141에 대한 어셈블리 언어의 동작을 자세히 설명하여라. (어셈블리 언어에서 line-by-line으로 설명하여라.)

Disassembly

```
   140:                 counter++;
0x080011AE 480B      LDR           r0,[pc,#44]  ; @0x080011DC
0x080011B0 6800      LDR           r0,[r0,#0x00]
0x080011B2 1C40      ADDS          r0,r0,#1
0x080011B4 4909      LDR           r1,[pc,#36]  ; @0x080011DC
0x080011B6 6008      STR           r0,[r1,#0x00]
   141:                 if (counter > 15) counter = 0;
   142:
0x080011B8 4608      MOV           r0,r1
0x080011BA 6800      LDR           r0,[r0,#0x00]
0x080011BC 280F      CMP           r0,#0x0F
0x080011BE D901      BLS           0x080011C4
0x080011C0 2000      MOVS          r0,#0x00
0x080011C2 6008      STR           r0,[r1,#0x00]
   143:       led_num++;                            // Change LED number
0x080011C4 1C64      ADDS          r4,r4,#1
   144:       if (led_num >= led_cnt) {
0x080011C6 42AC      CMP           r4,r5
0x080011C8 D300      BCC           0x080011CC
   145:         led_num = 0;                        // Restart with first LED
0x080011CA 2400      MOVS          r4,#0x00
   129:    while (1) {
0x080011CC E7DB      B             0x08001186
0x080011CE 0000      DCW           0x0000
0x080011D0 0008      DCW           0x0008
0x080011D2 2000      DCW           0x2000
0x080011D4 E400      DCW           0xE400
0x080011D6 E000      DCW           0xE000
0x080011D8 ED18      DCW           0xED18
0x080011DA E000      DCW           0xE000
0x080011DC 0004      DCW           0x0004
0x080011DE 2000      DCW           0x2000
0x080011E0 F04F7040  MOV           r0,#0x3000000
0x080011E4 EEE10A10  VMSR           FPSCR, r0
0x080011E8 4770      BX            lr
```

```
    for(int loop = 0; loop < 100; loop++) {
        counterMutex.lock();
        tmp_count = counter;
        wait_ms(rand()%100);
        tmp_count--;
        counter = tmp_count;
        pc.printf("%s: %d₩r₩n", thread_id, counter);
        counterMutex.unlock();
        wait(0.1);
    }
}

int main()
{

pc.printf("₩r₩n*** RTOS basic Mutex example ***₩r₩n");

    thread1.start(callback(producer, id1));
    thread2.start(callback(consumer, id2));

    thread1.join();
    thread2.join();

    pc.printf("₩r₩n Result: %d₩r₩n", counter);

    Thread::wait( osWaitForever );
}
```

12.6 세마포(Semaphore)

세마포는 일반적으로 어떤 공유 자원이 하나 이상 있을 경우 이에 대한 사용을 관리하는데 사용된다. 세마포 역시 뮤텍스와 동일하게 ISR 내에서 사용하여서는 안된다. (그림 12-3)에 나타난 바와 같이 N개의 공유 자원이 있을 때, 해당 자원을 이용하는 쓰레드는 wait() 함수를 이용하여 이용 가능한 자원이 있을 때까지 기다렸다 해당 자원을 사용하고, 해당 공유 자원의 사용을 마치게 되면 release() 함수를 이용하여 해당 자원을 반환하여 다른 쓰레드가 사용할 수 있도록 한다.

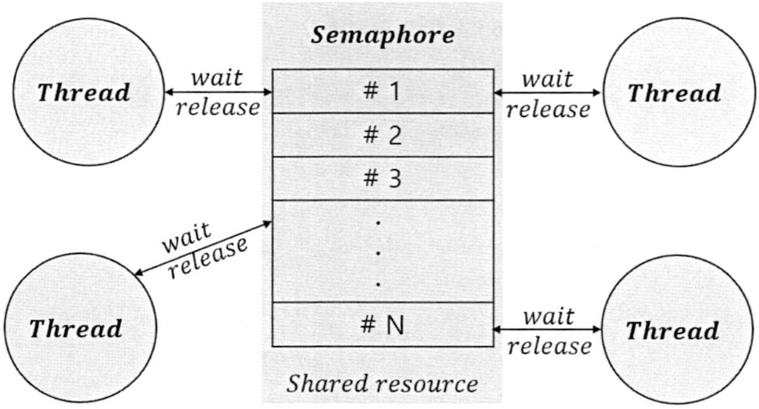

(그림 12-3) 세마포의 동작 개념도

Mbed-OS에서 세마포(semaphore) 클래스의 생성자와 멤버 함수는 다음과 같다.

생성자	Semaphore (int32_t count=0) Semaphore (int32_t count, uint16_t max_count)
동작	count는 이용 가능한 자원의 수를 나타내며, max_count는 이용 가능한 자원의 최대 갯수를 의미한다.
함수	int32_t wait (uint32_t millisec=osWaitForever)
동작	주어진 시간동안 자원을 이용 가능할 때까지 기다린다. 이용 가능할 때, 이용 가능한 자원의 수를 감소시키고, 다음 명령을 실행한다. 시간에 대한 인자를 주지 않거나 혹은 osWaitForever(=0)의 값을 주면 자원을 이용 가능할 때까지 기다린다. 감소시키기 전의 자원의 수를 반환한다. 따라서 주어진 시간 내에 이용 가능한 자원이 없으면 '0'이 반환된다.
함수	osStatus release ()
동작	wait()를 이용하여 획득한 세마포 자원을 반환한다. 성공적으로 반환하였으면 osOK 값을, max_count 값에 도달하였으면 osErrorResource 값을 반환한다.

앞 절의 뮤텍스의 예제를 세마포를 이용하여 구현한 프로그램은 다음과 같다.

counter 변수는 하나뿐인 공유 자원이므로, "Semaphore counterSemaphore(1)" 즉 세마포의 초기값을 '1'로 하고 있다. counterSemaphore.wait() 함수는 세마포의 값이 '0'보다 클 때까지 기다렸다, 세마포 값을 '1' 감소시키고 다음 명령을 실행하게 된다. counterSemaphore.release() 함수는 세마포 값을 '1' 증가시킨다.

```
#include   "mbed.h"

Serial pc(USBTX, USBRX,  115200);

Semaphore counterSemaphore(1);  // the number of resource = 1

Thread thread1, thread2;

char * id1 = "TH   1";
char * id2 = "TH   2";

volatile uint32_t   counter = 0;

void producer(char * thread_id)
{
    volatile uint32_t tmp_count;

    for(int loop = 0; loop < 100; loop++)   {
        counterSemaphore.wait();
        tmp_count = counter;
        wait_ms(rand()%100);
        tmp_count++;
        counter = tmp_count;
        pc.printf("%s: %d₩r₩n", thread_id,   counter);
        counterSemaphore.release();
        wait(0.1);
    }
}

void consumer(char * thread_id)
{
    volatile uint32_t tmp_count;

    for(int loop = 0; loop < 100; loop++)   {
        counterSemaphore.wait();
        tmp_count = counter;
        wait_ms(rand()%100);
        tmp_count--;
        counter = tmp_count;
        pc.printf("%s: %d₩r₩n", thread_id,   counter);
```

```
            counterSemaphore.release();
            wait(0.1);
        }
}

int main()
{

    pc.printf("₩r₩n*** RTOS basic   Semaphore example ***₩r₩n");

    thread1.start(callback(producer, id1));
    thread2.start(callback(consumer, id2));

    thread1.join();
    thread2.join();

    pc.printf("₩r₩n Result:   %d₩r₩n", counter);

    Thread::wait( osWaitForever );
}
```

12.7 큐(Queue)와 메모리풀(MemoryPool)

큐와 메모리풀은 한 쓰레드로부터 다른 쓰레드로 데이터를 전달하는데 사용된다. 일반적으로 메모리풀에는 실질적으로 전달되어야 하는 데이터를 저장하고, 큐를 통해서 메모리풀의 데이터가 저장된 포인터를 전달하는 방식을 사용한다. 메모리풀은 고정 크기의 메모리 풀을 정의하고, 이를 관리하는 기능을 제공한다. 관리한다는 의미는 메모리 풀로부터 고정 크기의 메모리 블록을 할당/반환하는 기능을 제공한다는 의미이다.

Mbed-OS에서 Queue 클래스의 생성자와 멤버 함수는 다음과 같다.

생성자	Template<typename T, uint32_t queue_sz> Queue:<T, queue_sz>::Queue()
동작	타입 T의 포인터를 저장할 queue_sz 만큼의 큐를 생성한다.
함수	osStatus put (T *data, uint32_t millisec=0, uint8_t prio=0)
동작	전달할 데이터를 큐에 넣는다. prio는 데이터의 우선 순위를 의미하며, 우선 순위가 높은 데이터가 먼저 전달된다. 주어진 시간 이내에 전달할 데이터를 성공적으로 큐에 넣으면 osOK 값이 반환되며, 시간 내에 데이터를 큐에 넣지 못하면 osErrorTimeout 값이 반환된다. 큐에 저장할 공간이 없으면 osErrorResource 값이 반환된다.
함수	osEvent get (uint32_t millisec=osWaitForever)
동작	주어진 시간동안 큐로부터 전달되는 데이터를 기다린다. millisec 값을 osWaitForever(=0)으로 하면 데이터가 전달될 때까지 기다린다. 우선순위가 높은 데이터가 먼저 전달되고, 동일한 우선순위를 가진 데이터는 FIFO 순서로 전달된다. 메시지가 주어진 시간 내에 도착하면, osEvent.status = osEventMessage 값이 반환되고, 타임아웃이 발생하였으면 osEvent.status = osEventTimeout 값이 반환된다. 도착한 데이터 값이 저장된 포인터 값은 osEvent.value.p 변수를 이용하여 전달된다.
함수	bool empty ()
동작	큐가 비었는가를 확인한다. 반환 값이 true면 큐가 비었음을 의미한다.
함수	bool full ()
동작	큐가 모두 찼는가를 확인한다. 반환 값이 true면 큐가 모두 찼음을 의미한다.

MemoryPool 클래스의 생성자와 멤버 함수는 다음과 같다.

생성자	Template<typename T, uint32_t pool_sz> MemoryPool<T, pool_sz>::MemoryPool ()
동작	sizeof(T) * pool_sz 크기의 고정된 메모리 풀을 생성한다. (실제 메모리 블록은 할당하지 않는다.)
함수	T * alloc (void)
동작	T 타입의 메모리 블록을 할당하고, 메모리 블록의 포인터를 반환한다. 만약 할당할 메모리가 없으면 NULL이 반환된다.

함수	T * calloc (void)
동작	alloc()과 동일한 기능을 지니고 있으며, 차이점은 할당한 메모리 블록을 '0'으로 초기화시킨다는 점이다.
함수	osStatus free (T * block)
동작	alloc() 혹은 calloc()으로 할당한 메모리 블록을 반환한다. 정상적이면 반환 값은 osOK이다.

다음은 한 쓰레드(measure_thread)에서 측정된 (이 예에서는 측정 장치로부터 온도 및 습도 값을 획득하는 것이 아니라 임의의 값으로 대신하고 있다.) 온도과 습도 값을 큐와 메모리풀을 이용하여 print_thread로 전송하고, print_thread에서 이를 읽어 프린트하는 프로그램 예제이다.

```
#include "mbed.h"

Serial pc(USBTX, USBRX, 115200);

Thread thread1, thread2;

typedef struct {
    float     temp;      // measured temperature
    float     humid;     // measured relative humidity
    uint32_t sn;         // sequence number
} message_t;

MemoryPool<message_t, 16> mpool;
Queue<message_t, 16> queue;

/* Send thread */
void measure_thread (void) {
    uint32_t i = 1;
    while (true) {
        message_t *message = mpool.alloc();

        message->temp = (rand()%10000) * 0.01 - 30;
        message->humid = (rand()%1000) * 0.1;
        message->sn = i;
```

```
        queue.put(message);
        i++;
        wait(1.0);
    }
}

void print_thread()
{
     while (true) {
        osEvent evt = queue.get();

        if (evt.status == osEventMessage) {
            message_t *message = (message_t *)evt.value.p;

            pc.printf("₩r₩nSequence Number: %u₩t", message->sn);
            pc.printf("Temperature: %.2f C₩t", message->temp);
            pc.printf("Humidity: %.1f %₩n₩r", message->humid);

            mpool.free(message);
        }
    }
}

int main()
{

    pc.printf("₩r₩n*** RTOS basic queue/memoryPool example ***₩r₩n");

    thread1.start(print_thread);
    thread2.start(measure_thread);

    Thread::wait( osWaitForever );
}
```

12.8 메일(Mail)

메일은 큐와 메모리풀의 기능을 합쳐 놓은 것과 유사한 기능을 가지고 있다. (그림 12-4)에 나타난 바와 같이 메일을 보내고자 하는 쓰레드에서는 alloc()을 이용하여 사용할 메모리 블록을 할당하고, 거기에 전달할 데이터를 저장한다 그리고 데이터를 저장한 메모리 블록의 포인터 값을 메일 큐에 put() 시킨다. 메일을 기다리고 있는 쓰레드에서는 get()을 이용하여 메모리 블록의 포인터 값을 획득한 다음, 전달된 데이터를 처리하고 해당 메모리 블록을 free() 함수를 이용하여 반환하게 된다.

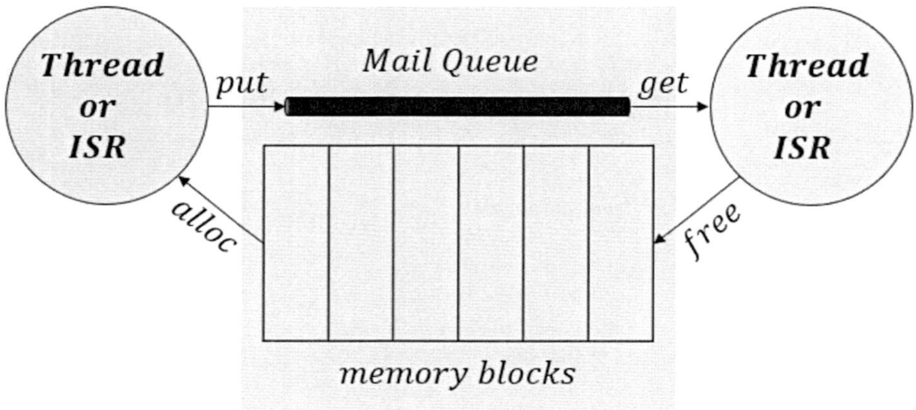

(그림 12-4) 메일의 동작 개념도

Mbed-OS에서 Mail 클래스의 생성자와 멤버 함수는 다음과 같다.

생성자	template〈typename T, uint32_t queue_sz〉 Mail〈T, queue_sz〉::Mail ()
동작	타입 T의 크기가 queue_sz인 메일 큐를 생성하고 초기화시킨다.
함수	T * alloc (uint32_t millisec=0)
동작	타입 T의 메모리 블록을 할당하고, 메모리 블록의 포인터를 반환한다. 만약 메모리를 할당하지 못하면 NULL이 반환된다. millisec=0이면 타임아웃이 없는 경우이다.

함수	T * calloc (uint32_t millisec=0)
동작	alloc()과 동일한 기능을 지니고 있으며, 차이점은 할당한 메모리 블록을 '0'으로 초기화시킨다는 점이다.
함수	osStatus put (T *mptr)
동작	전달할 데이터를 메일 큐에 넣는다. 전달할 데이터를 성공적으로 메일 큐에 넣으면 osOK 값이 반환되며, 메일 큐에 저장할 공간이 없으면 osErrorResource 값이 반환된다.
함수	osEvent get (uint32_t millisec=osWaitForever)
동작	주어진 시간동안 메일 큐로부터 전달된 데이터를 기다린다. millisec 값을 osWaitForever(=0)으로 하면 전달된 데이터가 전송될 때까지 기다린다. 메시지가 주어진 시간 내에 도착하면, osEvent.status = osEventMessage 값이 반환되고, 타임아웃이 발생하였으면 osEvent.status = osEventTimeout 값이 반환된다. 도착한 데이터 값이 저장 된 포인터 값은 osEvent.value.p 변수를 이용하여 전달된다.
함수	osStatus free (T *mptr)
동작	alloc() 혹은 calloc()으로 할당한 메모리 블록을 반환한다. 정상적이면 반환 값은 osOK 이다.
함수	bool empty()
동작	메일 큐가 비었는 가를 확인한다. 반환값이 true면 메일 큐가 비었음을 의미한다.
함수	bool full ()
동작	메일 큐가 모두 찼는 가를 확인한다. 반환값이 true면 메일 큐가 모두 찼음을 의미한다.

앞에서 주어진 큐와 메모리풀에서의 예제와 동일한 기능을 메일을 통해서 구현한 프로그램 예제는 다음과 같다.

```
#include "mbed.h"

Serial pc(USBTX, USBRX, 115200);

Thread thread1, thread2;

typedef struct {
```

```
    float     temp;      // measured temperature
    float     humid;     // measured relative humidity
    uint32_t sn;         // sequence number
} mail_t;

Mail<mail_t, 16> mail_box;

/* Send thread */
void measure_thread (void) {
    uint32_t i = 1;
    while (true) {
        mail_t *mail = mail_box.alloc();

        if (mail != NULL) {
            mail->temp = (rand()%10000) * 0.01 - 30;
            mail->humid = (rand()%1000) * 0.1;
            mail->sn = i;

            mail_box.put(mail);
            i++;
        }
        wait(5.0);
    }
}

void print_thread()
{
     while (true) {
        osEvent evt = mail_box.get();

        if (evt.status == osEventMail) {
            mail_t *mail = (mail_t *)evt.value.p;

            pc.printf("₩r₩nSequence Number: %u₩t", mail->sn);
            pc.printf("Temperature: %.2f C₩t", mail->temp);
            pc.printf("Humidity: %.1f %₩n₩r", mail->humid);

            mail_box.free(mail);
        }
    }
```

```
}

int main()
{
    pc.printf("₩r₩n*** RTOS basic mail example ***₩r₩n");

    thread1.start(print_thread);
    thread2.start(measure_thread);

    Thread::wait( osWaitForever );
}
```

12.9 이벤트큐(EventQueue)

이벤트큐는 코드 실행을 연기시킬 목적으로 주로 사용된다. 특히 이러한 이벤트큐는 ISR에서 빠른 실행이 불필요한 경우나 혹은 실행에 많은 시간을 필요로 하는 일부 코드의 실행을 메인 쓰레드 혹은 다른 쓰레드로 넘기는 경우에 일반적으로 사용된다. 혹은 ISR 루틴에서 실행시키기에 안전하지 않은 함수들을 이벤트큐를 이용하여 ISR 루틴 외부에서 실행시킬 수 있다.

Mbed-OS에서 EventQueue 클래스의 생성자와 주요 함수는 다음과 같다. call(), call_in(), call_every()와 event() 함수에서 사용 가능한 인자는 다양한 형태를 지닐 수 있으며, 그 모든 종류에 대해서는 'https://os.mbed.com/docs/v5.9/reference/eventqueue.html' 파일을 참조하기 바란다.

참고로 EVENTS_QUEUE_SIZE는 (32*EVENTS_EVENT_SIZE)로 정의 되어 있다.

생성자	EventQueue (unsigned size=EVENTS_QUEUE_SIZE, unsigned char *buffer=NULL)
동작	size로 주어진 크기(단위는 바이트)의 이벤트큐를 생성한다. buffer는 이벤트큐를 위해 사용되는 버퍼 포인터를 의미하며, NULL로 주면 시스템에서 알아서 사용한다.

함수	void dispatch (int ms=-1);
동작	주어진 시간동안 발생한 이벤트를 처리한다. ms 값을 음수로 주면 break_dispatch() 함수를 부를 때까지 발생한 이벤트를 처리한다.
함수	void dispatch_forever ()
동작	계속하여 이벤트를 처리한다. 기능은 dispatch() 함수와 동일하다.
함수	void break_dispatch ()
동작	이벤트를 더 이상 처리하지 않는다. 현재 큐에 있는 이벤트(pending events)까지는 처리한다.
함수	void cancel (int id)
동작	주어진 id를 지닌 이벤트를 취소한다. (id는 call 함수의 반환값으로 주어진다.)
함수	void chain (EventQueue *target)
동작	현 이벤트큐를 target 이벤트큐와 체인화시킨다. 체인화시키더라도 각각의 이벤트큐는 독립적으로 동작하지만 target 이벤트큐에 대한 dispatch 함수를 부르면 체인화된 다른 이벤트큐에 대해서도 dispatch 함수를 부른 효과가 나타난다.
함수	template〈typename F〉 int call(F f)
동작	이벤트큐에 이벤트를 등록시킨다. 이벤트큐에 대한 dispatch 시에 주어진 콜백 함수 f가 실행된다. 반환값은 해당 이벤트에 대한 id이다.
함수	template〈typename F〉 int call_in(int ms, F f)
동작	주어진 ms(단위 밀리초) 시간 후에 이벤트큐에 이벤트를 등록한다.
함수	template〈typename F〉 int call_every(int ms, F f)
동작	주어진 ms 주기로 이벤트큐에 이벤트를 등록한다.
함수	template〈typename R〉 Event〈void()〉 event(R (*func)())
동작	ISR 자체를 이벤트큐를 이용하여 처리하게 한다. func이 ISR을 의미한다.

이벤트큐에 대한 프로그램 예제는 다음과 같다. 예제에서 led1은 1초 마다 깜박이고, led2는 버튼을 누를 때마다 깜박인다. 하지만 각 ISR에서 출력문은 이벤트큐로 처리된다. 즉 이벤트큐에서의 이벤트는 event_thread 쓰레드에서 처리된다. 그리고 버튼을 누를 때에 발생하는 인터럽트에 대한 ISR인 do_something()은 'btn.fall(queue.event(do_something));'에 의해서 이벤트큐에서 처리되도록 하고 있다.

```
#include "mbed.h"

Serial pc(USBTX, USBRX, 115200);
DigitalOut led1(LED2);
DigitalOut led2(D4);
InterruptIn btn(USER_BUTTON);
Ticker flipper;

EventQueue queue;

Thread evtThread;
volatile uint32_t count = 0;

void print_msg1(uint32_t count) {
    pc.printf("LED1 is toggled!  (count=%d)₩r₩n", count);
}

void print_msg2() {
    pc.printf("LED2 is  toggled!₩r₩n");
}

void led1_flip() {
    led1 = !led1;
    count++;
    queue.call(print_msg1, count);
}

void do_something() {
    led2 = !led2;
    queue.call(print_msg2);
}

void event_thread() {
     queue.dispatch_forever();
}

int main() {

    pc.printf("₩r₩n*** RTOS basic event  loop example ***₩r₩n");
    evtThread.start(event_thread);
```

```
    flipper.attach(&led1_flip, 0.1);

    btn.fall(queue.event(do_something));

    Thread::wait( osWaitForever );
}
```

12.10 조건변수(Condition Variable)

일반적으로 뮤텍스는 어느 한 순간에 하나의 쓰레드 만이 어떤 자원을 사용하도록 하는 데에 사용된다. 하지만 어떤 조건을 만족하는 경우에만 한 쓰레드가 공용 자원의 사용이 가능할 경우, 그 공용 자원의 상태의 변화를 기다리거나 혹은 상태 변화를 알려주는 기능을 구현하는 것은 그리 쉽지 않다. (잘못하면 경쟁 조건(race condition)이 발생하게 된다.) 이와 같은 경우 조건변수를 사용하면 어렵지 않게 구현할 수 있다. 일반적으로 조건변수는 뮤텍스와 함께 사용된다.

Mbed-OS에서 ConditionVariable 클래스의 생성자와 주요 함수는 다음과 같다.

생성자	ConditionVariable(Mutex &mutex)
동작	ConditionVariable 객체를 생성하고 초기화한다. 인자로 주어진 mutex는 ContitionVariable과 함께 사용될 뮤텍스를 나타낸다.
함수	void wait ();
동작	해당 조건변수에 대한 공지(notification)가 있을 때까지 기다린다.
함수	bool wait_until (uint64_t millisec);
동작	주어진 시간까지 해당 조건 변수에 대한 공지를 기다린다. 타임아웃이 발생하면 true 값이 반환된다.
함수	bool wait_for (uint32_t millisec)
동작	주어진 시간 동안 해당 조건변수에 대한 공지를 기다린다. 타임아웃이 발생하면 true 값이 반환된다.

함수	void notify_all ()
동작	해당 조건변수의 공지를 기다리는 모든 쓰레드에게 공지를 보낸다.
함수	void notify_one ()
동작	해당 조건변수의 공지를 기다리는 하나의 쓰레드에게만 공지를 보낸다.

다음은 조건변수를 사용한 프로그램 예제이다. producer1 쓰레드와 producer2 쓰레드는 크기가 제한된 (프로그램 예에서는 링버퍼의 크기가 3인 경우이다.) 링버퍼에 각각 순차적으로 증가하거나 감소하는 데이터(각각 0~49와 -1~-50)를 저장하고, consumer 쓰레드에서는 링버퍼에 데이터가 존재하면 이들 데이터를 출력하는 기능을 수행하고 있다. 이 프로그램에서는 링버퍼 구조체인 cirBuf의 empty, rdPtr과 wrPtr 변수가 조건변수가 된다. 즉 producer1 쓰레드, producer2 쓰레드와 consumer 쓰레드가 이 구조체를 공유 자원으로 사용하면서 이 구조체의 empty, rdPtr과 wrPtr 조건에 따라 이 공유 자원의 사용 유무를 판단하기 때문이다.

```
#include "mbed.h"

#define N 3

Mutex mutex;
ConditionVariable cond(mutex);
Serial pc(USBTX, USBRX, 115200);

typedef struct {
    uint32_t rdPtr;
    uint32_t wrPtr;
    int32_t buf[N];
    bool empty;
} circularBuffer;

// These variable is protected and managed by mutex & conditionVariable
circularBuffer cirBuf = {.rdPtr=0, .wrPtr=0, .empty=true};

volatile bool done = false;
```

```
void consumer()
{
    while ((done==false) || (cirBuf.empty==false)) {
        mutex.lock();
        while (cirBuf.empty == true) {
            cond.wait();  // wait for cond.notify_xxx, that is, condition change
        }
        pc.printf(" Data = %d (rdPtr = %d)₩r₩n",
                  cirBuf.buf[cirBuf.rdPtr], cirBuf.rdPtr);
        cirBuf.rdPtr = (cirBuf.rdPtr + 1)%N;
        if (cirBuf.rdPtr == cirBuf.wrPtr) {
            cirBuf.empty = true;
        }
        cond.notify_one();
        mutex.unlock();
        wait_ms(rand()%120);
    }
    pc.printf("Consumer: Exiting₩r₩n");
}

void producer1 (void)
{
    int value = 0;
    for (int i=0; i〈50; i++) {
        mutex.lock();
        while ((cirBuf.empty == false) && (cirBuf.rdPtr == cirBuf.wrPtr)) {
            cond.wait(); // wait for cond.notify_xxx, that is, condition change
        }
        cirBuf.buf[cirBuf.wrPtr] = value++;
        cirBuf.wrPtr = (cirBuf.wrPtr + 1)%N;
        cirBuf.empty = false;
        cond.notify_one();
        mutex.unlock();
        wait_ms(rand()%200);
    }
    pc.printf("Producer1: Exiting₩r₩n");
}

void producer2 (void)
{
```

```
    int value = 0;
    for (int i=0; i<50; i++) {
        mutex.lock();
        while ((cirBuf.empty == false) && (cirBuf.rdPtr == cirBuf.wrPtr)) {
            cond.wait(); // wait for cond.notify_xxx, that is, condition change
        }
        cirBuf.buf[cirBuf.wrPtr] = --value;
        cirBuf.wrPtr = (cirBuf.wrPtr + 1)%N;
        cirBuf.empty = false;
        cond.notify_one();
        mutex.unlock();
        wait_ms(rand()%200);
    }
    pc.printf("Producer2: Exiting₩r₩n");
}

int main() {
    Thread thread1, thread2, thread3;

    pc.printf("ConditionVariable Example₩r₩n");

    thread1.start(producer1);
    thread2.start(producer2);
    thread3.start(consumer);

    thread1.join();
    thread2.join();
    done = true;
    thread3.join();
    Thread::wait(osWaitForever);
}
```

이 예제를 실행 한 결과 예가 다음에 나타나 있다. (마지막 부분 출력 부분만 나타나 있다.) 나타난 부분에서는 36 ~ 49까지 그리고 -44 ~ -50까지의 데이터가 각각 순차적으로 프린트 되고 있음을 알 수 있다.

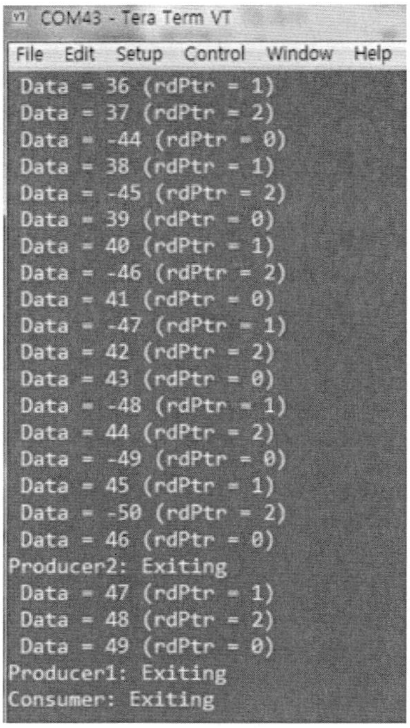

COM43 - Tera Term VT

File Edit Setup Control Window Help

```
 Data = 36 (rdPtr = 1)
 Data = 37 (rdPtr = 2)
 Data = -44 (rdPtr = 0)
 Data = 38 (rdPtr = 1)
 Data = -45 (rdPtr = 2)
 Data = 39 (rdPtr = 0)
 Data = 40 (rdPtr = 1)
 Data = -46 (rdPtr = 2)
 Data = 41 (rdPtr = 0)
 Data = -47 (rdPtr = 1)
 Data = 42 (rdPtr = 2)
 Data = 43 (rdPtr = 0)
 Data = -48 (rdPtr = 1)
 Data = 44 (rdPtr = 2)
 Data = -49 (rdPtr = 0)
 Data = 45 (rdPtr = 1)
 Data = -50 (rdPtr = 2)
 Data = 46 (rdPtr = 0)
Producer2: Exiting
 Data = 47 (rdPtr = 1)
 Data = 48 (rdPtr = 2)
 Data = 49 (rdPtr = 0)
Producer1: Exiting
Consumer: Exiting
```

저자약력

이종원 : 한동대학교 교수

1982.2 서울대학교 전자공학과 (학사)
1984.2 서울대학교 공과대학원 전자공학과 (석사)
1996.2 서울대학교 공과대학원 전자공학과 (박사)

1984.3 ~ 1997.1 한국전자통신연구원
1997.3 ~ 현재 한동대학교 전산전자공학부 교수

정가 29,000원

ARM cortex-M4 프로세서 이해 및 실습

2019년 2월 26일 초 판 발행
2019년 10월 28일 수정판 발행
저 자 : 이종원
발행자 : 송 준
발행처 : 홍릉과학출판사
주 소 : 서울시 강북구 인수봉로 50길 10
01093
등 록 : 1976년 10월 21일 제5-66호
전 화 : (02) 999-2274~5, 903-7037
팩 스 : (02) 905-6729
e-mail: hongpub@hongpub.co.kr
http://www.hongpub.co.kr
ISBN: 979-11-5600-629-9

저자와의 협의하에 인지생략

참고문헌

1. ARM® v7–M Architecture Reference Manual, ARM, 2018.
2. Cortex®–M4 Devices: Generic User Guide, ARM, 2011.
3. ARM® Cortex®–M4 Processor Revision: Technical Reference Manual, ARM, 2015.
4. RM0383 Reference Manual: STM32F411xC/E advanced ARM®–based 32–bit MCUs, STMicroelectronics, 2018.
5. PM0214 Programming Manual: STM32F3 Series, STM32F4 Series, STM32L4 Series and STM32L4+ Series Cortex®–M4 Programming Manual. STMicro–electronics, 2017.
6. Rob Toulson, Tim Wilmshurst, Fast and Effective Embedded Systems Design: Applying the ARM mbed, Newes, 2016.
7. Joseph Yiu, The Definitive Guide to the ARM Cortex–M3 and Cortex–M4 Processors. 3rd Ed., Elsevier Inc., 2014.
8. Trevor Martin, The Designer's Guide To The Cortex–M Processor Family: A Tutorial Approach, Newnes, 2013.
9. Andrew Sloss; Dominic Symes; Chris Wright, ARM System Developer's Guide: Designing and Optimizing System Software, Morgan Kaufmann, 2004.
10. Mbed OS Reference Book, https://os.mbed.com/docs/mbed–os/v5.9/reference/index.html.
11. ARM Mbed Tutorials, https://os.mbed.com/docs/mbed–os/v5.9/tutorials/index.html.

mbed-os에 마우스를 위치시키고, 우클릭을 하면 다음과 같은 팝업 창이 뜬다. 팝업 창에서 "Revisions..."를 선택한다.

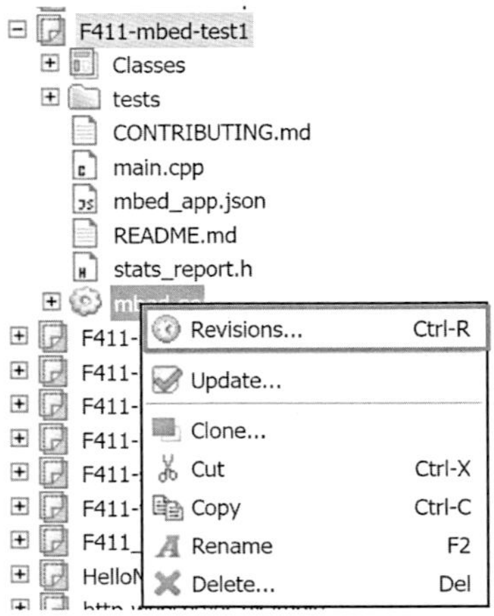

그러면 "Revision History" 창이 생기면서 사용 가능한 Mbed-OS에 대한 버전들이 나타난다. 버전 중에서 자신이 사용할 버전을 선택한 다음(다음 그림에서는 버전 5.8을 선택한 예이다.), "Switch"를 클릭하면 F411-mbed-test1 프로젝트에서는 Mbed-OS 5.8 버전을 사용하게 된다.

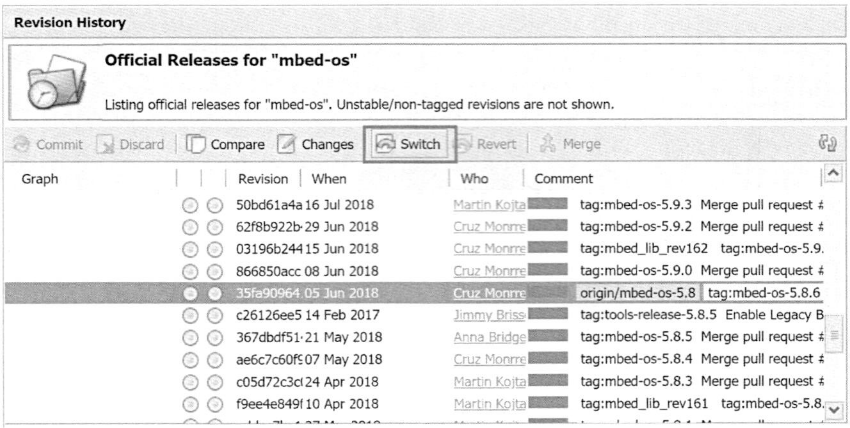

Mbed-OS는 현재에도 개발이 활발하게 진행되고 있기 때문에, OS 버전에 따라 프로그램이 동작하지 않을 수도 있다. 현재 이 책의 예제 코드는 대부분 Mbed-OS 5.8에서 테스트가 되었다. 따라서 코드의 동작에 문제가 있을 경우에는 변경된 사항에 따라 코드를 수정하거나 사용하는 OS의 버전을 5.8 또는 5.9로 변경하여 컴파일하여야 한다.

온라인 컴파일에서 Mbed-OS 버전을 변경하는 방법은 다음과 같다. 이 예에서는 템플릿 프로젝트로 mbed-os-example-blinky를 사용하는 것으로 설명을 한다.

다음에서 보는 바와 같이 가장 기본적인 템플릿 프로젝트인 mbed-os-example-blinky를 찾아서 선택한 다음, "Import" 그림을 클릭한다.

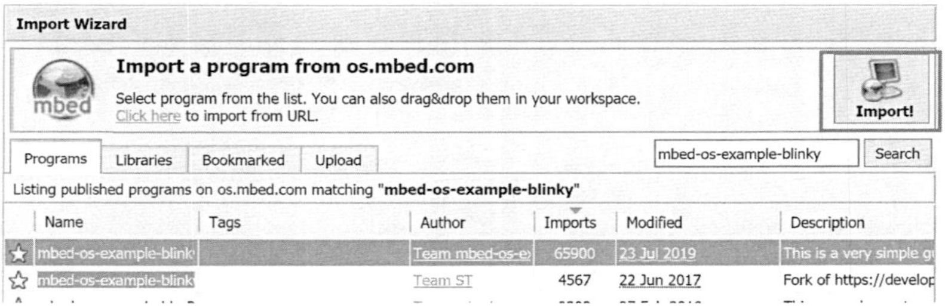

선택한 프로젝트를 F411-mbed-test1이란 프로젝트 이름으로 임포트한다.

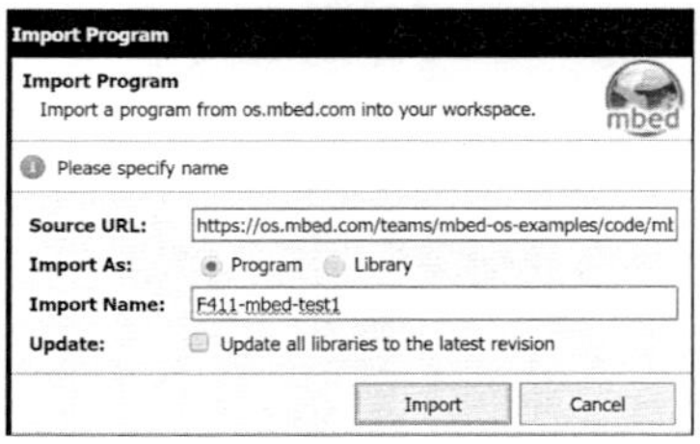

그러면 다음과 같은 파일들을 포함한 F411-mbed-test1 프로젝트 디렉토리가 생성될 것이다. "mbed-os" 관련 디렉토리도 포함되어 있다.

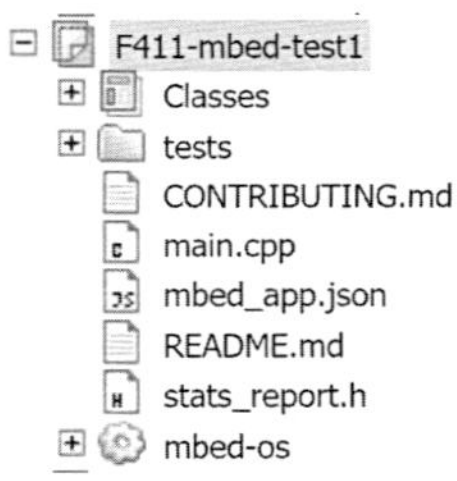

부록 B

온라인 컴파일러에서 Mbed-OS 버전 선택 방법